高等学校教材

高超声速飞行器制导与控制技术

主　编　呼卫军

西北工业大学出版社

西　安

【内容简介】 本书涵盖了高超声速飞行器概念与设计全周期的制导与控制技术，它既可以应用于飞行器的概念设计/初步设计，也可以应用于飞行器的详细设计。本书的主要内容包括概述、高超声速飞行器的运动方程、环境与控制部件模型、高超声速飞行器的轨迹优化、高超声速飞行器的制导律设计、高超声速飞行器控制律设计等。

本书主要面向飞行器设计与飞行器制导专业的研究生和相关科研人员，旨在系统性地描述高超声速飞行器相关理论体系，以此作为技术优化、型号设计等科研工作的理论参考。同时本书可作为研究生专业课程的参考用书，便于学生把握高超声速飞行器发展的整体脉络，并系统掌握飞行器模型、制导律设计、轨迹规划、控制率等设计环节，具有较高的参考价值。

图书在版编目(CIP)数据

高超声速飞行器制导与控制技术 / 呼卫军主编 . 西安 ：西北工业大学出版社，2024.11. -- ISBN 978-7-5612-9661-5

Ⅰ. V47

中国国家版本馆 CIP 数据核字第 2024W2C911 号

GAO CHAOSHENGSU FEIXINGQI ZHIDAO YU KONGZHI JISHU

高 超 声 速 飞 行 器 制 导 与 控 制 技 术

呼卫军 主编

责任编辑：朱辰浩 **策划编辑：**杨 军
责任校对：孙 倩 **装帧设计：**高永斌 李 飞
出版发行：西北工业大学出版社
通信地址：西安市友谊西路 127 号 邮编：710072
电 话：(029)88491757，88493844
网 址：www.nwpup.com
印 刷 者：兴平市博闻印务有限公司
开 本：787 mm×1 092 mm 1/16
印 张：16.875
字 数：421 千字
版 次：2024 年 11 月第 1 版 2024 年 11 月第 1 次印刷
书 号：ISBN 978-7-5612-9661-5
定 价：88.00 元

前 言

高超声速飞行器由于其飞行马赫数在5以上，具有快速响应、机动能力强等特点，以及可在短时间内对远程目标实施精确打击，所以已经成为了未来军事战争的“制高点”，它的出现将改变未来战争的作战模式，对国家安全产生战略性影响。其具有飞行高度高、速度快、探测和拦截难等优点，克服了当前限制常规武器火力投送的距离和时间的障碍，缩短了从决策到攻击再到打击目标的周期，压缩了从获得可靠情报到实施打击的时间。但同时，高速特性会导致飞行器出现强耦合、高动态、不确定特性，极大地增加控制系统的设计难度，影响武器的精准打击。

高超声速技术涉及许多领域和学科，是诸多先进技术的集合。高超声速飞行器的建模、制导和控制系统设计是高超声速飞行器研制的难点所在，需要重点突破，进行系统性的研究和探索。另外，气动耦合、惯性耦合、运动学耦合与控制耦合等特性对飞行器控制系统设计提出了挑战，迫切需要系统性的深挖研究。本书的出版，可以为本专业研究生和科研人员提供系统性的参考。

高超声速飞行器制导与控制是笔者的研究方向之一，且笔者曾参与了国家重大型号研制，具有丰富的实践经验。随后西北工业大学航天学院设置了高超声速飞行器制导与控制技术相关课程，本书能够充分结合理论与实践，且包含了笔者的独到见解。

本书系统地描述高超声速飞行器的建模、轨迹规划、制导和控制技术，涵盖目前主流的相关研究成果，对于其中较为重要的方法，还给出了应用实例。本书是一本带有总结性的、细而全的手册式书籍，便于科研人员查漏补缺。

本书共分为6章：第1章为概述，主要介绍高超声速飞行器的发展概况，从高超声速飞行器的分类、制导控制技术的发展阐述目前高超声速飞行器的发展；第2章为高超声速飞行器的运动方程，包括环境模型、飞行器刚体建模、模型简化、弹性体飞行器建模；第3章为环境与控制部件模型，在本体模型基础上针对大气模型、地球模型、测量模型、伺服结构模型等分结构详细阐述数字模型的建立；第4章为高超声速飞行器的轨迹优化，介绍高超声速飞行器的轨迹优化方法发展，并对数值方法、直接求解法中的各类轨迹优化方法进行原理阐述和仿真验证工作；第5章为高超声速飞行器的制导律设计，描述高超声速飞行器的制导律设计方法，以飞行器的飞行阶段为节点，分别阐述上升段、载入段的制导方法设计；第6章为高超声速飞行器控制律设计，描述高超声速飞行器控制模型的研究现状，对高超声速飞行器控制模型进行简要介绍，对高超声速飞行器助推段、滑翔段、再入段三个阶段的控制问题与控制模型进行分析，为控制方法提供模型基础。本书中各章之间相互独立描述，所需的前文基础会再次提及，增强了阅读性。

与同类型图书相比，本书对于高超声速飞行器的描述说明更为系统，涵盖业界关注的主要问题，并与工程实践相结合。同时，本书与飞行器制导控制专业基础课程相关的书籍所采用的数据描述和公式符号一致，便于本专业学生理解和阅读，整书成体系，可读性更高。本书将主要作为参考教材使用，系统性的叙述使得本书也有望成为理论完善的工具书供科研人员使用。

除笔者外，马先龙研究员，于金鹏、马文等研究生也参与了本书的资料收集和文字工作；全家乐、王瑞昌、冯泽尧、于巽飞、李海闰、李登科等研究生参与了大量的图片绘制和格式订正工作。笔者在本书的编写过程中参考了《线性系统理论》《有翼导弹动力学》等书中的部分内容，在此对其作者表示衷心感谢。

希望本书能对从事这一领域的专家学者以及研究生等起到一定的参考作用，并对我国的高超声速飞行器研制工作起到推动作用。由于笔者水平有限，书中的缺点和不足之处在所难免，欢迎读者批评指正。请将宝贵意见发送至笔者邮箱 huweijun@126.com，以期再版时加以改进，在此向广大读者表示感谢。

编　者

2024 年 5 月

目　录

第1章　概　　述

高超声速，指物体的速度超过5倍声速（约6 000 km/h）以上。一般采用的超声速冲压发动机或者火箭发动机，其发展主要是因为基于火箭动力发动机的推力提升和助燃发动机技术，飞行器的速度得以不断提升，而钱学森在20世纪60年代所提出的钱学森弹道，提出了高超声速飞行器的概念。本书重点针对高超声速飞行器，进行制导与控制技术方面的介绍。

1.1　高超声速飞行器的发展概况

高超声速飞行器是指大部分飞行时段处于高超声速飞行状态（飞行马赫数大于5）的一类飞行器，其根本特性是飞行速度快，并由此衍生出远射程和强突防能力的特性。在军事领域，其是实现未来太空作战、全球快速打击的重要武器装备。

而在民用领域，高超声速飞行器是实现快速进入空间的重要手段。20世纪50年代，美国X-15飞行器成功突破6倍声速。远程洲际导弹以及载人飞船的成功为高超声速飞行器的出现提供了基础，人类步入高超声速的时代。20世纪末，随着大推力火箭、耐高温特种材料以及超燃发动机的逐步成熟，高超声速飞行器进入了快速的发展阶段。世界上的主要航空航天大国，包括美国、苏联/俄罗斯、欧盟成员国、日本、印度等国家均大力发展该技术。我国也在20世纪末开展了相关技术的研究[1]。

根据高超声速飞行器的定义以及不同类型飞行器的特征，其可以大致分为再入飞行器、载人飞船、可重复使用运载器以及吸气式高超声速飞行器4大类。下面分别介绍其大致的技术特征与总体情况（见图1-1）。

1.1.1　再入飞行器

再入飞行器的典型代表是用于远程洲际导弹的再入弹头和近期的滑翔再入弹头，随着弹道导弹的射程的不断增加，再入弹头的速度不断提升，最大马赫数可达23。再入飞行器的技术难点在不同阶段呈现出不同的问题。最初是气动防热问题，随后又产生了从命中精度到突防能力等方面的需求（见图1-2）。进而出现机动再入飞行器，而随着高超声速技术的进步，具有更强机动能力的通用航空飞行器（CAV）问世。

自从第二次世界大战后期，德国首先在实战中使用V-1、V-2导弹后，弹道式地地导弹成为发展最为迅速的一类导弹。20世纪40年代后期，美国和苏联分别使用德国的器材装配了一批 V－2 导弹做试验，并基于此提升该导弹的射程和制导精度。自此开始，导弹技术开始大规模快速发展。

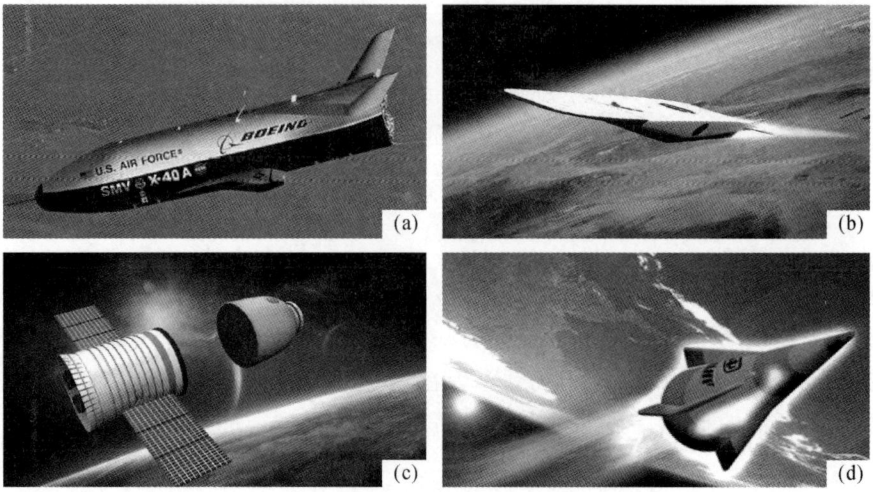

图 1－1　广义高超声速飞行器

(a)NASA－X40；(b)X－51；(c)神舟飞船；(d)HTV－2 猎鹰

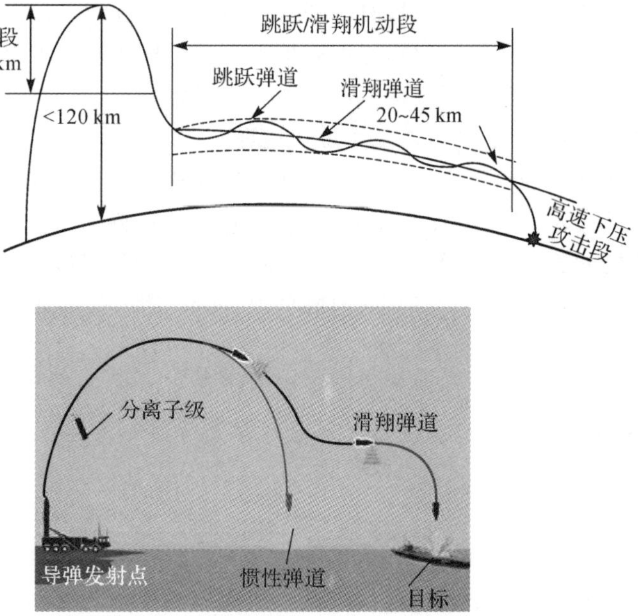

图 1－2　弹道演示

1. 第 1 代再入飞行器

核心问题：有效载荷的高速再入问题，而其中，气动加热是最严峻的问题。美国在 1954 年采用铜质防热层设计再入飞行器，为了降低热流率，弹头的头锥半径设计较大，可有效增加阻力加速度，使得飞行器进入高动压和大热流前将速度降至合理范围内。后续，热防护层材料采用了 Telfon(聚四氟乙烯),降低飞行器质量,并可以有效实现弹头防护。

在有效载荷的生存问题予以解决后,飞行器的研制重心转移至如何提升防护能力,为此对于弹头的外形进行了改进,采用细长圆锥构型,降低阻力并提升了再入速度,这又促使了新的热防护技术的研发。

在总体设计中,这个阶段的导弹通常采用大推力发动机,多级火箭提升射程,但制导系统的精度较差,再入载荷一般设计为无控自旋方式,主要通过摄动制导方式保证落点精度(控制动力段结束后的位置速度)。这一个阶段典型的代表飞行器是"宇宙神"D、E、F,"大力神"Ⅰ,"雷神","丘比特"和 SS-4、SS-5、SS-6 型地地核导弹。这一代核导弹只是解决了有无问题,在技术性能方面还比较差,反应时间较长,均为单弹头,圆概率误差最大可达 8 000 m。当时,导弹的最大射程已达 10 000 km,起飞质量最大为 122 t,弹头威力最大为 500×10^4 t("宇宙神")。在制导控制技术中,此类导弹均采用液体火箭发动机,采用基本的无线电遥控制导和基于自主惯性平台的摄动制导方式,而在控制方面,一般采用燃气舵的方式进行工作。这个阶段,典型的飞行器有以下几种。

(1)宇宙神:一级半(芯级+2 个助推器)液体燃料导弹,起飞质量 116 t,射程 10 000 km,圆概率误差 2 770 m,有 3 种型号。D 型于 1959 年 9 月服役,单弹头,300×10^4 t TNT 当量,E 型和 F 型性能参数相同,于 1961 年 9 月和 1962 年 8 月服役,单弹头,500×10^4 t TNT(三硝基甲苯)当量。宇宙神导弹于 1965 年退役[2-8]。

(2)大力神 1:二级液体燃料导弹,起飞质量 97.9 t,射程 10 140 km,单弹头,500×10^4 t TNT 当量,圆概率误差 2 000 m,于 1962 年 4 月服役,1965 年退役。

(3)大力神 2:二级液体燃料导弹,起飞质量 149.7 t,射程 15 000 km,单弹头,$1\ 000\times10^4$ t TNT 当量,圆概率误差 930 m,于 1963 年 12 月服役,1987 年退役。

(4)SS-6:一级半(芯级+4 个助推器)液体燃料导弹,起飞质量 283 t,射程 8 000 km,单弹头,500×10^4 t TNT 当量,圆概率误差 8 000 m,于 1959 年服役,已退役。

(5)SS-7:二级液体燃料导弹,起飞质量 100 t,射程 11 000 km,单弹头,500×10^4 t TNT 当量,圆概率误差 2 000 m,于 1961 年服役,已退役。

(6)SS-8:二级液体燃料导弹,起飞质量 78 t,射程 11 000 km,单弹头,500×10^4 t TNT 当量,圆概率误差 2 000 m,于 1963 年服役,已退役。

(7)SS-9:二级液体燃料导弹,起飞质量 200 t,射程 12 000 km,有 4 种型号[SS-9(1,2,3,4)],圆概率误差 850 m,SS-9(1)单弹头,$2\ 000\times10^4$ t TNT 当量,SS-9(2)单弹头,$2\ 500\times10^4$ t TNT 当量,SS-9(4)集束式弹头,3 个 500×10^4 t TNT 当量,SS-9(3)为三级导弹,低弹道飞行,携带常规弹头或核弹头,圆概率误差 900~1 500 m,SS-9 导弹于 1965 年服役,已退役。

(8)SS-11:二级液体燃料导弹,起飞质量 48 t,有 3 种型号。SS-11(1)于 1966 年服役,射程 10 000 km,单弹头,100×10^4 t TNT 当量,圆概率误差 1 400 m;SS-11(2)于 1973 年服役,射程 13 000 km,单弹头,100×10^4 t TNT 当量,圆概率误差 1 400 m;SS-11(3)于 1975 年服役,集束式弹头,3 个 25×10^4 t TNT 当量,圆概率误差 1 100 m。SS-11 导弹已退役。

(9)SS-N-5:单级液体燃料导弹,起飞质量 18 t,射程 1 400 km,单弹头,100×10^4 t

TNT 当量，圆概率误差 2 800 m，于 1964 年服役，已退役。

(10)SS－N－6：单级液体燃料导弹，起飞质量 14.2 t，单弹头，100×10^4 t TNT 当量，圆概率误差 1 300 m，有 2 种型号，1 型于 1968 年服役，射程 2 400 km，2 型于 1973 年服役，射程 3 000 km。SS－N－6 导弹已退役。

(11)北极星 A1：二级固体燃料导弹，起飞质量 12.9 t，射程 2 222 km(1 200 n mile)，单弹头，60×10^4 t TNT 当量，圆概率误差 1 852 m(1 n mile)，于 1960 年服役，已退役。

(12)北极星 A2：二级固体燃料导弹，起飞质量 13.6 t，射程 2 778 km(1 500 n mile)，单弹头，80×10^4 t TNT 当量，圆概率误差 926 m(0.5 n mile)，于 1962 年服役，已退役。

(13)北极星 A3：二级固体燃料导弹，起飞质量 16.4 t，射程 4 630 km(2 500 n mile)，集束式弹头，3 个 20×10^4 t TNT 当量，圆概率误差 926 m(0.5 n mile)，于 1964 年服役，已退役。

(14)SS－N－8：二级液体燃料导弹，起飞质量 28 t，射程 7 800 km，单弹头，100×10^4 t TNT 当量，圆概率误差 1 300 m，于 1973 年服役，已退役。

在这个阶段，主要代表国家是美国、苏联和中国，美国在第一代弹道导弹技术的基础上又迅速发展了固体助推发动机技术[9-12]，提供自主导航系统，研究各种高精度陀螺以及测量平台，并尽可能提升了制导精度。苏联在这个阶段主要实现对于制导精度的提升。而中国主要在解决有无的问题[13]。

2. 第 2 代再入飞行器

核心问题：机动再入问题。机动再入问题随着再入飞行器的发展从无到有，从低级到高级。其主要目标是增加再入载荷的覆盖范围、精度以及突防能力。但是机动过程中所产生的大过载对于结构、制导与控制均产生了影响，需要新的方法实现制导控制过程的设计。与早期的再入飞行器相比，该飞行器要具有更大的机动范围和打击精度，要求能以确定的终端条件(角度和速度)对地面以及地下目标进行打击，也促进了现役主流弹道导弹的技术特性，如再入初期的姿控喷管、闭路的再入制导律以及气动舵控制技术等[14]。

在这个阶段，弹道导弹逐步过渡为固体燃料发动机，逐步由基于自主导航平台的摄动制导过渡为显示制导方式(耗尽关机技术)，采用摆喷发动机控制助推阶段的姿态，多弹头分导技术逐步使用，弹上的计算能力也不断增加，采用公路机动发射形式[15]，CEP 一般可以控制在 1 km 以下，现役导弹的主要特性得以固化。主要的代表对象有以下几种。

(1)民兵 1：三级固体燃料导弹，起飞质量 31.7 t，有 A 型和 B 型两种，均为单弹头。A 型射程 8 000 km，60×10^4 t TNT 当量，圆概率误差 1 800 m，于 1962 年 12 月服役，1969 年退役；B 型射程 10 140 km，100×10^4 t TNT 当量，圆概率误差 1 600 m，于 1963 年 7 月服役，1974 年退役。

(2)民兵 2：三级固体燃料导弹，起飞质量 33.1 t，射程 12 500 km，单弹头，120×10^4 t TNT 当量，圆概率误差 560 m，于 1965 年 10 月服役，1995 年退役。

(3)民兵 3：三级固体燃料导弹，起飞质量 35.3 t，射程 13 000 km。民兵 3 共有两批，第一批于 1970 年 6 月开始服役，分导式弹头，3 个 17.5×10^4 t TNT 当量(MK12/W62)，圆概率误差 370 m(0.2 n mile)，第二批于 1979 年开始服役，3 个 33.5×10^4 t TNT 当量(MK12A/W78)，圆概率误差 185 m(0.1 n mile)。民兵 3 导弹现仍在役，根据核裁军的需

要，民兵3导弹将只装1个弹头，同时美国将淘汰17.5×10^4 t TNT当量的MK12/W62，替换为从退役的MX导弹上拆下的30×10^4 t TNT当量的MK21/W87。

(4)MX(和平卫士)：三级固体燃料导弹，起飞质量87.5 t，射程11 112 km(6 000 n mile)，分导式弹头，10个30×10^4 t TNT当量(MK21/W87)，圆概率误差93 m(0.05 n mile)，于1986年8月服役，2005年退役。

(5)SS-13：三级固体燃料导弹，起飞质量35 t，射程10 000 km，单弹头，100×10^4 t TNT当量，圆概率误差1 300 m，于1968年服役，已退役。

(6)SS-17：二级液体燃料导弹，起飞质量65 t，射程10 000 km，圆概率误差560 m，有2种型号，分导式弹头，4个20×10^4 t (1型)或75×10^4 t (2型)TNT当量，于1975年服役，已退役。

(7)SS-18：二级液体燃料导弹，起飞质量202 t，有5种型号。SS-18(1)，射程12 000 km，单弹头，$2\ 000\times10^4$ t TNT当量，圆概率误差430 m，于1975年服役，已退役；SS-18(2)，射程11 000 km，分导式弹头，8个90×10^4 t TNT当量，圆概率误差430 m，于1977年服役，已退役；SS-18(3)，射程12 000 km，单弹头，$2\ 000\times10^4$ t TNT当量，圆概率误差350 m，于1979年服役，已退役；SS-18(4)，射程11 000 km，分导式弹头，10个55×10^4 t TNT当量，圆概率误差260 m，于1982年服役，现仍在役；SS-18(5)，射程11 000 km，分导式弹头，10个75×10^4 t TNT当量，圆概率误差260 m，于1988年服役，现仍在役。

(8)SS-19：二级液体燃料导弹，起飞质量106.6 t，射程10 000 km，分导式弹头，6个50×10^4 t TNT当量，有2种型号，分别于1975年和1982年服役，圆概率误差分别为460 m和300 m，现仍在役。

(9)SS-24：三级固体燃料导弹，起飞质量104.5 t，射程13 000 km，分导式弹头，10个35×10^4 t TNT当量，圆概率误差260 m，于1986年服役，已退役。

(10)SS-25(白杨)：三级固体燃料导弹，起飞质量45 t，射程10 500 km，单弹头，55×10^4 t TNT当量，圆概率误差350 m，于1986年服役，现仍在役。

(11)SS-27(白杨-M)：三级固体燃料导弹，起飞质量47 t，射程10 500 km，可变轨单弹头，55×10^4 t TNT当量，进行突防变轨飞行时的圆概率误差110 m，如不进行突防变轨，圆概率误差60 m，于1998年12月服役。

(12)海神：二级固体燃料导弹，起飞质量29.5 t，射程4 630 km(2 500 n mile)，分导式弹头，10个4×10^4 t TNT当量，圆概率误差463 m(0.25 n mile)，于1971年服役，已退役。

(13)三叉戟1：三级固体燃料导弹，起飞质量33.1 t，射程7 408 km(4 000 n mile)，分导式弹头，8个10×10^4 t TNT当量(MK4/W76)，圆概率误差381 m(1 250 ft)，于1979年10月服役，2005年退役。

(14)三叉戟2：三级固体燃料导弹，起飞质量58.9 t，射程12 038 km(6 500 n mile)，圆概率误差122 m(400 ft)，三叉戟2导弹最初设计携带分导式弹头，8个47.5×10^4 t TNT当量(MK5/W88)，但W88核爆炸装置在生产了大约400个后便于1989年停产了，三叉戟2导弹实际装备的(MK/W88)弹头384个(相当于48枚导弹的携带量)，此后三叉戟2导弹改装了从退役的三叉戟1导弹上拆下来的10×10^4 t TNT当量的弹头(MK4/W76)，安装数量仍为8个，后来根据美俄核裁军协议，三叉戟2导弹每枚只装4个弹头。

(15)SS－N－17:二级固体燃料导弹,起飞质量 20 t,射程 3 900 km,单弹头,100×10^4 t TNT 当量,圆概率误差 560 m,于 1978 年服役,已退役。

(16)SS－N－18:二级液体燃料导弹,起飞质量 37 t,射程 6 500 km,分导式弹头,3 个 20×10^4 t TNT 当量,圆概率误差 900 m,于 1978 年服役,现仍在役。

(17)SS－N－20:第一、二级采用固体燃料发动机,第三级采用液体燃料发动机,起飞质量 90 t,射程 8 300 km,分导式弹头,10 个 20×10^4 t TNT 当量,圆概率误差 500 m,于 1983 年服役,已退役。

(18)SS－N－23:三级液体燃料导弹,起飞质量 40.3 t,射程 8 300 km,分导式弹头,4 个 25×10^4 t TNT 当量,圆概率误差 500 m,于 1986 年服役,现仍在役。

这代导弹直接采用显示制导与再入闭路制导方式,并在末端开始使用自寻的导引头,在载荷上,可以携带多个分导弹头,允许采用一定的机动方式。在控制模式上,摆喷发动机、姿控喷管以及弹头的气动舵控制成为标配形式。这一代导弹还是基于惯性弹道实现基本的飞行轨迹,具有一定的机动能力。

3.第 3 代再入飞行器

核心问题:助推滑翔飞行模式。经过一定时间的研究,为有效增加弹头机动性并有效克服基于惯性弹道拦截的防御系统,研究人员发现采用较大升阻比外形在高空滑翔,并以倾斜转弯方式进行稳定控制具有更大的应用潜力,因此出现了 CAV 到现今的 HTV 技术途径。HTV(猎鹰计划)飞行器是美国在研的最先进的再入飞行器,它的出现符合美国全球快速打击战略。HTV 计划目前由洛克希德·马丁公司负责,目前进行到 HTV－2 型,重点验证材料、热防护技术以及先进导航制导与控制技术[16]。

2001 年,美国航空航天局(NASA)和美国国防部联合提出了"国家航空航天倡议(NAI)",要求将高超声速技术和确保太空进入能力结合起来。为此,2002 年,DARPA 提出了"兵力运用与从本土发射(FALCON)"计划,也称猎鹰计划。猎鹰计划的近期目标是研制一次性小型运载火箭(SLV)和通用气动飞行器(CAV),使用 SLV 把 CAV 发射到亚轨道后,CAV 在再入大气层后,通过高升阻比的气动外形,进行长时间的大距离滑翔,同时具备大范围机动的能力,以规避各种可能的拦截火力。当 CAV 到达目标附近时,可释放携带的制导弹药,对目标进行精确打击。

2004 年,美国国会在审议猎鹰计划时,美国参议院极力要求取消 CAV 的预算,不过众议院则对 CAV 情有独钟,要求加大拨款。最终两院达成妥协,通过了预算拨款但取消了猎鹰计划中的武器部分,规定不能用于武器化的 CAV 开发,也禁止使用陆基或是潜射弹道导弹发射 CAV。在这之后,CAV 改名为高超声速技术飞行器(HTV)。HTV 作为高超声速技术演示和验证计划的一部分,着眼于在较高的高空,验证与高超声速飞行相关的技术,如高超声速空气动力学、长时间高超声速飞行的防热技术、高超声飞行下的制导、导航与控制技术等。在计划的执行过程中,HTV－1、HTV－3 相继被撤消,只有由洛克希德·马丁公司的臭鼬团队研制的 HTV－2 飞行器,进行了两次飞行试验。

HTV－2 使用优化设计的乘波外形,以提高升阻比。在防热方面,它在其外部采用了低烧蚀的碳-碳复合材料,配合一系列隔热措施,来确保内部的常温环境。虽然 HTV－2 的速度在再入后随着滑翔不断降低,但其最终的飞行马赫数也在 4 左右。由于高超声速飞行的时间较长，所以必须进行防热、气动和控制的一体化设计，其难度就远远高于一般的再入飞行器。高超声速飞行也意味着要求更快反应的控制[17]，而困难在于目前还未全面掌握高超声速下实现空气动力控制的规律。

2010年4月，在加利福尼亚州范登堡空军基地，美国进行了猎鹰HTV-2的首次飞行试验，用“牛头怪-4”运载火箭将HTV-2送至预定分离点，HTV-2在飞行马赫数超过20的情况下与火箭上面级分离，但在发射9 min后，与地面控制站就失去了联系，试验宣告失败(见图1-3)。2010年末，DARPA公布了独立的工程审查委员会对HTV-2的调查结果，指出其首飞失控最可能的原因是偏航超出预期，同时伴有耦合滚转，这些异常现象超出了姿态控制系统的调节能力，触发了飞行器坠毁。2011年8月13日凌晨，美国又进行了HTV-2的第二次试飞，但HTV-2在升空大约0.5 h后，便与地面失去联系，试飞再次宣告失败。DARPA对事故分析后表示，高超声速飞行导致飞行器大部分外壳损毁。研制者推测，部分外壳因局部烧蚀损坏后，快速形成的损伤区在飞行器周围产生了意料之外的强大激波，导致飞行器的飞行迅速终止。

图1-3　HTV-2先进再入飞行器

2014年，HTV-2又进行了第3次试验，可惜的是，本次试验在发射后不久，直接出现了载具爆炸的问题，根本没有进行载荷的有效验证。针对几次结果，项目组认为在高超声速条件下，姿态控制问题是目前需要重点解决的技术问题。而与此同时，据美国媒体报道，中国的高速再入飞行器则获得了多次成功的试验[18]。

这类飞行器相对于之前的飞行器，其最主要的变化是采用了滑翔弹道来替换之前的惯性弹道，通过在临近空间的长时间滑翔来进行突防和高速远程打击，其弹道具有特有的飞行特点(见图1-4)。这也是目前再入飞行器的一个发展趋势[19]，即火箭助推与高速再入滑翔进行有效的结合，使得整个飞行阶段更加快速和难以预测。

随着后续的发展，远程洲际导弹发展的趋势是改变惯性弹道形式，增加速度和射程，并增加大范围的侧向机动能力[20]。

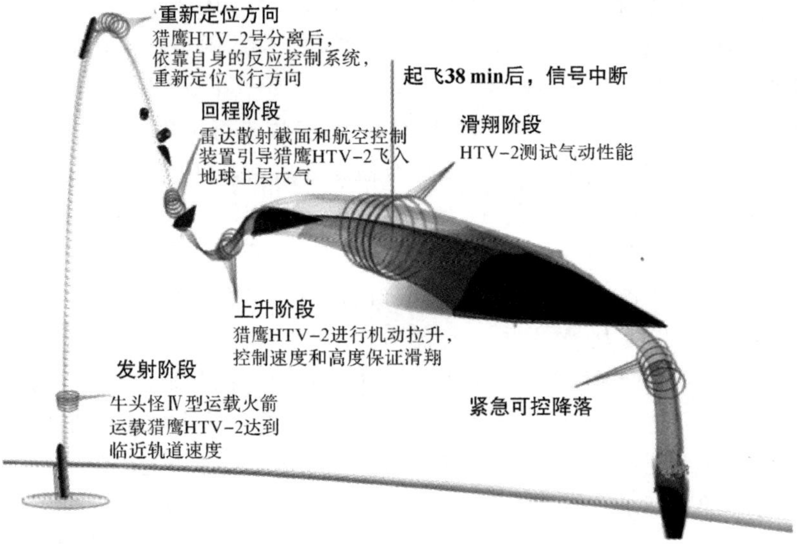
重新定位方向
猎鹰HTV-2号分离后，
依靠自身的反应控制系统，
重新定位飞行方向
起飞38 min后，信号中断
回程阶段
雷达散射截面和航空控制
装置引导猎鹰HTV-2飞入
地球上层大气
滑翔阶段
HTV-2测试气动性能
上升阶段
猎鹰HTV-2进行机动拉升，
控制速度和高度保证滑翔
发射阶段
牛头怪Ⅳ型运载火箭
运载猎鹰HTV-2达到
临近轨道速度
紧急可控降落

图 1-4　HTV-2 飞行时序

1.1.2　载人航天器

载人航天器也叫载人飞船，是一种可以让航天员在外层空间短期生活和工作，执行航天任务并返回地面的密闭空间舱，根据航天器气动特征的不同，载人飞船可分为弹道式飞船和弹道-升力式飞船。其属于不可重复使用运载器，具有结构设计简单、技术成熟度高以及系统可靠性与安全性强等优点，是天地往返运输系统的重要组成部分[21]。

1. 弹道式飞船

弹道式飞船是指通过特殊的气动外形设计，只产生阻力而基本不产生升力的飞行器。第一代再入飞船均为弹道式，其再入轨迹直接取决于再入点的状态（轨道运行偏差、离轨点位置偏差、离轨制动姿态偏差、制动速度偏差和大气偏差等），影响到终端的位置点。由于其不控制升力，所以进入段比较陡峭，减速较快，所经历航程和时间较短，热载荷较小，但会出现峰值过载大、瞬间热流速率高等问题。

早期的再入飞船均为弹道式再入方式，其典型代表有俄罗斯的“东方”号和美国的“水星”号，这两类飞船均采用弹道式再入。“东方”号再入后，在距离地面 7 km 的高度将宇航员弹射出去，通过伞降的方式着陆，宇航员也可以跟返回舱一起返回。“水星”号也配备了逃逸系统，可以通过弹射座椅进行逃逸操作（见图 1-5）。两类飞行都是单宇航员座舱，一般在进入空间后，以 180～250 km 的地球近地轨道进行运行，设计寿命通常为两三天。

2. 弹道-升力式飞船

为了降低再入过程中的过载峰值，通过调整再入角并优化总体布局设计，通过调整质心位置的方法，使得飞船在再入过程中产生一定的升力，这就是弹道-升力式布局，如图 1-6 所示。

弹道-升力式飞船的质心一般不配置在飞船的中心轴线上，这使得飞行器进入大气时产生一个负攻角(配平攻角),同时产生一定的正升力,该升力大小一般不大于阻力的一半,即升阻比小于0.5。通过升力可增加再入走廊的宽度,增加再入的成功率,并可以通过倾斜角的滚转来控制升力方向,从而减小最大过载值并降低热流率峰值,最直接的效果是可将着陆点控制在一定区域之内。目前,该类型返回舱被广泛应用。

图1-5 “水星”号和“东方”号再入飞船

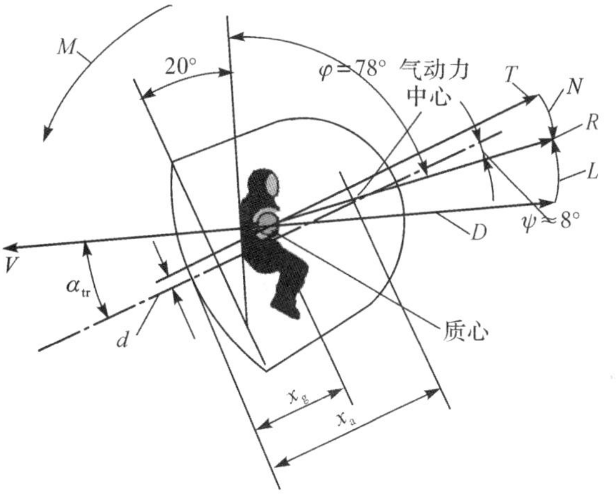

图1-6 弹道-升力式配平图

V—飞行速度;R—气动力合力,L 和 D—升力和阻力,N 和 T—法向力和轴向力,M—气动力矩;

α_{tr}—配平迎角;φ—气动力合力与人背的夹角;d—质心偏离纵轴的距离;

x_a 和 x_g—气动力中心和质心的纵坐标;Ψ—气动力与纵轴的夹角

美国在进行“阿波罗”登月计划之前开发的“双子星”载人飞船,在1965—1966年间进行了10次载人飞行试验。通过质心偏置的方法,将升阻比定位为约0.19。其最大过载为5g,落点散布到10 km级。后续的“阿波罗”登月计划中,该类型飞行器出现了严重的升阻比估计不准的问题,设计为0.5,实际为0.28,因此制导上还是采用了零升力航程预估技术。

经过几十年发展,弹道-升力式飞船仍然是现今天地往返的重要组成部分,俄罗斯的“联盟”号飞船、我国的“神舟”系列均属于此类型飞行器。而美国虽然在20世纪70年代研发了第一代航天飞机,但是由于其在经济型、可靠性以及安全等方面仍存在不少问题,所以在航天飞机全部退役后,NASA的下一代运载器仍然采用了此类飞船,即“猎户座”飞船(见图1-7)。

以上几类飞船采用了弹道-升力式的方式，落点具有一定范围，其主要精度由离轨的精度来保证，升力只是用来降低过载。

"阿波罗"号宇宙飞船
指挥舱
"阿波罗"号宇宙飞船由三个主要部分组成。指挥舱(CM)与相连的设备舱是提供补给和供飞行小组人员休息的，它提供了恰好足够的空间供宇航员来回走动。设备舱(SM)里面装着宇宙飞船的主发动机，它提供电力并控制宇航员的生活维持系统，在返回地球时，设备舱被分离抛弃，指挥舱携带宇航员返回地球。宇宙飞船第三部分是月球舱
设备舱
耐热材料
在指挥舱底部的热屏蔽罩厚达5 cm，它可以在经过大气层时保护宇宙飞船免受过高温度的损害
天线
设备舱发动机
NASA
全　　长：约9 m
最大直径：2.8 m
质　　量：约8 t

图1-7　"双子星"号、"阿波罗"号、"猎户座"号、"联盟"号与"神舟"飞船

1.1.3　吸气式高超声速飞行器

吸气式高超声速飞行器是指飞行马赫数大于5、以吸气式发动机或其他组合发动机为主要动力的飞行器。它在民用以及军事领域得到广泛应用。超燃冲压发动机技术作为吸气式高超声速飞行器研制的关键技术，它的应用拓展了飞行器的飞行包线，使得飞行器在大气层内能够以更快的速度飞行(超燃冲压发动机技术与火箭发动机、涡轮喷气式发动机技术结合，可以构成多种形式的组合发动机，如火箭基组合循环RBCC发动机、涡轮组合循环TBCC等)。虽然应用广泛，但由于超燃冲压发动机在超声速燃烧、机体/推进一体化、热防护、吸热型碳氢燃料、高超声速地面模拟和飞行试验等方面，都面临着巨大的技术挑战，导致能够满足实际应用要求的高超声速飞行器到目前仍未出现。

1.美国的吸气式高超声速飞行器

X-30(见图1-8)是美国国家空天飞机计划的高超声速概念飞行器,该飞行器采用乘波体外形以及机身/推进一体化设计,是由美国国防高级研究计划局与NASA共同研制的一种具有单级入轨能力的水平起降飞行器。由于该飞行器的研制目标过于超前,且许多关键技术的技术成熟度太低,加之研制成本太高以及预算紧张等,1995年被下马。不过该计划带动了美国高超声速技术的全面发展,取得了大量研究成果,积累了大量的工程研制经验。

1986年2月4日,美国政府宣布推行“国家空天飞机计划”时提出研制一种能水平起降单级入轨的研究机X-30。1986年开始对开发所需技术进行评估。这一阶段计划于1993年完成,然后进行X-30研究机制造,并在2000年前后开始试飞。

美国国防高级研究计划局陆续与多家公司签订了研究发展合同,麦克唐纳·道格拉斯公司负责中机身、操纵稳定性和热控制,通用公司负责后机身、机体与发动机的综合问题,罗克韦尔公司负责前机身、飞行管理系统与分系统,普拉特·惠特尼集团公司和火箭动力公司负责推进系统。1988年7月,默奎尔德特公司参加普拉特·惠特尼集团公司的超声速燃烧冲压发动机研究。1989年1月,罗克韦尔公司试验了1/7比例的超声速燃烧冲压发动机。

X-30将采用尖头、狭长机体、大后掠三角翼、单垂尾布局,以减少高速飞行时的阻力,机身从前到后为头锥,两人驾驶舱,电子设备舱,液氧舱,由气态、液态和固态氢混成的糊态氢舱及液氧舱。动力装置由涡轮冲压/超声速燃烧冲压/入轨和再入大气火箭发动机构成。机体主要使用钛基复合材料,表面高热部分使用有内部冷却的防热材料。在美国政府大量削减政府开支后,X-30的进度目前又有所推迟。为减少风险,美国于1993年提出先制造和试飞两架X-30原型机,把工作退回到火箭发射的超声速燃烧飞行试验,在发动机方面,首先用“民兵”与“大力神”火箭发射超声速燃烧发动机,再研究马赫数大于12时的发动机工作情况,在试验成功后再推进X-30计划。X-30有助于使普通火箭发射器灵活、有效地将更大载荷运送至地球轨道,它在空天飞机的可复用性、发射后回收技术以及对中途返航的研究都具有重要意义。X-30的研制总经费估计为20亿美元,其中7亿美元来自各生产企业。

图1-8　X-30

X-30的主要参数如下:

(1)动力装置入轨和再入大气时的火箭推力为222~333 kN;

(2)机长为45.7~61.0 m;

(3)起飞质量为 113 400～136 000 kg。

由于其研制难度太大和研制费用过高，X－30 项目仅仅只是停留在缩比模型研究阶段，并于 1994 年 11 月被取消，所以没有建造任何全尺寸实体样机。

X－43A 是 NASA 组织的 Hyper－X 高超声速计划中的无人超燃冲压发动机试验飞行器。2004 年 11 月 6 日，该飞行器完成了马赫数 9.8 的高超声速飞行，开创了吸气式发动机飞行器在大气层内的速度记录。X－43A 试验飞行器采用氢燃料，由飞马座火箭助推加速到试验条件，通过飞行试验验证实际超燃冲压发动机的性能，该飞行器采用乘波体布局，控制面布置在机身后部，主要包括全动水平尾翼、双垂直尾翼以及方向舵[22]。

X－51A 是美国空军为验证 HyTech 计划的吸热型碳氢燃料超燃冲压发动机性能而设计的无人试验飞行器，该飞行器的研制工作由美国空军实验室负责，主承包商有波音公司和惠普公司。其采用乘波体布局，具有较大的升阻比，最大飞行马赫数为 6，最大飞行高度约为 30 km。热防护采用常规金属，表面覆盖轻型热防护泡沫盒陶瓷瓦，发动机采用主动冷却技术。X－51A 试验的主要目的包括：①收集主动冷却、自主控制运行的超燃冲压发动机的地面和飞行数据；②验证吸热型燃料超燃冲压发动机在飞行状态下的可行性；③产生更大推力，以证明由超燃冲压发动机推进的自由飞行的可行性，为发展全球快速打击的远程高超声速巡航导弹提供技术基础，进而为美军发展快速、经济地进入空间的能力提供技术支持。2010 年 5 月 26 日，X－51A 成功地进行了第 1 次有动力飞行试验，飞行时间长达 200 s(见图 1－9)。

图 1－9　X－51A

X－51A 通过激波上滑行增加升力，为典型的乘波飞行器，由波音公司负责总体研制，其上面使用的超燃冲压发动机由普惠洛克达因公司负责。在实际试飞中，它通常使用美国陆军战术导弹系统的固体火箭发动机作为助推器，在加速到马赫数 4.5 以上分离后，启动超燃冲压发动机进行高超声速飞行。其尾部有 4 个控制舵面，飞行器前端整流罩后为电池部分，随后为飞行试验设备、全权限数字式电子控制和惯性单元子系统，飞行器中部为燃料箱、燃料输送系统和发动机系统，尾部为飞行控制系统以及天线和传感器。X－51A 飞行器的长度约 4.27 m，包括助推器总重约 1.8 t，飞行器内部的 JP－7 碳氢/煤油燃料质量约 123 kg，燃料可支持约 300 s 的高超声速飞行，最大试验飞行距离约 740 km。

该项目的主要目标是验证乘波体气动控制技术和碳氢燃料的超燃冲压发动机，为实用的高超声速导弹进行技术验证。按照计划飞行马赫数达到 6 以上，实际飞行高度约为 21 000 m，其主要目标是为高超声速打击武器铺路。X－51A 项目的核心，同时也是技术难度最大的部分，超燃冲压发动机 SJX61 由普惠洛克达因公司(PWR)研制，本身属于早期的 HySET 超燃冲压发动机进一步发展的结果。该发动机主要的特点是采用碳氢燃料，该燃料在进入燃烧室前充当冷却剂。在整个暴露出来的 4 次试验信息中，X－51 呈现出巨大的优势和技术难度：其反应速度快，突防能力强，破坏威力大，但是也存在着复杂的动力系统设计要求。

(1)首飞试飞。2010 年 5 月 26 日，美国在加利福尼亚州南部太平洋海岸的军事基地，首次成功试飞了 X－51A 试验机。按照最初试飞计划，B－52 飞机在大约 15 000 m 高空投放整个 X－51A 试验系统。首先，助推器持续燃烧 30 s，将整个系统加速到马赫数 4.6～4.8。在助推过程中，空气将进入 X－51A 验证机的超燃冲压发动机内，通过级间段流出，以便起动进气道，开始逐渐加热发动机及其燃油。在助推器分离后，X－51A 验证机将借助惯性继续滑行数秒钟，然后在发动机内部依次点燃乙烯和燃油，在达到热平衡后，仅利用 JP－7 燃料的燃烧实现不断加速。整个动力飞行过程大约 300 s，预期飞行马赫数达到 6.5。随着全部燃料消耗殆尽，X－51A 验证机将开始减速，接着是 500 s 的无动力飞行，逐渐下滑，最后坠落进太平洋。然而，首次试飞并非按照设想顺利进行，尽管取得了成功，但还是出现了令人意想不到的一些情况。

5 月 26 日，美国空军实施了 X－51A 验证机的首次飞行试验。B－52H 载机在众人期待的目光中，从爱德华兹空军基地起飞，在爬升到预定高度后，在飞行马赫数为 0.8 下，释放了由助推器和验证机组成的 X－51A 试验系统。大约 4 s 后，助推器按照预定程序点火，将 X－51A 验证机的飞行马赫数助推到 4.8。随后，X－51A 验证机与助推器、级间段分离，按照预定程序，成功地完成了一个平缓的 180°滚转机动。这一过程中，X－51A 验证机将进气口从上方位置改变为腹部位置，飞行马赫数略微降低到 4.73。随后，SJY61 超燃冲压发动机先点燃乙烯，然后过渡到 JP－7 碳氢燃料的点火、燃烧。接着，X－51A 验证机开始逐步加速，但是遥测数据表明，加速度略低于设计值，而且发动机舱后部的温度明显高于设计值。靶场安全官员通过监测数据发现，X－51A 验证机开始减速，并且遥测信号丢失，于是下令终止试飞，飞行器启动了自毁程序。结果，SJY61 超燃冲压发动机只工作了 140 s，并未达到预期的 300 s 时间，飞行器的飞行马赫数达到了 5，尚未加速到马赫数 6 以上。PWR 公司表示，有关数据初步表明，SJY61 发动机完全按照设计要求工作，在第一次试飞中就实现了最关键的节点：点燃乙烯；过渡到乙烯与 JP－7 燃料的混合燃烧；达到 JP－7 燃料燃烧的条件；仅用 JP－7 燃料继续燃烧；并持续工作 140 s。X－51A 验证机在自毁前，机内仍然剩余一部分燃料。

由此可见，PWR 公司已经完全掌握了一系列关键技术，可以很快制造出更长燃烧时间的超燃冲压发动机。设计的 5 min 飞行时间并不是推进系统的限制，只是局限于在油箱内装有燃料的容量。如果改进设计一种更大容量的燃料箱，X－51A 改进型可以进一步增加飞行时间。尽管飞行时间没有达到预期目标，但测试组仍然对结果感到满意。AFRL 发言人表示，首次飞行得分为 B，下一次将得到 A。AFRL 负责 X－51 计划的经理查理·布林克表示，此次试飞取得了 95%的成功，飞行控制软件完美无缺，尚不清楚加速过程减慢和飞行时间短暂的具体原因，初步推测可能是密封问题或作动器故障，同时也认为，有可能是错误地估算了 X－51A 验证机在低马赫数飞行时的阻力。

美国《基督教箴言报》在形容 X-51A 验证机的飞行时，称它比“超人”还快，而且还比喻，它的超燃冲压发动机的技术难度就好比在飓风中点燃一根火柴，并且不让火焰熄灭。《洛杉矶时报》描述 X-51A 验证机的首次试飞：一架外观酷似冲浪板的飞机从一架 B-52H 载机的机翼下分离，然后以超过 5 600 km/h 的速度在太平洋上空飞行，这让过去的飞行纪录为之逊色，也重新点燃了研制高超声速飞行器的热情。美国空军 X-51A 项目主管查理·布林克表示，超燃冲压发动机在技术上的飞跃相当于第二次世界大战后期从活塞式发动机向喷气式发动机的巨大跨越。

(2)二次试飞。在 2011 年 6 月 13 日进行的 X-51“乘波者”高超声速飞行器第二次飞行试验中，由于超燃冲压发动机的进气道未启动，X-51 第二次飞行过早终止。在操作人员的控制下，飞行器降落在加利福尼亚沿海。波音公司 B-52 飞机携带 X-51 飞行器“完美地”飞至发射点后，火箭推进器成功将 X-51 推进至马赫数 5，由普惠·洛克达因公司建造的超燃冲压发动机以乙烯为初始燃料，成功点火。在随后转而使用 JP-7 常规燃料时，进气道未能启动。之后工作人员重启、恢复最佳条件的努力失败。按照 NASA 的说法，进气道不启动的原因多为激波速度过快，越过进气口前端，导致发动机气流的气压骤减。超燃冲压发动机的工作依赖着极度精确的激波运动和发动机气流。没有风洞能使空气以高超声速运动，因此高超声速试验极端困难。美国空军 X-51A 项目主管查理·布林克表示：“显然，我们很失望，原本我们期待着更好的结果。但是我们仍对此次飞行收集到的数据感到满意。我们将继续检查这些数据，了解更多关于这项新技术的知识。每一次对这项令人振奋的新技术进行试验，就距离成功更近一步。”在 2010 年 5 月 26 日 X-51 的首次飞行中，飞行器在超燃冲压发动机点火 110 余秒后，经历了相似的进气道未启动问题，之后发动机成功恢复。飞行控制持续至143 s时，发动机密封失效，导致试验中断。

(3)三次试飞。2012 年 8 月 14 日，X-51A“乘波者”高超声速无人飞行器将进行第三次试飞。

按计划，用于测试的 X-51A 先是在位于加利福尼亚州的爱德华兹空军基地进行测试，待参数正常之后再挂到 B-52 型轰炸机翼下；接着 B-52 从爱德华兹空军基地起飞，在飞到接近莫古角导弹靶场的太平洋上空时，从 50 000 ft(1 ft≈0.304 8 m)高空将 X-51A 放飞；然后 X-51A 打开自身动力，加速到 6 倍声速并爬升到 70 000 ft 高空，在持续飞行 300 s 后最终坠入太平洋。而 6 倍声速相当于从纽约飞到伦敦只需短短不到 1 h。2012 年 8 月 16 日，美军第三架 X-51A“乘波者”飞行器按计划与其载机 B-52 型轰炸机实现了分离，助推火箭也实现了点火。但是一个控制翼故障导致 X-51A“乘波者”飞行器在飞行了仅仅 16 s 后就垂直坠进了太平洋。

(4)四次试飞。2013 年 5 月 3 日，美国空军宣布，已研制近 10 年的无人驾驶飞行器 X-51A“乘波者”在第四次，也是最后一次测试中一度以 5 倍多声速飞行，在约 6 min 的时间里飞行了约 230 n mile，这也是“乘波者”在 4 次飞行测试中飞行距离最长的一次。

美国空军公布的视频画面显示，一架 B-52 型轰炸机从爱德华兹空军基地起飞后，将“乘波者”运载至太平洋上空约 15 000 m 处将其释放。然后，“乘波者”依靠固体火箭推进器在 26 s 时间内加速至 4.8 倍声速。在与推进器分离后，“乘波者”启动超燃冲压发动机，冲上约 18 000 m 的高空，速度达到 5.1 倍声速，飞行了约 3.5 min。按照设计，“乘波者”不可重复使用，因此在发动机燃料耗尽后，“乘波者”坠入太平洋并按计划自毁。

这一次飞行并没有达到6倍声速的设计飞行速度，但美国军方依然表示满意，美国空军X-51A项目主管查理・布林克在一份声明中说：“任务圆满成功。我相信，从X-51A项目中获得的经验和教训将有助于将来的高超声速研究以及最终的高超声速飞行的实践应用。”参与制造的波音公司则发表声明说，这是“一项历史性成就”。

美国空军于2004年启动X-51A项目，为此花费3亿美元。美国媒体报道说，美国军方一直在试验高超声速技术，希望能够达到在几分钟内对全球任意地点发动打击的水平。然而，“乘波者”几次飞行测试要么失败，要么没有达到6倍声速的设计飞行速度。

2.俄罗斯的吸气式高超声速飞行器

俄罗斯高超声速飞行器的研发始于20世纪50年代末，止于苏联解体，历时30余年，研发出世界上首款超燃冲压发动机，成功试飞了世界上首个高超声速飞行器，比美国早10余年，并逐渐建立起完备的发展体系。

为了抗衡美国于1959年试飞的X-15高超声速飞行器，苏联在1973—1978年、1980—1985年，分两个阶段进行了高超声速样机1、样机2的试飞，在此基础上，于1990年制造出Kh-90空基高超声速飞行器，实为高超声速巡航导弹。Kh-90最大的技术亮点是超燃冲压发动机，于1991年首次试飞成功，而美国的X-15采用的是火箭发动机，第二款X-43A才是美国的首款采用超燃冲压发动机的高超声速飞行器。

20世纪90年代，俄(苏)、法、德等国合作，分两个阶段启动了震惊世界的“冷”计划，主要目的有两个：①研发第一代、第二代超燃冲压发动机；②研发多次可重复使用的高超声速飞行器，开始大规模探索高超声速“气动热”问题，并取得了大量宝贵的理论与试验数据。“冷”高超声速试飞器的亚/超燃冲压发动机试验模型是由俄罗斯中央航空发动机研究院与中央空气流体动力研究院合作研制而成的。该冲压发动机模型为一个自主系统，它包括携带氢燃料的亚/超燃冲压发动机、燃料监控/测量系统等。试飞器采用远程、中高空地对空导弹系统的SA-5作为运载器。1991—1998年，试飞器共进行了5次飞行试验。“鹰”试验飞行器是俄罗斯继“冷”后的又一高超声速试验飞行器，该飞行器采用翼身组合体气动布局，采用SS-19“匕首”洲际导弹作为运载器，其综合了高超声速再入式与吸气式高超声速巡航两种弹道，运载器将试飞器送至80 km高空，飞行速度达到5 900 m/s，试飞器在亚轨道滑翔飞行，在达到指定条件后，超燃冲压发动机点火，进入巡航状态，发动机燃烧结束，飞行器进行末段飞行。

(1)“冷-1”计划。苏联解体前，苏联航空发动机中央研究所在5B28型防空导弹的基础上，设计建造了代号“冷”的高超声速飞行器，主要是拆除5B28导弹的战斗部，换装上“冷”高超声速飞行器验证机，该验证机由飞控系统、液氢燃料系统和第一代超燃发动机组成。1991—1999年，先后进行了9次试验，取得了大量的试验成果。

(2)“冷-2”计划。从1996年开始，俄罗斯启动了旨在研发第二代超燃冲压发动机的“冷-2”计划，1997—1999年，俄罗斯连续推出了两款陆基高超声速飞行器——GLL-8和GLL-VK，GLL-8重点解决气动热问题，GLL-VK重点分析马赫数为6条件下的空气动力频率和测试高超声速飞行状态下的热防护能力。

“冷”计划的开展使俄罗斯在高超声速飞行器科研领域遥遥领先于美国，迫使NASA于

1998 年花巨资向俄罗斯购买高超声速飞行试验数据，这些数据间接地推动了 X－43A 的研发和首飞。

从 20 世纪 90 年代末至 2011 年，俄罗斯主要启动了“彩虹”计划，重点探索高超声速飞行器的稳定性、可控性及有效载荷等实用技术，“彩虹”计划旨在解决超燃冲压发动机在马赫数 3～14 速度下稳定工作这一世界性理论难题，并为载人可控飞行进行探索性试验，该计划主要研发两种型号的空基高超声速飞行器验证机：一是“彩虹－D2”高超声速飞行器，该飞行器由俄罗斯与德国 OHB System AG 公司在空基巡航导弹 Kh－23 的基础上联合研发，在脱离 Kh－23 导弹后的相关飞行数据，对于研发新材料和完善新设计至关重要。二是 GLL－31 高超声速飞行器，该飞行器是在 S400 防空导弹系统的 40H6 固体燃料地空导弹的基础上研发的，2011 年 12 月，俄罗斯军工联合体发言人对外宣布，因面临理论难题无法解决，暂停高超声速飞行器研发试验工作。

2013 年中期，针对美国以高超声速武器为代表的“全球快速打击系统”，俄罗斯全面启动于 2011 年底暂停的高超声速飞行器研发计划，组建专职的前沿技术开发机构——科研与技术创新开发总局，并任命副总理罗戈津统筹相关事务，重点研发旨在抗衡“全球快速打击系统”的更为实用的高超声速武器装备系统：

(1)实战部署高超声速机动制导弹头，主要举措是将高超声速飞行技术应用于战略导弹战斗部，生产出可以在大气层内高超声速条件下的精导滑翔弹头。改型弹头是战略导弹的战略倍增器，不仅可以增加导弹射程，还可以实现末端精确制导，理论上能突破现役任何空防系统。

(2)加速研发高超声速巡航导弹，目前俄罗斯已研发出马赫数大于 4.5 的准高超声速巡航导弹，如跟印度联合研发的高超声速反舰导弹。

(3)逐步优化俄罗斯的导弹防御系统，S400 和 S500 系统的反导导弹最大马赫数已达 14～18，不仅远超 PAC－3 的 3，还远大于试验中的 X－51A，但是在别的方面却差美国一大截，如指挥控制系统、预警系统、侦察系统等都有待提高。

回望历史，影响俄罗斯高超声速武器发展的因素，除了专业的技术和理论外，最大的还是政策和资金，俄罗斯并不缺乏军事理论家，缺的就是稳定的政策和充裕的资金，一旦两者齐全，俄罗斯正在着力打造的“全球快速打击系统”即可实现。

1.1.4 可重复使用运载器

可重复使用运载器(Reusable Launch Vehicle，RLV)是指能够把成员和货物送入预定空间轨道，在完成任务后，再入大气层返回，最后像普通飞机那样水平着陆的一类天地往返运载器[23]。RLV 除了所有结构和设备能够多次使用外，还具有无损和定点返回的能力。为了达到该条件，要求其必须具有较大的升阻比，通过升力控制，可以保证再入过载、动压保持在较小范围内，并使得着陆段轨迹平缓至适合水平着陆的程度，因此，其一般都具有大于 2 的升阻比，并具有复杂的面对称气动外形。RLV 是航天技术和航空技术融合的产物，它的研制与热防护、新型材料、飞行器总体设计、超然冲压发动机以及飞行控制等技术的发展密不可分。除了航天飞机外，目前的飞行器均为关键技术的演示验证机或者处于研制阶段的飞行器。

1. X-15试验飞行器

X-15高超声速研究计划由NASA牵头，空军、海军以及北美航空公司等部门参加。该飞行器创造了有人驾驶下马赫数6.7以及107 960 m高度的飞行纪录，取得了大量有价值的成果，对“水星”号飞船、“双子星”号飞船、“阿波罗”号飞船以及航天飞机的研制都做出了重要贡献。该飞行器以火箭发动机为动力，采用了RCS和气动舵两种姿控动力机构完成控制，通过X-15，专家们研究了高超声速气动性能，热流率、高温与大载荷条件下的飞行器结构响应特性、高超声速稳定控制以及驾驶员的表现与生理机能等问题。该飞行器是第一个采用复合控制的飞行器，第一次将能量管理应用于飞行器着陆段的制导。

X-15采用中单翼设计，最初装备两台XLR-11火箭发动机(后改为XLR-99)。X-15机身表面覆盖有一层称作InconelX的镍铬铁合金，可抵御高速飞行时产生的1 200 ℃高温。由于火箭发动机燃料消耗量惊人，所以X-15必须由一架B-52型载机带入空中。在从载机上释放后，X-15自身携带的燃料只能飞行80～120 s，因此余下的10 min左右只能是无动力滑翔。降落时，X-15机身前部下方安装有常规机轮，机身后部则为两个着陆滑撬。

1954年7月19日，美国国家航空咨询委员会(NACA，1958年改组为现在的美国国家航空航天局，简称NASA)为了加快吸气式发动机技术研究，以兰利中心为牵头单位实施了一个高超声速研究发动机计划。该计划的主要目的是验证冲压发动机在飞行马赫数为4～8时的推力性能，同时，获得在高空高速条件下对气动力、材料和飞行控制技术以及人的生理情况的认识。这就是X-15的由来。

1955年9月，北美航空公司战胜贝尔、道格拉斯和共和公司中标，1955年11月签署了制造3架X-15的合同。1958年10月15日，第一架X-15用卡车拉到爱德华空军基地。1959年3月19日，一架NB-52开始在爱德华空军基地载着这架X-15进行第一次试飞。1959年6月8日，斯科特·克罗斯菲尔德第一次操纵X-15脱离母机，并完成无动力滑翔着陆。

1960年8月12日，X-15A从NB-52载机投放下来后，由美国空军飞行员罗伯特·怀特驾驶，爬升到41 496 m高度，打破了4年前由X-2试验机创造的38 364 m的高度纪录。

此后数年，X-15不断刷新飞行纪录。1967年10月3日，威廉·J.奈特少校驾驶X-15A-2马赫数达到了6.72(7 272 km/h)，这是X-15试飞行达到的最高的速度，也是有史以来所有飞机达到的最快速度。之所以能达到这个速度，主要因为机翼下增加了两个副油箱，一个装液氧，另一个装氨，从而延长了火箭发动机的燃烧时间，但由于增加了质量，也限制了X-15A-2达到更大的速度。遗憾的是，在那次飞行中，冲压式喷气发动机的试验架融化了，奈特不得不迫降。

1968年1月，X-15飞机研制计划取消，转入单项技术研究项目。X-15计划从开始制造到最后一次飞行几乎经历了10年，总费用为3亿美元，加上最后为“阿波罗”宇宙飞行计划做的试验，这应该算是较为值得的研究机了。它所完成的试验为美国航空工业此后多年一直保持领先地位起到了重要的作用。

1979年4月22日，经历15年的高超声速研究发动机计划终于寿终正寝了。但其丰富的超燃冲压发动机研究经验成了后来美国国家航天飞机计划的基础(见图1-10)。整个飞机的指标如下。

(1)试验机:乘员 1 人。

(2)发动机推力:256.8 kN。

(3)机长:15.24 m。

(4)机高:4.17 m。

(5)翼展:6.7 m。

(6)翼面积:18.58 m^2。

(7)空重:5 863 kg。

(8)起飞质量:15 300 kg。

(9)最大马赫数:6.7。

(10)升限:107 960 m。

图 1-10　X-15 技术验证机

2. 升力体布局飞行器

升力体飞行器没有典型的机翼,可以在较低的速度下获得较高的升阻比和强机动能力,具有高热载荷的物理特性,而且在大迎角和高超声速下有良好的气动力特性和高效的内部体积利用率。在 1963—1975 年的 10 多年间,NASA 和空军有计划地进行了有人驾驶的无动力进场着陆试验,所积累的成果直接用于后续航天飞机的研制中。其中典型代表是 NASA 的 X-24 以及后续的 X-38 技术验证机。X-24A 由美国空军和 NASA 的联合项目资助,最初是为了测试升力体气动布局设计概念,试验无动力再入与着陆性能。它的试验飞行进一步验证了无翼飞行器能够无动力水平着陆。X-38 的外形脱胎于 X-24,但考虑到其可能搭载失去行动能力的航天员,其采用了全自主的制导方式,并且为了提高着陆段的安全性,该飞行器使用降落伞完成最后的着陆。

X-24 技术验证机是 NASA 飞行研究中心与空军合作进行的一系列升力体试验机项目之一。升力体试验机主要用于验证这类由飞行员驾驶的无翼飞行器是否具有从太空返回地球并能像飞机一样在指定地点着陆的能力。该机型由马丁·玛丽埃塔公司制造,在加利福尼亚州爱德华兹空军基地进行试飞。X-24A 是继 NASA-M2-F1(1964)、诺斯罗普 HL-10(1966)、诺斯罗普 M2-F2(1968)、诺斯罗普 M2-F3(1970)之后的第 5 种升力体试验机。

X-24A 外形呈"短粗胖"的泪滴状,加装了垂直尾翼用于飞行控制。1969 年 4 月 17 日,X-24A 进行了首次无动力滑翔飞行。1970 年 3 月 19 日,其进行了首次动力飞行。飞行器由一架改装过的 B-52 搭载爬升到 45 000 ft(13.7 km)后投放,之后 X-24A 会根据任务不同，直接滑翔降落或者启动火箭引擎继续爬升。X－24A 共进行了 28 次飞行，最大飞行高度 71 400 ft(21.8 km)，最大速度 1 036 mile/h(1 667 km/h)。SV－5J 是 X－24A 的喷射动力版本(原版为火箭动力)，SV－5J 的尺寸与原版机相同，只是用一具 1 360 kg·ft 推力的 Pratt & Whitney J60－PW－1 喷射引擎取代了 X－24A 的 Reaction Motors XLR－11－RM－13 火箭引擎。马丁公司还建造了一件不能飞行的全尺寸 SV－5J 样机。原版 X－24A 被改装为 X－24B 后，其中一架 SV－5J 最终被改回 X－24A 展出于美国空军博物馆。不可飞行的样机模型最终在某些好莱坞电影里被当作太空船(见图 1－11)。

图 1－11　X－24A/X－24B 技术验证机

1971 年，X－24A 开始进行大的改造，随之其代号也变为 X－24B。与它的前身相比，X－24B已经成为了一种三角翼流线型升力体飞行器，其机长和翼展也增大至 11.43 m 和 5.82 m。1975 年 8 月 5 日，X－24B 在 B－52 的挂载下升空。在离开载机后，X－24B 打开火箭发动机迅速爬升到 18.3 km 的高度，然后返回爱德华兹空军基地，并顺利地完成了无动力着陆动作。这次试验飞行表明，研制一种能够象普通飞机一样在飞机跑道上着陆的再入飞行器在技术上是完全可行的。

X－38 是一种太空站成员返回飞行器(CRV)原型机，作为宇航员紧急逃逸装置使用。根据设计构想，CRV 将由绕轨道飞行的航天飞机从货舱中释放，然后与太空站进行对接，最后携载最多 7 名宇航员离开。CRV 上的生命维持系统最长工作时间为 7 h，在它进入地球大气层到达 12 000 m 高度后，着陆降落伞会展开以保证安全降落。

其外形是标志性的钝头锥无主翼形体。X－38 外壳采用了大量的复合材料(如玻璃纤维和碳纤维环氧树脂等)，并在受力点上使用钢材料和铝材料进行加固。此外，其外壳上还覆盖有一层特殊的热防护层(TPS)。除了使用降落伞实施降落以外，X－38 机体底部还安装有和 X－15 类似的滑撬降落装置。X－38 使用惯性导航和 GPS 定位系统，并由自动飞行控制系统驾驶，按预先指定好的着陆路线飞行。X－38 携带有一组蓄电池为其航电、导航、飞控等系统提供必要的电力，同时它还安装有能够短时间使用的姿态调整火箭。X－38 的大气层飞行试验先由 NASA 的 B－52 型载机(它也是 X－15 项目中的载机，因此被人亲密地称作 Mother Ship)挂于翼下带入空中，并在 25 000～45 000 ft 空域间释放，以验证其飞行控制能力以及着陆降落伞等功能。该型飞机无实体飞行纪录(见图 1－12)。

升力体布局的飞行器主要是通过大升阻比的外形大幅度提升飞行器的滑翔能力，同时给予机体更大的空间布局能力。其基本的制导和控制思路类似于 BTT 飞行器，只是在气动特性上具有更加良好的稳定性和机动能力。

图 1-12　X-38 技术验证机

3. 航天飞机

航天飞机是指可以重复使用、往返于地球表面和近地轨道之间、运送有效载荷的航天器。其可以搭载运载火箭实现垂直起飞。在轨道运行阶段，其可以在机载有效载荷和乘员的配合下完成多种任务。当返回地面时，其可以像普通飞机那样水平着陆，准备下一次重复使用。航天飞机作为第一代可重复使用运载器，是再入技术和飞机技术的巧妙结合，也是航天运输系统由一次性使用向可重复使用跨越的一个重要里程碑。目前使用过的航天飞机有美国的“哥伦比亚”号、“挑战者”号、“发现”号、“亚特兰蒂斯”号以及“奋进”号，苏联的“暴风雪”号航天飞机曾完成 1 次无人驾驶试验飞行。2011 年 7 月 21 日，美国“亚特兰蒂斯”号航天飞机在佛罗里达肯尼迪航天中心安全着陆，标志航天飞机项目的终结。

美国第一代航天飞机由 NASA 研制，部分可重复使用，由轨道器、外储箱、固体火箭助推器 3 大部分和推进、结构、防热、生保、环境控制、配供电等 27 个系统组成。航天飞机采用翼身融合体外形，可适应从高超声速到水平着陆的整个范围内的气动性能。“暴风雪”号布局与美国航天飞机类似，其可以在无人驾驶的条件下完成自动再入并且准确着陆。其主发动机安装在“能源”号火箭上，航天飞机尾部安装小型机动飞行发动机和减速制动伞，可实现更加可靠的着陆。但由于机上系统的安全可靠性尚未得到充分保证，加之政治、经济等方面的原因，所以最终没有投入使用。

以美国航天飞机为例，其整个系统以火箭发动机为动力发射到太空，能在轨道上运行，且可以往返于地球表面和近地轨道之间，部分可重复使用。它由外部燃料箱、火箭助推器和轨道器三大部分组成。

(1)外部燃料箱。其外表为铁锈颜色，主要由前部液氧箱、后部液氢箱以及连接前、后两箱的箱间段组成。外部燃料箱负责为航天飞机的 3 台主发动机提供燃料。外部燃料箱是航天飞机三大模块中唯一不能重复使用的部分，发射后约 8.5 min，燃料耗尽，外部燃料箱便被坠入大洋中。

(2)火箭助推器。这对火箭助推器中装有助推燃料，平行安装在外部燃料箱的两侧，为航天飞机垂直起飞和飞出大气层进入轨道提供额外推力。在发射后的头 2 min 内，与航天飞机的主发动机一同工作，在到达一定高度后，与航天飞机分离，前锥段里降落伞系统启动，使其降落在大西洋上，可回收重复使用。

(3)轨道器。轨道器即航天飞机本身，它是整个系统的核心部分。轨道器是整个系统中唯一可以载人的、真正在地球轨道上飞行的部件，它很像一架大型的三角翼飞机。它全长

37.24 m，起落架放下时高 17.27 m，三角形后掠机翼的最大翼展 23.97 m，不带有效载荷时质量 68 t，飞行结束后，携带有效载荷着陆的轨道器质量可达 87 t。它所经历的飞行过程及其环境比现代飞机要恶劣得多，它既要有适于在大气层中做高超声速飞行、超声速飞行、亚声速飞行和水平着陆的气动外形，又要有承受再入大气层时高温气动加热的防热系统。因此，它是整个航天飞机系统中设计最困难、结构最复杂、遇到的问题最多的部分。

轨道器由前、中、尾三段机身组成。前段结构可分为头锥和乘员舱两部分，头锥处于航天飞机的最前端，具有良好的气动外形和防热系统，前段的核心部分是处于正常气压下的乘员舱。这个乘员舱又可分为三层：最上层是驾驶台，有 4 个座位，中层是生活舱，下层是仪器设备舱。乘员舱为航天员提供宽敞的空间，航天员在舱内可穿普通地面服装工作和生活。一般情况下舱内可容纳 4～7 人，紧急情况下也可容纳 10 人。

航天飞机的中段主要是有效载荷舱。这是一个长 18 m、直径 4.5 m、容积 300 m^3 的大型货舱，一次可携带质量达 29 t 多的有效载荷，舱内可以装载各种卫星、空间实验室、大型天文望远镜和各种深空探测器等。为了在轨道上施放所携带的有效载荷或回收轨道上运行的有效载荷，舱内设有 1 或 2 个自动操作的遥控机械手和电视装置。机械手是一根很细的长杆，在地面上它几乎不能承受自身的质量，但是在失重条件下的宇宙空间，它却可以迅速而灵活地载卸 10 t 多的有效载荷。航天飞机中段机身除了提供货舱结构之外，也是前、后段机身的承载结构。

航天飞机的后段比较复杂，主要装有三台主发动机，尾段还装有两台轨道机动发动机和反作用控制系统。在主发动机熄火后，轨道机动发动机为航天飞机提供进入轨道、进行变轨机动和对接机动飞行以及返回时脱离轨道所需要的推力。反作用控制系统用来保持航天飞机的飞行稳定和姿态变换。除了动力装置系统之外，尾段还有升降副翼、襟翼、垂直尾翼、方向舵和减速板等气动控制部件。

航天飞机是一种为穿越大气层和太空的界线（高度 100 km 的卡门线）而设计的火箭动力航天器。它是一种有翼、可重复使用的航天器，由辅助的运载火箭发射脱离大气层，作为往返于地球与外层空间的交通工具，航天飞机结合了飞机与航天器的性质，像有固定机翼的太空船，外形像飞机。航天飞机的机翼在回到地球时提供空气刹车作用，以及在降落跑道时提供升力。航天飞机升入太空时跟其他单次使用的载具一样，使用火箭动力垂直升入。因为机翼的关系，航天飞机的有效载荷比例较低。设计者希望以重复使用性来弥补这个缺点。

航天飞机除了可以在天地间运载人员和货物之外，凭着它本身的容积大、可多人乘载和有效载荷量大的特点，还能在太空进行大量的科学实验和空间研究工作。它可以把人造卫星从地面带到太空去释放，或把在太空失效的或毁坏的无人航天器（如低轨道卫星等人造天体）修好，再投入使用，甚至可以把欧洲空间局研制的“空间实验室”装进舱内，进行各项科研工作。

航天飞机的飞行过程大致有上升、轨道飞行、返回三个阶段。在起飞命令下达后，航天飞机在助推火箭的推动下垂直上升，直至进入预定轨道，完成上升。在进入轨道后，航天飞机的主发动机熄火，由两台小型火箭发动机控制飞行。在到达预定地点后，航天飞机开始工作。航天飞机在完成任务后，便开始重新启动发动机，向着地球飞行。在进入大气层后，航天飞机的速度开始放慢，并像普通滑翔机一样滑翔着陆（见图 1－13）。

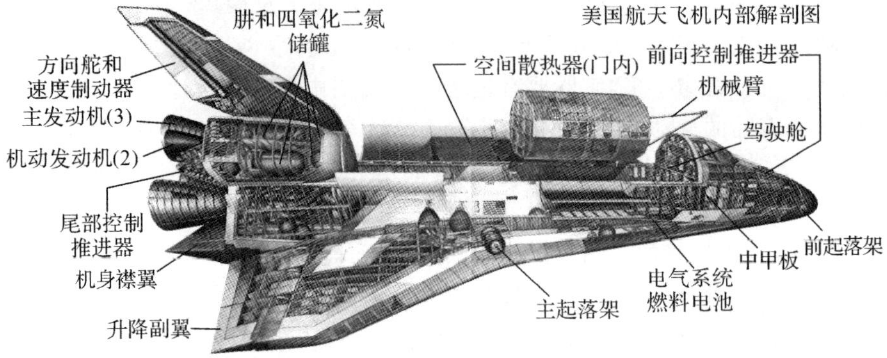

图 1-13　航天飞机解剖结构图

由于其开创了新型的使用模式，在飞行轨迹和任务中有着与普通空间飞行器和航空飞行器融合的特性，所以自产生以来，促使了快速进入空间的制导控制技术的大发展：

(1)通过火箭发动机助推的模式降低了对于动力系统的需求，避免了由于复杂动力系统研发带来的整体系统负责性和技术风险性问题，且在助推过程中创新性地解决了非对称载荷的助推问题(非传统轴对称布局)。

(2)在轨操作能力，可以实现入轨后的姿轨控，维持轨道并提供姿态操作。具有独立的空间机动能力。

(3)更大升阻比飞行器的再入返回技术，与飞船不到 1 升阻比的返回方式差异巨大，开创了基于阻力加速度曲线的再入轨迹规划技术，以及无人操纵下的精确末端能量管理技术，实现了大升阻比飞行器的水平着陆飞行。

航天飞机开创了航空技术和航天技术的融合，突出了很多开创性的技术，目前在空间探索中，尤其在快速进入空间领域中，航天飞机奠定了扎实的基础。

4.第二代可重复使用运载器

20 世纪 90 年代之后，随着人类在太空探索领域需求的不断增加，各个航天大国开展了新一代重复使用运载器的研发工作，美国在这个领域一直处于领先地位。对于第二代可重复使用运载器，如何有效降低载荷运输成本，简化系统结构，提高系统的安全性与可靠性并缩短地面发射准备时间成为重要目标。为了解决这类问题，须解决诸如高超声速气动力/气动热技术、高性能推进技术、复合材料结构技术、热防护技术、先进导航制导与控制技术等关键问题，而通过研制相关技术的演示验证机并进行一系列的飞行试验研究，成为解决这些关键技术的有效途径。

第二代的航天飞机计划美国于 20 世纪 80 年代启动，其目的是在航天飞机退役后能够进行替代。20 世纪 80 年代中期，在美国的“阿尔法”号永久性空间站计划的刺激下，一些国家对发展载人航天事业的热情普遍高涨，积极参加“阿尔法”号空间站的建造。当时估计，在空间站建成后，为了开发和利用太空资源，向空间站运送人员、物资和器材等任务每年将达到数千次之多。这些任务如果用一次性运载火箭、载人飞船或航天飞机来完成，一年的运输费就将达到上百亿美元。为了寻求一种经济的天地往返运输系统，美、英、德、法、日等国纷纷推出了可重复使用的天地往返运输系统方案。1986年,美国提出研制代号为X-30的完全重复使用的单级水平起阵的“国家航空航天飞机”,重点是对高超声速喷气式发动机技术进行研究,后来又将研究重点转移到了火箭动力航天飞机方面,为研制空天飞机打下基础。1994—1996年,由美国空军大学、空军科学技术顾问委员会完成的一系列关于未来军事装备的研究报告均建议把空天飞机作为今后20～30年最重要的武器装备之一。1996年7月,美国宇航局和洛克希德·马丁公司签订了一项协议,由洛克希德·马丁公司研制一种可重复使用的运载器技术验证飞行器,并进行飞行试验,以为研制和经营可完全重复使用的实用型运载器进行技术上的准备。该验证机代号为X-33,而最终要研制的实用型飞行器被称为“冒险星”(见图1-14)。

图1-14 X-33

美国宇航局希望它能比老一代航天飞机节省90%的发射费用。如果研制成功,X-33将是美国第一代真正意义上的空天飞机。像第一代航天飞机一样,X-33的发射和降落将分别采取垂直发射和水平降落的形式,但它支持单级火箭运输,仅依靠自身发动机和内置燃料,无需任何外挂燃料的辅助燃烧动力就能进入轨道,不但能节省大量人力、物力,同时还能缩短两次任务之间的准备时间。为了达到这一目标,设计者们开发了一种新型的气塞式火箭推动器,以使飞行器以18倍声速的速度飞行,同时,为减轻质量,X-33将采用新式的质量较轻的复合材料进行制造。但是,一些专家认为这些技术在当时并未成熟,将导致X-33的失败。NASA原计划于1999年7月4日制造出样机,1999年7月26日进行马赫数为7的第一次飞行。但由于技术难度太大,所以X-33技术验证机的研制任务未能如期完成。2001年,在经过5年的研究,耗资12.6亿美元后,NASA和美国空军相继宣布取消X-33技术验证机的研制计划,但“冒险星”计划并没有被停止。洛克希德·马丁公司当时准备成立一家公司,称为“冒险星有限责任公司”,负责筹集制造和经营“冒险星”实用运载器所需的50亿美元资金。美国空军虽未直接参与X-33项目,但却一直对这种技术十分关注,在美国宇航局取消X-33项目后,美国空军太空司令部曾表示空军想要评估形势并有可能接管X-33计划的后勤支持,但迄今未知有进一步消息。

X-34是轨道科学公司设计的重复使用技术验证机,该飞行器计划在10 km高度由洛克希德·马丁公司的L-1011载机投放,飞行器加速至马赫数8,在完成亚轨道试验任务后返场并水平着陆。该飞行器用于验证的主要关键技术包括复合材料主结构和煤油储箱、先进 TPS 系统和材料、一体化飞行器健康监测系统、自主着陆自动导航、制导和控制系统、嵌入式大气数据系统以及 Fastrac 火箭发动机。X－34 是一种蕴含了许多最顶尖科技的无人驾驶可重复使用低成本航天运载飞行器，它的主要任务是验证大幅度降低航天运载成本技术的可行性。X－34 机长为 17.76 m，机高 3.50 m，翼展 8.44 m。X－34 项目的目标就是要将航天入轨飞行中 10 000 美元/lb 的运载成本降至 1 000 美元/lb。虽然其目标很诱人，但 X－34 仍然由于其技术太超前和项目超支于 2001 年 3 月被取消，取消之前制造了 3 架空射试验平台，进行了 3 次系留飞行试验(见图 1－15)。

图 1－15　X－34

“轨道科技”X－34 是一种专门用于验证“可重复使用航天器”计划“关键技术”的测试平台。X－34 原计划由马赫数可达 8 的 Fastrac 液体燃料火箭驱动，每年可进行 25 次试飞。2001 年该计划由于成本问题被取消，“轨道科技”和罗克韦尔在与 NASA 签署协议后一年相继退出。因为两家公司都认为在如此少的预算下完成试验机是不可能的。

X－34 后来作为亚轨道可重复使用火箭技术验证机重生。但是当第一架试验机接近完成时，NASA 又要求对设计进行大改却不提供任何资金支持，作为承包商的罗克韦尔公司拒绝了这一要求。2010 年 1 月 1 日，2 架验证机被转场存放在了爱德华兹空军基地。2010 年 11 月 16 日，两架 X－34 都拆除了垂直尾翼并被送往加利福尼亚州莫哈维的国立试飞员学校，在这里两架试验机将接受 NASA 的全面检查，考察其是否具有恢复为可飞行状态的可能性。

X－37A 是由波音公司研制的，可进行在轨以及高超声速返回技术验证的试验飞行器，由 NASA 和美国空军管理。其轨道飞行器主要测试与上升段、在轨道段以及再入段相关的一系列关键技术，如热防护系统、先进导航制导与控制技术、航电技术、高温结构以及高温材料等。X－37 轨道飞行器还将成为美国第 1 个无人自主完成轨道运行、再入并且着陆的重复使用运载器。

1996 年，NASA 提出了 Future－X 计划。这个计划被拆成两个子计划，其中规模较小的“探险者”，就是 X－37 计划。这是因为 X－33 计划在 1994 年一度被冻结，影响到好几个关键技术的研究进度。为了让几个致力于太空运输方面的研究机构可以继续把他们的实验结果送上太空做高超声速的飞行验证，从 1998 年底直到 1999 年 7 月，波音公司与 NASA 签署了 4 年合作协议，开始建造一系列验证机中的第一架。依照计划，X－37 将成为第一架同时具备在地球卫星轨道上飞行和具备再入大气层能力的飞行器，而机上的自动操作系统将在 NASA 所致力的“降低进入太空的负载成本”中扮演关键性的角色。在原计划中，X－37 可以由航天飞机携带进入太空，但是在有报告指出使用航天飞机携带 X－37 进入太空不合乎经济效益后，就改由“三角洲 4”或是相似的火箭负责这个任务了。在太空中，X－37 可以经由本身配备的火箭引擎推动，得到 25 倍声速的飞行速度，直到重入大气层前，X－37 有 21 天的时间在太空中进行相关的实验，然后重返地球，降落在传统的跑道上。

2010 年 4 月 22 日，美国空军花费 10 年研制的全新“空天战机”X－37B 首次试飞。这种外形和功能都酷似小型航天飞机的战机将通过火箭送入轨道环绕地球飞行，然后再以滑翔方式返回地面。据悉，该机从佛罗里达州卡纳维拉尔角空军基地升空，并且在加利福尼亚州着陆。X－37B 共进行了三个架次的飞行：第一架 X－37B 于 2010 年从美国佛罗里达州卡纳维拉尔角空军基地发射升空，同年 12 月降落在加利福尼亚州范登堡，任务编号 OTV－1；2011 年 3 月 5 日，第二架 X－37B(OTV－2)升空，发射工位仍然位于卡纳维拉尔角，在轨运行时间 469 天，2012 年 6 月返回，降落地点为加利福尼亚州范登堡；第三架 X－37B(OTV－3)在 2012 年 12 月升空，现在已经完成了轨道任务。

2014 年 10 月 14 日，X－37B(OTV－3)轨道飞行时间 671 天，美国空军“绝密级”X－37B 迷你航天飞机可能返回，并降落在美国加利福尼亚州范登堡空军基地，空军的官员已经在范登堡空军基地准备迎接 X－37B 的降落。2014 年 10 月 17 日，美国军方宣布，2012 年 12 月从佛罗里达州卡纳维拉尔角发射升空的 X－37B 于当地时间当天上午 9 时 24 分(北京时间 18 日 0 时 24 分)在加利福尼亚州范登堡空军基地着陆。这是该飞行器执行的第三次试飞测试任务，也是迄今耗时最长的一次“秘密任务”。美国空军 X－37B“轨道试验飞行器”于 2015 年 5 月执行了第 4 次在轨飞行任务。与此前 3 次任务高度保密、完全避谈细节不同的是，美国空军此次主动透露，将在飞行中测试一种可提高能效的新型推进器。美国联合发射联盟公司 5 月 28 日说，5 月 20 日，一枚“宇宙神－5”型火箭从佛罗里达州卡纳维拉尔角把 X－37B 送入太空。美国空军快速反应能力办公室主任兰迪·沃尔登在一份声明中表示，此前 3 次飞行任务主要是验证飞行器，而此次任务的重点将转为对试验性载荷的测试。

X－37B 由波音公司旗下“幻影工厂”制造，重约 5 t，长 8.8 m，高 2.9 m，翼展为 4.6 m，尾部有两扇竖尾翼，外形酷似跑车，大小是航天飞机的 1/4。起飞质量超过 5 t。X－37B 的长度大约为 29 ft(约为 8.8 m)，宽 9.5 ft(即 2.9 m)，翼展大约 15 ft(即 4.6 m)，长度接近一辆劳斯莱斯幻影加长版，因此 X－37B 的体积比一般的轨道卫星要大，但又小于航天飞机，由于其发射方式也使用了火箭，所以 X－37B 应该被列为迷你航天飞机，而不是空天飞机，毕竟 X－37B 无法实现水平起飞。

X－37B 的内置货舱能够转载货物、机械臂，那么 X－37B 在轨验证航天器的导航控制技术、热防护材料、发动机技术、空间对接以及载人能力等就是“隐性”任务，美军可以根据 X－37B不同阶段来制定各种分级任务。X－37B 的体积虽小，但功能齐全，有一个与航天飞机相似的背部载荷舱，尺寸与皮卡车的后货箱相当，这是 X－37B 的一个显著的亮点，载荷能力为大约在 2 t 左右，内置货舱可以搭载小型机械臂，抵达轨道后可展开轨道作业，如抓取敌方在轨卫星、破坏航天器、释放小型载荷等等(见图 1－16)。为了满足 X－37B 的在轨能源需求，其还携带了太阳能电池板，可提供不间断的电力供应。

图 1-16　X-37B

X-37B 的主要参数如下。

(1)乘员:无。

(2)长度:8.9 m(29 ft 3 in)。

(3)翼展:4.5 m(14 ft 11 in)。

(4)高度:2.9 m(9 ft 6 in)。

(5)空重:3.5 t。

(6)载重:11 000 lb(4 990 kg)。

(7)发动机:1×喷气发动机 AR2-3 火箭发动机(肼),6 600 lb(29.3 kN)。

(8)电力:砷化镓太阳能电池、锂离子电池。

(9)有效载荷舱:2.1 m×1.2 m(7 ft×4 ft)。

(10)轨道速度:28 044 km/h(17 426 mile/h)。

(11)轨道:近地轨道。

(12)轨道飞行时间:270 天(设计)。

X-37 是一种由助推火箭发射或飞机投放、可进入地球卫星轨道高速飞行的无人驾驶空天飞机。由于它通过遥控导航,没有驾驶舱,所以体积比太空飞船小很多,非常符合空天飞机轻便灵活的要求。它长约 9 m,翼展 4.57 m,可携带 2 t 左右的物品,按照设计能在近地轨道上以 25 000 km/h 的高速飞行。相比之下,传统的太空飞船重 90 多吨,长 37 m。

与常规战斗机相比,X-37B 虽然块头小,却装有强大的动力装置。借助火箭发射升空时,它的速度可达到 25 倍声速。在这一速度下,地面雷达很难发现并跟踪 X-37B 的轨迹。X-37B 可凭借自带的太阳能电池和锂电池提供动力,其飞行时间高达 270 天。X-37B 与其他航天器的对比如下:从 X-37B 的轨道高度也可以看出这种空天平台能够覆盖大多数卫星的轨道,根据西方一些观察家的评估,X-37B 的轨道高度最多可以达到 1 000 km,能够对当前的多种轨道卫星构成潜在的威胁,毕竟 X-37B 上天后具备捕捉卫星的能力,能够在轨游弋,执行的任务也区域多样化。作为一种可重复使用的航天器,X-37B 还应该具备极强的再入与自主控制能力,由于 X-37B 能够在亚轨道空间与近地轨道之间进行飞行模式的切换,而亚轨道空间的大气密度又比较高,近地轨道的环境又与亚轨道空间截然不同,所以 X-37B 的热防护能力要更强,美军在这三架次的 X-37B 中都测试了不同等级的热防护能力,并对 X-37B 的空气动力特点进行了研究,使之成为一种能够快速进入轨道、成本较低的智能"杀手锏"。

1.2　高超声速飞行器中的制导控制技术

制导控制技术主要是在飞行器中提供飞行器的轨迹控制和姿态控制的任务，在整个系统中处理飞行运动控制(质心回路和姿态回路)[24-25]。而对于高超声速飞行器，其制导控制系统具有与一般导弹、无人机以及火箭制导控制不同的地方。对于GNC(导航、制导与控制)系统，其在飞行器中的功能分别如下。

(1)导航：实现飞行器的空间位置与飞行姿态的获取，提供控制器基本的反馈信息。

(2)制导：完成飞行轨迹的规划与跟踪实现，一般作为控制系统的外回路给控制器提供指令。

(3)控制：实现飞行姿态的稳定，并根据制导系统要求进行指令的跟踪。

根据GNC系统的功能，在飞行器设计过程中，针对总体目标以及气动、结构、推进、热防护等各分系统的性能要求，确定出系统运动学和动力学模型的基本形式与约束，提出制导控制系统的设计指标，并以此指标进行具体的系统设计，满足总体所提出的各种约束条件。具体约束条件如下。

(1)任务要求：飞行器的任务指标定义了飞行距离、高度以及最终的应用目标，这个整体任务决定了飞行器的构成、质量、动力、精度以及GNC系统的模式等条件。

(2)动力系统：根据飞行器的质量以及任务要求，结合总体计算进行动力系统的基本能力计算，计算推重比以及总冲量的需求。

(3)总体质量：主要由任务要求和系统组成确定，总体质量需要配合动力和部件等进行多次迭代，质量越大，需要的动力系统越强劲。

(4)系统构成：一般的飞行器由载荷(卫星、弹头等)、发动机、伺服机构、制导控制舱以及导航设备构成。部分自寻的飞行器还加装有红外或者雷达的导引头，负责进行目标的探测。而未加装导引头的飞行器一般有预先加载的目标点。其中伺服、制导控制舱和导航设备是GNC系统的核心部件。这类部件的性能和尺寸受到以上方面的约束和限制。

(5)弹体与结构约束：弹体的整个设计尺寸、所使用的结构形式、承受的应力大小限制了可使用的空间体积。主要包括外壳材料、抗热的材料、结构上的强化的支撑构造，以及分离后的安装空间。

(6)弹道形式与气动能力：在总体参数和构成确定后，根据任务需求，分析所要求达到的射程、所采用的弹道形式、包含的阶段以及外形气动能力是否满足要求。

在基本的总体方案确定后，各分系统才能有细节的设计过程。

针对制导控制关键技术的研究结果进行检验与评估，针对检验评估结果，协助总体部分从控制角度，对气动、结构、推进、热防护等系统提出设计指标。

两个阶段的任务必须通过不断的迭代、修正、采用，才能得到最终合理的设计结果。

1.2.1　GNC的基本流程

高超声速飞行器导航系统的主要任务是提供飞行器的各种状态信息，如位置、姿态、速度、角速率等，这些信息被提供给制导控制系统作为决策依据。制导系统的主要任务是针对任务要求，操控飞行器的质心运动，使其在满足过程约束的条件下达到确定终端状态要求，包括位置、速度以及角度。

控制系统的基本任务是在制导系统给出期望的指令后，在满足机体稳定的基础上，实现对于指令的快速精确跟踪。对于传统的亚声速或超声速飞行器，通常是在概念与方案阶段结束后，开展GNC系统的分析。而在概念设计阶段，各子系统在各自部分完成后，再集成至总体框架中。对于高超声速飞行器，由于多种系统之间的强耦合与一体化的问题，导致飞行器总体的设计余量欠缺，必须要求GNC较早介入至概念设计，从而降低风险和成本。为了有效实现概念设计阶段的飞行器动力学分析，关键是构建合适的飞行器及其子系统的动力学模型，该模型要求一方面高保真地反映出飞行器的特性，另一方面能够有效适用于GNC的分析和计算。

1.2.2 高超声速飞行器制导控制技术面临的技术挑战

应用所存在的问题极大地推动了理论问题的发展[26]，另外，也为世界在20世纪所取得的数学成果找到一个应用的出口。近60年来，NASA从事着各种研究计划，针对高超声速飞行器以及制导控制技术进行摸索研究。20世纪60年代，通过机动再入飞行器，验证气动控制的可行性以及模型的简化方法。20世纪70年代，Chapman奠定了再入制导的理论基础。Calise在上升段轨迹设计中引入优化理论，至今仍在应用。20世纪80年代，借助于高性能再入飞行器对于先进再入轨迹设计的思路进行验证，包括跳跃弹道、最大升阻比飞行弹道以及常值高度滑翔轨迹等，带来最直接的应用就是阿波罗飞船与航天飞机的部署。20世纪90年代，产生了Mease的EAGLE先进制导方法，而随着X-41/51的出现，Doman领导开展机身推进耦合控制研究，这也是现今研究的热点问题[27]，再到美国海军的Ross将伪谱法应用在轨迹规划中。21世纪以来，美国的高超声速飞行器制导控制技术趋向于智能自主、可靠、经济等方向，并牵引了许多学术机构的研究。而我国相关的研究起步在21世纪初，2002年，国家自然科学基金委员会进行了《空天飞行器的若干重大基础问题》的研究计划。高超声速发展到现在，更加引入国内外学者专家的关注，结合国外内研究成果，可以总结相关问题如下：

(1)多控制目标、多控制约束的优化控制问题高超声速飞行器由于大飞行空域和速度大范围变化，具有较强的非线性动力学特性。长时间高速飞行又带来复杂的热力学环境，因此存在着热流、动压以及过载等约束[28]。同时考虑到质心运动所需要满足的精度和禁飞区约束和控制量约束，导致典型的再入轨迹为由多段弧段所构成的次优解组成。典型的求解两点边值问题转换为多点边值问题，这给间接法的求解带来许多问题。直接法虽然可以离线求解，但是效率的问题导致其无法在线优化。而且许多方法利用了简化模型，这也导致难以生成满足约束条件的轨迹。

(2)优化非凸、模型强不确定性、强耦合、强非线性、快时变的控制问题，以及高超声速气流的薄激波层、高熵层、黏性干扰、高温效应以及低密度流等特点，对飞行器的特性产生极大的影响。由于缺乏足够的地面试验与飞行试验，高超声速空气动力学的推进力的特征很难预测，导致飞行器建模存在很大的不确定性。而且推进与机体的耦合作用，导致对象呈现出严重的非线性和很大的不确定性。此外，由于飞行器的飞行速度快、航程大，所以加重了运动模型的非线性程度和通道耦合程度。飞行环境的剧烈变化也导致了飞行过程中无法预知的干扰。因此,高超声速飞行器存在着严重的强不确定性、强耦合、非线性和快时变的特性。为实现精确的控制,对于对象特性的认知十分重要,而这些特性反映在对象的动力学和运动学方程中,该模型要求一方面确定误差特性,另一方面可以反映系统的动态性能。需要考虑对于对象模型构建合适的简化方法。同时,还需要重视先进控制理论和先进飞行控制技术的研究,如鲁棒控制理论,使系统适应飞行过程中所存在的强不确定性,还包括各种非解耦控制方法,实现对强耦合和非线性的应对,还有自适应的控制策略,以满足强实时、快时变的系统要求。

(3)大飞行包线下的异类操纵机构分段控制问题。高超声速飞行器的飞行区域将覆盖整个地球大气层,跨越连续流区、过渡流区和稀薄流区,飞行速度遍历亚声速、跨声速和高超声速。由于飞行环境和速度的大范围变化,以及飞行器高低空的气动力特性巨大的差异,所以导致飞行器的动力学特性和模型参数在飞行中变化剧烈。相应的控制模式分别采用反作用控制、气动力控制以及发动机与气动力耦合控制。复杂的控制模式加剧了整个包线内的非线性差异,给姿态控制的设计带来了难度。因此,需要分段实现建模和控制,催生了具有任务自适应性的控制系统。

(4)地面模拟困难的问题。严格经数学证明了的成熟的控制理论对工程设计有着重要的指导意义。但理论总有着显而易见的局限性,而任何数学理论都有着它自身的理论框架。对于复杂的高超声速飞行器来说,难以用一种理论满足其面临的工程问题,而采用计算机算法模拟严格的数学理论,不仅是必须的,而且是唯一的可行途径。为了实现地面的精确模拟,需要能够高精度地复现其飞行过程,考虑到对于模型的认知不完整,以及复杂的分段和控制模式,传统的模拟验证存在较多的技术问题。

1.3 参考文献

[1] TONY C. Development of U. S. air force intercontinental ballistic missile weapon systems[J]. Journal of Spacecraft and Rockets,2003,40 (4):491 - 509.

[2] 齐伟呈,程思野,李堃. 高超声速飞行器及推进系统研究进展[J]. 科技创新与应用,2022,12(31):18 - 21.

[3] 张远,黄旭,路坤锋,等. 高超声速飞行器控制技术研究进展与展望[J]. 宇航学报,2022,43(7):866 - 879.

[4] 孙聪. 高超声速飞行器强度技术的现状、挑战与发展趋势[J]. 航空学报,2022,43(6):8 -27.

[5] 郭明坤,杨峰,刘凯,等. 高超声速飞行器协同制导技术研究进展[J]. 空天技术,2022(2):75 - 84.

[6] 郑建成,谭贤四,曲智国,等. 高超声速飞行器防御特征与趋势[J]. 战术导弹技术,2022(2):1 - 8.

[7] 陈冰,郑勇,章后甜,等. 临近空间高超声速飞行器导航技术发展综述[J]. 飞航导弹,2021(12):57 - 62.

[8] 王铮，邢晓露，闫天，等. 高超声速飞行器突防制导的发展现状与未来发展方向[J]. 飞航导弹，2021(7)：18－24.

[9] WALKER S H，SHERK J，SHELL D，et al. The DARPA/AF falcon program：the Hypersonic Technology Vehicle＃ 2 （HTV－2） flight demonstration phase [C]//AIAA. [S. l. ：s. n.]，2008：259.

[10] NASA Space Vehicle Design Criteria （Guidance and control）. Guidance and navigation for entry vehicles [S]. NASA SP－8015，1968.

[11] LAUNIUS R D. Hypersonic flight：evolution from X－15 to space shuttle[C]//AIAA. [S. l. ：s. n.]，2003：2716.

[12] JENKINS D R. Hypersonics before the shuttle [M]. Washington：NASA Publication SP，2000.

[13] PAMADI B N，BRAUCKMANN G J. Aerodynamic characteristics，database development，and flight simulation of the X－34 vehicle [J]. Journal of Spacecraft and Rockets，2001，38(3)：334－344.

[14] WARE G M，JR B S，JR M. Aerodynamic characteristics of the HI－20 and HL－20A lifting－body configurations [C]//AIAA. [S. l. ：s. n.]，1991：3215.

[15] 李成智，郑晓齐. 中国载人航天工程决策过程中航天飞机与载人飞船之争[J]. 科技导报，2009，27(18)：19－27.

[16] WOFFINDEN D，EPSTEIN L. Dream chaser on－orbit operations：preliminary trajectory design and analysis [C]//AIAA. [S. l. ：s. n.]，2011：6654.

[17] TVOLAND R，HUEBNER L D. X－43A hypersonic vehicle technology development[J]. Acta Astronautica，2006(59)：181－191.

[18] WALKER S，TANG M. Falcon HTV－3X－A reusable hypersonic test bed [C]//AIAA. [S. l. ：s. n.]，2008：2544.

[19] 蔡国飚，徐大军. 高超声速飞行器技术[M]. 北京：科学出版社，2012.

[20] YAO Z H，BAO W. Modeling for coupled dynamics of integrated hypersonic air-breathing vehicle and engine [C]//AIAA. [S. l. ：s. n.]，2009：5431.

[21] 黄伟，夏智勋. 美国高超声速飞行器技术研究进展及其启示[J]. 国防科技，2011(3)：17－21.

[22] HALLION R P. The history of hypersonics：back to the future again and again [C]//AIAA. [S. l. ：s. n.]，2005：0329.

[23] SOLOWAY D I，OUZTS P J. The role of guidance，navigation and control in hypersonic vehicle multidisciplinary design and optimization [C]//AIAA. [S. l. ：s. n.]，2009：7329.

[24] 吴宏鑫，孟斌. 高超声速飞行器控制研究综述[J]. 力学进展，2009，39 (6)：756－765.

[25] 崔尔杰. 近空间飞行器研究发展现状及关键技术问题[J]. 力学进展，2009，39(6)：658－673.

[26] 黄琳，段志生，杨剑影. 近空间高超声速飞行器对控制科学的挑战[J]. 控制理论与应

用,2011,28(10):1496－1505.

[27] VINH N X,BUSEMANN A. Hypersonic and planetary entry flight mechnics [M]. Ann Arbor: the University of Michigan Press,1980.

[28] 王毅,姚卫星.高超声速飞行器气动杆和逆向喷流复合构型气动阻力优化[J].机械设计与制造工程,2020,49(9):1－5.

第2章　高超声速飞行器的运动方程

研究飞行器的制导与控制方法，首先需要构建对象的数学模型，这些模型包括用于仿真时的高保真模型，也有用户控制的设计模型。本章主要对于高超声速飞行器进行建模的研究，基于美式坐标系推导运动方程，并直接给出苏式坐标系下的运动方程[1]。

2.1　预备知识

在推导动力学和运动学方程时，其基础是坐标系的构建，而为了实现坐标系的定义与变化，需要理解矢量的设计与坐标变化的关系。

2.1.1　矢量与分量列阵

矢量是用大小和方向来表征的物理量，矢量本身与坐标系无关，其基本用黑斜体字母描述。

在一个基本的坐标系 $Ox_ay_az_a$（S_a）中，可以将单位矢量定义为 $\boldsymbol{i}_a$，$\boldsymbol{j}_a$，$\boldsymbol{k}_a$。假设矢量 $\boldsymbol{u}$ 在坐标系中的分量分别为 u_{xa}，u_{ya}，u_{za}，则矢量 $\boldsymbol{u}$ 可以表示为

$$\boldsymbol{u}=u_{xa}\boldsymbol{i}_a+u_{ya}\boldsymbol{j}_a+u_{za}\boldsymbol{k}_a=(\boldsymbol{i}_a\quad \boldsymbol{j}_a\quad \boldsymbol{k}_a)\quad (u_{xa}\quad u_{ya}\quad u_{xa})^{\mathrm{T}} \tag{2-1}$$

其中坐标系 S_a 的矢阵定义为

$$\boldsymbol{f}_a=(\boldsymbol{i}_a\quad \boldsymbol{j}_a\quad \boldsymbol{k}_a)^{\mathrm{T}} \tag{2-2}$$

由此可以看出矢阵 $\boldsymbol{f}_a$ 是一个列阵，其元素是该坐标系的单位矢量，因此矢阵同时具有矢量和矩阵的性质。

矢量 $\boldsymbol{u}$ 在坐标系 S_a 中的分量阵定义为

$$(\boldsymbol{u})_a=(u_{xa}\quad u_{ya}\quad u_{za})^{\mathrm{T}} \tag{2-3}$$

其也称为矢量 $\boldsymbol{u}$ 在坐标系 S_a 中的映像或表现。

由式(2-2)和式(2-3)可以将矢量 $\boldsymbol{u}$ 简单地表示为

$$\boldsymbol{u}=\boldsymbol{f}_a^{\mathrm{T}}\ (\boldsymbol{u})_a=(\boldsymbol{u})_a^{\mathrm{T}}\boldsymbol{f}_a \tag{2-4}$$

由以上公式可以明显看出矢量 $\boldsymbol{u}$ 和矢量分量列阵 $(\boldsymbol{u})_a$ 是有区别的。这样的区分对飞行动力学来讲是很有必要的，便于之后使用多个不同的坐标系来描述飞行器的运动状态。

矢量 $\boldsymbol{u}$ 在两个不同的坐标系 S_a 和 S_b 中（见图 2-1），有

$$\boldsymbol{u}=\boldsymbol{f}_b^{\mathrm{T}}\ (\boldsymbol{u})_b=\boldsymbol{f}_a^{\mathrm{T}}\ (\boldsymbol{u})_a \tag{2-5}$$

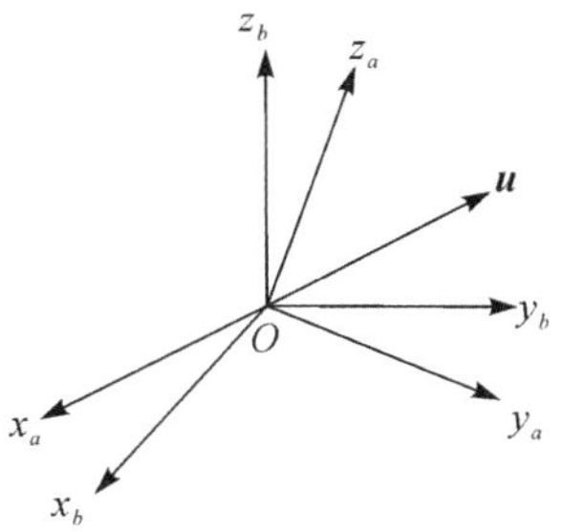

图 2-1　一个矢量 $\boldsymbol{u}$ 与两个坐标系 S_a，S_b 示意图

从图中可以明显看出

$$(\boldsymbol{u})_b \neq (\boldsymbol{u})_a \tag{2-6}$$

从而定义了坐标系中的矢量阵和矢量的分量阵列。因此，分量阵列与坐标系相关，而矢量与坐标系无关。

2.1.2　坐标定义与变换

对于两个不同的坐标系 S_a，S_b 以及矢量 $\boldsymbol{u}$，可以得到 $\boldsymbol{f}_b \cdot \boldsymbol{f}_b^{\mathrm{T}}(\boldsymbol{u})_b = \boldsymbol{f}_b \cdot \boldsymbol{f}_a^{\mathrm{T}}(\boldsymbol{u})_a$，方程与 $\boldsymbol{f}_b$ 做点乘，有

$$\boldsymbol{f}_b \cdot \boldsymbol{f}_b^{\mathrm{T}}(\boldsymbol{u})_b = \boldsymbol{f}_b \cdot \boldsymbol{f}_a^{\mathrm{T}}(\boldsymbol{u})_a \tag{2-7}$$

由于 $\boldsymbol{f}_b \cdot \boldsymbol{f}_b^{\mathrm{T}} = \boldsymbol{I}$，$\boldsymbol{I}$ 为单位矩阵，则

$$(\boldsymbol{u})_b = \boldsymbol{f}_b \cdot \boldsymbol{f}_a^{\mathrm{T}}(\boldsymbol{u})_a \tag{2-8}$$

式(2-8)中的 $\boldsymbol{f}_b \cdot \boldsymbol{f}_a^{\mathrm{T}}$ 即为由坐标系 S_a 到 S_b 的变换矩阵，定义为 $\boldsymbol{L}_{ba}$，即

$$\boldsymbol{L}_{ba} = \boldsymbol{f}_b \cdot \boldsymbol{f}_a^{\mathrm{T}} = \begin{bmatrix} \boldsymbol{i}_b \cdot \boldsymbol{i}_a & \boldsymbol{i}_b \cdot \boldsymbol{j}_a & \boldsymbol{i}_b \cdot \boldsymbol{k}_a \\ \boldsymbol{j}_b \cdot \boldsymbol{i}_a & \boldsymbol{j}_b \cdot \boldsymbol{j}_a & \boldsymbol{j}_b \cdot \boldsymbol{k}_a \\ \boldsymbol{k}_b \cdot \boldsymbol{i}_a & \boldsymbol{k}_b \cdot \boldsymbol{j}_a & \boldsymbol{k}_b \cdot \boldsymbol{k}_a \end{bmatrix} \tag{2-9}$$

因而有

$$(\boldsymbol{u})_b = \boldsymbol{L}_{ba}(\boldsymbol{u})_a \tag{2-10}$$

可以看出，坐标变化实质上是矢量的分量列阵的变换，$\boldsymbol{L}_{ba}$ 矩阵的元素是响应坐标系之间的方向余弦，例如，$\boldsymbol{i}_b \cdot \boldsymbol{j}_a$ 是 x_b 轴与 y_a 轴之间的方向余弦。

因此可以得到

$$\boldsymbol{L}_{ab} = (\boldsymbol{L}_{ba})^{-1} = (\boldsymbol{L}_{ba})^{\mathrm{T}} \tag{2-11}$$

即坐标变换矩阵满足其逆阵等于它的转置阵。

为了实现坐标系之间的变换，可以认为其变化过程由坐标系的平移和旋转构成，因此在原点平移后，主要是坐标的变换次序，而坐标系绕某个轴的旋转则被称为基元选择，分别是绕 x，y，z 轴进行旋转，如图 2-2 所示。

假设 S_a，S_b 之间的变化是分别绕三轴进行选择的，则可以得到坐标的变换矩阵如下：

(1)坐标系 S_a 绕 x 轴转过角度 ϕ [见图 2-2(a)]成为坐标系 S_b，则变换矩阵是绕 x 轴转过角度 ϕ 的基元旋转矩阵，即

$$\boldsymbol{L}_x(\phi)=\begin{bmatrix}1 & 0 & 0\\ 0 & \cos\phi & \sin\phi\\ 0 & -\sin\phi & \cos\phi\end{bmatrix} \tag{2-12}$$

(2)绕 y 轴转过角度 θ [见图 2-2(b)]的基元旋转矩阵为

$$\boldsymbol{L}_y(\theta)=\begin{bmatrix}\cos\theta & 0 & -\sin\theta\\ 0 & 1 & 0\\ \sin\theta & 0 & \cos\theta\end{bmatrix} \tag{2-13}$$

(3)绕 z 轴转过角度 ψ [见图 2-2(c)]的基元旋转矩阵为

$$\boldsymbol{L}_z(\psi)=\begin{bmatrix}\cos\psi & \sin\psi & 0\\ -\sin\psi & \cos\psi & 0\\ 0 & 0 & 1\end{bmatrix} \tag{2-14}$$

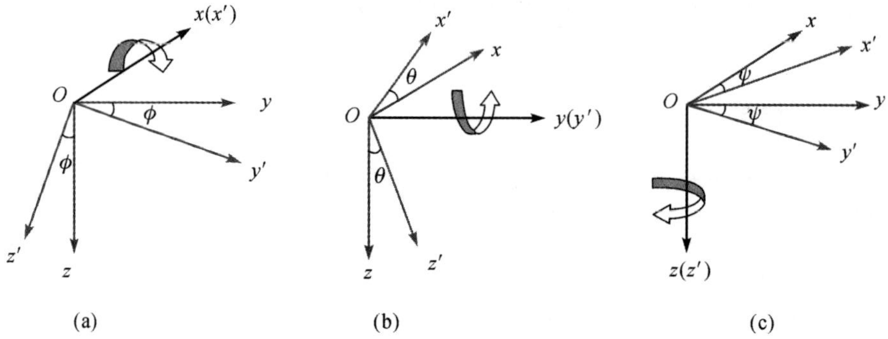

图 2-2　基元旋转

若坐标变换同时在几个轴出现,则需要进行坐标变换的相乘。而每次转换的角则可以被称为欧拉角。例如,如果想要实现由地面坐标系变换到机体坐标系(在 2.2 节将会详细介绍这两个坐标系),需要通过 3 次基元旋转。

首先坐标系 $Ox_gy_gz_g(S_g)$ 绕 z_g 轴转过 ψ 成为 $Ox'y'z_a$;然后绕 y' 轴转过 θ 成为 $Ox_by'z'$;最后绕 x_b 轴转过 ϕ 成为 $Ox_by_bz_b(S_b)$(见图 2-3)。这个相继旋转的过程可以用符号清楚地表示如下:

$$Ox_gy_gz_g\xrightarrow{R_{z_g}(\psi)}Ox'y'z_a\xrightarrow{R_{y'}(\theta)}Ox_by'z'\xrightarrow{R_{x_b}(\phi)}Ox_by_bz_b$$

也可以将其更简单的表示为

$$S_g\xrightarrow{R_z(\psi)}\circ\xrightarrow{R_y(\theta)}\circ\xrightarrow{R_x(\phi)}S_b$$

三次基元旋转可以分别表示为

$$\begin{bmatrix}x_b\\ y_b\\ z_b\end{bmatrix}=\boldsymbol{L}_x(\phi)\boldsymbol{L}_y(\theta)\boldsymbol{L}_z(\psi)\begin{bmatrix}x_a\\ y_a\\ z_a\end{bmatrix},\begin{bmatrix}x_b\\ y'\\ z'\end{bmatrix}=\boldsymbol{L}_y(\theta)\begin{bmatrix}x'\\ y'\\ z_a\end{bmatrix},\begin{bmatrix}x'\\ y'\\ z_a\end{bmatrix}=\boldsymbol{L}_z(\psi)\begin{bmatrix}x_a\\ y_a\\ z_a\end{bmatrix} \tag{2-15}$$

因而可以得到

$$\begin{bmatrix} x_b \\ y_b \\ z_b \end{bmatrix} = \boldsymbol{L}_x(\phi)\boldsymbol{L}_y(\theta)\boldsymbol{L}_z(\psi)\begin{bmatrix} x_a \\ y_a \\ z_a \end{bmatrix} \tag{2-16}$$

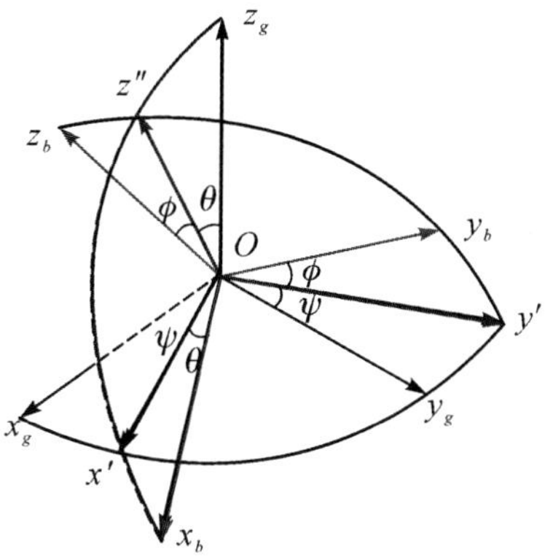

图 2-3　地面坐标系与机体坐标系的相对关系

若转换的次序是 $z/y/x$，则被称为是 3—2—1 的变化。将基元相乘（注意矩阵相乘的顺序与旋转的顺序是相反的），则可以得到由地面坐标系（S_g）到机体坐标系（S_b）的最终的变换矩阵为

$$\boldsymbol{L}_{bg} = \boldsymbol{L}_x(\phi)\boldsymbol{L}_y(\theta)\boldsymbol{L}_z(\psi) =$$

$$\begin{bmatrix} \cos\theta\cos\psi & \cos\theta\sin\psi & -\sin\theta \\ \sin\phi\sin\theta\cos\psi - \cos\phi\sin\psi & \sin\phi\sin\theta\sin\psi + \cos\phi\cos\psi & \sin\phi\cos\theta \\ \cos\phi\sin\theta\cos\psi + \sin\phi\sin\psi & \cos\phi\sin\theta\sin\psi - \sin\phi\cos\psi & \cos\phi\cos\theta \end{bmatrix} \tag{2-17}$$

式中：θ 为俯仰角；ψ 为偏航角；ϕ 为滚转角。

引用这个例子的目的是使读者初步了解坐标系变换的过程，由于还未系统介绍欧拉角的概念，读者可能对这 3 个角不大理解，现在只须有一个初步印象即可，在本章后面将会进行详细介绍。

说明：当两个坐标系的关系一定时，不同的旋转顺序就对应于不同的欧拉角。可参照 2—3—1 的变化次序，并给出姿态角的范围差异。

注意：当选择旋转顺序时，应当按照以下原则：

(1)欧拉角有明确的物理意义（如攻角、侧滑角等）；

(2)欧拉角须是可以测量的，或者是可以计算得到的；

(3)遵循工程界的传统习惯。

另外，坐标变换矩阵除了具有其逆阵等于它的转置阵这个性质外，还具有传递性。

假如有 3 个坐标系 S_a，S_b 和 S_c，则有

$$\boldsymbol{L}_{ca} = \boldsymbol{L}_{cb}\boldsymbol{L}_{ba} \tag{2-18}$$

式中：$\boldsymbol{L}_{ca}$ 为从坐标系 S_a 到坐标系 S_c 的转换矩阵；$\boldsymbol{L}_{cb}$ 为从坐标系 S_b 到坐标系 S_c 的转换矩阵；$\boldsymbol{L}_{ba}$ 为从坐标系 S_a 到坐标系 S_b 的转换矩阵。

张量矩阵的坐标变化是一个特殊的问题，而二阶张量一般表示矢量之间的关系。例如，

张量 $\boldsymbol{T}$ 与矢量 $\boldsymbol{u}$ 和 $\boldsymbol{v}$ 的关系可表示为

$$\boldsymbol{u} = \boldsymbol{T} \cdot \boldsymbol{v} \tag{2-19}$$

其表征了物理对象的固有属性，与坐标系无关。

对于某个坐标系来言，张量 $\boldsymbol{T}$ 可以写为

$$\boldsymbol{T} = [\boldsymbol{i}_a \quad \boldsymbol{j}_a \quad \boldsymbol{k}_a] \begin{bmatrix} t_{xaxa} & t_{xaya} & t_{xaza} \\ t_{yaxa} & t_{yaya} & t_{yaza} \\ t_{zaxa} & t_{zaya} & t_{zaza} \end{bmatrix} \begin{bmatrix} \boldsymbol{i}_a \\ \boldsymbol{j}_a \\ \boldsymbol{k}_a \end{bmatrix} \tag{2-20}$$

用 $\boldsymbol{f}_a$ 表示为

$$\boldsymbol{T} = \boldsymbol{f}_a^{\mathrm{T}} (\boldsymbol{T})_a \boldsymbol{f}_a \tag{2-21}$$

$$(\boldsymbol{T})_a = \begin{bmatrix} t_{xaxa} & t_{xaya} & t_{xaza} \\ t_{yaxa} & t_{yaya} & t_{yaza} \\ t_{zaxa} & t_{zaya} & t_{zaza} \end{bmatrix} \tag{2-22}$$

其中：$(\boldsymbol{T})_a$ 是张量 $\boldsymbol{T}$ 在坐标系 S_a 中的分量矩阵，该值与坐标系有关系。

在同一个坐标系中，矢量 $\boldsymbol{u}$ 和 $\boldsymbol{v}$ 都可以表示为

$$\boldsymbol{u} = \boldsymbol{f}_a^{\mathrm{T}} (\boldsymbol{u})_a, \ \boldsymbol{v} = \boldsymbol{f}_a^{\mathrm{T}} (\boldsymbol{v})_a \tag{2-23}$$

由式(2-23)以及式(2-13)、式(2-16)可以得到

$$\boldsymbol{f}_a^{\mathrm{T}} (\boldsymbol{u})_a = \boldsymbol{f}_a^{\mathrm{T}} (\boldsymbol{T})_a \boldsymbol{f}_a \cdot \boldsymbol{f}_a^{\mathrm{T}} (\boldsymbol{v})_a \tag{2-24}$$

由于 $\boldsymbol{f}_a \cdot \boldsymbol{f}_a^{\mathrm{T}} = \boldsymbol{I}$（单位矩阵），所以有

$$(\boldsymbol{u})_a = (\boldsymbol{T})_a (\boldsymbol{v})_a \tag{2-25}$$

在不同的坐标系中，相同的矢量可以分别写为

$$(\boldsymbol{u})_a = (\boldsymbol{T})_a (\boldsymbol{v})_a \tag{2-26}$$

$$(\boldsymbol{u})_b = (\boldsymbol{T})_b (\boldsymbol{v})_b \tag{2-27}$$

则式(2-18)可改写为

$$\boldsymbol{L}_{ab} (\boldsymbol{u})_b = (\boldsymbol{T})_a \boldsymbol{L}_{ab} (\boldsymbol{v})_b \tag{2-28}$$

或者

$$(\boldsymbol{u})_b = \boldsymbol{L}_{ba} (\boldsymbol{T})_a \boldsymbol{L}_{ab} (\boldsymbol{v})_b \tag{2-29}$$

通过比较式(2-19)与式(2-21)，可以得到张量分量矩阵由 S_a 到 S_b 的坐标变换公式为

$$(\boldsymbol{T})_b = \boldsymbol{L}_{ba} (\boldsymbol{T})_a \boldsymbol{L}_{ab} \tag{2-30}$$

同样，根据刚体的惯性张量 $\boldsymbol{I}$，可以建立起刚体的角速度矢量 $\boldsymbol{\omega}$ 与动量矩矢量 $\boldsymbol{h}$ 之间的关系，即

$$\boldsymbol{h} = \boldsymbol{I} \cdot \boldsymbol{\omega} \tag{2-31}$$

在刚体固联坐标系（也称本体坐标系）S_a 中，式(2-31)的矩阵形式是

$$(\boldsymbol{h})_a = (\boldsymbol{I})_a \cdot (\boldsymbol{w})_a \tag{2-32}$$

式中：$(\boldsymbol{I})_a$ 为惯性矩阵。

根据上述公式，可以将其转换至另一个本体坐标系 S_b，即

$$(\boldsymbol{I})_b = \boldsymbol{L}_{ba} (\boldsymbol{I})_a \boldsymbol{L}_{ab} \tag{2-33}$$

对于矢量叉乘的运算 $\boldsymbol{w} = \boldsymbol{u} \times \boldsymbol{v}$，在坐标系 S_a 和 S_b 中的矩阵形式分别为

$$(\boldsymbol{w})_a = (\boldsymbol{u})_a \times (\boldsymbol{v})_a \tag{2-34}$$

$$(\boldsymbol{w})_b=(\boldsymbol{u})_b\times(\boldsymbol{v})_b \tag{2-35}$$

则式(2-26)可以改写为

$$\boldsymbol{L}_{ab}(\boldsymbol{w})_b=(\boldsymbol{u})_a\times\boldsymbol{L}_{ab}(\boldsymbol{v})_b \tag{2-36}$$

或者

$$(\boldsymbol{w})_b=\boldsymbol{L}_{ba}(\boldsymbol{u})_a\times\boldsymbol{L}_{ab}(\boldsymbol{v})_b \tag{2-37}$$

通过比较式(2-27)和式(2-29),可以得到矢量叉乘矩阵的坐标变换公式为

$$(\boldsymbol{u})_b=\boldsymbol{L}_{ba}(\boldsymbol{u})_a\times\boldsymbol{L}_{ab} \tag{2-38}$$

在得到矢量的坐标变换以及张量矩阵的坐标变换后,可以分析坐标系变换的效应。对于确定坐标系 S_a,其以角速度 $\boldsymbol{\omega}_a=\omega_{xa}\boldsymbol{i}_a+\omega_{ya}\boldsymbol{j}_a+\omega_{za}\boldsymbol{k}_a$ 旋转,矢量 $\boldsymbol{u}=u_{xa}\boldsymbol{i}_a+u_{ya}\boldsymbol{j}_a+u_{za}\boldsymbol{k}_a$ 对时间的导数可写为

$$\frac{\mathrm{d}\boldsymbol{u}}{\mathrm{d}t}=\frac{\mathrm{d}u_{xa}}{\mathrm{d}t}\boldsymbol{i}_a+\frac{\mathrm{d}u_{ya}}{\mathrm{d}t}\boldsymbol{j}_a+\frac{\mathrm{d}u_{za}}{\mathrm{d}t}\boldsymbol{k}_a+u_{xa}\frac{\mathrm{d}\boldsymbol{i}_a}{\mathrm{d}t}+u_{ya}\frac{\mathrm{d}\boldsymbol{j}_a}{\mathrm{d}t}+u_{za}\frac{\mathrm{d}\boldsymbol{k}_a}{\mathrm{d}t} \tag{2-39}$$

由刚体运动学可知

$$\frac{\mathrm{d}\boldsymbol{i}_a}{\mathrm{d}t}=\boldsymbol{w}_a\times\boldsymbol{i}_a,\quad \frac{\mathrm{d}\boldsymbol{j}_a}{\mathrm{d}t}=\boldsymbol{w}_a\times\boldsymbol{j}_a,\quad \frac{\mathrm{d}\boldsymbol{k}_a}{\mathrm{d}t}=\boldsymbol{w}_a\times\boldsymbol{k}_a$$

因而(见图2-4)有

$$\frac{\mathrm{d}\boldsymbol{u}}{\mathrm{d}t}=\left(\frac{\mathrm{d}u_{xa}}{\mathrm{d}t}\boldsymbol{i}_a+\frac{\mathrm{d}u_{ya}}{\mathrm{d}t}\boldsymbol{j}_a+\frac{\mathrm{d}u_{za}}{\mathrm{d}t}\boldsymbol{k}_a\right)+\boldsymbol{w}_a\times(u_{xa}\boldsymbol{i}_a+u_{ya}\boldsymbol{j}_a+u_{za}\boldsymbol{k}_a) \tag{2-40}$$

或者简单地表示为

$$\left(\frac{\mathrm{d}\boldsymbol{u}}{\mathrm{d}t}\right)_a=\frac{\mathrm{d}(\boldsymbol{u})_a}{\mathrm{d}t}+(\boldsymbol{w}_a)_a\times(\boldsymbol{u})_a \tag{2-41}$$

$$\frac{\mathrm{d}_a\boldsymbol{u}}{\mathrm{d}t}=\frac{\mathrm{d}u_{xa}}{\mathrm{d}t}\boldsymbol{i}_a+\frac{\mathrm{d}u_{ya}}{\mathrm{d}t}\boldsymbol{j}_a+\frac{\mathrm{d}u_{za}}{\mathrm{d}t}\boldsymbol{k}_a \tag{2-42}$$

式中:$\frac{\mathrm{d}_a\boldsymbol{u}}{\mathrm{d}t}$ 为矢量 $\boldsymbol{u}$ 相对于坐标系 S_a 对时间的导数,也可以称为相对导数。

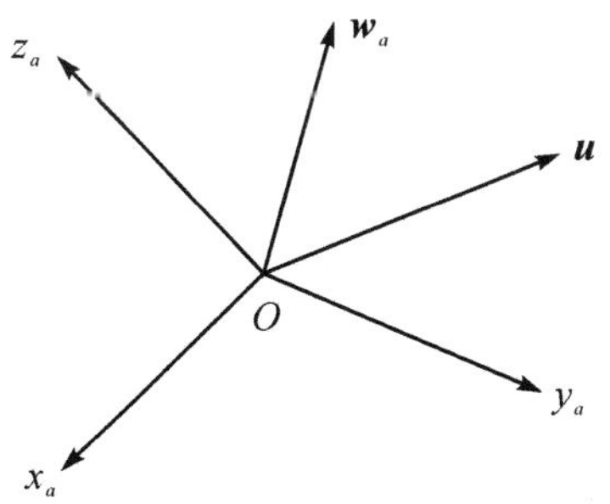

图2-4 旋转坐标系 S_a 和变化矢量 $\boldsymbol{u}$

在坐标系 S_a 中,式(2-31)的矩阵的形式为

$$\left(\frac{\mathrm{d}\boldsymbol{u}}{\mathrm{d}t}\right)_a=\frac{\mathrm{d}(\boldsymbol{u})_a}{\mathrm{d}t}+(\boldsymbol{w}_a)_a\times(\boldsymbol{u})_a \tag{2-43}$$

式中:$\left(\frac{\mathrm{d}\boldsymbol{u}}{\mathrm{d}t}\right)_a$ 为矢量导数 $\frac{\mathrm{d}\boldsymbol{u}}{\mathrm{d}t}$ 的分量列阵;$\frac{\mathrm{d}(\boldsymbol{u})_a}{\mathrm{d}t}$ 为矢量 $\boldsymbol{u}$ 的分量列阵的导数。

2.2 坐标系及运动变量定义

本节内容构建高超声速飞行器制导控制技术研究所常用的几种坐标系以及相互的转换关系[2][3]。

2.2.1 坐标系定义

对于高超声速坐标系，一般考虑采用地球曲率和扁率的坐标系加以描述，因此主要介绍二轴椭球下的坐标系定义。

1. 地面坐标系（$Ox_gy_gz_g$）

地面坐标系也称为大地坐标系 $Ox_gy_gz_g$，可简单地用 S_g 表示，这里将大地视为平面。原点 O_g 选为地球表面上的一点；z_g 轴铅垂向下；x_g 轴在水平面内，其方向选择一般与飞行任务有关；y_g 轴由右手定则确定。

2. 地心惯性坐标系（$Ex_iy_iz_i$）

地心惯性坐标系也称为惯性坐标系，标记为 S_i。原点 E 位于地球中心；z_i 轴垂直地球平面，指向北极；x_i 轴位于赤道平面内，指向春分点；y_i 轴构成右手坐标系，如图 2-5 所示。

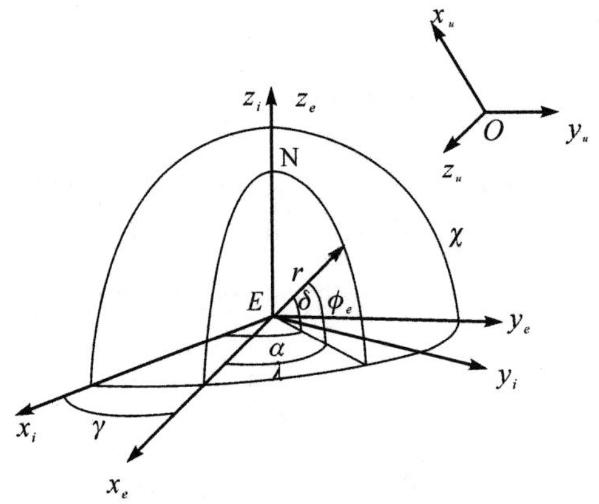

图 2-5 惯性坐标系、地球坐标系和当地铅垂坐标系

在惯性坐标系 S_i 中，飞行器的位置既可以用直角坐标系 x_i、y_i 和 z_i 表示，也可以用球坐标 r、α 和 δ 表示。球坐标中：r 是地心距离（飞行器到地心的距离）；α 是赤经，即从春分点向东到矢径 r 在赤道上的投影转过的角；δ 是赤径，即从赤道面向北转到矢径 r 的角。这两组坐标的关系为

$$\left.\begin{aligned} r^2 &= x_i^{\ 2} + y_i^{\ 2} + z_i^{\ 2} \\ \tan\alpha &= y_i/x_i \\ \sin\delta &= z_i/r \end{aligned}\right\} \tag{2-44}$$

3. 地心地固坐标系（$O_dx_ey_ez_e$）

假设地球为一圆球，该坐标系（用 S_e 标记）与地球固联，且跟随地球转动，也称为地心赤

道旋转坐标系或者地球坐标系。地心地固坐标系的原点选择在地球中心 O_d；z_e 轴沿地球的自转轴指向北极；x_e 轴与起始天文子午面和赤道的交线重合，且指向外侧；y_e 轴和 x_e、z_e 轴构成右手坐标系。

该坐标系具有角速度

$$w_E = \frac{2\pi}{86\ 164} = 7.292\ 116 \times 10^{-5} (\mathrm{rad/s}) \tag{2-45}$$

说明：动坐标系（S_e）与静坐标系（S_i），区别是 x 轴指向本初子午线，并随地球旋转而旋转。其与赤道坐标系存在绕 z 轴以一定角速度旋转。而地球的自转角速度大小为 $7.292\ 116 \times 10^{-5}$ rad/s。

该坐标系也可以用球坐标的地心距 r、地理经度 λ 和地心纬度 ϕ_c 表示。

注意：这里请区分地心纬度与地理纬度，两者之间的换算与地球扁率相关。

其变换关系为

$$\left.\begin{aligned} r^2 &= x_e{}^2 + y_e{}^2 + z_e{}^2 \\ \tan\lambda &= y_e / x_e \\ \sin\phi_c &= z_e / r \end{aligned}\right\} \tag{2-46}$$

4. 发射坐标系（$O_l x_l y_l z_l$）

发射坐标系 $O_l x_l y_l z_l$（用 S_l 标记）的发射点在地球上，观察和讨论它的运动也是相对于地球而言的，因此发射坐标系固联于地球，而且随之转动。定义如下：发射系的原点选择在拦截器发射点 O_l，y_l 轴取过发射点和地心的连线向上为正，它和赤道平面的夹角为 B_T，称为天文纬度，而 y_l 轴所在的天文子午面和起始天文子午面之间的二面角为 λ_T，称为发射点天文经度，x_l 轴和 y_l 轴垂直，且指向瞄准方向，它和发射点的正北方向的夹角为 A_T，且当北极切线以 y_i 轴为转轴顺时针转到瞄准方向时为正，反之为负，称为天文瞄准角，z_l 轴和 x_l、y_l 轴构成右手坐标系，在弹道学之中 $x_l O_l y_l$ 平面就称为攻击平面，如图 2-6 所示。

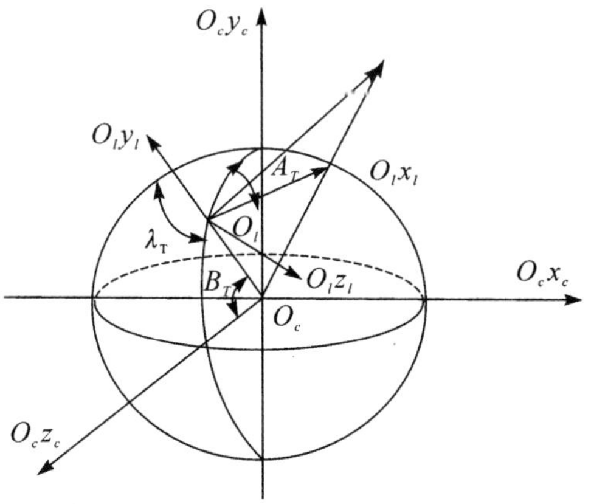

图 2-6　地心惯性坐标系及发射坐标系的定义

5. 发射惯性坐标系

上面介绍的是发射坐标系是和地球固联的动坐标系，这里的发射惯性坐标系是一个惯性坐标系，它与拦截器发射瞬间（制导系统开始工作的瞬间）的地面发射坐标系完全重合，而后在惯性空间定位定向。该坐标系与地心惯性坐标系之间的位置关系是固定不变的。

说明：

(1)在进行远程飞行器建模时，发射系是最通常采用的坐标系；

(2)动坐标系与静坐标系的区别在于 x 轴指向是否为发射时刻。

6. 当地铅垂坐标系($Ox_uy_uz_u$)

当地铅垂坐标系 $Ox_uy_uz_u$ (用 S_u 标记)也称为飞行器牵连铅垂坐标系。原点 O 在飞行器质心；平面 Ox_uy_u 是当地水平平面；x_u 轴指向北方；y_u 轴指向东方；z_u 轴是铅垂向下的，即指向地球中心，这就是“北-东-下”规则。

这里顺便介绍一下北天东坐标系($mnre$)。

北天东坐标系的定义如下：取空间中任一点 m 为坐标系原点；选过点 m 的地心矢径 r 为 r 轴；n 轴位于过点 m 的子午面内，垂直于 r 轴，且指向北方；e 轴与 n 、r 轴构成右手直角坐标系，如图 2-7 所示。

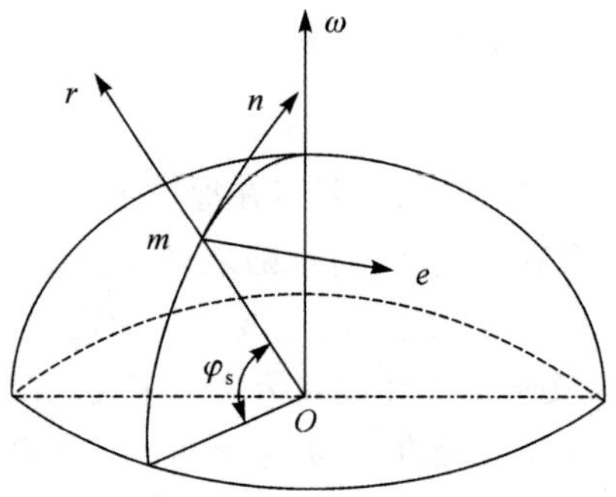

图 2-7 北天东坐标系的定义

7. 机体坐标系($Ox_by_bz_b$)

机体坐标系 $Ox_by_bz_b$ (用 S_b 标记)是与飞行器固联的，原点在飞行器的质心，x_b 轴指向机体纵轴向前，z_b 轴在对称平面内，垂直 x_b 轴指向下，y_b 轴由右手法则确定，如图 2-8 所示。

注意：该坐标系在此以美式坐标系定义，请区别于苏式坐标系(读者暂不必深究，本节后面会详细介绍美式与苏式坐标系的区别)。

8. 速度坐标系($Ox_ay_az_a$)

速度坐标系 $Ox_ay_az_a$ (用 S_a 标记)的原点 O 在弹体的质心上，x_a 轴沿气流速度矢量，z_a 轴在飞行器对称平面内，垂直向下，y_a 轴由右手法则确定，如图 2-9 所示。

9. 准速度坐标系($Ox_ty_tz_t$)

建立准速度坐标系 $Ox_ty_tz_t$ (用 S_t 标记)的目的在于为推导再入飞行器制导所用的动力学方程。原点 O 在飞行器质心；x_t 轴沿气流速度矢量，指向前；z_t 轴与总升力线重合，指向下；y_t 轴由右手法则确定。

说明：总升力为升力与侧力的矢量和。

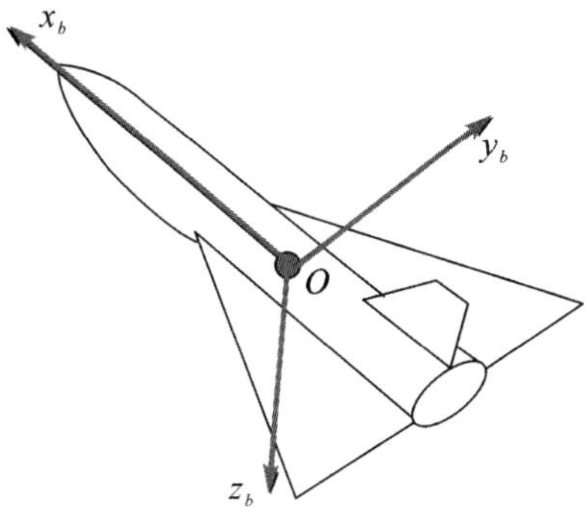

图 2-8　机体坐标系

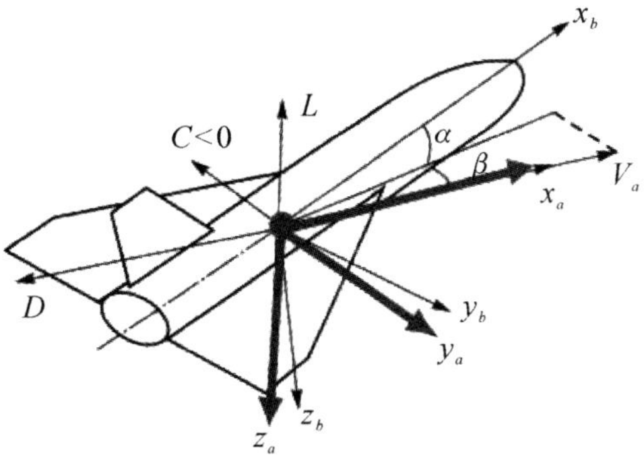

图 2-9　速度坐标系

10. 航迹坐标系（$Ox_ky_kz_k$）

航迹坐标系 $Ox_ky_kz_k$（用 S_k 标记）的原点 O 在飞行器的质心；x_k 轴沿航迹速度 V_k；z_k 轴在通过航迹速度矢量的铅垂平面内，垂直于航迹速度矢量，指向下；y_k 轴由右手法则确定。

注意：当不考虑风速，即风速（V_w）为零时，可以认为气流速度矢量与航迹速度矢量相同，这时 x_a 轴与 x_k 轴重合；当考虑风速，即风速（V_w）不为零时，存在速度三角形，即 $V_k = V_a + V_w$。

2.2.2　坐标系转换关系

部分坐标系的转换关系如图 2-10 所示。

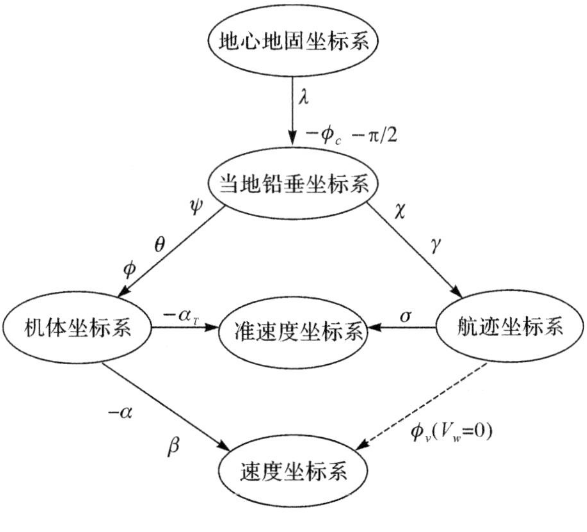

图 2-10　坐标系转换关系图

先来介绍一下在坐标系定义部分提及的两组动坐标系与静坐标系，即地心惯性坐标系与地心地固坐标系、发射惯性坐标系与发射坐标系。

注意：$\boldsymbol{L}_{ba}$ 是从坐标系 S_a 到 S_b 的变换矩阵，注意符号下标表示的是坐标系转换的顺序。

1. 地心惯性坐标系 S_i 与地球坐标系 S_e 之间的关系

$$S_i \xrightarrow{R_z(\gamma)} S_e$$

动坐标系（S_e）与静坐标系（S_i），区别是 x 轴指向本初子午线，并随地球旋转而旋转，其与赤道坐标系存在绕 z 轴以一定角速度旋转。而地球的自转角速度大小为 w_E，绕 z 轴的旋转的角度为 γ，有

$$\left.\begin{aligned} w_E &= \frac{2\pi}{86\ 164} = 7.292\ 116 \times 10^{-5}(\text{rad/s}) \\ \gamma &= w_E t \end{aligned}\right\} \tag{2-47}$$

根据基元变换矩阵以及不同时刻的夹角，可以得到从 S_i 到 S_e 的变换矩阵为

$$\boldsymbol{L}_{ei} = \boldsymbol{L}_z(\gamma) = \begin{bmatrix} \cos\omega_e t & \sin\omega_e t & 0 \\ -\sin\omega_e t & \cos\omega_e t & 0 \\ 0 & 0 & 1 \end{bmatrix} \tag{2-48}$$

2. 发射系 $Oxyz$ 和发射惯性系 $O_A x_A y_A z_A$ 之间的转换关系

先将两个坐标系经过一定转动，使得相应的新坐标系各有一轴与地球自转轴平行，而且要求所转动的欧拉角是已知参数。将惯性系与发射系分别绕 y_A、y 轴转动角度 α_0，即使得 x、x_A 轴分别转到发射点所在子午面内，然后再绕各自新的 z 轴转动角度 f_0，从而得到各自的新坐标系 $O_A\xi_A\eta_A\zeta_A$、$O\xi\eta\zeta$，上述坐标系转动方法的转换关系如下：

$$\begin{bmatrix} \xi_A \\ \eta_A \\ \zeta_A \end{bmatrix} = \boldsymbol{A} \begin{bmatrix} x_A \\ y_A \\ z_A \end{bmatrix} \tag{2-49}$$

$$\begin{bmatrix} \xi_A \\ \eta_A \\ \zeta_A \end{bmatrix} = \boldsymbol{A} \begin{bmatrix} x_A \\ y_A \\ z_A \end{bmatrix} \tag{2-50}$$

其中

$$\boldsymbol{A} = \begin{bmatrix} \cos\alpha_0\cos f_0 & \sin f_0 & -\sin\alpha_0\cos f_0 \\ -\cos\alpha_0\sin f_0 & \cos f_0 & \sin\alpha_0\sin f_0 \\ \sin\alpha_0 & 0 & \cos\alpha_0 \end{bmatrix} \tag{2-51}$$

注意发射瞬时，$t=0$，$O_A\xi_A\eta_A\zeta_A$ 与 $O\xi\eta\zeta$ 重合，且 ξ_A、ξ 的方向与地球自转轴相同，在任意瞬时，这两个坐标系存在如下的转换关系：

$$\begin{bmatrix} \xi \\ \eta \\ \zeta \end{bmatrix} = \boldsymbol{B} \begin{bmatrix} \xi_A \\ \eta_A \\ \zeta_A \end{bmatrix} \tag{2-52}$$

其中

$$\boldsymbol{B}=\begin{bmatrix}1 & 0 & 0\\ 0 & \cos\omega_e t & \sin\omega_e t\\ 0 & -\sin\omega_e t & \cos\omega_e t\end{bmatrix} \tag{2-53}$$

其中，$\omega_e t$ 为两个坐标系间绕 ξ_A 的欧拉角。

根据转换矩阵的传递性，最终两坐标系间的转换关系为

$$\begin{bmatrix}x\\ y\\ z\end{bmatrix}=\boldsymbol{G}_A\begin{bmatrix}x_A\\ y_A\\ z_A\end{bmatrix} \tag{2-54}$$

式中，$\boldsymbol{G}_A=\boldsymbol{A}^{-1}\boldsymbol{BA}$ 即为变换矩阵。

下面具体介绍几组常用的坐标系转换：

1. 机体坐标系 S_b 与当地铅垂坐标系 S_u 之间的转换关系

$$S_u\xrightarrow{R_z(\psi)}\circ\xrightarrow{R_y(\theta)}\circ\xrightarrow{R_x(\phi)}S_b$$

利用不同的欧拉角相对于参考地面系下的差异进行坐标变化(见图 2-2)。

注意：不同参考地面系下的姿态角是不同的，需要慎重对待。

$$\begin{aligned}\boldsymbol{L}_{bu}&=\boldsymbol{L}_x(\phi)\boldsymbol{L}_y(\theta)\boldsymbol{L}_z(\psi)\\ &=\begin{bmatrix}\cos\theta\cos\psi & \cos\theta\sin\psi & -\sin\theta\\ \sin\phi\sin\theta\cos\psi-\cos\phi\sin\psi & \sin\phi\sin\theta\sin\psi+\cos\phi\sin\psi & \sin\phi\cos\theta\\ \cos\phi\sin\theta\cos\psi+\sin\phi\sin\psi & \cos\phi\sin\theta\sin\psi-\sin\phi\cos\psi & \cos\phi\cos\theta\end{bmatrix}\end{aligned} \tag{2-55}$$

式中：θ 为俯仰角；ψ 为偏航角；φ 为滚转角。具体的定义内容见 2.2.3 小节。

2. 速度坐标系 S_a 与机体坐标系 S_b 之间的转换关系

$$S_b\xrightarrow{R_y(-\alpha)}\circ\xrightarrow{R_z(\beta)}S_a$$

根据坐标之间的变化，其相当于绕 z 轴和 y 轴旋转(见图 2-11)，根据基元变换矩阵，可以得到由机体坐标系到速度坐标系的变换矩阵为

$$\boldsymbol{L}_{ab}=\boldsymbol{L}_z(\beta)\boldsymbol{L}_y(-\alpha)=\begin{bmatrix}\cos\beta\cos\alpha & \sin\beta & \sin\beta\sin\alpha\\ -\sin\beta\cos\alpha & \cos\beta & -\sin\beta\sin\alpha\\ -\sin\alpha & 0 & \cos\alpha\end{bmatrix} \tag{2-56}$$

式中：α 为攻角；β 为侧滑角。这里有个初步印象即可，后面会给出详细定义。

3. 机体坐标系 S_b 与准速度坐标系 S_t 之间的转换关系

$$S_b\xrightarrow{R_y(-\alpha_T)}S_t$$

转换矩阵为

$$\boldsymbol{L}_{tb}=\boldsymbol{L}_y(-\alpha_T)=\begin{bmatrix}\cos\alpha_T & 0 & \sin\alpha_T\\ 0 & 1 & 0\\ -\sin\alpha_T & 0 & \cos\alpha_T\end{bmatrix} \tag{2-57}$$

式中：α_T 为总攻角，定义为速度轴与飞行器纵轴之间的夹角。

4. 航迹坐标系 S_k 与准速度坐标系 S_t 之间的转换关系

$$S_k \xrightarrow{R_x(\sigma)} S_t$$

转换矩阵为

$$\boldsymbol{L}_{tk} = \boldsymbol{L}_x(\sigma) = \begin{bmatrix} 1 & 0 & 0 \\ 0 & \cos\sigma & \sin\sigma \\ 0 & -\sin\sigma & \cos\sigma \end{bmatrix} \tag{2-58}$$

式中：σ 为倾斜角。

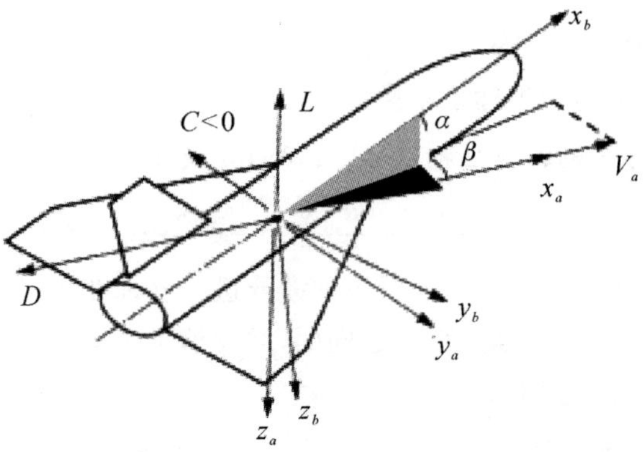

图 2-11 速度坐标系与机体坐标系之间的角度关系

5. 航迹坐标系 S_k 与地面惯性坐标系 S_u 之间转换关系（见图 2-12）

$$S_k \xrightarrow{R_y(\chi)} \circ \xrightarrow{R_z(\gamma)} S_u$$

转换矩阵为

$$\boldsymbol{L}_{ku} = \boldsymbol{L}_y(\gamma)\boldsymbol{L}_z(\chi) = \begin{bmatrix} \cos\gamma\cos\chi & \cos\gamma\sin\chi & -\sin\gamma \\ -\sin\chi & \cos\chi & 0 \\ \sin\gamma\cos\chi & \sin\gamma\sin\chi & \cos\gamma \end{bmatrix} \tag{2-59}$$

式中：χ 为航迹方位角；γ 为航迹倾斜角。

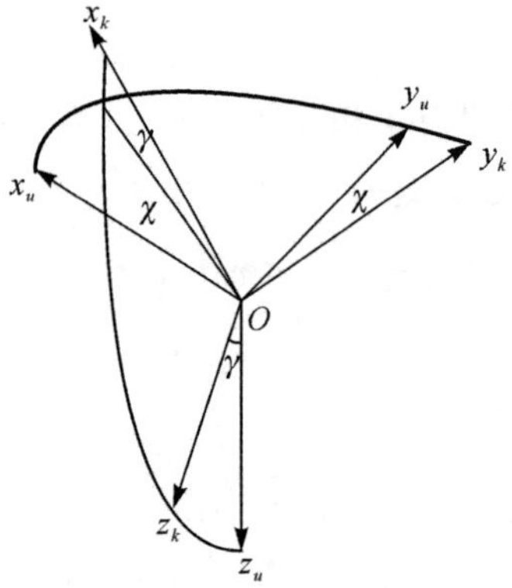

图 2-12 航迹坐标系与当地铅垂坐标系之间的角度关系

6. 航迹坐标系 S_k 与速度坐标系 S_a 之间的转换关系

$$S_k \xrightarrow{R_x(\phi_v)} S_a$$

转换矩阵为

$$\boldsymbol{L}_{ak} = \boldsymbol{L}_x(\phi_v) = \begin{bmatrix} 1 & 0 & 0 \\ 0 & \cos\phi_v & \sin\phi_v \\ 0 & -\sin\phi_v & \cos\phi_v \end{bmatrix} \tag{2-60}$$

式中：ϕ_v 为倾侧角。

说明：这里的转换是在不考虑风速的情况下，航迹速度 V_k 与气流速度 V_a（即飞行速度）重合，故有 x_k 轴与 x_a 轴重合，航迹坐标系与速度坐标系之间通过倾侧角 ϕ_v 来转换。

7. 航迹坐标系 S_k 与机体坐标系 S_b 之间的转换关系

由图 2－10 坐标系的转换关系图可知，坐标系 S_k 和 S_b 通过欧拉角 χ 、γ 、θ 、ψ 以及 ϕ 转换，但是当需要考虑风速影响时，为了简化运动方程，在这里用 ϕ_v 、α_k 和 β_k 转换。

$$S_k \xrightarrow{R_x(\phi_v)} \circ \xrightarrow{R_z(-\beta_k)} \circ \xrightarrow{R_y(\alpha_k)} S_b$$

转换矩阵为

$$\begin{aligned} \boldsymbol{L}_{bk}^{*} &= \boldsymbol{L}_y(\alpha_k)\boldsymbol{L}_z(-\beta_k)\boldsymbol{L}_x(\phi_v) \\ &= \begin{bmatrix} \cos\alpha_k\cos\beta_k & -\cos\phi_v\cos\alpha_k\sin\beta_k + \sin\phi_v\sin\alpha_k & -\sin\phi_v\cos\alpha_k\sin\beta_k - \cos\phi_v\sin\alpha_k \\ \sin\beta_k & \cos\phi_v\cos\beta_k & \sin\phi_v\cos\beta_k \\ \sin\alpha_k\cos\beta_k & -\cos\phi_v\sin\alpha_k\sin\beta_k - \sin\phi_v\cos\alpha_k & -\sin\phi_v\sin\alpha_k\sin\beta_k + \cos\phi_v\cos\alpha_k \end{bmatrix} \end{aligned} \tag{2-61}$$

式中：α_k 为航迹速度攻角；β_k 为航迹速度侧滑角；ϕ_v 为倾侧角。

说明：这里的 α_k 和 β_k 与 α 和 β 类似，但是并不具有空气动力学的意义，它们确定了航迹速度矢量相对于机体的方向。

由于坐标系具有传递性，所以由 S_a 到 S_k 的变换矩阵可以由两个已知的矩阵推导得出：

$$\boldsymbol{L}_{ka}^{*} = \boldsymbol{L}_{kb}\boldsymbol{L}_{ba} \tag{2-62}$$

当已知欧拉角 χ 、γ 、θ 、ψ 以及 ϕ ，需要求出 ϕ_v 、α_k 和 β_k 时，可以利用关系式：

$$\boldsymbol{L}_{ka}^{*}(\phi_v,\beta_k,\alpha_k) = \boldsymbol{L}_{ku}(\chi,\gamma)\boldsymbol{L}_{ua}(\psi,\theta,\phi) \tag{2-63}$$

通过对比等式中的相应元素，由于篇幅有限，在这里变换矩阵不再展开，直接给出对比结果：

$$\left.\begin{aligned} \sin\beta_k &= \cos\gamma[\sin\phi\sin\theta\cos(\psi-\chi) - \cos\phi\sin(\psi-\chi)] - \sin\gamma\sin\phi\cos\theta \\ \sin\alpha_k &= \{\cos\gamma[\sin\phi\sin\theta\cos(\psi-\chi) + \sin\phi\sin(\psi-\chi)] - \sin\gamma\cos\phi\cos\theta\}/\cos\beta_k \\ \sin\phi_v &= \{\sin\gamma[\sin\phi\sin\theta\cos(\psi-\chi) - \cos\phi\sin(\psi-\chi)] + \cos\gamma\sin\phi\cos\theta\}/\cos\beta_k \end{aligned}\right\} \tag{2-64}$$

注意：机体坐标系与准速度坐标系之间就是绕 y 轴的总攻角旋转，而航迹坐标系与准速度坐标系之间是绕 x 轴的倾斜角旋转，需要说明的是，此时的变换只代表矢量的转换，无法适用于姿态的变化，其定义是不同的。

2.2.3 欧拉角定义

1. 欧拉角

欧拉角被定义用于区别地面坐标系与机体坐标系之间的关系，其也被称为姿态角，基本定义如下。

俯仰角 θ：机体 x_b 轴与地面系下水平面 $x_g y_g$（或者 $x_u y_u$）之间的角度，当 x_b 轴指向上方时，角度为正。

偏航角 ψ：机体 x_b 轴与地面投影与地面系 x_g 轴的夹角，当该投影线偏向 x_g 轴（或 x_u 轴）的右方时，角度为正。

滚转角 ϕ：飞行器机体的纵向对称平面 $x_b z_b$ 与通过 x_b 轴的地面铅垂平面 $x_g y_g$（或者 $x_u y_u$）之间的夹角，沿 x_b 轴看，当从铅垂平面顺时针转向对称平面时，角度为正。

注意：当存在地面坐标系定义差异时，欧拉角的大小会发生典型变化。

2. 气动角

由机体坐标系与速度坐标系之间的变换关系可以得到两个欧拉角，分别定义如下。

攻角 α：气流速度 V_a 在对称面上的投影与 x_b 轴之间的夹角，当投影线偏向 x_b 轴下侧时，攻角为正。

侧滑角 β：气流速度 V_a 与对称平面之间的角度，当气流速度偏向飞行器对称平面的右侧时，侧滑角为正。

3. 弹道角

由航迹系与地面系之间的转换关系可以确定两个欧拉角，分别定义如下。

航迹倾斜角 γ：航迹速度矢量与水平面之间的夹角，当航迹速度偏向上方时，角度为正。

注意：与当地倾角做区分。

航迹方位角 χ：航迹速度在水平面上投影与地面 x_g 轴（或者 x_u 轴）之间的夹角，当该投影偏向 x_g 轴（或者 x_u 轴）的右侧时，角度为正。

4. 倾侧角

倾侧角 ϕ_v：在无风情况下，航迹速度与气流速度重合，倾侧角为绕 x_a（或 x_k）轴旋转的角度，正、负同滚转角一样。

5. 倾斜角

倾斜角 σ：在无风时，x_t 轴与 x_k 轴重合，倾斜角为这个轴的旋转角度，正、负同倾侧角一样。

注意：

(1)倾斜角是 z_t 轴与 z_k 轴之间的夹角，然而倾侧角是 z_a 轴与 z_k 轴之间的夹角。

(2)倾斜角在同等情况下表征了总升力方向与铅垂平面的夹角。

2.2.4 美、苏坐标系及其差异

目前，在高超声速技术领域，相关的标准是，质心采用苏式定义，机体采用美式定义，需

要根据定义进行角度的变化，增加绕 x 轴的逆向 90°旋转。两套体系均为右手坐标系，苏式坐标系立轴向上，而美式坐标系立轴向下，如图 2-13 所示[4]。

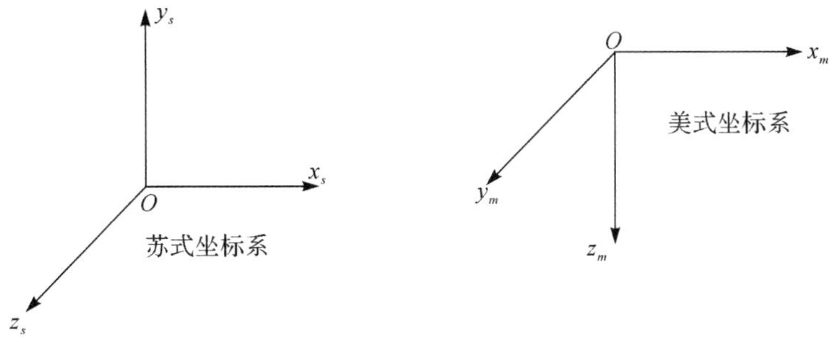

图 2-13　苏式坐标系与美式坐标系

苏式坐标系和美式坐标系的对应关系见表 2-1。

表 2-1　苏式坐标系和美式坐标系的对应关系

苏　式	意　义	美　式	备　注
α	攻角	α	二者定义相同
β	侧滑角	β	二者定义相同
γ	机体滚转角	ϕ	定义相同
ψ	偏航角(机头)	ψ	二者正方向定义相反，是由于二者立轴定义相反造成的
ϑ	俯仰角	θ	定义相同
γ_s	航迹滚转角(速度矢量)	μ	定义相同
ψ_s	航迹偏转角	χ	二者正方向定义相反，是由于二者立轴定义相反造成的
θ	航迹倾斜角	γ	定义相同

小结：

苏式坐标系和美式坐标系的相同点：

(1)都是右手坐标系；

(2)攻角、侧滑角、俯仰角、滚转角、航迹倾斜角、航迹滚转角定义相同；

(3)坐标变换遵从同样的变换规律，只是符号不同。

苏式坐标系和美式坐标系的不同：

(1)苏式坐标系的立轴向上；

(2)偏航角、航迹方位角的定义相反；

(3)偏航角速率方向也相反。

2.3　高超声速飞行器刚体六自由度运动方程组的建立

根据牛顿第二运动定理，可以详细推导获取飞行器六自由度运动方程组，分别以质心运动和绕心运动进行构建[5]。

2.3.1 高超声速质心运动的一般形式

根据基本的牛顿运动原理，飞行器质心在惯性空间中的矢量方程可写为

$$\boldsymbol{F}+m\boldsymbol{g}=m\boldsymbol{a}_i \tag{2-65}$$

式中：m 是飞行器的质量；$\boldsymbol{a}_i$ 是绝对加速度；$\boldsymbol{F}$ 是发动机推力与空气动力的合力。其主要分析的是计算空间所受到的各种合外力。

当定义惯性空间时，直接计算各种合外力，当质心的地面坐标系为动坐标系时，则必须考虑由于坐标系旋转带来的分量计算。

取 V_k 为飞行器相对于地球质心的运动速度（即相对速度）；相对加速度为相对速度对时间的导数。地球坐标系不是惯性坐标系，取角速度为 ω_e 。飞行器的绝对加速度等于相对加速度、牵连加速度 $\boldsymbol{\omega}_e\times(\boldsymbol{\omega}_e\times\boldsymbol{r})$ 和哥氏加速度 $2\boldsymbol{\omega}_e\times\boldsymbol{V}_k$ 之和，即

$$\boldsymbol{a}_i=\frac{\mathrm{d}\boldsymbol{V}_k}{\mathrm{d}t}+\boldsymbol{\omega}_e\times(\boldsymbol{\omega}_e\times\boldsymbol{r})+2\boldsymbol{\omega}_e\times\boldsymbol{V}_h \tag{2-66}$$

地球产生的引力加速度为

$$\boldsymbol{g}=-(\mu/r^3)\boldsymbol{r} \tag{2-67}$$

结合以上几个式子，得到飞行器相对于地球的相对运动的动力学方程（推力 $\boldsymbol{T}$ 、空气动力 $\boldsymbol{A}$ ）为

$$\frac{\mathrm{d}\boldsymbol{V}_k}{\mathrm{d}t}=-\frac{\mu\boldsymbol{r}}{r^3}-\boldsymbol{\omega}_e\times(\boldsymbol{\omega}_e\times\boldsymbol{r})-2\boldsymbol{\omega}_e\times\boldsymbol{V}_k+\frac{\boldsymbol{T}+\boldsymbol{A}}{m} \tag{2-68}$$

在此基础上，若以活动坐标系进行运动方程定义，考虑到其相对于地球坐标系具有角速度 $\boldsymbol{\omega}_{m-e}$ ，则以式(2-68)，参考动坐标系的变化，下标 m 表示活动坐标系，则有

$$\left(\frac{\mathrm{d}\boldsymbol{V}_k}{\mathrm{d}t}\right)_m=\frac{\mathrm{d}\,(\boldsymbol{V}_k)_m}{\mathrm{d}t}+(\boldsymbol{\omega}_{m-e})_m\times(\boldsymbol{V}_k)_m \tag{2-69}$$

因此可以得到运动方程的矢量形式：

$$\begin{aligned}\frac{\mathrm{d}\,(\boldsymbol{V}_k)_m}{\mathrm{d}t}=&-(\boldsymbol{\omega}_{m-e})_m\times(\boldsymbol{V}_k)_m-\frac{\mu}{r^3}(\boldsymbol{r})_m+\frac{1}{m}[(\boldsymbol{T})_m+(\boldsymbol{A})_m]-\\&2(\boldsymbol{\omega}_e)_m\times(\boldsymbol{V}_k)_m-(\boldsymbol{\omega}_e)_m\times(\boldsymbol{\omega}_e)_m\times(\boldsymbol{r})_m\end{aligned} \tag{2-70}$$

1. 机体坐标系中的质心动力学方程

考虑到机体坐标系为动坐标系，借由运动方程的矢量形式，则可以得到

$$\begin{aligned}\frac{\mathrm{d}\,(\boldsymbol{V}_k)_b}{\mathrm{d}t}=&-(\boldsymbol{\omega}_{b-e})\times(\boldsymbol{V}_k)_b-\frac{\mu\,(\boldsymbol{r})_b}{r^3}+\frac{1}{m}[(\boldsymbol{T})_b+(\boldsymbol{A})_b]-\\&(\boldsymbol{\omega}_e)_b\times(\boldsymbol{\omega}_e)_b\times(\boldsymbol{r})_b-2(\boldsymbol{\omega}_e)_b\times(\boldsymbol{V}_k)_b\end{aligned} \tag{2-71}$$

机体系相对于地球的旋转速度 $\boldsymbol{\omega}_{b-e}$ 由两部分构成：当地铅垂坐标系相对于地心赤道旋转坐标系的角度 $\boldsymbol{\omega}_{u-e}$ 和机体相对于当地铅垂坐标系的角速度 $\boldsymbol{\omega}_{b-u}$ ，即

$$\boldsymbol{\omega}_{b-e}=\boldsymbol{\omega}_{u-e}+\boldsymbol{\omega}_{b-u} \tag{2-72}$$

式中：$\boldsymbol{\omega}_{b-u}=p\boldsymbol{i}_b+q\boldsymbol{j}_b+r\boldsymbol{k}_b$ ，$\boldsymbol{\omega}_{u-e}=\dot{\lambda}\boldsymbol{k}_e-\dot{\phi}_c\boldsymbol{j}_u$ ，其中 p 、q 、r 为飞行器角速度在本体坐标系中的分量（地心距不变化，产生经、纬度的变化，其中经度与地心系相关，纬度与地面系相关）。由于机体坐标系到地面坐标系的转换矩阵已知，所以式(2-72)进行坐标变化，可以

得到

$$(\boldsymbol{\omega}_{b\text{-}e})_b=(\boldsymbol{\omega}_{u\text{-}e})_b+(\boldsymbol{\omega}_{b\text{-}u})_b=\boldsymbol{L}_{bu}\left\{\boldsymbol{L}_{be}\begin{bmatrix}0\\0\\\dot{\lambda}\end{bmatrix}+\begin{bmatrix}0\\-\dot{\phi}_c\\\dot{\lambda}\end{bmatrix}\right\}+\begin{bmatrix}p\\q\\r\end{bmatrix}\tag{2-73}$$

根据几何关系,可以得到经度和纬度的变化率与速度倾角和方位角的关系为

$$\left.\begin{aligned}r\dot{\phi}_c&=V_k\cos\gamma\cos x\\r\cos\phi_c\dot{\lambda}&=V_k\cos\lambda\sin\chi\end{aligned}\right\}\tag{2-74}$$

其中,$V_k=\sqrt{u^2+v^2+w^2}$ 。

速度矢量在机体坐标系下的分量形式是 $(\boldsymbol{V}_k)_b=[u\ v\ w]^{\mathrm{T}}$,距离矢量的分量变换为 $(\boldsymbol{r})_b=\boldsymbol{L}_{bu}(0\ 0-r)^{\mathrm{T}}=-r(T_{13}\,T_{23}\,T_{33})^{\mathrm{T}}$,而地球旋转角速度

$$(\boldsymbol{\omega}_e)_b=\boldsymbol{L}_{bu}\boldsymbol{L}_{ue}(\boldsymbol{\omega}_e)_e=\omega_e\begin{bmatrix}T_{11}\cos\phi_c-T_{13}\sin\phi_c\\T_{21}\cos\phi_c-T_{23}\sin\phi_c\\T_{31}\cos\phi_c-T_{33}\sin\phi_c\end{bmatrix}\tag{2-75}$$

推力与空气动力在机体坐标系下的分量为

$$(\boldsymbol{T})_b=\begin{bmatrix}T\\0\\0\end{bmatrix},(\mathbf{A})_b\boldsymbol{L}_{ba}\begin{bmatrix}-D\\Y\\-L\end{bmatrix}=\begin{bmatrix}-D\cos\beta\cos\alpha-Y\sin\beta\cos\alpha+L\sin\alpha\\-D\sin\beta+Y\cos\beta\\-D\cos\beta\sin\alpha-Y\sin\beta\sin\alpha-L\cos\alpha\end{bmatrix}\tag{2-76}$$

同样,将推力和空气动力进行机体下的投影,可以最终得到机体系下的质心运动的动力学方程:

$$\begin{bmatrix}\dot{u}\\\dot{v}\\\dot{w}\end{bmatrix}=-\frac{\sqrt{u^2+v^2+w^2}}{r}\cos\gamma\cdot$$

$$\begin{bmatrix}\dfrac{\sin\chi}{\cos\phi_c}[\cos\phi_c(wT_{21}-vT_{31})+\sin\phi_c(vT_{33}-wT_{23})]+\cos\chi(vT_{32}-wT_{22})\\\dfrac{\sin\chi}{\cos\phi_c}[\cos\phi_c(uT_{31}-wT_{11})+\sin\phi_c(wT_{13}-uT_{33})]+\cos\chi(wT_{12}-uT_{32})\\\dfrac{\sin\chi}{\cos\phi_c}[\cos\phi_c(vT_{11}-uT_{21})+\sin\phi_c(uT_{23}-vT_{13})]+\cos\chi(uT_{22}-vT_{12})\end{bmatrix}$$

$$\begin{bmatrix}rv-qw\\pw-ru\\qu-pv\end{bmatrix}+\frac{\mu}{r^2}\begin{bmatrix}T_{13}\\T_{23}\\T_{33}\end{bmatrix}+\frac{1}{m}\begin{bmatrix}T-D\cos\beta\cos\alpha-Y\sin\beta\sin\alpha+L\sin\alpha\\-D\sin\beta+Y\cos\beta\\-D\cos\beta\sin\alpha-Y\sin\beta\sin\alpha-L\cos\alpha\end{bmatrix}$$

$$-2\omega_a\begin{bmatrix}\cos\phi_c(wT_{21}-vT_{31})+\sin\phi_c(vT_{33}-wT_{23})\\\cos\phi_c(uT_{31}-wT_{11})+\sin\phi_c(wT_{13}-uT_{33})\\\cos\phi_c(vT_{11}-uT_{21})+\sin\phi_c(uT_{23}-vT_{13})\end{bmatrix}\tag{2-77}$$

牵连力根据需要可自行推导。

2. 航迹坐标系中的质心动力学方程

在航迹坐标系中建立质心运动方程的优点是，能够直接给出速度大小 V_k 和方向 (χ,γ) 的变化。同样进行航迹坐标系的的速度微分计算，可得

$$\frac{\mathrm{d}(\boldsymbol{V}_k)_k}{\mathrm{d}t}=-(\boldsymbol{\omega}_{k-e})\times(\boldsymbol{V}_k)_k-\frac{\mu(\boldsymbol{r})_k}{r^3}+\frac{1}{m}[(\boldsymbol{T})_k+(\boldsymbol{A})_k]-(\boldsymbol{\omega}_e)_k\times(\boldsymbol{\omega}_e)_k\times(\boldsymbol{r})_k-2(\boldsymbol{\omega}_e)_k\times(\boldsymbol{V}_k)_k \tag{2-78}$$

航迹坐标系相对于地球的角速度 $\boldsymbol{\omega}_{k-e}$ 也由两项构成，同样为当地铅垂坐标系相对于地心赤道系坐标系的角速度 $\boldsymbol{\omega}_{u-e}$ 以及航迹坐标系相对于当地铅垂坐标系的角速度 $\boldsymbol{\omega}_{k-u}$，即

$$\left.\begin{aligned}\boldsymbol{\omega}_{u-e}&=\dot{\lambda}\boldsymbol{k}_e-\dot{\phi}_c\boldsymbol{j}_u\\ \boldsymbol{\omega}_{k-u}&=\dot{\chi}\boldsymbol{k}_u+\dot{\gamma}\boldsymbol{j}_k\end{aligned}\right\} \tag{2-79}$$

因此可以求解得到最终的相对角速度为

$$(\boldsymbol{\omega}_{k-e})_k=\boldsymbol{\omega}_{u-e}+\boldsymbol{\omega}_{k-u}=\boldsymbol{L}_{ku}\left\{\boldsymbol{L}_{ue}\begin{bmatrix}0\\0\\\dot{\lambda}\end{bmatrix}+\begin{bmatrix}0\\-\dot{\phi}_c\\\dot{\chi}\end{bmatrix}\right\}+\begin{bmatrix}0\\\dot{\gamma}\\0\end{bmatrix} \tag{2-80}$$

速度矢量在航迹坐标系下的分量形式为 $(\boldsymbol{V}_k)_k=[V_k\quad 0\quad 0]^{\mathrm{T}}$，而距离矢量同样可描述为 $(\boldsymbol{r})_k=\boldsymbol{L}_{ku}(0\quad 0\quad -r)^{\mathrm{T}}=[r\sin\gamma\quad 0\quad -r\cos\gamma]^{\mathrm{T}}$，分别将各自受力投影至航迹坐标系中，

地球旋转角速度的分量为

$$(\boldsymbol{\omega}_e)_k=\boldsymbol{L}_{ku}\boldsymbol{L}_{ue}(\boldsymbol{\omega}_e)_e=\omega_e\begin{bmatrix}\cos\phi_c\cos\gamma\cos\chi+\sin\phi_c\sin\gamma\\-\cos\phi_c\sin\chi\\\cos\phi_c\sin\gamma\cos\chi-\sin\phi_c\cos\gamma\end{bmatrix} \tag{2-81}$$

推力与空气动力在航迹坐标系下的分量为

$$(\boldsymbol{T}_b)_k=\boldsymbol{L}_{ka}\boldsymbol{L}_{ab}\begin{bmatrix}T\\0\\0\end{bmatrix}=T\begin{bmatrix}\cos\beta\cos\alpha\\\sin\phi_v\sin\alpha-\cos\phi_v\sin\beta\cos\alpha\\-\sin\phi_v\sin\beta\cos\alpha-\cos\phi_v\sin\alpha\end{bmatrix} \tag{2-82}$$

$$(\boldsymbol{A})_k=\boldsymbol{L}_{ku}\boldsymbol{L}_{ub}\boldsymbol{L}_{ba}\begin{bmatrix}-D\\Y\\-L\end{bmatrix}=T\begin{bmatrix}-D\\Y\cos\phi_v+L\sin\phi_v\\Y\sin\phi_v-L\cos\phi_v\end{bmatrix} \tag{2-83}$$

最终可以得到高超声速飞行器在航迹坐标系下质心运动的动力学方程为

$$\begin{bmatrix}\dot{\boldsymbol{V}}_k\\\dot{\chi}\boldsymbol{V}_k\cos\gamma\\-\dot{\gamma}\boldsymbol{V}_k\end{bmatrix}=\frac{V_k^2}{r}\begin{bmatrix}0\\\tan\phi_c\ \cos^2\gamma\sin\chi\\-\cos\gamma\end{bmatrix}+\frac{\mu}{r^2}\begin{bmatrix}-\sin\gamma\\0\\\cos\gamma\end{bmatrix}+$$

$$\frac{1}{m}\left\{T\begin{bmatrix}\cos\beta\cos\alpha\\\sin\phi_v\sin\alpha-\cos\phi_v\sin\beta\cos\alpha\\-\sin\phi_v\sin\beta\cos\alpha-\cos\phi_v\sin\alpha\end{bmatrix}+\begin{bmatrix}-D\\Y\cos\phi_v+L\sin\phi_v\\Y\sin\phi_v-L\cos\phi_v\end{bmatrix}\right\}+$$

$$2\omega_e V_k \begin{bmatrix} 0 \\ -\cos\phi_c \sin\gamma\cos\chi + \sin\phi_c \cos\gamma \\ -\cos\phi_c \sin\chi \end{bmatrix} +$$

$$\omega_e^2 r \begin{bmatrix} \cos\phi_c(-\sin\phi_c\cos\gamma\cos\chi + \cos\phi_c\sin\gamma) \\ \sin\phi_c\cos\phi_c\sin\chi \\ \cos\phi_c(-\sin\phi_c\sin\gamma\cos\chi - \cos\phi_c\cos\gamma) \end{bmatrix} \tag{2-84}$$

式(2－84)为航迹坐标系下的运动方程,其控制量分别被定义为攻角、侧滑角与倾侧角。而常用的也有总攻角和倾斜角。为了准确,气动力建立在准速度坐标系下,投影在航迹坐标系中。当考虑风的作用时,需要考虑气流攻角的差异,除了航迹速度之外,还包括由于风引起的附加气动角。该角度由速度可直接计算。

3.速度系下的质心动力学方程

由于姿态控制的主要被控量为气动角,所以也可以推导出速度坐标系下的质心运动方程,此处忽略牵连力的大小(忽略的原因为复杂、量级较小)。

$$\frac{\mathrm{d}\,(\boldsymbol{V}_k)_a}{\mathrm{d}t} = -(\boldsymbol{\omega}_{a\text{-}e}) \times (\boldsymbol{V}_k)_a - \frac{\mu\,(\boldsymbol{r})_a}{r^3} + \frac{1}{m}[(\boldsymbol{T})_a + (\boldsymbol{A})_a] - 2\,(\boldsymbol{\omega}_e)_a \times (\boldsymbol{V}_k)_a \tag{2-85}$$

同样地,速度坐标系相对于地球坐标系的角速度 $\boldsymbol{\omega}_{a\text{-}e}$ 由三项组成:当地铅垂坐标系相对于地心赤道旋转坐标系的角速度 $\boldsymbol{\omega}_{u\text{-}e}$ 、机体坐标系相对于当地铅垂坐标系的角速度 $\boldsymbol{\omega}_{b\text{-}u}$ 和速度坐标系相对于机体坐标系的角速度 $\boldsymbol{\omega}_{a\text{-}b}$,分别为

$$\left.\begin{aligned} \boldsymbol{\omega}_{u\text{-}e} &= \dot{\lambda}\boldsymbol{k}_e - \dot{\phi}_c\boldsymbol{j}_u \\ \boldsymbol{\omega}_{b\text{-}u} &= p\boldsymbol{i}_b + q\boldsymbol{j}_b + r\boldsymbol{k}_b \\ \boldsymbol{\omega}_{a\text{-}b} &= -\dot{\alpha}\boldsymbol{j}_b + \dot{\beta}\boldsymbol{k}_a \end{aligned}\right\} \tag{2-86}$$

则有

$$(\boldsymbol{\omega}_{a\text{-}e})_a = (\boldsymbol{\omega}_{a\text{-}b})_a + (\boldsymbol{\omega}_{b\text{-}u})_a + (\boldsymbol{\omega}_{u\text{-}e})_a$$

$$= \boldsymbol{L}_{ab}\left\{\begin{bmatrix} 0 \\ -\dot{\alpha} \\ 0 \end{bmatrix} + \begin{bmatrix} p \\ q \\ r \end{bmatrix}\right\} + \begin{bmatrix} 0 \\ 0 \\ \dot{\beta} \end{bmatrix} + \boldsymbol{L}_{ak}\boldsymbol{L}_{ku}\left\{\boldsymbol{L}_{ue}\begin{bmatrix} 0 \\ 0 \\ \dot{\lambda} \end{bmatrix} + \begin{bmatrix} 0 \\ -\dot{\phi}_c \\ 0 \end{bmatrix}\right\} \tag{2-87}$$

借用弹道倾角和偏角消去经、纬度。

速度矢量在速度坐标系下的分量为

$$(\boldsymbol{V}_k)_a = [V_k \quad 0 \quad 0]^{\mathrm{T}} \tag{2-88}$$

距离矢量 $\boldsymbol{r}$ 的分量为

$$(\boldsymbol{r})_a = \boldsymbol{L}_{ak}\boldsymbol{L}_{ku}\begin{bmatrix} 0 \\ 0 \\ -r \end{bmatrix} = r\begin{bmatrix} -\sin\gamma \\ \sin\phi_v\cos\gamma \\ \cos\phi_v\cos\gamma \end{bmatrix} \tag{2-89}$$

地球旋转角速度的分量为

$$(\boldsymbol{\omega}_e)_a = \boldsymbol{L}_{ak}\boldsymbol{L}_{ku}\boldsymbol{L}_{ue}\begin{bmatrix}0\\0\\\omega_e\end{bmatrix}$$

$$= \begin{bmatrix}\omega_e(\cos\phi_c\cos\gamma\cos\chi+\sin\phi_c\sin\gamma)\\ \omega_e[\cos\phi_c(-\cos\phi_v\sin\chi+\sin\phi_v\sin\gamma\cos\chi)-\sin\phi_c\sin\phi_v\cos\gamma]\\ \omega_e[\cos\phi_c(\sin\phi_v\sin\chi+\cos\phi_v\sin\gamma\cos\chi)-\sin\phi_c\cos\phi_v\cos\gamma]\end{bmatrix} \tag{2-90}$$

推力与空气动力的在速度坐标系下的分量为

$$(\boldsymbol{F})_a=(\boldsymbol{T}_b)_a+(\boldsymbol{A})_a=\boldsymbol{L}_{ab}\begin{bmatrix}T\\0\\0\end{bmatrix}+\begin{bmatrix}-D\\Y\\-L\end{bmatrix}=\begin{bmatrix}T\cos\beta\cos\alpha-D\\-T\sin\beta\cos\alpha+Y\\-T\sin\alpha-L\end{bmatrix} \tag{2-91}$$

并将速度矢量、距离矢量以及地球旋转角速度、推力和空气动力转置于速度坐标系下，则可以得到最终的运动方程为

$$\begin{cases}\dot{V}=-g\sin\gamma-\dfrac{D-T\cos\beta\cos\alpha}{m}+\omega_e^2 r\cos\phi_c(\cos\phi_c\sin\gamma-\sin\phi_c\cos\gamma\cos\chi)\\ \dot{\alpha}=-p\cos\alpha\tan\beta+q-r\sin\alpha\tan\beta+\dfrac{g}{V\cos\beta}\cos\phi_v\cos\gamma-\dfrac{L+T\sin\alpha}{mV\cos\beta}+\\ \dfrac{V}{r\cos\beta}(-\cos\phi_v\cos\gamma-\cos^2\gamma\sin\chi\sin\phi_v\tan\phi_c)-\dfrac{2\omega_e}{\cos\beta}[\cos\phi_c(-\cos\phi_v\sin\chi+\sin\phi_c\phi_v\cos\gamma)]\\ \dot{\beta}=p\sin\alpha-r\cos\alpha+\dfrac{g}{V}\sin\phi_v\cos\gamma+\dfrac{Y-T\sin\beta\cos\alpha}{mV}-\dfrac{V}{r}(\sin\phi_v\cos\gamma-\\ \cos^2\gamma\sin\chi\cos\phi_v\tan\phi_c)-2\omega_e(\cos\phi_v\sin\chi+\cos\phi_v\sin\gamma\cos\chi)-\sin\phi_c\cos\phi_v\cos\gamma\end{cases}$$

考虑到其中包含了变量倾侧角，因此需要增加其描述方程，以保证方程可解，由于椭球大地假设十分复杂，所以考虑采用平面大地，主要是地球自转带来的倾侧角影响较小。下面将几个角度之间的关系构建出来。

利用不同坐标系下角速度的关系，得到

$$(\boldsymbol{\omega}_{b\text{-}u})_a=(\boldsymbol{\omega}_{b\text{-}a})_a+(\boldsymbol{\omega}_{a\text{-}k})_a+(\boldsymbol{\omega}_{k\text{-}u})_a \tag{2-92}$$

其中

$$(\boldsymbol{\omega}_{b\text{-}u})_a=\boldsymbol{L}_{ab}\begin{bmatrix}p\\q\\r\end{bmatrix}$$

$$(\boldsymbol{\omega}_{k\text{-}u})_a=(\dot{\chi}\boldsymbol{k}_u+\dot{\gamma}\boldsymbol{j}_k)_a=\boldsymbol{L}_{ak}\left\{\boldsymbol{L}_{ku}\begin{bmatrix}0\\0\\\dot{\chi}\end{bmatrix}+\begin{bmatrix}0\\\dot{\gamma}\\0\end{bmatrix}\right\}$$

$$(\boldsymbol{\omega}_{a\text{-}k})_a=\boldsymbol{L}_{ak}\begin{bmatrix}\dot{\phi}_v\\0\\0\end{bmatrix}$$

$$(\boldsymbol{\omega}_{b-a})_a = (-\dot{\beta}\boldsymbol{k}_a + \dot{\alpha}\boldsymbol{j}_b)_a = \begin{bmatrix} 0 \\ 0 \\ -\beta \end{bmatrix} + \boldsymbol{L}_{ab}\begin{bmatrix} 0 \\ \dot{\alpha} \\ 0 \end{bmatrix}$$

代入后则可以得到关于倾侧角导数形式的表达式：

$$\dot{\phi}_v = -\dot{\alpha}\sin\beta + \dot{\chi}\sin\gamma + p\cos\alpha\cos\beta + q\sin\beta + r\cos\beta\sin\alpha \tag{2-93}$$

其中，$\dot{\alpha}$ 和 $\dot{\chi}$ 可以由本小节中推导的相关公式代入消去。

4. 准速度坐标系下的质心运动方程

准速度系下控制量为总攻角和倾斜角，忽略牵连加速度，同样在准速度坐标系下确定表达式为

$$\frac{\mathrm{d}(\boldsymbol{V}_k)_t}{\mathrm{d}t} = -(\boldsymbol{\omega}_{t-e})_t \times (\boldsymbol{V}_k)_t - \frac{\mu(\boldsymbol{r})_t}{r^3} + \frac{1}{m}[(\boldsymbol{T})_t + (\boldsymbol{A})_t] - 2(\boldsymbol{\omega}_e)_t \times (\boldsymbol{V}_k)_t \tag{2-94}$$

同样对于各矢量进行转换，首先确定准速度坐标系相对于地心赤道旋转坐标系的角速度 $\boldsymbol{\omega}_{t-e}$，其由三项构成，即当地铅垂坐标系相对于地心赤道坐标系的角速度 $\boldsymbol{\omega}_{u-e}$、机体坐标系相对于当地铅垂坐标系的角速度 $\boldsymbol{\omega}_{b-u}$ 以及准速度坐标系相对于机体坐标系的角速度 $\boldsymbol{\omega}_{t-b}$，分别为

$$\boldsymbol{\omega}_{u-e} = \dot{\lambda}\boldsymbol{k}_e - \dot{\phi}_c\boldsymbol{j}_u$$

$$\boldsymbol{\omega}_{b-u} = p\boldsymbol{i}_b + q\boldsymbol{j}_b + r\boldsymbol{k}_b$$

$$\boldsymbol{\omega}_{t-b} = -\dot{\alpha}_T\boldsymbol{j}_t$$

$$(\boldsymbol{\omega}_{t-e})_t = (\boldsymbol{\omega}_{t-b})_t + (\boldsymbol{\omega}_{b-u})_t + (\boldsymbol{\omega}_{u-e})_t$$

$$= \begin{bmatrix} 0 \\ -\dot{\alpha}_T \\ 0 \end{bmatrix} + \boldsymbol{L}_{tb}\begin{bmatrix} p \\ q \\ r \end{bmatrix} + \boldsymbol{L}_{tk}\boldsymbol{L}_{ku}\left\{\boldsymbol{L}_{ue}\begin{bmatrix} 0 \\ 0 \\ \dot{\lambda} \end{bmatrix} + \begin{bmatrix} 0 \\ -\dot{\phi}_c \\ 0 \end{bmatrix}\right\} \tag{2-95}$$

同样将速度矢量、距离矢量以及地球自转角速度、推力和空气动力进行旋转，可得速度矢量在速度坐标系下的分量形式为

$$(\boldsymbol{V}_k)_t = [V_k \quad 0 \quad 0]^{\mathrm{T}} \tag{2-96}$$

距离矢量 $\boldsymbol{r}$ 的分量为

$$(\boldsymbol{r})_t = \boldsymbol{L}_{tk}\boldsymbol{L}_{ku}\begin{bmatrix} 0 \\ 0 \\ -r \end{bmatrix} = r\begin{bmatrix} -\sin\gamma \\ \sin\sigma\cos\gamma \\ \cos\sigma\sin\gamma \end{bmatrix} \tag{2-97}$$

地球旋转角速度的分量为

$$(\boldsymbol{\omega}_e)_t = \boldsymbol{L}_{tk}\boldsymbol{L}_{ku}\boldsymbol{L}_{ue}\begin{bmatrix} 0 \\ 0 \\ \omega_e \end{bmatrix} \tag{2-98}$$

推力与空气动力在速度坐标系下的分量为

$$(\boldsymbol{F})_t=(\boldsymbol{T}_b)_t+(\boldsymbol{A})_t=\boldsymbol{L}_{tb}\begin{bmatrix}T\\0\\0\end{bmatrix}+\begin{bmatrix}-D\\0\\-L_T\end{bmatrix}=\begin{bmatrix}T\cos\alpha_T-D\\0\\-T\sin\alpha_T-L_T\end{bmatrix}\tag{2-99}$$

将本小节的公式整合，则可以得到关于总攻角的微分形式为

$$\begin{aligned}\dot{\alpha}_T=&q-\frac{V}{r}(\cos\gamma\cos\sigma+\cos^2\gamma\sin\chi\sin\sigma\tan\phi_c)-\\&\frac{\mu}{r^2V}\cos\sigma\cos\gamma+\frac{1}{mV}(-T\sin\alpha_T-L_T)+\\&2\omega_e[\cos\phi_c(-\cos\sigma\sin\chi+\sin\sigma\sin\gamma\cos\chi)-\sin\phi_c\sin\sigma\cos\gamma]\end{aligned}\tag{2-100}$$

其中也包括倾侧角，因此需要计算其微分关系，同样利用各坐标系之间的旋转角速度关系，可以得到

$$(\boldsymbol{\omega}_{b-u})_t=(\boldsymbol{\omega}_{b-t})_t+(\boldsymbol{\omega}_{t-k})_t+(\boldsymbol{\omega}_{k-u})_t\tag{2-101}$$

$$(\boldsymbol{\omega}_{b-u})_t=\boldsymbol{L}_{tb}\begin{bmatrix}p\\q\\r\end{bmatrix}=\begin{bmatrix}p\cos\alpha_T+r\sin\alpha_T\\q\\-p\sin\alpha_T+r\cos\alpha_T\end{bmatrix}\tag{2-102}$$

$$(\boldsymbol{\omega}_{k-u})_t=(\dot{\chi}\boldsymbol{k}_u+\dot{\gamma}\boldsymbol{j}_k)_t=\boldsymbol{L}_{tk}\left\{\boldsymbol{L}_{ku}\begin{bmatrix}0\\0\\\dot{\chi}\end{bmatrix}+\begin{bmatrix}0\\\dot{\gamma}\\0\end{bmatrix}\right\}=\begin{bmatrix}-\dot{\chi}\sin\chi\\\dot{\chi}\sin\sigma\cos\gamma+\dot{\gamma}\cos\sigma\\\dot{\chi}\cos\sigma\cos\gamma-\dot{\gamma}\sin\sigma\end{bmatrix}\tag{2-103}$$

$$(\boldsymbol{\omega}_{a-k})_t=\boldsymbol{L}_{tk}\begin{bmatrix}\dot{\sigma}\\0\\0\end{bmatrix}$$

$$(\boldsymbol{\omega}_{b-t})_t=\boldsymbol{L}_{tb}\begin{bmatrix}0\\\dot{\alpha}_T\\0\end{bmatrix}=\begin{bmatrix}0\\\dot{\alpha}_T\\0\end{bmatrix}\tag{2-104}$$

则可以得到关于倾斜角的微分形式表达式为

$$\dot{\sigma}=\dot{\chi}\sin\gamma+p\cos\alpha_T+r\sin\alpha_T\tag{2-105}$$

将方位角的微分方程代入，则可以得到最终的表述形式为

$$\begin{aligned}\dot{\sigma}=&p\cos\alpha_T+r\sin\alpha_T+\frac{V}{r}\tan\phi_c\sin\gamma\cos\gamma\sin\chi+\frac{\tan\gamma}{mV}L_T\sin\sigma+\\&2\omega_e\tan\gamma(-\cos\phi_c\sin\gamma\cos\chi+\sin\phi_c\cos\gamma)+\frac{\omega_e^2r}{V}\tan\gamma\sin\phi_c\cos\phi_c\sin\chi\end{aligned}\tag{2-106}$$

2.3.2 飞行器旋转运动的动力学方程

飞行器的旋转动力学建立了飞行器旋转角速度与其所受到的作用力矩之间的联系[6]。

当惯性张量为 $\boldsymbol{I}$ 的刚体具有角速度 $\boldsymbol{\omega}$ 时，它的动量矩或角动量可表示为 $\boldsymbol{H}=\boldsymbol{I}\cdot\boldsymbol{\omega}$，而刚体飞行器的旋转动力学为 $\frac{\mathrm{d}\boldsymbol{H}}{\mathrm{d}t}=\boldsymbol{M}$。$\boldsymbol{M}$ 是作用在飞行器上的力矩矢量。在机体坐标系中

构建方程的矩阵形式，可得

$$(\boldsymbol{H})_b=(\boldsymbol{I})_b\cdot(\boldsymbol{\omega})_b \tag{2-107}$$

式中：$(\boldsymbol{I})_b$ 为惯性矩阵。

$$(\boldsymbol{I})_b=\begin{bmatrix} I_x & -I_{xy} & -I_{xz} \\ -I_{xy} & I_y & -I_{yz} \\ -I_{zx} & -I_{yz} & -I_z \end{bmatrix} \tag{2-108}$$

式中：I_x,I_y,I_z 为惯性矩；I_{xy},I_{yz},I_{zx} 为惯性积。

由于机体坐标系具有角速度，所以式(2-108)被写为

$$\mathrm{d}(\boldsymbol{H})_b/\mathrm{d}t+(\boldsymbol{\omega})_b\times(\boldsymbol{H})_b=(\boldsymbol{M})_b \tag{2-109}$$

即

$$(\boldsymbol{I})_b[\mathrm{d}(\boldsymbol{\omega})_b/\mathrm{d}t]+(\boldsymbol{\omega})_b\times(\boldsymbol{I})_b(\boldsymbol{\omega})_b=(\boldsymbol{M})_b \tag{2-110}$$

解算出角速度分量列阵的变化率为

$$\mathrm{d}(\boldsymbol{\omega})_b/\mathrm{d}t=(\boldsymbol{I})_b^{-1}[(\boldsymbol{M})_b-(\boldsymbol{\omega})_b\times(\boldsymbol{I})_b(\boldsymbol{\omega})_b] \tag{2-111}$$

考虑到大多数飞行器为面对称，非对角元素部分 $I_{xy}=I_{yz}=0$，则可以得到最终的动力学方程形式为

$$\left.\begin{aligned} I_x\dot{p}-I_{zx}\dot{r}&=-(I_z-I_y)qr+I_{zx}pq+L_A+L_T \\ I_y\dot{q}&=-(I_x-I_z)pr+I_{zx}(p^2-r^2)+M_A+M_T \\ I_z\dot{r}-I_{zx}\dot{p}&=-(I_y-I_x)pq+I_{zx}qr+N_A+N_T \end{aligned}\right\} \tag{2-112}$$

式中：L_A 为翻滚力矩；M_A 为俯仰力矩；N_A 为偏航力矩。L_T、M_T、N_T 分别为由推力偏心引起的机体坐标系中的 3 个轴向力矩。

2.3.3　高超声速飞行器的运动学方程

飞行器位置变化率与速度之间的联系是通过质心运动的运动学方程来体现的，基本方程是 $\mathrm{d}\boldsymbol{R}/\mathrm{d}t=\boldsymbol{V}_k$，$\boldsymbol{R}$ 是飞行器质心位置矢量。在圆球形大地下，速度坐标系下的速度矢量为 $(\boldsymbol{V}_k)_k=[V_k\quad 0\quad 0]^{\mathrm{T}}$，速度矢量在铅垂坐标系 S_u 下分量列阵为

$$(\boldsymbol{V}_k)_u=\boldsymbol{L}_{uk}[V_k\quad 0\quad 0]^{\mathrm{T}}=\begin{bmatrix} V_k\cos\gamma\cos\chi \\ V_k\cos\gamma\sin\chi \\ -V_k\sin\gamma \end{bmatrix} \tag{2-113}$$

根据坐标系的定义，可以得到铅垂坐标系中有矢量距离的表达为 $\boldsymbol{r}=-r\boldsymbol{k}_u$，对其求导可得

$$\left(\frac{\mathrm{d}\boldsymbol{r}}{\mathrm{d}t}\right)_u=-\frac{\mathrm{d}r}{\mathrm{d}t}\boldsymbol{k}_u-r\frac{\mathrm{d}\boldsymbol{k}_u}{\mathrm{d}t}=-\frac{\mathrm{d}r}{\mathrm{d}t}\boldsymbol{k}_u-\boldsymbol{r}(\boldsymbol{\omega}_{ue})_u\times\boldsymbol{k}_u \tag{2-114}$$

求解铅垂坐标系与地心赤道坐标系的角速度 $\boldsymbol{\omega}_{ue}$（它是由经度和纬度的变化率引起的），即 $\boldsymbol{\omega}_{ue}=\dot{\lambda}\boldsymbol{k}_e-\dot{\phi}_c\boldsymbol{j}_u$，代入式(2-114)，可以得到

$$(\boldsymbol{\omega}_{ue})_u=\boldsymbol{L}_{ue}(0\quad 0\quad \dot{\lambda})^{\mathrm{T}}-(0\quad \dot{\phi}_c\quad 0)^{\mathrm{T}}=(\dot{\lambda}\cos\phi_c\quad -\dot{\phi}_c\quad -\dot{\lambda}\sin\phi_c)^{\mathrm{T}} \tag{2-115}$$

于是可以推出

$$(\boldsymbol{V}_k)_u = \left(\frac{\mathrm{d}\boldsymbol{r}}{\mathrm{d}t}\right)_u = \begin{bmatrix} r\dot{\phi}_c \\ r\dot{\lambda}\cos\phi_c \\ -\dot{r} \end{bmatrix} = \begin{bmatrix} V_k\cos\gamma\cos\chi \\ V_k\cos\gamma\sin\chi \\ -V_k\sin\gamma \end{bmatrix} \tag{2-116}$$

旋转运动学方程也可同样推导如下，飞行器的绝对角速度 $\boldsymbol{\omega}$ 应等于地球旋转角速度 $\boldsymbol{\omega}_e$、铅垂坐标系相对地球角速度 $\boldsymbol{\omega}_{ue}$ 和飞行角速度相对于铅垂角速度 $\boldsymbol{\omega}_{bu}$ 之和，即 $\boldsymbol{\omega} = \boldsymbol{\omega}_e + \boldsymbol{\omega}_{ue} + \boldsymbol{\omega}_r$ 。因此可得相对角速度 $\boldsymbol{\omega}_r$（即飞机相对于铅垂坐标系的角速度）为

$$(\boldsymbol{\omega}_r)_b = (\boldsymbol{\omega})_b - \boldsymbol{L}_{bu}[(\boldsymbol{\omega}_e)_u + (\boldsymbol{\omega}_{ue})_u] = \begin{bmatrix} \omega_{rxb} \\ \omega_{ryb} \\ \omega_{rzb} \end{bmatrix} = \begin{bmatrix} \omega_{xb} \\ \omega_{yb} \\ \omega_{zb} \end{bmatrix} - \boldsymbol{L}_{bu} \begin{bmatrix} (\omega_e + \dot{\lambda})\cos\phi_c \\ -\dot{\phi}_c \\ -(\omega_e + \dot{\lambda})\sin\phi_c \end{bmatrix} \tag{2-117}$$

将其中的经、纬度变化根据质心运动方程代入。

构建相对姿态角的变化与相对角速度分量之间的关系。其中姿态角参照基准的地面坐标系，考虑到 $\boldsymbol{\omega} = \dot{\theta}\boldsymbol{i}_u + \dot{\psi}\boldsymbol{j}_u + \dot{\phi}\boldsymbol{k}_u$ ，则有

$$\begin{bmatrix} \mathrm{d}\phi/\mathrm{d}t \\ \mathrm{d}\theta/\mathrm{d}t \\ \mathrm{d}\psi/\mathrm{d}t \end{bmatrix} = \begin{bmatrix} \omega_{rxb} + \tan\theta(\omega_{ryb}\sin\phi + \omega_{rzb}\cos\phi) \\ \omega_{ryb}\cos\phi - \omega_{rzb}\sin\phi \\ (\omega_{ryb}\sin\phi + \omega_{rzb}\cos\phi)/\cos\theta \end{bmatrix} \tag{2-118}$$

根据不同的旋转次序，可以得到不同的运动学方程。而所有 10 个欧拉角，可以根据不同的转换路径得到其之间的关系。

2.3.4 补充方程

在整个飞行过程中，考虑飞行器的质量变化以及推力变化，还有空气动力特性。而质量、转动惯量一般由发动机的燃料消耗率所决定，推力可由一定的关系拟合出来。

对于空气动力特性，按照一般的六分量表达形式，其力和力矩可根据相关系数、动压以及参考面积和长度综合确定。表示如下：

$$\left.\begin{aligned} D = C_D\frac{1}{2}\rho V^2 S, L = C_L\rho V^2 S, Y = C_Y\frac{1}{2}\rho V^2 S \\ L_A = C_l\frac{1}{2}\rho V^2 Sb, M_A = C_m\frac{1}{2}\rho V^2 Sc_A, N_A = C_n\frac{1}{2}\rho V^2 Sb \end{aligned}\right\} \tag{2-119}$$

式中：D 为阻力；L 为升力；Y 为侧力；L_A 为翻滚力矩；M_A 为俯仰力矩；N_A 为偏航力矩；ρ 为大气密度；V 为飞行速度；S 为飞行器参考面积；b 为机翼展长；c_A 为机翼平均气动弦长；C_D 为阻力系数；C_L 为升力系数；C_Y 为侧力系数；C_l 为滚转力矩系数；C_m 为俯仰力矩系数；C_n 为偏航力矩系数。

其中展长计算横侧，弦长计算纵向。由于气动力的计算十分复杂，所以其系数通常会以非线性的形式给出，一般通过实验拟合确定。

在计算气动时，主要必须以气流速度、气流攻角和侧滑角进行计算。而实质上在计算气动力时，由于风速沿机体的非均匀分布，会导致风梯度影响，会引起附加的气动力作用，不同

的风梯度应该乘以不同的气动导数，主要是力矩影响，制导控制中不必专门考虑。

2.4　运动方程组的简化

由于高超声速飞行器的飞行阶段较为复杂，而不同的飞行阶段存在不同特性，同时，考虑到在初步方案设计阶段，只需要进行粗略的飞行轨迹计算，或者控制能力计算，所以方程存在着不同的简化方法，归纳起来主要分为两类。

(1)基于制导和控制系统设计的简化。在制导阶段，主要研究质心的变化，而控制主要研究姿态的变化，一般情况下认为姿态运动快于质心运动，这样可以相对独立地研究姿态和质心的变化。但目前也有趋势认为在某些阶段，质心和姿态不可分离，即一体化运动。

(2)将空间运动分离为纵向和横侧向的简化。忽略之间的交联影响，实际上之间存在耦合影响。在运动接近平面运动时，该条件成立。

本节主要介绍基于制导与控制系统设计的简化。

2.4.1　基于制导系统的模型简化

一般情况下，将高超声速的制导问题划分为上升段制导、滑翔/巡航制导以及末制导段，不同阶段的制导体制存在不同的特征，而且所使用的动力学方程也存在区别。

考虑不同变化的数值差异较大，为了方便数值计算，并提高算法的收敛度，一般对运动方程组进行归一化处理。主要方法是引入无量纲替代变量，将其转化为无量纲的方程组，核心即对变量进行无量纲化。

$$r^{\cdot}=r/R_0,V^{\cdot}=V/\sqrt{g_0R_0},g^*=\mu R_0^2/r^2,t^*=t/\sqrt{R_0/g_0},\omega_e^*=\omega_e\sqrt{R_0/g_0}$$

$$L_T^*=L_T/m_0g_0,D^*=D/m_0g_0,T^*=T/m_0g_0,m^*=m/m_0$$

式中：R_0 为地球平均半径；g_0 为海平面重力加速度；m_0 为飞行器初始质量。

1. 用于再入段的简化模型

基于无量纲化模型，代入至再入飞行器的三自由度运动方程中[7]，则可以得到运动方程为

$$\begin{bmatrix} r^*\dot{\phi}_c \\ r^*\dot{\lambda}\cos\phi_c \\ -\dot{r}^* \end{bmatrix}=\begin{bmatrix} V_k^*\cos\gamma\cos\chi \\ V_k^*\cos\gamma\sin\chi \\ -V_k^*\sin\gamma \end{bmatrix} \tag{2-120}$$

$$\begin{bmatrix} \dot{V}_k^* \\ \dot{\chi}V_k^*\cos\gamma \\ -\dot{\gamma}V_k^* \end{bmatrix}=\frac{V_k^{*2}}{r^*}\begin{bmatrix} 0 \\ \tan\phi_c\cos^2\gamma\sin\chi \\ -\cos\gamma \end{bmatrix}+g^*\begin{bmatrix} -\sin\gamma \\ 0 \\ \cos\gamma \end{bmatrix}+\frac{1}{m^*}\left\{T^*\begin{bmatrix} \cos\alpha_T \\ \sin\sigma\sin\alpha_T \\ -\cos\sigma\sin\phi_v \end{bmatrix}+\begin{bmatrix} -D^* \\ L_T^*\sin\sigma \\ -L_T^*\cos\sigma \end{bmatrix}\right\}+$$

$$2\omega_e^*V_k^*\begin{bmatrix} 0 \\ -\cos\phi_c\sin\gamma\cos\chi+\sin\phi_c\cos\gamma \\ -\cos\phi_c\sin\chi \end{bmatrix}+\omega_e^{*2}r^*\begin{bmatrix} \cos\phi_c(-\sin\phi_c\cos\gamma\cos\chi+\cos\phi_c\sin\gamma) \\ \sin\phi_c\cos\phi_c\sin\chi \\ \cos\phi_c(-\sin\phi_c\sin\gamma\cos\chi-\cos\phi_c\cos\gamma) \end{bmatrix} \tag{2-121}$$

所有的变量均被无量纲化处理，以保证不会出现量纲的不一致。

在再入过程中，还需要考虑的是特殊的能量管理，因此需要基于能量推导总机械能为变量的动力学方程组。

定义飞行器的总机械能为

$$E=\frac{GMm}{r}-\frac{1}{2}mV_k^2 \tag{2-122}$$

该能量称为负比能量，即 $E>0$，而且当能量的变化仅受重力作用时，呈现出单调变化。考虑到质量的归一化，则有

$$E^*=\frac{\mu}{r^*}-\frac{1}{2}V_k^{*2}$$

式中：$\mu=GM$ 归一化之后为 1。

对上式进行求导，可以得到

$$\mathrm{d}E^*/\mathrm{d}t=\frac{1}{r^{*2}}\dot{r}^*-V_k^*\dot{V}_k^* \tag{2-123}$$

最终可以得到归一化之后的方程组为

$$\begin{bmatrix} r^*\dot{\phi}_c \\ r^*\dot{\lambda}\cos\phi_c \\ -\dot{r}^* \end{bmatrix}=\begin{bmatrix} V_k^*\cos\gamma\cos\chi \\ V_k^*\cos\gamma\sin\chi \\ -V_k^*\sin\gamma \end{bmatrix} \tag{2-124}$$

$$\begin{bmatrix} \dot{V}_k^* \\ \dot{\chi}V_k^*\cos\gamma \\ -\dot{\gamma}V_k^* \end{bmatrix}=\frac{V_k^{*2}}{r^*}\begin{bmatrix} 0 \\ \tan\phi_c\cos^2\gamma\sin\chi \\ -\cos\gamma \end{bmatrix}+g^*\begin{bmatrix} -\sin\gamma \\ 0 \\ \cos\gamma \end{bmatrix}+\begin{bmatrix} -D^* \\ L_T^*\sin\sigma \\ -L_T^*\cos\sigma \end{bmatrix}+$$

$$2\omega_e^*V_k^*\begin{bmatrix} 0 \\ -\cos\phi_c\sin\gamma\cos\chi+\sin\phi_c\cos\gamma \\ -\cos\phi_c\sin\chi \end{bmatrix} \tag{2-125}$$

去掉牵连力以及推力，并将速度和矢量距离的微分量代入，则可得

$$\mathrm{d}E^*/\mathrm{d}t=DV_k^* \tag{2-126}$$

即随时间变化的运动方程可以转变为随能量变化的运动方程(能量规划方程，确定的起始点与终止点，可以用来精确规划能量变化轨迹)。

2. 用于轨迹规划的简化模型

当进行飞行器再入段的轨迹规划时，如果在时间有限的情况下，可以对运动方程组做如下的简化：简化运动方程组中的自转运动，去掉运动方程组中的哥氏加速度与牵引加速度。影响因素：在纵程较大的情况下，必须考虑地球的曲率，需要考虑离心加速度，则有

$$\begin{bmatrix} r\dot{\phi}_c \\ r\dot{\lambda}\cos\phi_c \\ -\dot{r} \end{bmatrix}=\begin{bmatrix} V_k\cos\gamma\cos\chi \\ V_k\cos\gamma\sin\chi \\ -V_k\sin\gamma \end{bmatrix} \tag{2-127}$$

$$\begin{bmatrix} \dot{V}_k \\ \chi V_k \cos\gamma \\ -\dot{\gamma} V_k \end{bmatrix} = \frac{V_k^2}{r}\begin{bmatrix} 0 \\ \tan\phi_c \cos^2\gamma\sin\chi \\ -\cos\gamma \end{bmatrix} + \frac{\mu}{r^2}\begin{bmatrix} -\sin\gamma \\ 0 \\ \cos\gamma \end{bmatrix} +$$

$$\frac{1}{m^*}\left\{T^*\begin{bmatrix} \cos\alpha_T \\ \sin\sigma\sin\alpha_T \\ -\cos\sigma\sin\alpha_T \end{bmatrix} + \begin{bmatrix} -D^* \\ L_T^*\sin\sigma \\ -L_T^*\cos\sigma \end{bmatrix}\right\} \tag{2-128}$$

其中，哥氏加速度的大小取决于飞行器速度大小以及其相对于地球的方向，在再入飞行时，飞行器速度和高度一直处于较高的水平，哥氏加速度影响较大，而牵连加速度取决于高度位置，当飞行器轨道较高时，影响较大。需要考虑补偿方法。

3. 用于末制导律设计的简化模型

一般的高超声速飞行器的末制导段起始于 30～40 km，马赫数一般在 3～7 之间，考虑到其下降时间大约为几十秒，为了简化末制导律的设计，一般的简化策略如下：

(1)不考虑地球自转影响，即忽略哥氏加速度与牵连加速度；

(2)采用平面地球假设，因为其落角较大，纵程有限；

(3)坐标系一般选择地球固连弹目坐标系。

地球固连弹目坐标系定义为，原点选择为目标位置，采用北东天的坐标系，弹目视线选择从目标到飞行器。θ_T 为视线方位角，从 x 轴逆时针旋转为正，角度范围为 $-180°\sim180°$，ϕ_T 为视线俯仰角，水平面向上为正，角度范围为 $0°\sim90°$。

考虑平面大地，在归一化的基础上，可得用于末制导律设计的 3 自由度质心运动方程组为

$$\begin{bmatrix} \dot{x}_g \\ \dot{y}_g \\ \dot{z}_g \end{bmatrix} = \begin{bmatrix} V_k^*\cos\gamma\cos\chi \\ V_k^*\cos\gamma\sin\chi \\ V_k^{''}\sin\gamma \end{bmatrix} \tag{2-129}$$

$$\begin{bmatrix} \dot{\boldsymbol{V}}_k^* \\ \dot{\chi}\boldsymbol{V}_k^*\cos\gamma \\ -\dot{\gamma}\boldsymbol{V}_k^* \end{bmatrix} = g^*\begin{bmatrix} -\sin\gamma \\ 0 \\ \cos\gamma \end{bmatrix} + \frac{1}{m^*}\left\{T^*\begin{bmatrix} \cos\alpha_T \\ \sin\sigma\sin\alpha_T \\ -\cos\sigma\sin\alpha_T \end{bmatrix} + \begin{bmatrix} -D^* \\ L_T^*\sin\sigma \\ -L_T^*\cos\sigma \end{bmatrix}\right\} \tag{2-130}$$

式中：(x,y,z) 为地球固连坐标系中的三维位置坐标；V 为飞行器相对固连坐标系的速度；γ 为航迹倾角；χ 为航向角；σ 为倾斜角。

一般情况下，总升力和升力是不同的，考虑到采用 BTT 的控制模式，侧滑角一般控制为零，在质心运动方程中可做此假设。

4. 用于上升段制导的简化模型

用于高超声速上升段制导的质心动力学方程往往建立在惯性坐标系下，而根据牛顿第二运动定理可以推导出惯性坐标系下飞行棋的位置速度矢量方程为

$$\left.\begin{aligned}\dot{\boldsymbol{r}} &= \boldsymbol{V}\\ \dot{\boldsymbol{V}} &= \boldsymbol{g}(\boldsymbol{r}) + \frac{T}{m}\boldsymbol{i}_b - \frac{A}{m}\boldsymbol{i}_b + \frac{N}{m}\boldsymbol{i}_n\\ \dot{m} &= -\frac{T}{g_0 I_{sp}}\end{aligned}\right\} \tag{2-131}$$

式中：$\boldsymbol{r}$ 为飞行器在惯性坐标系下的位置；$\boldsymbol{V}$ 为速度；$\boldsymbol{g}$ 为飞行器在收到的重力加速度；T 为发动机的推力，我们可以假设推力方向与集体纵轴完全重合；m 为飞行器的质量；$\boldsymbol{i}_b$ 和 $\boldsymbol{i}_n$ 为集体坐标系轴和轴负方向在惯性系下的单位矢量；A 和 N 为气动力在轴和轴负方向的分量大小；I_{sp} 为比冲；g_0 为地球表面重力加速度大小。

在惯性空间中，需要直接计算矢量的变换，不存在转动方程，将其归一化后可得到上升段的运动方程为

$$\left.\begin{aligned}\dot{\boldsymbol{r}}^* &= \boldsymbol{V}^*\\ \dot{\boldsymbol{V}}^* &= -\frac{1}{r^{*3}}\boldsymbol{r}^* + T^*\boldsymbol{i}_b - A^*\boldsymbol{i}_b + N^*\boldsymbol{i}_n\\ \dot{m}^* &= -\sqrt{\frac{R_0}{g_0}}\frac{T^* m^*}{I_{sp}}\end{aligned}\right\} \tag{2-132}$$

状态变量转换为无量纲变量。其中气动力的计算也需要在基准状态计算获取后进行归一化处理。

一般情况下，对于吸气式高超声速飞行器，由于气动和推进力耦合，推力一般是马赫数、攻角以及节流阀的函数，而气动力是马赫数和攻角的函数，其具体形式与飞行器建模有关，为了精确描述，可以统一描述如下：

$$\left.\begin{aligned}T &= f_T(Ma,\alpha,\phi)\\ A &= \frac{1}{2}\rho(r)V_r^2 S C_A(Ma,\alpha)\\ N &= \frac{1}{2}\rho(r)V_r^2 S C_N(Ma,\alpha)\end{aligned}\right\} \tag{2-133}$$

式中：V_r 为相对气流速度的大小，满足 $\boldsymbol{V}_r = \boldsymbol{V} - \boldsymbol{\omega}_e \times \boldsymbol{r} - \boldsymbol{V}_w$。

气动力和与升阻力和满足

$$A = -L\sin\alpha + D\cos\alpha,\quad N = L\cos\alpha + D\sin\alpha \tag{2-134}$$

2.4.2 基于控制系统设计的模型简化

针对控制系统的模型简化，主要可分解为上升段、滑翔/巡航段以及末制导段。由于在上升段，助推以及整流罩的存在使得飞行器呈现出典型的轴对称状态，与一般的轴对称飞行器类似，而且控制量也为姿态角，所以不再赘述。下面主要介绍再入滑翔/巡航段（考虑非轴对称和非面对称的姿态运动模型如果构建，是否可分解为带有水平附加翼面的轴对称体，等效为面对称，若存在非对称捆绑，该模型更加复杂化，姿态控制模型又如何分析）。

1. 再入控制简化模型

一般情况下，姿态控制的常用状态量是攻角 α 、侧滑角 β 、倾侧角 ϕ_v 、滚转角速度 p 、偏航角速度 q 和俯仰角速度 r 。因此所用到的动力学方程组为

$$
\begin{aligned}
\dot{\alpha} = & -p\cos\alpha\tan\beta + r\sin\alpha\tan\beta + \frac{g}{V\cos\beta}\cos\phi_v\cos\gamma - \frac{L + T\sin\alpha}{mV\cos\beta} + \\
& \frac{V}{r\cos\beta}(-\cos\phi_v\cos\gamma - \cos^2\gamma\sin\chi\sin\phi_v\tan\phi_v) - \\
& \frac{2\omega_e}{\cos\beta}[\cos\phi_v(-\cos\phi_v\sin\chi + \sin\phi_v\sin\phi_v\cos\gamma)]
\end{aligned}
$$

$$
\begin{aligned}
\dot{\beta} = & p\sin\alpha - r\cos\alpha + \frac{g}{V}\sin\phi_v\cos\gamma + \frac{Y - T\sin\beta\cos\alpha}{mV} - \frac{V}{r}(\sin\phi_v\cos\gamma - \\
& \cos^2\gamma\sin\chi\cos\phi_v\tan\phi_v) - 2\omega_e[\cos\phi_c(\sin\phi_v\sin\chi + \cos\phi_v\sin\gamma\cos\chi) - \sin\phi_v\cos\phi_v\cos\gamma]
\end{aligned}
$$

$$
\dot{\phi}_v = -\dot{\alpha}\sin\beta + \dot{\chi}\sin\gamma + p\cos\alpha\cos\beta + q\sin\beta + r\cos\beta\sin\alpha
$$

$$
\left.
\begin{aligned}
I_x\dot{p} - I_{zx}\dot{r} &= -(I_z - I_y)qr + I_{zx}pq + L_A + L_T \\
I_y\dot{q} &= -(I_x - I_z)pr + I_{zx}(p^2 - r^2) + M_A + M_T \\
I_z\dot{r} - I_{zx}\dot{p} &= -(I_y - I_x)pq + I_{zx}qr + N_A + N_T
\end{aligned}
\right\}
\tag{2-135}
$$

考虑到地球离心力、哥氏加速度和牵连加速度对于飞行器姿态变化带来的影响微乎其微，因此近一步简化后可导。

$$
\dot{\alpha} = -p\cos\alpha\tan\beta + q - r\sin\alpha\tan\beta + \frac{g}{V\cos\beta}\cos\phi_v\cos\gamma - \frac{L + T\sin\alpha}{mV\cos\beta}
$$

$$
\dot{\beta} = p\sin\alpha - r\cos\alpha + \frac{g}{V}\sin\phi_v\cos\gamma + \frac{Y - T\sin\beta\cos\alpha}{mV}
$$

$$
\dot{\phi}_v = -\dot{\alpha}\sin\beta + \dot{\chi}\sin\gamma + p\cos\alpha\cos\beta + q\sin\beta + r\cos\beta\sin\alpha
$$

$$
\begin{aligned}
I_x\dot{p} - I_{zx}\dot{r} &= -(I_z - I_y)qr + I_{zx}pq + L_A + L_T \\
I_y\dot{q} &= -(I_x - I_z)pr + I_{zx}(p^2 - r^2) + M_A + M_T \\
I_z\dot{r} - I_{zx}\dot{p} &= -(I_y - I_x)pq + I_{zx}qr + N_A + N_T
\end{aligned}
$$

根据姿态六个变量的响应时间，又可以分为快变量和慢变量，分别进行控制。

2. 巡航控制简化模型

由于吸气式高超声速飞行器的机体/发动机高度一体化布局，导致超燃冲压发动机对于飞行姿态十分敏感，当飞行动压和攻角变化时，会改变机体下表面的激波结构，导致发动机进气口的空气捕获流量和入口条件发生变化，从而影响到推进系统的工作性能[8]，并且飞行器的布局与发动机的工作特点也不允许出现横侧向运动，因此只关注纵向特性。

一般航空飞行器的纵向动力学模型中，涉及的状态量为速度、攻角、俯仰角速率和俯仰角，其中攻角和俯仰角速率构成短周期模态，而速度和俯仰角构成长周期模态，同时增加高度模态，可以得到最终的运动方程为

$$\left.\begin{aligned}
\dot{V} &= \frac{1}{m}(T\cos\alpha - D) - g\sin(\theta - \alpha)\\
\dot{\alpha} &= \frac{1}{mV}(-T\sin\alpha - L) + q + \frac{g}{V}\cos(\theta - \alpha)\\
I_{yy}\dot{q} &= M_{Az}\\
\dot{\theta} &= q\\
\dot{h} &= V\sin(\theta - \alpha)
\end{aligned}\right\} \tag{2-136}$$

2.5 弹性体高超声速飞行器运动方程组的建立

对于弹性振动，高超声速飞行器在两种情况下需要面对：一个是运载阶段，出于助推器的原因，整体呈现出较大的长细比，此时需要考虑弹性的控制[9]，以保证运载阶段不致于出现较大的结构振动；此外，随着高超声速飞行器外形的调整与改变，广泛采用轻质的复合材料，设计细长体、升力体等气动布局，导致结构的固有频率降低，而且结构载荷力随着飞行马赫数的升高而迅速增加，导致结构振动问题越来越突出，甚至出现刚体运动和结构振动相耦合的情况，因此需要考虑弹性体的建模[10]。目前，弹性体高超声速飞行器的运动方程可分为非惯性耦合和惯性耦合两部分。

2.5.1 非惯性耦合弹性体运动方程

非惯性耦合弹性体运动方程即表示刚体运动和结构振动方程相互独立，刚体运动方程中不存在结构位移状态量。同样，结构振动运动方程中也不存在刚体运动状态量。

通常情况下，在外力作用下的弹性飞行器的运动方程十分复杂。根据不同的研究目的，可以做出多种简化假设，而对于弹性导弹，工程上常常采用具有自由边界的非均匀梁代替导弹主体，其可以很好地描述导弹在外力作用下的弹性变形。由于可以采用偏微分方程描述，但出于结构以及非定常气动力的复杂性，导致该方程无法得到封闭解，只能获得近似数值解。对于此类具有无穷自由度的分布参数系统，往往采用有限维的动力学模型进行逼近。

弹性飞行器的动力学模型构建方法具有多种，核心问题是如何消除弹性飞行器的刚体姿态运动与弹性振动之间的惯性耦合，以便得到较为简洁的结果[11]。常用方法如下：

(1)采用平均体轴系作为弹性变量的度量坐标；

(2)采用自然振型描述各阶运动模态。

本书采用的是自然振型法导出弹体飞行器的动力学方程，针对飞机和细长体导弹两类飞行器进行讨论。

1. 弹性飞行器动力学方程的一般形式

考虑交叉的非均匀梁系表征机身和机翼，取确定速度 V_0 下的定常飞行为标称运动状态，俯仰平面内的弹性飞行器的扰动方程可由 3 个偏微分方程描述(见图 2-14 和图 2-15)。

机翼弯曲振动方程为

$$L_1(y,z,\varphi,t) = \frac{\partial^2}{\partial z^2}\left(EJ\,\frac{\partial^2 y(z,t)}{\partial z^2}\right) + m(z)\,\frac{\partial^2 y(z,t)}{\partial t^2} - m(z)\sigma(z)\,\frac{\partial^2 \varphi(z,t)}{\partial t^2} - Y(z,t) = 0 \tag{2-137}$$

机翼扭转振动方程为

$$L_2(y,z,\varphi,t)=-\frac{\partial}{\partial z}\left(GJ_p\frac{\partial\varphi(z,t)}{\partial z}\right)+$$

$$J(z)\frac{\partial^2 y(z,t)}{\partial t^2}-m(z)\sigma(z)\frac{\partial^2 y(z,t)}{\partial t^2}-M(z,t)=0 \tag{2-138}$$

机身弯曲振动方程为

$$L_3(y,z,\varphi,t)=-\frac{\partial^2}{\partial x^2}\left(EJ_\phi\frac{\partial^2\xi(z,t)}{\partial x^2}\right)+m_\phi(x)\frac{\partial^2\xi(x,t)}{\partial t^2}-Y(x,t)=0 \tag{2-139}$$

式中：x 和 z 为未变形机身纵轴和机翼刚性轴；$y(z,t)$、$\varphi(z,t)$、$\xi(x,t)$ 为机翼的弯曲、扭转和机身弯曲变形；EJ、GJ_p、EJ_ϕ 为机翼的弯曲、扭转和机身弯曲刚度；$m(z)$、$m(x)$ 分别为机翼和机身沿各自刚性轴的质量分布；$Y(z,t)$、$M(z,t)$、$Y(x,t)$ 为单位长度上的外载荷，包括空气动力、发动机推力、控制力以及大气扰动干扰力等。

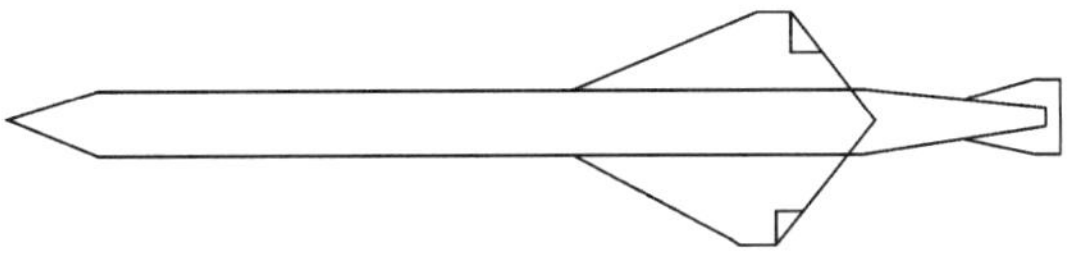

图 2-14　典型飞行器几个结构

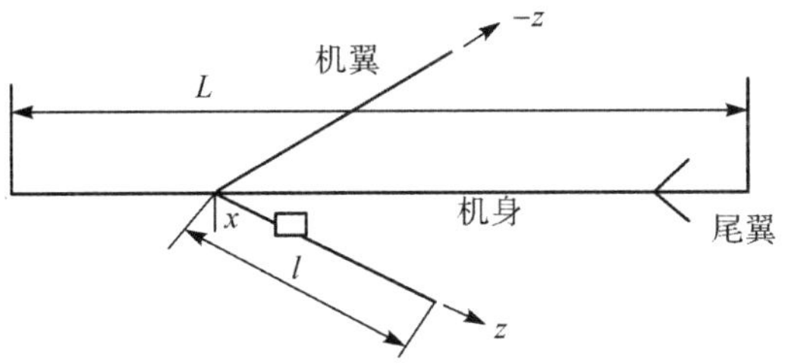

图 2-15　飞行器等效梁式结构

其中当机身纵轴和机翼刚性轴重合时，第一项为零。而机身也同样存在该情况，即夹角为 0 或 180°。

而在机翼和机身的连接处，存在着条件 x 和 z 均为零值。为了求解偏微分方程组，需要将其变换为常微分方程，采用 Galerkin 方法（其实质是采用基函数分段拟合上述的泛函方程，利用系数求解从而逼近方程，将其转换为具有定常系数的常微分的方程组）分离变量。求解机翼弯曲振动微分方程，则可以得到广义坐标下的系统方程为

$$\left.\begin{aligned}y(z,t)&=\sum_{i=-1}^{n}f_i(z)\eta_i(t)\\ \varphi(z,t)&-\sum_{i=-1}^{n}\varphi_i(z)\eta_i(t)\\ \xi(x,t)&=\sum_{i=-1}^{n}\phi_i(z)\eta_i(t)\end{aligned}\right\} \tag{2-140}$$

式中：$\eta_i(t)$ 表示广义坐标(广义坐标表示在原有笛卡儿坐标系下，描述受约束情况下的最小位移变量，其由拉格朗日提出)，下标的 i 为 -1 和 0 分别表示飞行器的垂直位移和绕质心的转动，而广义坐标之前的函数表示机翼弯曲、扭转和机身弯曲的振型。考虑到一般振型都满足正则条件，即当 $i \neq j$ 时，以下等式成立：

$$\left.\begin{aligned}&\int_0^L m(z) f_i(z) f_j(z) \mathrm{d}z = 0\\&\int_0^L J\varphi_i(z)\varphi_j(z)\mathrm{d}z = 0\\&\int_0^L m(x)\phi_i(x)\phi_j(x)\mathrm{d}x = 0\\&\int_0^L EJ f_i''(z) f_j''(z)\mathrm{d}z = 0\\&\int_0^L GJ_p\phi_i''(z)\phi_j''(z)\mathrm{d}z = 0\\&\int_0^L EJ_\phi\phi_i''(x)\phi_j''(x)\mathrm{d}x = 0\end{aligned}\right\} \tag{2-141}$$

则根据上述结果，综合求解可以得到一般描述弹性飞行动运动的常微分方程为

$$\ddot{\eta}_i + \omega_i^2\eta_i = \frac{Q_i}{m_i} \quad (i = -1, 0, 1, 2, \cdots, n) \tag{2-142}$$

式中：$m_i = 2\int_0^L m(z) f_i^2(z)\mathrm{d}z + \int_0^L J\varphi_i^2(z)\mathrm{d}z + \int_0^L m(x)\phi_i^2(x)\mathrm{d}x$ 为广义质量；$\omega_i^2 = \frac{2}{m_i}\left[\int_0^L EJ f_i''^{\,2}(z)\mathrm{d}z + \int_0^L GJ_p\phi_i''^{\,2}(z)\mathrm{d}z + \int_0^L EJ_\phi\phi_i''^{\,2}(x)\mathrm{d}x\right]$ 为自然频率；$Q_i = 2\int_0^L y(z,t) f_i(z)\mathrm{d}z + 2\int_0^L M(z,t)\varphi_i(z)\mathrm{d}z + \int_0^L y(x,t)\phi_i(x)\mathrm{d}x$ 为广义力。其中关于自然频率的求解也是综合获得的值。

如果把刚体运动模态的广义坐标 η_{-1} 和 η_0 用冲击速度 $\omega = V_0 \cdot \alpha$ 和俯仰角速度 $q = \dot{\vartheta}$ 代入，则可以得到

$$\ddot{\eta}_{-1} = V_0 \cdot q - \dot{\omega}, \ddot{\eta}_0 = \dot{q} \tag{2-143}$$

此时的广义坐标表示虚功下的位移量(此处内容参考结构力学中的广义坐标定义以及多自由度系统等内容)。

将式(2-143)代入常微分方程，则有

$$m_0(Vq - \dot{\omega}) = 2\int_0^L y(z,t)\mathrm{d}z + \int_0^L y(x,t)\mathrm{d}x$$

$$J_0\dot{q} = 2\int_0^L y(z,t)(x_T - z\sin\varphi)\mathrm{d}z + \int_0^L M(z,t)\cos\varphi\mathrm{d}z + \int_0^L y(x,t)(x_T - x)\mathrm{d}x$$

$$\ddot{\eta}_i + \omega_i^2\eta_i = \frac{Q_i}{m_i} \quad (i = 1, 2, \cdots, n)$$

式中：$m_0 = 2\int_0^L m(z)\mathrm{d}z + \int_0^L m(x)\mathrm{d}x$ 为飞行器的总质量；$J_0 = 2\int_0^L m(z)(x_T - z\sin\varphi)^2\mathrm{d}z + 2\int_0^L J_p(z)\cos^2\varphi\mathrm{d}z + \int_0^L m_\phi(x)(x_T - x)\mathrm{d}x$ 为绕质心的总惯性矩。

以上三式，分别描述了弹性飞行器的质心运动、绕质心的总转动(即刚体运动)、机翼和机身的弯曲扭转振动。

当采用正则振型描述时：一方面，刚体与弹性体之间没有惯性耦合，存在气动耦合，而外形的变化导致其影响流体变换，从而影响气动力和力矩；另一方面，刚体运动改变了飞行器压力，导致弹性的耦合影响。

而上式中，由于没有考虑结构阻尼，实际上需要考虑此项，根据黏性阻尼假设，结构阻尼与相对速度成正比，则可以将弹性运动写为

$$\ddot{\eta}_i + 2\xi_i\omega_i\dot{\eta}_i + \omega_i^2\eta_i = \frac{Q_i}{m_i} \quad (i = 1,2,\cdots,n) \tag{2-144}$$

ξ_i 经常用实验的方法得出，通常取 0.01～0.05 之间。

2. 细长体弹性飞行器的动力学方程

以上是适用于任意外形结构的弹性飞行器运动方程。针对具有大展弦比机翼的飞行器，考虑机翼的弯曲和扭转变形导致方程求解变得十分困难。对于高超声速飞行器，典型考虑机体的弯曲变形，其他忽略，视为刚体，则可以将飞行器简化为单一的非均匀自由梁，动力学方程可简化为

$$\ddot{\eta}_i + 2\varepsilon_i\omega_i\dot{\eta} + \omega_i^2\eta_i = \frac{Q_i}{m_i}, \quad m_0(Vq - \dot{\omega}) = \int_0^L y(x,t)\mathrm{d}x, \quad J_0 = \int_0^L m_\phi(x)\phi_0^2(x)\mathrm{d}x \tag{2-145}$$

其中

$$m_0 = \int_0^L m(x)\mathrm{d}x$$

$$J_0 = \int_0^L m(x)\ (x_T - x)^2\mathrm{d}x$$

$$m_i = \int_0^L m(x)\phi_i^2(x)\mathrm{d}x$$

$$\omega_i^2 = \frac{1}{m_i}\int_0^L EJ\phi_i''^2(x)\mathrm{d}x$$

式(2-145)的计算可针对自由梁模型进行研究，忽略剪切变形和转动惯量，认为初始垂直于中性轴的截平面。在变形时，仍保持为平面，且垂直于中性轴。这种初等梁理论模型(欧拉-伯努利理论，更新于铁木辛柯梁)在工程上也证明了可以很好地描述飞行器在外力作用下的弯曲弹性变形。但是无法用来分析机体结构的局部变形和压力，不能研究类似的扭转和伸缩变形。

根据机身弯曲的偏微分方程，可以得到

$$\frac{\partial^2}{\partial x^2}\left(EJ\ \frac{\partial^2 y}{\partial x^2}\right) + m(x)\ \frac{\partial^2 y}{\partial t^2} = F(x,t) \tag{2-146}$$

该方程为非齐次偏微分方程，可以考虑基于两部分进行求解，即对应于齐次方程的通解和对应于非齐次方程的特解，即自由运动与受迫运动解。

当外载荷为零时，求解自由运动解，采用变分法，分离变量 $y(x,t) = \phi(x)\eta(t)$，该式分别对 x 和 t 求 4 次和 2 次偏导，并代入基本运动方程，则可以得到

$$\frac{EJ\ \dfrac{\mathrm{d}^4\phi(t)}{\mathrm{d}x^4}}{m(x)\phi(x)}=-\frac{\dfrac{\mathrm{d}^2\eta(t)}{\mathrm{d}t^2}}{\eta(t)} \tag{2-147}$$

式(2－147)中左、右两边分别只与 x 、t 有关，假设式(2－147)均等于某一常数 ω^2（自然频率），则可以得到

$$\left.\begin{aligned}&\frac{\mathrm{d}^2\eta(t)}{\mathrm{d}t^2}+\omega^2\eta(t)=0\\&EJ\ \frac{\mathrm{d}^4\phi(x)}{\mathrm{d}x^4}=m(x)\omega^2\phi(x)\end{aligned}\right\} \tag{2-148}$$

式(2－148)中第一式为无阻尼自由振动的广义坐标位移微分方程。通过求解第二式，可以得到固有振型的方程。令式(2－148)中 $a^4=m\omega^2/EJ$ ，求解该方程，则有

$$\begin{aligned}\phi(x)=&A[\sin(ax)+\sinh(ax)]+B[\sin(ax)-\sinh(ax)]+\\&C[\cos(ax)+\cosh(ax)]+D[\cos(ax)-\cosh(ax)]\end{aligned} \tag{2-149}$$

再根据边界条件来确定未知参数 A、B、C、D。

简单的边界条件为：自由端，$\phi''(0)=0$，$\phi'''(0)=0$；固定端，$\phi(0)=0$，$\phi'(0)=0$。

通常，机体可以视为两端自由梁，机体总长度为 l，因此，$x=0$ 和 $x=l$ 处的边界条件分别为

$$\begin{cases}\phi''(0)=0,\phi'''(0)=0\\\phi''(l)=0,\phi'''(l)=0\end{cases}$$

根据边界条件，可以求得 $\phi''(0)=0=-2D$，$\phi'''(0)=0=-2B$，由此可知，$B=D=0$。

固有振型不只与对象的结构外形和尺寸有关，也与对象的结构材料和质量有关。弹性体的固有振型和振动频率可统称为弹性体的固有模态。在飞行器设计的初级阶段，机身通常被假设为两段自由梁，而机翼为悬臂梁。

2.5.2 惯性耦合弹性体运动方程

广泛出现的传统飞行器动力学方程，是基于牛顿定理推导而得到的，只反映了纯刚体的运动。而对于结构动力学模型，也不太涉及刚体运动。对于具有足够刚性结构的飞行器，可将其分解为“刚体运动”与“弹性振动”分开进行研究，而对于大型柔性飞行器则无法适用，主要是因为刚体运动和弹性运动的频率非常接近，这就需要推导出具有惯性耦合的弹性体动力学方程。

1. 耦合弹性体矢量模型的建立

在进行动力学方程推导之前，必须建立合适的矢量模型，首先是坐标系的构建，2.2 节中我们已经介绍了地心惯性坐标系 S_i 、当地铅垂坐标系 S_u 和机体坐标系 S_b 。考虑到结构振动发生在机体上，因此在机体坐标系下建立动力学方程。

假设对于机体上任意一点，存在当地铅垂坐标系原点至飞行器质心连线的矢量 $\boldsymbol{R}_0$ ，从飞行器质心至该点的矢量为 $\boldsymbol{p}$ ，则有铅垂坐标系原点至飞机机体上任一点的矢量 $\boldsymbol{R}=\boldsymbol{R}_0+\boldsymbol{p}$（见图 2－16）。

考虑到机体的结构振动，矢量 $\boldsymbol{p}$ 又可以表示成 $\boldsymbol{p}=\boldsymbol{d}+\boldsymbol{\rho}$ 。其中：

$$\boldsymbol{d}=\sum_{i=1}^{+\infty}\Phi_{x,i}(x,y,z)\eta_{x,i}(t)\boldsymbol{i}_b+\sum_{i=1}^{+\infty}\Phi_{y,i}(x,y,z)\eta_{y,i}(t)\boldsymbol{j}_b+\sum_{i=1}^{+\infty}\Phi_{z,i}(x,y,z)\eta_{z,i}(t)\boldsymbol{k}_b \tag{2-150}$$

表示某一点 P 的结构振动在机体坐标系上的投影；$\boldsymbol{p}=x_b\boldsymbol{i}_b+y_b\boldsymbol{j}_b+z_b\boldsymbol{k}_b$ 表示刚体飞行器上某点 P 在机体坐标系上的投影。

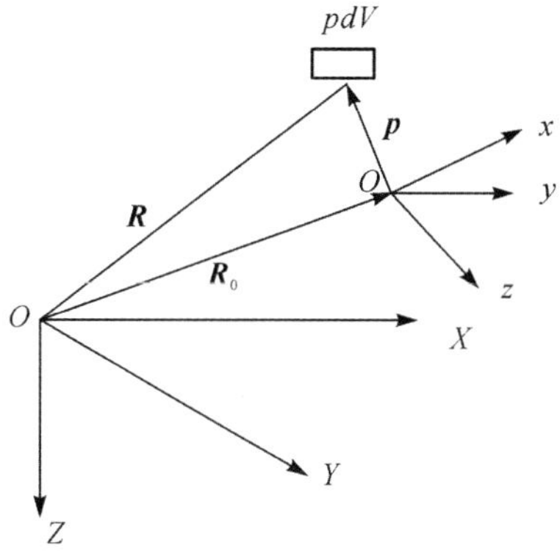

图 2-16　惯性耦合矢量模型

综合以上等式，有 $\boldsymbol{R}=\boldsymbol{R}_0+\boldsymbol{d}+\boldsymbol{\rho}$，则对该点求速度矢量，有

$$\dot{\boldsymbol{R}}=\dot{\boldsymbol{R}}_0+\frac{\partial\boldsymbol{d}}{\partial t}+\boldsymbol{\omega}(\boldsymbol{d}+\boldsymbol{\rho}) \tag{2-151}$$

式中：$\dfrac{\partial\boldsymbol{d}}{\partial t}=\sum_{i=1}^{+\infty}\Phi_{x,i}(x,y,z)\dot{\eta}_{x,i}(t)\boldsymbol{i}_b+\sum_{i=1}^{+\infty}\Phi_{y,i}(x,y,z)\dot{\eta}_{x,i}(t)\boldsymbol{j}_b+\sum_{i=1}^{+\infty}\Phi_{z,i}(x,y,z)\dot{\eta}_{x,i}(t)\boldsymbol{k}_b$；$\boldsymbol{\omega}=p\boldsymbol{i}_b+q\boldsymbol{j}_b+r\boldsymbol{k}_b$ 表示机体坐标系相对于当地铅垂坐标系旋转角速度在机体坐标系下的投影。点 P 的速度矢量表达式就是惯性耦合弹性体运动方程推导需要的矢量模型。

2. 基于拉格朗日方程的推导

拉格朗日方程区别于牛顿方程，其是以彼此独立的广义坐标描述系统，从统一的能量观点建立多自由度的运动微分方程，微分方程的个数与自由度相同，且为 2 阶常微分方程组，在方程中出现广义坐标、动能、势能等标量。

拉格朗郎日方程的表达式为

$$\frac{\mathrm{d}}{\mathrm{d}t}\frac{\partial L}{\partial\dot{q}_i}-\frac{\partial L}{\partial q_i}=Q_i\quad(i=1,2,\cdots,n) \tag{2-152}$$

式中：$L=T-V$ 为拉格朗日函数；T 为总动能；V 为总势能；q_i 为广义坐标；Q_i 为对应广义坐标的广义力；n 为自由度。其中约束方程的个数确定了 i 的数目。而自由度的确定是 $3n-k$，即每点三个自由度减去约束方程的数目。

虚位移原理 $Q_i=\dfrac{\partial(\delta W)}{\partial q_i}$ 可以得到受理想约束的质点系不含约束力的平衡方程，而动静法（达朗贝尔原理）则将列写平衡方程的静力学方法应用于建立质点系的动力学方程，将这两者结合起来，便可得到不含约束力的质点系动力学方程，这就是动力学普遍方程。而拉格朗日方程则是动力学普遍方程在广义坐标下的具体表现形式。其根本来源是基于泛函的变分法应用(泛函极值的必要条件),起源于 17 世纪。

基于上述的矢量模型,将飞行器视为多质心系统(拉格朗日的核心),其总动能可以描述为

$$T=\frac{1}{2}\int_B \dot{\boldsymbol{R}}\cdot\dot{\boldsymbol{R}}\mathrm{d}m=\frac{1}{2}\int_B\left[\dot{\boldsymbol{R}}_0+\frac{\partial \boldsymbol{d}}{\partial t}+\boldsymbol{\omega}\times(\boldsymbol{d}+\boldsymbol{\rho})\right]\cdot\left[\dot{\boldsymbol{R}}_0+\frac{\partial \boldsymbol{d}}{\partial t}+\boldsymbol{\omega}\times(\boldsymbol{d}+\boldsymbol{\rho})\right]\mathrm{d}m \tag{2-153}$$

分解上述表达式可以发现,其中典型表征了质心的平移动能、刚体绕心转动动能,以及剩余的结构振动项。

$$T=\frac{1}{2}m\dot{\boldsymbol{R}}_0\cdot\dot{\boldsymbol{R}}_0+\frac{1}{2}\boldsymbol{\omega}\cdot\boldsymbol{I\omega}+\frac{1}{2}\int_B\left\{\begin{array}{l}\frac{\partial \boldsymbol{d}}{\partial t}\cdot\frac{\partial \boldsymbol{d}}{\partial t}+(\boldsymbol{\omega}\times\boldsymbol{d})\cdot(\boldsymbol{\omega}\times\boldsymbol{d})+\\ 2\left[\dot{\boldsymbol{R}}_0\cdot\frac{\partial \boldsymbol{d}}{\partial t}+\dot{\boldsymbol{R}}_0\cdot(\boldsymbol{\omega}\times\boldsymbol{\rho})+\boldsymbol{R}_0\cdot(\boldsymbol{\omega}\times\boldsymbol{\rho})+\right.\\ \left.\frac{\partial \boldsymbol{d}}{\partial t}\cdot(\boldsymbol{\omega}\times\boldsymbol{\rho})+\frac{\partial \boldsymbol{d}}{\partial t}\cdot(\boldsymbol{\omega}\times\boldsymbol{\rho})+(\boldsymbol{\omega}\times\boldsymbol{\rho})\cdot(\boldsymbol{\omega}\times\boldsymbol{d})\right]\end{array}\right\}\mathrm{d}m \tag{2-154}$$

首先将矢量 $\boldsymbol{R}_0$ 转换为机体坐标系下的投影,得到飞行器质心在当地铅垂坐标系下的坐标 $\boldsymbol{R}_0=x\boldsymbol{i}_i+y\boldsymbol{j}_i+z\boldsymbol{k}_i$,并利用姿态欧拉角将其转换至机体坐标系下,则可以得到矢量 $\boldsymbol{R}_0$ 在机体坐标系下的矢量和速度表示:

$$\begin{aligned}(\boldsymbol{R}_0)_b&=\boldsymbol{L}_{bu}(\boldsymbol{R}_0)_u\\ &=(x\cos\theta\cos\varphi+y\cos\theta\sin\varphi-z\sin\theta)\boldsymbol{i}_b+[x(\sin\phi\sin\theta\cos\varphi-\cos\phi\sin\varphi)+\\ &\quad y(\sin\phi\sin\theta\sin\varphi+\cos\phi\cos\varphi)+z\sin\phi\cos\theta]\boldsymbol{j}_b+[x(\cos\phi\sin\theta\cos\varphi+\\ &\quad \sin\phi\sin\varphi)+y(\cos\phi\sin\theta\sin\varphi-\sin\phi\cos\varphi)+z\sin\phi\cos\theta]\boldsymbol{k}_b\end{aligned} \tag{2-155}$$

假设

$$X=x\cos\theta\cos\varphi+y\cos\theta\sin\varphi-z\sin\theta$$

$$Y=x(\sin\phi\sin\theta\cos\varphi-\cos\phi\sin\varphi)+y(\sin\phi\sin\theta\sin\varphi+\cos\phi\cos\varphi)+z\sin\phi\cos\theta$$

$$Z=x(\cos\phi\sin\theta\cos\varphi+\sin\phi\sin\varphi)+y(\cos\phi\sin\theta\sin\varphi-\sin\phi\cos\varphi)+z\sin\phi\cos\theta$$

就可以将式(2-155)简化为

$$(\boldsymbol{R}_0)_b=X\boldsymbol{i}_b+Y\boldsymbol{j}_b+z\boldsymbol{k}_b \tag{2-156}$$

速度矢量在不同坐标系下的转换,可以得到平移速度矢量在机体坐标系下的坐标为

$$\begin{aligned}\dot{\boldsymbol{R}}_0&=\frac{\mathrm{d}\boldsymbol{R}_0}{\mathrm{d}t}+\boldsymbol{\omega}\times\boldsymbol{R}_0=(\dot{X}+qZ-rY)\boldsymbol{i}_b+(\dot{Y}+rX-pZ)\boldsymbol{j}_b+(\dot{Z}+pY-Yq)\boldsymbol{k}_b\\ &=u\boldsymbol{i}_b+v\boldsymbol{j}_b+w\boldsymbol{k}_b\end{aligned} \tag{2-157}$$

将式(2-157)代入能量方程,最终可以得到表达式如下。

第一项:

$$\frac{1}{2}m\dot{\boldsymbol{R}}_0\cdot\dot{\boldsymbol{R}}_0=\frac{1}{2}m(u^2+v^2+w^2) \tag{2-158}$$

第二项:

$$\frac{1}{2}\boldsymbol{\omega}\cdot\boldsymbol{I\omega}=\frac{1}{2}[p\ q\ r]\begin{bmatrix}I_x & -I_{xy} & -I_{xy}\\ -I_{xy} & I_y & -I_{yz}\\ -I_{zx} & -I_{yz} & I_x\end{bmatrix}\begin{bmatrix}p\\ q\\ z\end{bmatrix} \tag{2-159}$$

第三项：考虑到结构振型的正交性，存在

$$\int_B \Phi_{x,i}\Phi_{x,j}\mathrm{d}m = \begin{cases}0, & i \neq j \\ 1, & i = j\end{cases}, \quad \int_B \Phi_{y,i}\Phi_{x,j}\mathrm{d}m = 0$$

而且飞行器结构不会存在沿着机体纵轴的移植量，则可以简化机体架构振动位移投影为

$$\frac{\partial \boldsymbol{d}}{\partial t} = \sum_{i=1}^{+\infty}\Phi_{y,i}(x_b, y_b, z_b)\dot{\eta}_{y,i}(t)\boldsymbol{j}_b + \sum_{i=1}^{+\infty}\Phi_{z,i}(x_b, y_b, z_b)\dot{\eta}_{z,i}(t)\boldsymbol{k}_b \tag{2-160}$$

则有

$$\frac{1}{2}\int_B \frac{\partial \boldsymbol{d}}{\partial t}\cdot\frac{\partial \boldsymbol{d}}{\partial t}\mathrm{d}m = \frac{1}{2}\sum_{i=1}^{+\infty}(\dot{\eta}_{y,i}^2 + \dot{\eta}_{z,i}^2) \tag{2-161}$$

第四项：由于

$$\boldsymbol{\omega}\times\boldsymbol{d}\begin{vmatrix} i_b & j_b & k_b \\ p & q & q \\ 0 & \sum_{i=1}^{\infty}\Phi_{y,i}\eta_{y,i} & \sum_{i=1}^{\infty}\Phi_{z,i}\eta_{z,i}\end{vmatrix}$$

$$= (q\sum_{i=1}^{+\infty}\phi_{z,i}\eta_{z,i} - r\sum_{i=1}^{+\infty}\phi_{y,i}\eta_{y,i})\boldsymbol{i}_b - p\sum_{i=1}^{+\infty}\phi_{z,i}\eta_{z,i}\boldsymbol{j}_b + p\sum_{i=1}^{+\infty}\phi_{y,i}\eta_{y,i}\boldsymbol{k}_b \tag{2-162}$$

则有

$$\begin{aligned}&\frac{1}{2}\int_B(\boldsymbol{\omega}\times\boldsymbol{d})\cdot(\boldsymbol{\omega}\times\boldsymbol{d})\mathrm{d}m \\ &= \frac{1}{2}q^2\sum_{j=1}^{+\infty}\eta_{z,j}^2 + \frac{1}{2}r^2\sum_{j=1}^{+\infty}\eta_{y,j}^2 + \frac{1}{2}p^2\sum_{j=1}^{+\infty}(\eta_{y,j}^2 + \eta_{z,j}^2) - qr\sum_{i=1}^{+\infty}\sum_{j=1}^{+\infty}S_{yz}^{(i,j)}\eta_{y,j}\eta_{z,j}\end{aligned} \tag{2-163}$$

其中，$S_{yz}^{(i,j)} = \int_B \phi_{y,i}\phi_{z,i}\mathrm{d}m$。

第五项：

$$\int_B \dot{\boldsymbol{R}}_0\cdot\frac{\partial \boldsymbol{d}}{\partial t}\mathrm{d}m = v\sum_{i=1}^{+\infty}\lambda_{y,i}\dot{\eta}_{y,i}(t) + w\sum_{i=1}^{+\infty}\lambda_{z,j}\dot{\eta}_{z,i}(t), \lambda_{y,i} = \int_B \Phi_{y,i}\mathrm{d}m, \lambda_{z,j} = \int_B \Phi_{z,j}\mathrm{d}m \tag{2-164}$$

第六项：参考质心的定义以及由于质心即为机体坐标系的原点，即有 $\int_B \boldsymbol{\rho}\mathrm{d}m = 0$，则可以得到

$$\int_B \dot{\boldsymbol{R}}_0\cdot(\boldsymbol{\omega}\cdot\boldsymbol{\rho})\mathrm{d}m = (\dot{\boldsymbol{R}}_0\times\boldsymbol{\omega})\int_B \boldsymbol{\rho}\mathrm{d}m = 0 \tag{2-165}$$

第七项：

$$\int_B \dot{\boldsymbol{R}}_0\cdot(\boldsymbol{\omega}\cdot\boldsymbol{d})\mathrm{d}m = \int_B(\dot{\boldsymbol{R}}_0\times\boldsymbol{\omega})\cdot\boldsymbol{d}\mathrm{d}m = \lambda_{y,j}\cdot(wp - ur)\sum_{i=1}^{+\infty}\eta_{y,i} + \lambda_{z,j}\cdot(uq - vp)\sum_{i=1}^{+\infty}\eta_{z,i} \tag{2-166}$$

第八项：

$$\int_B \frac{\partial \boldsymbol{d}}{\partial t}\cdot(\boldsymbol{\omega}\times\boldsymbol{\rho})\mathrm{d}m$$

$$=\int_B\Big(\sum_{i=1}^{+\infty}\phi_{y,i}\dot{\eta}_{y,i}\boldsymbol{j}_b+\sum_{i=1}^{+\infty}\phi_{z,i}\dot{\eta}_{z,i}\boldsymbol{k}_b\Big)\cdot[(qz_b-ry_b)\boldsymbol{i}_b+$$

$$(rx_b-pz_b)\boldsymbol{j}_b+(py_b-qx_b)\boldsymbol{k}_b]\mathrm{d}m$$

$$=\sum_{i=1}^{+\infty}(r\varphi_{xy,i}-p\varphi_{zy,i})\dot{\eta}_{y,i}+\sum_{i=1}^{+\infty}(p\varphi_{yz,i}-q\varphi_{xz,i})\dot{\eta}_{z,j} \tag{2-167}$$

其中

$$\varphi_{xy,i}=\int_B x_b\boldsymbol{\Phi}_{y,i}\mathrm{d}m,\psi_{zy,i}=\int_B z_b\boldsymbol{\Phi}_{y,i}\mathrm{d}m,\varphi_{yz,i}=\int_B y_b\boldsymbol{\Phi}_{z,j}\mathrm{d}m,\varphi_{xz,j}=\int_B x_b\boldsymbol{\Phi}_{z,i}\mathrm{d}m$$

第九项：

$$\int_B\frac{\partial \boldsymbol{d}}{\partial t}\cdot(\boldsymbol{\omega}\times\boldsymbol{d})\mathrm{d}m=p\sum_{i=1}^{+\infty}\sum_{j=1}^{+\infty}S_{(yz)}^{(i,j)}(\dot{\eta}_{y,i}\eta_{z,j}-\eta_{y,i}\dot{\eta}_{z,j}) \tag{2-168}$$

第十项：

$$\int_B(\boldsymbol{\omega}\times\boldsymbol{\rho})\cdot(\boldsymbol{\omega}\times\boldsymbol{d})\mathrm{d}m$$

$$=p^2\sum_{i=1}^{+\infty}(\sigma_{y,i}\eta_{y,i}+\sigma_{z,i}\eta_{z,j})+q^2\sum_{i=1}^{+\infty}\sigma_{z,j}\eta_{z,i}+r^2\sum_{i=1}^{+\infty}\sigma_{y,i}\eta_{y,i}-$$

$$qr\sum_{i=1}^{+\infty}(\psi_{yz,i}\eta_{z,i}+\psi_{zy,i}\eta_{y,i})-pr\sum_{i=1}^{+\infty}\varphi_{xz,i}\eta_{z,i}-pq\sum_{i=1}^{+\infty}\sigma_{xy,i}\eta_{y,i} \tag{2-169}$$

式中：$\sigma_{y,i}=\int_B y_b\boldsymbol{\Phi}_{y,i}\mathrm{d}m,\sigma_{z,i}=\int_B z_b\boldsymbol{\Phi}_{z,i}\mathrm{d}m$ 。

将上述式子整合起来，则可以得到最终总动能的表达式。为了求解拉格朗日方程，还需要求解总势能 V 。总势能由重力势能 V_g 和弹性势能 V_s 组成，具体如下：

$$V_g=-mg\boldsymbol{R}_0=-m\boldsymbol{L}_{bu}(\boldsymbol{g})_u\cdot\boldsymbol{R}_0=-mg(X\sin\theta-Y\sin\phi\cos\theta-Z\cos\phi\cos\theta) \tag{2-170}$$

$$V_s=-\frac{1}{2}\int_B\frac{\partial^2\boldsymbol{d}}{\partial t^2}\cdot\boldsymbol{d}\mathrm{d}m,\frac{\partial^2\boldsymbol{d}}{\partial t^2}=\sum_{i=1}^{+\infty}\boldsymbol{\Phi}_{y,i}\ddot{\eta}_{y,i}\boldsymbol{j}_b+\sum_{i=1}^{+\infty}\boldsymbol{\Phi}_{z,i}\ddot{\eta}_{z,i}\boldsymbol{k}_b \tag{2-171}$$

由于弹性势能与机体所受载荷无关，其具有自身的响应频率，所以可以得到 $\ddot{\eta}_i=-\omega_i^2\eta_i$，其中 ω_i 是第 i 阶振型的自然频率，则有

$$V_s=\frac{1}{2}\sum_{i=1}^{+\infty}(\omega_{y,i}^2\eta_{y,i}^2+\omega_{z,i}^2\eta_{z,i}^2) \tag{2-172}$$

因此，总势能可以表示为

$$V=V_g+V_s=mg(X\sin\theta-Y\sin\phi\cos\theta-Z\cos\phi\cos\theta)+\frac{1}{2}\sum_{i=1}^{+\infty}(\omega_{y,i}^2\eta_{y,i}^2+\omega_{z,i}^2\eta_{z,i}^2) \tag{2-173}$$

结合动势能和拉格朗日方程，则可以得到 $L=T-V$ 。

结合虚功原理，可以获得微小位移下的做功和为

$$\delta W=F_x\delta X+F_y\delta Y+F_z\delta Z+(L_A+YF_z-ZY_y)\delta\phi+(M_A+ZF_x-XF_z)\delta\theta+$$

$$(N_A+XF_y-YF_x)\delta\psi+(-2\xi_y\omega_y\dot{\eta}_y+N_y)\delta\eta_y+(-2\xi_z\omega_z\dot{\eta}_z+N_z)\delta\eta_z \tag{2-174}$$

将广义位移坐标定义为以上 $X,Y,Z,\phi,\theta,\psi,\eta_y,\eta_z$ 8 个量，$F_x,F_y,F_z,L_A+YF_z-ZY_y$，$M_A+ZF_x-XF_z$，$N_A+XF_y-YF_x$，$-2\xi_y\omega_y\dot{\eta}_y+N_y$，$-2\xi_z\omega_z\dot{\eta}_z+N_z$ 为相应的广义力，并假设姿态角和角速率的关系为 $p=\dot{\phi},q=\dot{\theta},r=\dot{\psi}$。代入拉格朗日方程后则有

$$m(\dot{u}-rv+qw+g\sin\theta)+(pq-\dot{r})\lambda_y\eta_y+(pr+\dot{q})\lambda_z\eta_z-2r\lambda_y\dot{\eta}_z+2q\lambda_z\dot{\eta}_z=F_x$$

$$m(\dot{v}+ur-wp-g\sin\phi\cos\theta)+\lambda_y\ddot{\eta}_y-(p^2+r^2)\lambda_y\eta_y+(rq-\dot{p})\lambda_z\eta_z-2p\lambda_z\dot{\eta}_z=F_y$$

$$m(\dot{w}-uq+vp-g\cos\phi\cos\theta)+\lambda_z\ddot{\eta}_z+(\dot{p}+qr)\lambda_y\eta_y-(q^2+p^2)\lambda_z\eta_z+2p\lambda_y\dot{\eta}_y=F_z$$

$$I_x\dot{p}-(I_{xy}\dot{q}+I_{xz}\dot{r})+\dot{p}(\eta_z^2+\eta_y^2)+2p(\eta_z\dot{\eta}_z+\eta_y\dot{\eta}_y)+[\dot{w}+pv-prX-Yqr-Zr^2]\lambda_y\eta_y$$
$$+[-\dot{v}+pw+Xqp+Zqr+Yq^2]\lambda_z\eta_z+Xq\lambda_y\dot{\eta}_y+(4pZ-vX)\lambda_z\dot{\eta}_z-\psi_{zy}\ddot{\eta}_y+\psi_{yz}\ddot{\eta}_z+$$
$$S_{yz}(\ddot{\eta}_y\eta_z-\eta_y\ddot{\eta}_z)+2\dot{p}(\sigma_y\eta_y+\sigma_z\eta_z)+2p(\sigma_y\dot{\eta}_y+\sigma_z\dot{\eta}_z)-\psi_{xz}(\dot{r}\eta_z+r\dot{\eta}_z)-\psi_{xy}(\dot{q}\eta_y+q\dot{\eta}_z)=L_A$$

……

$$\ddot{\eta}_y+2\xi_y\omega_y\dot{\eta}_z-(r^2+p^2-\omega_y^2)\eta_y+\lambda_z(\dot{v}-wp+ur)+\psi_{xy}(\dot{r}+pq)+\psi_{yz}(qr-\dot{p})+$$
$$S_{yz}(\dot{p}\eta_z+qr\eta_z+2p\dot{\eta}_z)-(r^2+p^2)\sigma_y=N_y$$

……

将上述方程中有关结构振动相关项去掉，得到刚体的运动学模型，而将后两个方程中的刚体运动相关项去掉，则可以得到结构动力学方程的一般形式为

$$\left.\begin{aligned}&m(\dot{u}-rv+qw+g\sin\theta)=F_x\\&m(\dot{v}+ur-wp-g\sin\phi\cos\theta)=F_y\\&m(\dot{w}-uq+vp-g\cos\phi\cos\theta)=F_z\\&I_x\dot{p}-(I_{xy}\dot{q}+I_{xz}\dot{r})=L_A\\&I_y\dot{q}-(I_{xy}\dot{p}+I_{yz}\dot{r})=M_A\\&I_z\dot{q}-(I_{xz}\dot{p}+I_{yz}\dot{q})=N_A\end{aligned}\right\}\tag{2-175}$$

最终根据速度和位置关系解算，可以得到耦合情况下的动力学方程。

整体的推导极为复杂，为了简化，一般推导给出纵向平面弹性体的的耦合动力学方程，假设飞行器为一根两端自由梁，且只考虑一阶横向位移，忽略轴向位移，则有

$$\boldsymbol{d}=\boldsymbol{\Phi}_z(x_b)\eta_z(t)\boldsymbol{k}_b$$

根据地面坐标系到机体坐标系的转换矩阵 $\boldsymbol{L}_\theta=\begin{bmatrix}\cos\theta&0&-\sin\theta\\0&1&0\\\sin\theta&0&\cos\theta\end{bmatrix}$，只考虑纵向下，有

$$\begin{cases}\boldsymbol{R}_0=x\boldsymbol{i}_b+z\boldsymbol{k}_i\\(\boldsymbol{R}_0)_b=(x\cos\theta-z\sin\theta)\boldsymbol{i}_b+(x\sin\theta+z\cos\theta)\boldsymbol{k}_b\\\dot{\boldsymbol{R}}_0=\dfrac{\mathrm{d}\boldsymbol{R}_0}{\mathrm{d}t}+\boldsymbol{\omega}\times\boldsymbol{R}_0=u\boldsymbol{i}_b+w\boldsymbol{k}_b\end{cases}$$

则将总动能和总势能分别描述为(将之前推导的结果进行简化)

$$T=\frac{1}{2}m[(\dot{x}+qz)^2+(\dot{z}-xq)^2]+\frac{1}{2}q^2I_y+\frac{1}{2}q^2\eta_z^2+(\dot{z}-xq)\lambda_z\dot{\eta}_z+\lambda_{z,i}(\dot{x}+qz)q\eta_z-q\psi_{xz}\dot{\eta}_z \tag{2-176}$$

$$V=V_g+V_s=-mg(x\sin\theta+z\cos\theta)+\frac{1}{2}\omega^2\eta_z^2 \tag{2-177}$$

得到拉格朗日函数

$$\begin{aligned}L&=T-V\\&=\frac{1}{2}m[(\dot{x}+qz)^2+(\dot{z}-xq)^2]+\frac{1}{2}q^2I_y+\frac{1}{2}\dot{\eta}_z^2+\frac{1}{2}q^2\eta_z^2+\\&\quad(\dot{z}-xq)\lambda_z\dot{\eta}_z+\lambda_{z,i}(\dot{x}+qz)q\eta_z-q\psi_{xz}\dot{\eta}_z+\\&\quad mg(-x\sin\theta+z\cos\theta)-\frac{1}{2}\omega^2\eta_z^2\end{aligned} \tag{2-178}$$

根据虚功原理

$$\delta W=F_x\delta x+F_z\delta z+(M+zF_x-xF_z)\delta\theta+(-2\xi\omega\dot{\eta}+N)\delta\eta \tag{2-179}$$

代入后,则有纵向平面弹性力学动力方程组为

$$\left.\begin{aligned}&m\dot{u}+mqw+mg\sin\theta+\dot{q}\lambda_z\eta_z+2q\lambda_z\dot{\eta}_z=F_x\\&m\dot{w}-mqu-mg\cos\theta+\lambda_z\ddot{\eta}_z-q^2\lambda_z\eta_z=F_z\\&(I_y+\eta_z^2)\dot{q}+(\dot{u}+qw)\lambda_z\eta_z+2q\eta_z\dot{\eta}_z-\psi_z\ddot{\eta}_z=M\\&\ddot{\eta}_z+(\dot{w}-qu)\lambda_z\psi_z-\dot{q}\psi_z+2\xi\omega\dot{\eta}_z+(\omega^2-q^2)\eta_z=N\end{aligned}\right\} \tag{2-180}$$

2.6 参考文献

[1] 肖业伦.航空航天器运动的建模[M].北京:北京航空航天大学出版社,2003.

[2] 阮春荣.大气中飞行的最优轨迹[M].北京:宇航出版社,1987.

[3] 周慧钟.有翼导弹飞行动力学[M].北京:北京航空航天大学出版社,1983.

[4] WZSZAK M R,SCHMIDT D K. Flight dynamics of aeroelastic vehicles [J]. Aircraft,1988(1):1-3.

[5] 张有济,周慧钟,肖业伦,等.战术导弹飞行力学设计[M].北京:宇航出版社,1996.

[6] 姚熊亮.结构动力学[M].哈尔滨:哈尔滨工程大学出版社,2007.

[7] 赵汉元.飞行器再入动力学和制导[M].长沙:国防科技大学出版社,1997.

[8] BOLENDER M A,DOMAN D B. Nonlinear longitudinal dynamical model of an air-breathing hypersonic vehicle[J]. AIAA,2007(1):1-3.

[9] 柯列斯尼可夫.作为自动控制对象的弹性飞行器[M].关世义,常伯浚,译.北京:国防工业出版社,1979.

[10] BILIMORIA K D, SCHMIDT D K. Integrated development of the equations of motion for elastic hypersonic flight vehicles[J]. AIAA, 1995(1): 1 - 3.

[11] WASZAK M R, SCHMIDT D K. On the flight dynamics of aeroelastic vehicles [J]. AIAA, 1986(1): 1 - 3.

第3章 环境与控制部件模型

为了准确估计作用在飞行器上的力，进而影响建立飞行器的数学模型的准确度，并且为了建立飞行约束，在高超声速飞行器的飞行包络中，其远射程和高速度带来极大的环境复杂度和极高的器件特性需求，本章将在本体模型的基础上，简要介绍涉及的环境与器件模型。

3.1 大气模型

大气模型是关于大气的各种参数，考虑到高超声速飞行器绝大多数时间在稀薄大气中飞行，而高层大气的复杂性一直是以往研究中较为欠缺的点，因此有必要对大气进行精确的建模，从而为制导控制系统的设计提供重要依据[1]。

3.1.1 大气模型发展简介

大气模型的发展历史可追溯到19世纪中叶，经过长时间努力，世界上第一个“标准”大气模型终于诞生。到20世纪60年代，大气模型的研究进入顶峰时期。各个国家、国际组织以及众多的科研机构纷纷制定出不同应用的大气模型。这些大气模型各有特点，适用于不同的地理区域和高度。时至今日，国际航空航天领域选用的大气模型已达30个，美国航空航天学会(AIAA)编制的《标准参考大气模型指南》中列出的大气模型也超过70个。所有这些大气模型涵盖了全球地理区域，高度范围从海平面之下2 km至2 500 km，所提供的大气参数包括压力、温度、密度、大气微量成分、风速和黏度系数等。我们在明确自己的需求之后，选择合适的大气模型就可以了。

大气模型根据信息是否随纬度、季节变化可以分为标准大气和参考大气。“标准大气”是指大气温度、压强和密度等参数的垂直分布，并采用这些分别代表地球大气。20世纪20年代，国际组织制定出第一个“标准大气”模型，其主要用于气压高度表校准、飞行器性能计算、飞行器和火箭的设计、弹道表设计等。之后，一些国家研究并制定了自己的“标准大气”模型，如美国。“参考大气”是指大气参数随纬度、季节和高度的分布，并用这种分布代表全球大气或者特定区域的大气。近年来，一些国家和国际组织也用“标准大气”来描述大气微量成分、电离层、原子氧、气溶胶、臭氧、风、水蒸气的垂直分布。

一个标准大气压力单位是指在北纬45.542°、海平面温度为273.15 K(0 ℃)时，在标准重力(980.665 cm/s^2)下，由760 mmHg所产生的压力。气象学中，大气压力的推荐单位为

1 013.25 hPa(mbar)。在物理学中,“标准温度”是指一个标准大气压力下的温度为 0 ℃时的温度。已经使用几十年的温度、压强和密度的标准海平面值分别为 288.15 K、1 013.25 mbar、1 225.00 g/m^3。

19 世纪中叶,“标准大气”就已经作为无液气压计测量高度时的校准措施。这种“标准大气”模型是在已知的温度、高度的基础上计算出来的。20 世纪初,大气模型都是在一致的温度、高度剖面图的基础上制定的,数据一般通过观测得到,随着高度的增加,温度下降。第一次世界大战期间,飞机的使用更加普遍,但是当时现有的大气模型太过复杂,且不够准确,标准大气的需求十分迫切,在经过研究后,1920 年,法国制定了一个大气模型,并将其作为飞行器性能测试时的官方标准大气模型。1924 年,空中导航国际委员会采纳了该模型,并将其作为国际标准。因此这个模型被称为 ICAN 标准大气。1952 年,国际民用航空组织对其进行了修改。这个标准大气的定义可以在美国国家航空咨询委员会第 1235 号报告中查阅。

1922 年,美国标准大气出版,1924 年,国家航空咨询文员会正式批准了该大气模型,并在美国战争部、海军部、天气局和标准局进行应用。这个大气模型经过多年修正后就是我们经常采用的美国标准大气(1976)。1952 年,国际民航组织制定了国际民航组织标准大气,并于 1964 年将该数据扩展到 32 km 的高度,之后,美国标准大气延展委员会、空间研究委员会,苏联的 KomitetSandarrov,国际标准化组织,美国空军研究与发展司令部、区域指挥委员会以及 NASA 制定出了一系列的标准和参考大气模型。其中有些模型将数据扩展到1 000 km。

1975 年,国际标准化组织发布了高度从－2～50 km 的标准大气。这个标准大气模型与国际民航组织的大气模型范围一致。1982 年,国际标准化组织发布了供航空航天领域使用的一个包含 5 个纬度区域的参考大气模型族。其上界达到 80 km,区域纬度分别为北纬的 15°,30°,45°,60°和 80°。

20 世纪 70 年代,航天飞机得到初步发展,因为航天飞机可能在地球的任何地方着陆,当时的模型无法满足要求,在这样的背景下,NASA 的马歇尔太空飞行中心指定了全球参考大气模型,并对其不断进行修改,并于 2010 年发布了最新版的 GRAM—2010。无论任何地理位置,其都能提供每个月的月平均大气轮廓线以及变化曲线。

2010 年,美国航空航天学会制定了《标准参考大气模型指南》,版本号 G－003C—2010。其内容包括了常用的标准大气模型、参考大气模型,其中甚至包括了火星的气候数据库。

3.1.2　常用大气模型

不同类型的飞行器所采用的大气模型需求不一致。航空主要采用 30 km 以下的大气模型,航天器主要采用 80 km 以上的大气模型,运载器、导弹主要采用高度 0～2 500 km 的大气模型,而对于临近空间飞行器,目前所采用较多的是 150 km 以下的大气模型,即临近空间。我们作为使用者,不可能掌握所有的大气模型,一般只需要熟悉几种常用的大气模型即可。以下将介绍几种在航空航天领域经常用到的大气模型。

1. 美国标准大气模型

美国标准大气模型(1962)提供了随高度变化的参数信息,包括温度、压力、密度、声速、年度导热系数、重力加速度、压强等。范围是－5～700 km,但在 90 km 以上,部分参数未给出。

该模型主要基于测量数据获取，整个分为4个高度区域，－5～20 km是标准大气模型，20～32 km为建议标准，32～90 km以及90～700 km为理论推算。数据的可信度不同。该模型采用经验公式修正了由于昼夜、季节、纬度和太阳活动周期性变化引起的参数修正项，但仍然是理想模型，只使用中纬度地区，对风场没有建模。

随后在1966年，该模型考虑了季节和纬度变化修正，并将上限延展至1 000 km。1976年，其再次进行了修正，但无法充分地代表全球大气环境。

2. 国际标准化组织大气模型

1975年，国际标准化组织大气模型由国际标准化组织制定，标准号为ISO2533，提供高度从0～80 km范围内随位势高度和几何高度变化的大气参数。这些信息包括温度、压力、密度、重力加速度、声速、动力黏度、运动黏度、导热系数、压力高度、空气数密度、平均空气粒子碰撞频率和平均自由程。其包含了解读模型，使用不同纬度，高度60 km以上，模型可信度急剧下降。风场模型只包含0～25 km。

1982年，该模型进行了修订，在高度0～80 km的范围内，随着季节、经度、纬度、日期变化的大气参数垂直分布信息。但是随着高度的增加，误差逐渐增大，高度在50 km以上，模型的可信度就急剧下降，高度80 km以上的模型数据不建议使用。该模型中描述的风场的数据，只限定在高度0～25 km，基于气球探空观测和圆形正态分布估计。

3. 空间研究委员会国际参考大气模型

空间研究委员会国际参考大气模型提供0～2 000 km高度范围的大气温度和密度的经验数据。版本为CIRA—1986的大气模型，包括热层模型、中层大气模型和大气微量成分模型，也包括了一部分风场的模型。

2008年，该模型进行了修订和推荐，CIRA—2008提供了从0～4 000 km高度范围内的大气温度、密度的经验模型。

4. 全球参考大气模型

全球参考大气模型的最新版本为2010，由NASA马歇尔太空飞行中心指定，能提供在任何月份、任何高度和任何位置的地球大气参数的平均值和标准偏差，还能提供任意轨道下的统计偏差参数。该模型被广泛应用于制导控制系统的蒙特卡洛分析，在航天飞机、X-33和再入地球飞行器中发挥了重大作用。

该模型的缺陷在于不能预测任何参数，仅提供均值，没有考虑热层扰动、高纬度激光、平流层变暖扰动和厄尔尼诺南方涛动等现象。

5. 中国的国家军用标准大气模型

国内主要有两个标准GJB 365和GJB 366，GJB 365包括北半球标准大气和高度压力换算表，GJB 366包括航空航天用参考大气、大气风场和大气湿度，均由国防科技工业委员会制定并颁布，于1988年实施。

GJB 365.1—1987规定了高度在－2～80 km之间的标准大气特性，用于飞行器的设计和试验分析，其假设空气为没有水蒸气和灰尘的理想气体，所有数据根据平均海平面的温度、压力和密度的一般初始值获取，给出了包括温度、压强、密度、自由落体加速度、大气成分、声速、粒子碰撞频率、分子平均自由程、黏性系数、比重等参数。

GJB 365.2—1987 给出了高度压力换算表，用于校准各种气压高度表。

GJB 366.1—1987 提供了 0～80 km 之间的大气特性参数随时间和空间的变化，参考大气以不同纬度和季节的垂直温度剖面来表示。

根据以上介绍，大气模型可以进行简要分类，从而区别不同的应用场景。根据数据是否随纬度和季节变化，大气模型可分为标准大气模型和参考大气模型。根据覆盖区域的不同，大气模型可分为全球大气模型和区域大气模型。根据高度的不同，大气模型可分为底层、中层和热层大气模型。

大气模型最关心的参数是温度、压力和密度，采用的数据形式有图表或离散形式，可能需要插值计算。大气模型采用的假设较多，可能存在不符合的情况。

3.1.3　典型大气模型

在飞行器制导与控制研究中，模拟“真实环境”最常用的大气模型是美国标准大气(1976)，在制导控制中通常采用简化的指数公式大气模型，对于大部分大气层内飞行器，其能满足精度需求，而且该模型具有十分简洁的解析形式，得到了广泛应用。

1. 混合大气模型

标准大气的定位为大气温度、压力和密度在垂直方向上的变化，能体现中纬度上一年中的大气变化情况。依照标准大气，来进行气压高度计读数、飞行器性能计算、飞行器和火箭设计、弹道设计。假设大气满足理想的气体定律和流体静力学方程，静力学方程将温度、压力和密度同重力势场结合起来。在固定时刻，只能存在一个标准大气。其基本参数是压力和温度，并基于高度影响到密度、声速、黏性和平均自由行程。以下以美国标准大气(1976)为例，来讨论标准大气。

动力学温度和分子温度的区别是：动力学温度是用来度量分子的运动能量，在较低温度下叫作动力学温度，用 T 表示；分子温度是基于任何高度，分子的质量 M 都等于海平面的质量 M_0，用 T_M 表示动力学温度与分子温度之间的关系，二者之间的关系可以表示为

$$T_M = \left(\frac{M_0}{M}\right)T \tag{3-1}$$

若分子质量不随高度变化，则动力学温度和分子温度相等，这么假设可简化很多问题。我们定义几何高度为 Z，在重力场中任一高度上，单位质量空气相对于海平面所具有的位能所表征的高度称为重力位势高度，简称位势高度。位势高度为 h，h 是基于重力加速度为常值的假设，之间的关系为

$$h = \left(\frac{R_e}{R_e + Z}\right)Z \tag{3-2}$$

式中：R_e 为地球半径。式(3-2)进行微分形式的化简得到

$$\mathrm{d}h = \left(\frac{R_e}{R_e + Z}\right)^2 \mathrm{d}Z = \left(\frac{g}{g_0}\right)\mathrm{d}Z \tag{3-3}$$

USSA—1976 涵盖了北纬 45°从地球表面到高度 1 000 km 的大气特性。从海平面到 86 km 的大气区域分为 7 层，每一层中都可以由一个位势高度的线性函数来表示，即

$$T_M = T_{Mi} + L_{Mi}(h - h_i) \tag{3-4}$$

式中：i 表示第 i 层（$0 \leqslant i \leqslant 7$）。

$$L_{hi} = \left.\frac{\mathrm{d}T_M}{\mathrm{d}h}\right|_i \tag{3-5}$$

式中：L_{hi} 表示温度降低率；T_M 是对几何高度 Z 的线性变化，由下式表示：

$$T_M = T_{Mi} + L_{Zi}(Z - Z_i) \tag{3-6}$$

其中

$$L_{Zi} = \left.\frac{\mathrm{d}T_M}{\mathrm{d}Z}\right|_i \tag{3-7}$$

标准大气 86 km 以下的 7 层划分见表 3-1。

表 3-1　7 层大气分层特性

层　数	位势高度 h/km	几何高度 Z/km	分子温度 T_M/K
0	0.0	0.0	288.150
1	11.0	11.010 2	216.650
2	20.0	20.063 1	216.650
3	32.0	32.161 9	228.650
4	47.0	47.350 1	270.650
5	51.0	51.412 5	270.650
6	71.0	71.802 0	214.650
7	84.852 0	86.0	186.046

那么每层的参数就可以基于位势高度进行线性（指数）模型的构建。其中，H 表示位势高度，T 表示大气温度，P 表示大气压力，ρ 表示大气密度，下标 SL 表示海平面。

（1）当 $0 < Z < 11.019\ 1$ 时，有

$$\left.\begin{aligned} W &= 1 - \frac{H}{44.330\ 8} \\ T &= 288.15W \\ \frac{P}{P_{\mathrm{SL}}} &= W^{4.255\ 9} \\ \frac{\rho}{\rho_{\mathrm{SL}}} &= W^{5.255\ 3} \end{aligned}\right\} \tag{3-8}$$

（2）当 $11.019\ 1 < Z < 20.063\ 1$ 时，有

$$\left.\begin{aligned} W &= \exp\left(\frac{14.964\ 7 - H}{6.341\ 6}\right) \\ T &= 216.650(\mathrm{K}) \\ \frac{P}{P_{\mathrm{SL}}} &= 1.195\ 3 \times 10^{-1} W \\ \frac{\rho}{\rho_{\mathrm{SL}}} &= 1.589\ 8 \times 10^{-1} W \end{aligned}\right\} \tag{3-9}$$

(3)当 $20.0631 < Z < 32.1619$ 时,有

$$\left.\begin{aligned} W &= 1 + \frac{H - 24.9021}{221.552} \\ T &= 221.552(\mathrm{K}) \\ \frac{P}{P_{SL}} &= 2.5158 \times 10^{-2} W^{-34.1629} \\ \frac{\rho}{\rho_{SL}} &= 3.2722 \times 10^{-2} W^{-35.1629} \end{aligned}\right\} \tag{3-10}$$

(4)当 $32.1619 < Z < 47.3501$ 时,有

$$\left.\begin{aligned} W &= 1 + \frac{H - 39.7499}{89.4107} \\ T &= 250.350(\mathrm{K}) \\ \frac{P}{P_{SL}} &= 2.8338 \times 10^{-3} W^{-12.2011} \\ \frac{\rho}{\rho_{SL}} &= 3.2618 \times 10^{-3} W^{-13.2011} \end{aligned}\right\} \tag{3-11}$$

(5)当 $47.3501 < Z < 51.4125$ 时,有

$$\left.\begin{aligned} W &= \exp\left(\frac{48.6252 - H}{7.9223}\right) \\ T &= 270.650(\mathrm{K}) \\ \frac{P}{P_{SL}} &= 8.9455 \times 10^{-4} W \\ \frac{\rho}{\rho_{SL}} &= 9.4920 \times 10^{-4} W \end{aligned}\right\} \tag{3-12}$$

(6)当 $51.4125 < Z < 71.8020$ 时,有

$$\left.\begin{aligned} W &= 1 - \frac{H - 59.4390}{88.2218} \\ T &= 247.021W(\mathrm{K}) \\ \frac{P}{P_{SL}} &= 2.1671 \times 10^{-4} W^{12.2011} \\ \frac{\rho}{\rho_{SL}} &= 2.5280 \times 10^{-4} W^{11.2011} \end{aligned}\right\} \tag{3-13}$$

(7)当 $71.8020 < Z < 86.0000$ 时,有

$$\left.\begin{aligned} W &= 1 - \frac{H - 78.0303}{100.2950} \\ T &= 200.590(\mathrm{K}) \\ \frac{P}{P_{SL}} &= 1.2274 \times 10^{-5} W^{17.0816} \\ \frac{\rho}{\rho_{SL}} &= 1.7632 \times 10^{-5} W^{16.0816} \end{aligned}\right\} \tag{3-14}$$

(8)当 $86.0000 < Z < 91.0000$ 时,有

$$\left.\begin{aligned} W &= \exp\left(\frac{87.2848 - H}{5.4700}\right) \\ T &= 186.870(\mathrm{K}) \\ \frac{P}{P_{\mathrm{SL}}} &= (2.2730 + 1.042 \times 10^{-2}) \times 10^{-6} W \\ \frac{\rho}{\rho_{\mathrm{SL}}} &= 3.6411 \times 10^{-6} W \end{aligned}\right\} \tag{3-15}$$

声速、重力加速度和黏度的计算公式，对于 0～91 km 是通用的，分别为

$$\left.\begin{aligned} a &= 20.0468\sqrt{T(\mathrm{K})}(\mathrm{m/s}) \\ g &= \frac{9.80665}{(1 + Z/6.356766 \times 10^3)^2}(\mathrm{m/s^2}) \\ \mu &= \frac{1.458 \times 10^{-4} T^{\frac{3}{2}}}{T + 110.4}\left(\frac{\mathrm{N \cdot s}}{\mathrm{m^2}}\right) = \frac{1.487 \times 10^{-7} T^{\frac{3}{2}}}{T + 110.4}\left(\frac{\mathrm{kg \cdot s}}{\mathrm{m^2}}\right) \end{aligned}\right\} \tag{3-16}$$

海平面大气参考值为

$$\left.\begin{aligned} T_{\mathrm{SL}} &= 2.8815 \times 10^2(\mathrm{K}) \\ P_{\mathrm{SL}} &= 1.01325 \times 10^5(\mathrm{N/m^2}) = 1.03323 \times 10^4(\mathrm{kg/m^2}) \\ \rho_{\mathrm{SL}} &= 1.2250(\mathrm{kg/m^3}) = 0.12492(\mathrm{kg \cdot s^2/m^4}) \\ g_{\mathrm{SL}} &= 9.80665(\mathrm{m/s^2}) \\ a_{\mathrm{SL}} &= 3.40294 \times 10^2(\mathrm{m/s}) \end{aligned}\right\} \tag{3-17}$$

通过对于该公式的分析，可以看出，该公式极好地拟合了相关数据，其中部分参数呈现出非线性变化，部分有指数变化。

该模型在 86 km 以上的特性比较复杂，流体静力平衡条件不再成立，具有很强的动态。

2. 指数大气模型

(1) 大气模型的物理基础。根据流体静力平衡方程和理想气体方程，可以揭示随高度变化的压强 P 和密度关系 ρ 的物理本质[2]。假设大气在重力和大气压力下平衡，如图 3-1 所示。

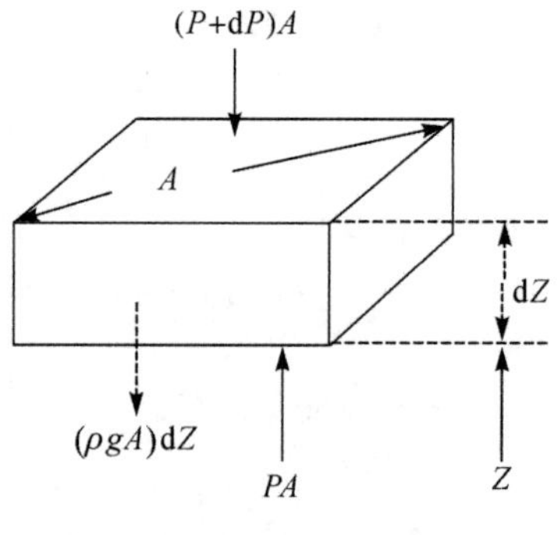

图 3-1　平衡状态下的大气

可以得到

$$-\rho g A \mathrm{d}Z + [P - (P + \mathrm{d}P)]A = 0 \tag{3-18}$$

式中：ρ 为大气密度；g 为重力加速度。

整理可得

$$\frac{dP}{dZ} = -\rho g \tag{3-19}$$

根据理想气体方程，有

$$PV = NR^* T \tag{3-20}$$

式中：V 为体积；N 为摩尔量；R^* 为气体常数。

本章用到的常量值见表 3-2。

表 3-2　大气常数参数

定　义	符　号	取　值
海平面压强/($N \cdot m^{-2}$)	P_0	$1.013\ 250 \times 10^5$
海平面温度/K	T_0	288.15
海平面密度/($kg \cdot m^{-3}$)	ρ_0	1.225
Avagadro 常数/($kg \cdot mol$)	Na	$6.022\ 097\ 8 \times 10^{23}$
普适气体常数/($J \cdot kg^{-1} \cdot mol^{-1} \cdot K^{-1}$)	R^*	$8.314\ 32 \times 10^3$
气体常数/($J \cdot kg^{-1} \cdot K^{-1}$)	R	287.0
绝热多方常数	γ	1.405
海平面分子量	M_0	28.966 43
海平面重力加速度/($m \cdot s^{-2}$)	g_0	9.806
地球半径(赤道)/m	R_e	$6.378\ 1 \times 10^6$
热力学常数/($kg \cdot m^{-1} \cdot s^{-1} \cdot K^{-\frac{1}{2}}$)	β	1.458×10^{-6}
Sutherland 常数/K	S	110.4
碰撞半径/m	σ	3.65×10^{-10}

由于

$$N = m/M, \rho = m/V \tag{3-21}$$

式中：M 为分子摩尔质量；m 为气体质量。

由理想气体方程可以得到

$$P = \rho R^* T/M \tag{3-22}$$

可以把压强和密度表示为多元状态方程的形式：

$$\frac{P}{\rho^n} = \frac{P_0}{\rho_0^n} = C \tag{3-23}$$

式中：下标 0 表示参考条件；n 为多元指数。

式(3-23)解释了随着高度变化的压强/密度关系的物理本质。

通过对式(3-22)和式(3-23)进行整理得到

$$\frac{dP}{P} = \frac{d\rho}{\rho} + \frac{dT}{T} \tag{3-24}$$

$$\frac{1}{n}\frac{dP}{P} = \frac{d\rho}{\rho} \tag{3-25}$$

整理几个式子可以得到

$$\frac{\mathrm{d}P}{P}=\left(\frac{n}{n-1}\right)\frac{\mathrm{d}T}{T} \tag{3-26}$$

或者写成

$$\rho=-\frac{1}{g}\frac{\mathrm{d}P}{\mathrm{d}Z}=\frac{PM}{TR^*} \tag{3-27}$$

进而可以推理得到

$$\frac{\mathrm{d}T_M}{\mathrm{d}Z}=-\frac{(n-1)}{n}\left(\frac{gM_0}{R^*}\right) \tag{3-28}$$

式(3-28)解释了温度梯度和指数 n 之间的关系，这个指数随着高度变化(见表 3-3)，并且可以作为每一层大气稳定性的表征量。

表 3-3　多元指数随高度的变化

位势高度 h/km	温度降低率 L/(K・km^{-1})	多元指数 n
0.0	−6.5	1.235 0
11.0	0.0	1.000 0
20.0	1.0	0.971 6
32.0	2.8	0.924 2
47.0	0	1.000 0
51.0	−2.8	1.089 3
71.0	−2.0	1.062 2

当多元指数在等温层(n=1.0)和绝热层(n=1.405)之间时，所有的大气层应该都是稳定的。当多元指数小于 1.0 时是逆温层，这些大气层也是稳定的。

下面推导大气模型的解析式，将压强公式代入密度公式，可以得到压强与几个高度增量 $\mathrm{d}Z$ 之间的比例关系：

$$\frac{\mathrm{d}P}{P}=-\frac{M_0 g\mathrm{d}Z}{R^*T_M(Z)}=-\frac{g\mathrm{d}Z}{RT_M(Z)} \tag{3-29}$$

对于位势高度，有

$$\frac{\mathrm{d}P}{P}=-\frac{M_0 g\mathrm{d}Z}{R^*T_M(h)}=-\frac{g_0\mathrm{d}h}{RT_M(h)} \tag{3-30}$$

其中，$R=R^*/M_0$。下面对以上方程从第 i 层的开始处积分到某处停止(不超出第 i 层的范围)，为了积分方便，将重力加速度定义为

$$g=g_0\left[\frac{R_e^2}{(R_e+Z)^2}\right] \tag{3-31}$$

简化之后得到重力加速度的近似表达式为

$$g\approx g_0\left[1-\left(\frac{2}{R_e}\right)Z\right]=g_0(1-bZ) \tag{3-32}$$

其中，$b=2/R_e=3.139\times10^{-7}\ \mathrm{m}^{-1}$。将式(3-32)代入压强和几何高度增量的比例关系，

得到

$$\int_{P_1}^{P}\frac{\mathrm{d}P}{P}=-\frac{g_0}{R}\int_{Z_i}^{Z}\frac{(1-bZ)\mathrm{d}Z}{T_{M_i}+L_Z(Z-Z_i)} \tag{3-33}$$

当 $L_Z=0$ 时，式(3-33)可以变为

$$\left.\begin{aligned}&P=P_i\exp\left\{-\left[\frac{g_0(Z-Z_i)}{RT_{M_i}}\right]\left[1-\frac{b}{2}(Z-Z_i)\right]\right\}\\&T_M=T_{M_i}\\&\rho=\rho_i\exp\left\{-\left[\frac{g_0(Z-Z_i)}{RT_{M_i}}\right]\left[1-\frac{b}{2}(Z-Z_i)\right]\right\}\end{aligned}\right\} \tag{3-34}$$

对非等温层，有

$$\int_{P_i}^{P}\frac{\mathrm{d}P}{P}=-\frac{g_0}{RL_{Z_i}}\int_{Z_i}^{Z}\frac{(1-bZ)\mathrm{d}Z}{[T_{M_i}/L_{Z_i}+(Z-Z_i)]} \tag{3-35}$$

式(3-35)积分得到

$$\int_{P_i}^{P}\frac{\mathrm{d}P}{P}=-\frac{g_0}{RL_{Z_i}}\int_{Z_i}^{Z}\frac{(1-bZ)\mathrm{d}Z}{[T_{M_i}/L_{Z_i}+(Z-Z_i)]} \tag{3-36}$$

温度可以表示为几何高度的线性函数：

$$T=T_{M_i}+L_{Z_i}(Z-Z_i) \tag{3-37}$$

相应的密度表示为

$$\rho=\rho_i\left[\left(\frac{L_{Z_i}}{RT_{M_i}}\right)(Z-Z_i)+1\right]^{-\left\{-\left(\frac{g_0}{RL_{Z_i}}\right)\left[\frac{RL_{Z_i}}{g_0}+1+b\left(\frac{T_{M_i}}{L_{Z_i}}-Z_i\right)\right]\right\}}\exp\left[\left(\frac{g_0 b}{RL_{Z_i}}\right)(Z-Z_i)\right] \tag{3-38}$$

以上前几式用于温度降低率为 0 的大气层，后三式用于温度降低率不为 0 的大气层。本小节介绍的是标准大气层的相关物理基础，没有将参数的日变化和年变化考虑进去。因为目前没有好的与标准大气匹配的大气风场的解析表达式，所以就很难通过地面风场测试来进行精确的风场修订。但是，有些有用的参量可以通过压力、温度、密度来获得。

(2) 相关大气参量。除了前面介绍的主要参数，下面介绍一些次要参数。

1)气体分子速度 V 。设气体粒子平均速度为 V ，该量是一个统计变量，假设压力和密度的变化可以忽略，根据气体运动学的理论，可得

$$V=\left(\frac{8R^*}{\pi M}\right)^{1/2}T^{1/2}=\left[\left(\frac{8R^*}{\pi M_0}\right)T_M\right]^{1/2} \tag{3-39}$$

2)碰撞频率 F 。设碰撞频率是 F ，表示气体分子和其他分子相撞的频率。相撞的粒子由有效撞击直径 σ 来表示，σ 与平均自由行程 λ 相比，它的值很小，碰撞频率表示为

$$F=\sqrt{2}\pi\sigma^2 Vn \tag{3-40}$$

式中：n 为分子数。

3)平均自由行程 λ 。平均自由行程 λ 也是一个统计量，表示气体粒子在与另一个粒子碰撞之前需要移动的平均距离，表示为

$$\lambda=V/F \tag{3-41}$$

4)黏性度 μ 。这是一个计算雷诺数的重要参数，具体的讨论在气动理论中进行介绍，这

里直接给出黏性度方程：

$$\mu = \beta T^{3/2}/(T+S) \tag{3-42}$$

式中：β 为热力学常数；S 为 Sutherland 常数。

运动学黏性度 v 是动力学黏性度 μ 与密度 ρ 的比值：

$$v = \mu/\rho \tag{3-43}$$

在高于 80 km 后，因为密度太小，所以式(3-42)和式(3-43)没有意义，并且在高于 40 km 后，式(3-42)和式(3-43)的有效性也需要再进行进一步的考虑。

5)热导系数 k 。热导系数是温度的函数，与材料的特性有关，表达为

$$k = \frac{B_1 T^{3/2}}{T + S_1(10^{-12/T})} \tag{3-44}$$

式中：$B_1 = 2.64638 \times 10^{-3}\ \mathrm{J/(s \cdot m \cdot K^{1/2})}$；$S_1 = 245.4\ \mathrm{K}$ 。热导系数与黏性度的关系为

$$k = \mu c_p / Pr \tag{3-45}$$

式中：c_p 为常值压强下的热量；Pr 为布朗特常数。

6)声速 C 。声速是温度 T 的常数，对于理想气体，声速可以表达为

$$C = (\gamma R T)^{1/2} \tag{3-46}$$

在气动的计算中，经常会用到马赫数，它是飞行速度除以声速得到的。

(3) 建立指数大气模型。以上讨论过，基于等温假设，可得

$$P = P_i \exp\left\{-\left[\frac{g_0(Z-Z_i)}{RT_{M_i}}\right]\left[1 - \frac{b}{2}(Z-Z_i)\right]\right\} \tag{3-47}$$

$$T_M = T_{M_i} \tag{3-48}$$

$$\rho = \rho_i \exp\left\{-\left[\frac{g_0(Z-Z_i)}{RT_{M_i}}\right]\left[1 - \frac{b}{2}(Z-Z_i)\right]\right\} \tag{3-49}$$

$$\rho = \rho_0 \exp\left[-\frac{hg_0}{(RT_{M_0})}\right] \rho_0 = 1.225\ \mathrm{kg \cdot m^{-3}} \tag{3-50}$$

通过对以上公式进行推导，我们可以得到简单的解析模型。

首先将式中的几何高度 Z 用位势高度 h 替换，由于位势高度是在常值重力的基础上进行假设的，所以我们可以消除重力变化对于重力的影响；又由于 b 取值很小，可以近似为 0，所以假设整个大气是恒温的，那么有 $T_{M_i} = T_0$，T_0 为海平面温度；最终式(3-49)就可以写成

$$\rho = \rho_0 \exp\left[-\frac{hg_0}{(RT_{M_0})}\right] \tag{3-51}$$

式中：$\rho_0 = 1.225\ \mathrm{kg \cdot m^{-3}}$ ；RT_{M_0}/g_0 是大气归一化高度 $H = 8.434 \times 10^3\ \mathrm{m}$ 。就是大气层的部分区域是不恒温的，但我们可以根据关注的大气范围对两个参数进行调节。这里给出一个较为常用的双参数大气模型：

$$\rho = \rho_0 \mathrm{e}^{-h/H} \tag{3-52}$$

其中

$$\rho_0 = 1.752(\mathrm{kg/m^3})$$

$$H = 6.7 \times 10^3(\mathrm{m})$$

指数形式的大气模型对于求一些闭环解时比较适用。其在 120 km 之下与 1976 标准

模型拟合误差较小。

3.1.4　密度扰动模型

前面了解了标准大气模型和参考大气模型。飞行器在大气中飞行，计算标准轨道时，假设大气的密度、温度、压力等一些参数是符合每个飞行高度上的标准值的。但是，实际上，大气层相对于地球无时不刻都在运动，因此，实际上飞行轨道的参数值会和标准值有些许的不同。大气的物理状态与地心纬度、高度、年份、昼夜等时间参数有关，还与某些其他具体的参数的随机性有关。如果在设计的时候，一直假设大气参数为标准值，那么飞行器在施加的飞行时，大气偏离标准，控制系统就很难实现控制，难以稳定，后果不堪设想。因此必须考虑大气参数相对于标准值的偏离。建立地球大气扰动模型十分必要[3]。

大气参数相对于标准值的标称偏差形式用来描述扰动的大气情况，称这种标称偏差为大气参数变化。大气参数总的变化包括系统分量和随机分量两部分。系统分量包括大气参数的季节纬度变化和昼夜变化。确定大气参数变化的随机分量比较烦琐，常用到正则分解法、马尔科夫过程、成套的伪随机函数等方法。建立扰动大气的全球模型，只需要建立北半球的大气探测数据即可，因为南、北半球的大气过程的流动是相同的，在考虑了差位时间之后，北半球的模同样适用于南半球。这样，建立全球模型的信息量就可以减少一半的工作量。

我们主要关注大气扰动模型中的密度这个参数，本节主要讨论密度的扰动模型，风场特性将在后面的章节做出介绍。大气密度变化具有以下的表达式：

$$\delta_{\rho}=\frac{\rho-\rho_{cT}}{\rho_{cT}} \tag{3-53}$$

式中：ρ 为大气实际密度；ρ_{cT} 为标准密度。

密度的总变化可以用 3 个分量的和表示：

$$\delta_{\rho\Sigma}=\delta_{\rho\Sigma w}+\delta_{\rho c}+\delta_{\rho c\pi} \tag{3-54}$$

式中：$\delta_{\rho\Sigma w}$ 表示密度随季节-纬度的变化；$\delta_{\rho c}$ 表示密度随昼夜的变化；$\delta_{\rho c\pi}$ 表示密度随机变化。

1. 密度季节-纬度的变化

用纬度的 6 阶多项式来描述密度的季节变化与高度、纬度和月份的关系，即

$$\delta_{\rho c\mathrm{III}}(H,\varphi,N)=K_0(H,N)+\sum_{i=1}^{6}K_i(H,N)\varphi^i \tag{3-55}$$

多项式的系数按照以下公式计算：

$$\begin{aligned}
K_0(H,N)&=\delta_{\rho c\mathrm{III}1}(H,N)\\
K_1(H,N)&=0\\
K_2(H,N)&=0.5n_3\\
K_3(H,N)&=0\\
K_4(H,N)&=8.729n_1-1.489n_2-1.994n_3\\
K_5(H,N)&=-11.114n_1-2.523n_2-2.023n_3\\
K_6(H,N)&=3.538n_1-0.936n_2-0.562n_3
\end{aligned}$$

式中

$$n_1 = \delta_{\rho c Ⅲ 2}(H,N) - \delta_{\rho c Ⅲ 1}(H,N)$$
$$n_2 = \delta_{\rho c Ⅲ 3}(H,N) - \delta_{\rho c Ⅲ 1}(H,N)$$
$$n_3 = -2U_{c Ⅲ 1}(H,N)\left[1 + \delta_{\rho c Ⅲ 1}(H,N)\omega_3 r \frac{\rho_{cT}}{P_{cT}}\right]$$

式中：$\delta_{\rho c Ⅲ i}(H,N)(i=1,2,3)$ 为在对应高度上，期望的密度随着季节-纬度的变化，这种变化对应 3 个典型的纬度：$0°(i=1)$，$50°(i=2)$ 和 $90°(i=3)$；$U_{c Ⅲ 1}(H,N)$ 为赤道上的维带风；ω_3 为地球昼夜旋转的角速度；r 为所研究的空间点距地心的距离；ρ_{cT} 为大气的标准密度；P_{cT} 为标准压力。

2. 密度的昼夜变化

密度的昼夜变化是由太阳加热的昼夜变化所引起的大气膨胀和收缩所产生的，还与太阳和月球的潮汐有关。月球潮汐可加大或减小由太阳加热引起的大气参数的变化。密度的总的昼夜变化可由以 24 h 和 12 h 为周期的 2 个周期函数表示：

$$\delta_{\rho c} = \delta_{\rho c y T} + \delta_{\rho \pi c y T} \tag{3-56}$$

式中

$$\delta_{\rho c y T} = A_{cyT}(H,\varphi,N)\cos\frac{\pi}{12}[t - t_{cyT}(H,\varphi,N)] \tag{3-57}$$

$$\delta_{\rho \pi c y T} = A_{\pi cyT}(H,\varphi,N)\cos\frac{\pi}{6}[t - t_{\pi cyT}(H,\varphi,N)] \tag{3-58}$$

式中：A_{cyT} 和 $A_{\pi cyT}$ 分别为密度的昼夜和半昼夜分量幅值；t_{cyT} 和 $t_{\pi cyT}$ 分别为密度的昼夜和半昼夜分量达到最大值的时间（简称昼夜和半昼夜分量时间）；t 为当地时间（以 h 计）。

假设：

(1)密度的昼夜和半昼夜分量的幅值和时间与季节无关；

(2)地球表面上密度的昼夜波动等于 0（实际这种波动很小）；

(3)密度的昼夜和半昼夜分量的幅值减少与纬度变化成正比关系，比例因子等于 $\frac{4}{\pi^2}\left(\frac{\pi^2}{4} - \varphi^2\right)$；

(4)所有纬度上昼夜和半昼夜密度分量的时间是相同的。

因此，可以得到昼夜和半昼夜密度分量的幅值公式：

$$\begin{aligned} A_{cyT}(H,\varphi) = {} & (\varphi^2 - \frac{\pi^2}{4}) \\ & \Big[\frac{1-\sin(H-90)}{2}(1.160\times10^{-2} - \\ & \sqrt{4.086\times10^{-2}H^2 - 1.471\times10^{-5}H + 1.246\times10^{-4}}) + \\ & \frac{1-\sin(H-90)}{2}(1.135\times10^{-5}H^2 - 2.653\times10^{-3}H + 1.124\times10^{-4})\Big] \end{aligned} \tag{3-59}$$

$$\begin{aligned} A_{\pi cyT}(H,\varphi) = {} & \left(\varphi^2 - \frac{\pi^2}{4}\right)\Big[\frac{1-\sin(H-90)}{2}(1.977\times10^{-2} - \\ & \sqrt{6.157\times10^{-7}H^2 - 2.709\times10^{-5}H + 3.909\times10^{-4}}) + \end{aligned}$$

$$\frac{1-\sin(H-90)}{2}(2.111\times10^{-5}H^2-4.572\times10^{-3}H+2.061\times10^{-1})\Big] \quad (3-60)$$

密度的昼夜和半昼夜分量的时间按以下公式计算：

$$t_{cyT}(H)=-9.288\sin(H-27.5)\frac{|H-27.5|}{|H-27.5|+3.870}+24.408 \quad (3-61)$$

$$t_{\pi cyT}(H)=-2.323\sin(H-27)\frac{|H-27|}{|H-27|+2.904}+4.123 \quad (3-62)$$

公式中纬度 φ 以 rad 计算，高度 H 以 km 计算。按幅值公式计算得到密度昼夜和半昼夜分量的幅值和时间的模型关系。

3. 密度的随机变化

除了大气参数变化的系统分量外，还存在随机分量。这种随机分量是由太阳活动性的变化和地磁过程变化等引起的。

在试验数据分析的基础上，在小于 100 km 的高度空间内，建立了密度伪随机变化的模型：

$$\delta_{pc\pi yq}=X(H,\varphi,N)f_1(H)f_1(\varphi)+ y(H)(-4.493\times10^{-1}+1.978\times10^{-2}\sqrt{T_{cp}-483.92}) \quad (3-63)$$

式中：$X(H,\varphi,N)=\delta_{\rho\pi pcA}(H,\varphi,N)$，$H\leqslant 90$ km，$\delta_{\rho\pi pcA}(H,\varphi,N)$ 为密度的极限变化($3\sigma_\rho$)。

当 $H=0\sim150$ km 时，密度随着高度变化的模拟特征函数为

$$f_1(H)=a_1+a_2\sin\frac{\pi(H-60)}{40} \quad (3-64)$$

密度随纬度变化的模拟特征函数为

$$f_2(\varphi)=0.92+0.08\sin(9\varphi+a_3) \quad (3-65)$$

$$Y(H)=\begin{cases}0, & H<95\text{ km}\\ 3.869\times10^{-6}(H-95)^3+2.632\times10^{-4}(H-95)^2, & 95\text{ km}\leqslant H\leqslant125\text{ km}\\ 2.632\times10^{-2}(H-112), & H>125\text{ km}\end{cases}$$

为确定扰动大气的伪随机状态，要用特定的方法来选择参数 a_1,a_2,a_3 和大气层外的温度 T_{cp} 。

由 a_1,a_2 可以确定函数 $f_1(H)$ 的伪随机状态：

(1) $f_1(H)=0$ 不存在随机扰动；

(2) $f_1(H)=\pm1$ 存在偏差为 ε 的随机偏量；

(3) $f_1(H)=\pm0.33\sin\frac{\pi(H-60)}{40}$ 的随机分量随着高度呈 80 km 长的弯曲变化，并等于均方根偏差；

(4) $f_1(H)=\pm0.33\pm0.33\sin\frac{\pi(H-60)}{40}$ 的随机分量为 $\pm\sigma_\rho$，并仍为(3)中的弯曲变化。

函数 $f_2(\varphi)$ 给出了密度随纬度变化的长波形状，波长约 4 500 km。

高度在 110～150 km 范围内，密度的随机变化只能定性地估算。

4. 大气密度变化的具体计算

实际应用中，考虑扰动的大气密度计算公式为

$$\rho = \rho_{cT}(1 + \delta_{\rho\Sigma}) \tag{3-66}$$

式中：ρ 表示标准大气密度。

3.1.5 风场扰动模型

大气风场会对飞行器的运动产生重要的影响，因此需要建立大气层风场模型。该模型既要符合实际需要，模拟值与实际观测值之差需要满足工程应用的精度，还应该适用于飞行器运动特性仿真[4]。风场模型包涵纬带风和径圈风两部分。纬带风的方向由西向东为正，径圈风由北向南为正。纬带风包括三个分量：

$$U = U_{c\text{Ⅲ}} + U_c + U_{c\pi} \tag{3-67}$$

式中：$U_{c\text{Ⅲ}}$ 为纬带风的季节-纬度分量；U_c 为纬带风的昼夜分量；$U_{c\pi}$ 为纬带风的随机分量。

径圈风包括 2 个分量：

$$V = V_c + V_{c\pi} \tag{3-68}$$

式中：V_c 为径圈风的昼夜分量；$V_{c\pi}$ 为径圈风的随机分量。公认径圈风不存在季节-纬度分量，即 $V_{c\text{Ⅲ}} = 0$ 。

季节-纬度变化，纬带风的季节-纬度分量要使用近似于地转风的公式，只考虑切向加速度，不考虑向心加速度：

$$U_{c\text{Ⅲ}}(H,\varphi,N) = -\frac{1}{2(1+\delta_{\rho c\text{Ⅲ}})}\frac{P_{cT}}{\omega r\sin\varphi\rho_{cT}}\frac{\partial(\delta_{\rho c\text{Ⅲ}})}{\partial\varphi} \tag{3-69}$$

昼夜变化，一昼夜内纬带风和径圈风的变化，可以用昼夜分量和半昼夜分量的和表示：

$$\left.\begin{aligned} U_c &= U_{cyT} + U_{\pi cyT} \\ V_c &= V_{cyT} + V_{\pi cyT} \end{aligned}\right\} \tag{3-70}$$

其中

$$\left.\begin{aligned} U_{cyT} &= A_1(H,\varphi,N)\cos\frac{\pi}{12}[t - t_1(H,\varphi,N)] \\ U_{\pi cyT} &= A_2(H,\varphi,N)\cos\frac{\pi}{6}[t - t_2(H,\varphi,N)] \\ V_{cyT} &= B_1(H,\varphi,N)\cos\frac{\pi}{12}[t - s_1(H,\varphi,N)] \\ V_{\pi cyT} &= B_2(H,\varphi,N)\cos\frac{\pi}{6}[t - s_2(H,\varphi,N)] \end{aligned}\right\} \tag{3-71}$$

式中：A_1, A_2, B_1, B_2 为昼夜和半昼夜分量的幅值；t_1, t_2, s_1, s_2 为昼夜和半昼夜分量的时间(最大值达到的时间)；t 为当地时间。

3.2 地 球 模 型

飞行器质心的运动方程与所受外力的大小和方向相关，而重力是其中非常重要的一项。由于地球引力和地球形状建模都影响到重力的大小和方向，所以需要对所采用的地球模型进行构建。

3.2.1　地球引力

发射坐标系在不计垂线偏差的情况下是以椭球面的法线定义的。为了方便起见，给出椭球面上各点的地心纬度和地理纬度之间的关系，如图 3 - 2 所示。

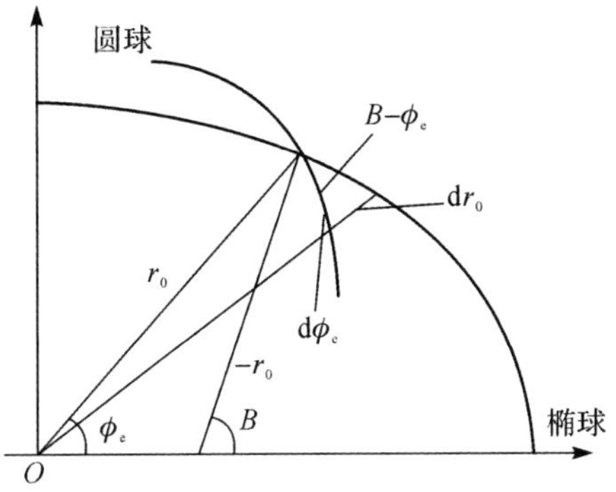

图 3 - 2　椭球面上地心纬度 ϕ_e 与地理纬度 B 的关系

由于地球为半径不同的椭球，所以可以得到地心维度和地理维度的关系为

$$\tan(B-\phi_e)=\frac{dr_0}{r_0\,d\phi_e} \tag{3-72}$$

在引力场中，单位质量质点所具有的能量被称为此点的引力位，其数值等于单位质量的质点从无穷远处移至此点时引力所做的功。引力位函数是其一阶导数，为引力的标量函数。引力可由引力位函数对于距离的微分直接求得，对于任意形状与密度分布的星体，对其外部点的位函数可表示为

$$U=\frac{GM}{r}\left[1+\sum_{n=2}^{+\infty}\sum_{m=0}^{n}\left(\frac{a_e}{r}\right)^n P_n^m(\sin\phi_e)(A_{nm}\cos m\lambda+B_{nm}\sin m\lambda)\right] \tag{3-73}$$

式中：G 为引力常数；M 为地球总质量；a_e 为地球参考椭圆体的赤道半径。

式(3 - 73)为本初地心赤道坐标系内地球外部点 (r,ϕ_e,λ) 处的引力位 U，其中 r 为地心半径，ϕ_e 为地心纬度，λ 为经度。$P_n^m(\sin\phi_e)$ 为缔合勒让得多项式，A_{nm} 和 B_{nm} 是与地球形状及密度有关的引力常数。系数由 1977 年美国测得的 60 多万份数据反算出的标准地球模型 GEM - 8 测得，该系数的低阶值精度已经较高。

下面介绍根据引力位函数求解地表水准面形状的方法。假设地球旋转角速度 $\tilde{\omega}_e$ 为常数，距离旋转轴为 $(x^2+y^2)^{1/2}=r\cos\phi_e$ 的地球物质所受到的离心力位则为

$$\frac{\tilde{\omega}_e^2 r^2}{2}\cos^2\phi_e=\frac{\tilde{\omega}_e^2 r^2}{3}-\frac{\tilde{\omega}_e^2 r^2}{3}P_2(\sin\phi_e) \tag{3-74}$$

而在重力场中，单位质量点所具有的能量被称为此点的重力位，该值等于单位质量的质点从无穷远移到此点时重力所做的功。因此，重力位等于引力位和离心力位，最终可得重力位为

$$W_e=\frac{GM}{r}\left[1+\sum_{n=2}^{+\infty}X_n(\phi_e,\lambda)\right]+\frac{\tilde{\omega}_e^2 r^2}{3}-\frac{\tilde{\omega}_e^2 r^2}{3}P_2(\sin\phi_e) \tag{3-75}$$

其中,球函数为

$$X_n(\phi_e,\lambda)=\sum_{m=0}^{n}\left(\frac{a_e}{r}\right)^n P_n^m(\sin\phi_e)(A_{nm}\cos m\lambda+B_{nm}\sin m\lambda) \tag{3-76}$$

地表水准面是一个重力水准面,设重力值为 W_{es}。$\tilde{\omega}_e$ 是一阶小量, $X_n(\phi_e,\lambda)$ 是 i 阶小量,即地表重力位与 GM/r 之差是高于一阶的小量。因此,地表水准面方程与 GM/r 对应的球面方程之差也是一阶以上小量,则大地水准面的极坐标方程可写为

$$r_0=R(1+Y_1+Y_2+\cdots) \tag{3-77}$$

式中:Y_i 为对应的 i 阶小量,其值也是经度 λ 和纬度 ϕ_e 的函数;R 为地球平均半径。

将其代入重力位函数,令 $W_e=W_{es}$,即得 X_i 与 Y_i 的关系式。但是因为各阶 Y_i 间有许多交叉项,求解比较难,所以我们只做近似的求解,令一阶小量以上各项中的 $r=R=$ 常数 ,这样就只会引起二阶以上的误差。只将 r_0 表达式代入 GM/r 项的 r 中,得到地表等重力位为

$$W_{es}=\frac{GM}{r}\left(1-\sum_{n=1}^{+\infty}Y_n\right)+\frac{GM}{R}\sum_{n=2}^{+\infty}X_n\left(\frac{a_e}{R}\right)^n+\frac{\tilde{\omega}_e^2R^2}{3}-\frac{\tilde{\omega}_e^2R^2}{3}P_2(\sin\phi_e) \tag{3-78}$$

将式(3-78)展开,并令各阶球函数项的系数为零,可以得到

$$\frac{GM}{R}+\frac{\tilde{\omega}_e^2R^2}{3}=W_{es} \tag{3-79}$$

$$Y_1=0 \tag{3-80}$$

$$a_e^2X_2=R^2Y_2+\frac{\tilde{\omega}_e^2R^5}{3GM}P_2(\sin\phi_e) \tag{3-81}$$

$$a_e^iX_i=R^iY_i(i\geqslant 3) \tag{3-82}$$

在式(3-79)中可以求出 R ,其他式可以求出 Y_i ,代入大地水准面的极坐标方程,就可以获得大地水准面表达式。式(3-79)~式(3-82)是地球形状学特别重要的公式,但是很复杂,用来研究飞行器的发射和飞行是不太可能的,因此在工程上,在计算时一般忽略引力系数的高阶项,进行简化。

3.2.2 圆球模型

可令引力系数 $A_{nm}=B_{nm}=0$,将引力位的各阶小量忽略,将地球视为圆形等密度体,此时地心维度和地理维度相同,其位函数为

$$U_0=\frac{GM}{r} \tag{3-83}$$

地球表面的模型方程为

$$r_0=R=\text{const} \tag{3-84}$$

此时地心纬度 ϕ_e 和地理纬度 B 相等。

发射点惯性坐标系中,地表外各地的矢径表达式为

$$r^2=x^2+(y+R)^2+z^2=x'^2+y'^2+z'^2 \tag{3-85}$$

则各坐标轴上的引力表达式为

$$g_\alpha=\frac{\partial U_0}{\partial\alpha'}=-\frac{Gm}{r^2}\frac{\alpha'}{r}$$

该模型常用于制导控制研究。

3.2.3　椭球模型

引力模型的所有系数中,将经度有关的项设为零,即

$$\left.\begin{aligned} A_{nm} &= B_{nm} = 0, \quad m \neq 0 \\ A_n &= -J_n \end{aligned}\right\} \tag{3-86}$$

则有

$$U_5 = \frac{GM}{r}\left[1 + \sum_{n=2}^{+\infty}(-J_n)\left(\frac{a_e}{r}\right)^n P_n(\sin\phi_e)\right]$$

$$GM = (3\ 986\ 005 \pm 3) \times 10^8\ \mathrm{m^3/s^2}$$

$$g_c = (978\ 032 \pm 1) \times 10^{-5}\ \mathrm{m/s^2}$$

$$1/a_c = (298\ 257 \pm 1.5) \times 10^{-3}$$

$$\omega_c = 7.292\ 115 \times 10^{-11}\ \mathrm{rad/s}$$

$$J_3 = (-254 \pm 1) \times 10^{-8}$$

位函数的值只与地心纬度有关,J_n 为带谐系数,前 6 阶已经基本确知,该模型也称为带谐模型。其中勒让得多项式 $P_n(\mu) = P_n^0(\mu)$,其表达式为

$$P_n(\mu) = \frac{1}{2^n n!}\frac{\mathrm{d}^n}{\mathrm{d}\mu^n}[(\mu^2 - 1)^n] \tag{3-87}$$

位函数 U_5 只与地心维度 ϕ_e 相关,因此称为带谐系数,前 6 阶基本确认。1975 年国际大地测量协会推荐的地球物理参数见表 3-4。

表 3-4　地球物理参数

牛顿引力常数 $G = (6\ 672 \pm 4.1) \times 10^{-14}\ \mathrm{m^3/(s^2 \cdot kg)}$	
地球引力常数(包括大气) $GM = (3\ 986\ 005 \pm 3) \times 10^8\ \mathrm{m^3/s^2}$	
地球赤道半径 $a_c = (6\ 378\ 140 \pm 5)\mathrm{m}$	
赤道引力 $g_c = (978\ 032 \pm 1) \times 10^{-5}\ \mathrm{m/s^2}$	
扁度 $1/a_c = (298\ 257 \pm 1.5) \times 10^{-3}$	
地球自转角速度 $\omega_c = 7\ 292\ 115 \times 10^{-11}\ \mathrm{rad/s}$	
带谐系数	$J_2 = (108\ 263 \pm 1) \times 10^{-8}$
	$J_3 = (-254 \pm 1) \times 10^{-8}$
	$J_4 = (-161 \pm 1) \times 10^{-8}$
	$J_5 = (-23 \pm 1) \times 10^{-8}$
	$J_6 = (54 + 1) \times 10^{-8}$
光速 $c = (299\ 792\ 458 \pm 1.2)\mathrm{m/s}$	

引力模型称为地球引力位的带谐模型。与位函数之差称为引力的田谐项。通常为了方便,总把引力位函数式中的带谐与田谐项系数分开来书写,则有

$$U=\frac{GM}{r}\left[1-\sum_{n=2}^{+\infty}J_n\left(\frac{a_e}{r}\right)^n P_n(\sin\phi_e)+\sum_{n=2}^{+\infty}\sum_{m=1}^{n}\left(\frac{a_e}{r}\right)^n P_n^m(\sin\phi_e)(A_{nm}\cos m\lambda+B_{nm}\sin m\lambda)\right] \tag{3-88}$$

3.2.4 Clairaut 椭球模型

引力模型的所有系数中，J_2 系数最大，其他系数均为比 J_2 高阶的小量。当只取 J_2 项时，所对应的地球模型是一个很好的模型，称为 Clairaut 椭球模型。其引力位函数为

$$U_1=\frac{GM}{r}\left[1-J_2\left(\frac{\alpha_e}{r}\right)^n P_n(\sin\phi_e)\right] \tag{3-89}$$

将发射点地心赤道坐标系固化在惯性空间，则可以得到一个惯性坐标系，在这个坐标系中，有 $\sin\phi_e=Z/r$，又因为 $P_2(\sin\phi_e)=\frac{2}{3}\left(\frac{Z}{r}\right)^2-\frac{1}{2}$，且令 $J=-\frac{3}{2}J_2$，就可以得到 U_1 的通用形式，即

$$U_1=\frac{GM}{r}\left[1-\frac{J}{3}\left(\frac{\alpha_e}{r}\right)^2\left(1-3\frac{Z^2}{r^2}\right)\right] \tag{3-90}$$

对应的重力位势为

$$W_{e1}=\frac{GM}{r}\left[1-\frac{J}{3}\left(\frac{\alpha_e}{r}\right)^2\left(1-3\frac{Z^2}{r^2}\right)\right]+\frac{\tilde{\omega}_e^2R^2}{3}-\frac{\tilde{\omega}_e^2R^2}{3}\left[\frac{3}{2}\left(\frac{Z}{2}\right)^2-\frac{1}{2}\right] \tag{3-91}$$

由式(3-91)得地表重力位 $W_{e1}=W_{es}$，只与地心纬度有关，与经度无关，是旋转对称的。由于旋转模型与圆球模型的半径之间为一个二阶带谐项 $P_2(\sin\phi_e)$，即对应的地表水准面方程与球 $R=$常数之差也只是一个二阶带谐项。引入一个未知小参数 a_e，则可以得到 Clairaut 地球表面半径模型为

$$r_0=R\left[1-\frac{2a_e}{3}P_2(\sin\phi_e)\right] \tag{3-92}$$

将式(3-92)代入重力位函数，令重力位函数等于地表重力位 $W_{e1}=W_{es}$，使等式两边的各阶系数相等，则有

$$\frac{GM}{R}+\frac{\tilde{\omega}_e^2r^2}{3}=W_{es} \tag{3-93}$$

$$a_e=\left[\frac{3}{2}J_2\left(\frac{a_e}{R}\right)^2+\frac{m}{2}\right]/\left[1-\frac{2}{3}m\right] \tag{3-94}$$

其中，m 为赤道上地表离心力与地表引力的比值：

$$m=\left[\tilde{\omega}_e^2R/\left(\frac{GM}{R^2}\right)\right]\approx 0.003\,449\,936 \tag{3-95}$$

通过式(3-95)，由地球参数 J_2，a_e，m 求地球的形状参数偏心率。在 U_1 的重力位函数中，令 $r=R=$ 常数，则可以得到简化以后的表达式为

$$a_e=\frac{3}{2}J_2\left(\frac{a_e}{R}\right)^2+\frac{m}{2} \tag{3-96}$$

由 Clairaut 地球表面半径模型表达式，我们可以得到 Clairaut 椭球体的半长轴、半短轴分别为

$$a = R\left(1 + \frac{a_e}{3}\right)，地心纬度\ \phi_e = 0°\ 时$$

$$c = R\left(1 - \frac{2a_e}{3}\right)，地心纬度\ \phi_e = 90°\ 时$$

当地心纬度 $\phi_e = 35°15'52''$ 时，有 $r_0 = R$ 。椭球扁率为

$$a_e \approx \frac{a-c}{R}, R = a\left(1 - \frac{a_e}{3}\right) \tag{3-97}$$

一阶近似形式为

$$a_e \approx \frac{a-c}{a} \tag{3-98}$$

将半长轴、半短轴模型代入半径表达式，并忽略二阶项，就得到了常用的地表矢径方程：

$$r_0 \approx a(1 - a_e \sin^2\phi_e) \tag{3-99}$$

上述推导中：W_{es} ，J_2 ，ω_e ，M ，G 均为实际的地球物理参数；a ，c ，a_e 为对应于位函数的椭球参数，一般可以取 $a = a_e$ 。

由半径可知

$$\frac{\mathrm{d}r_0}{\mathrm{d}\phi_e} = -Ra_e \sin 2\phi_e \tag{3-100}$$

因 $B - \phi_e$ 值很小，故有

$$u = B - \phi_e = \frac{a_e \sin 2\phi_e}{1 - \frac{2a_e}{3}P_i(\sin\phi_e)} \approx a_e \sin 2\phi_e \tag{3-101}$$

由地表矢径方程给出的椭球面方程与方程 $\frac{x^2 + y^2}{a^2} + \frac{z^2}{c^2} = 1$ 解出的地表矢径两者之差在 20 m 以内。

最后，给出位函数 U_1 在发射点坐标系各轴上的引力分量。由于 U_1 与精度无关，故不论取惯性坐标系还是地球坐标系，引力表达式均相同。下面以 x，y，z 表示坐标的 3 分量，未区分重力与法线坐标的差别。如图 3-3 所示，O 为发射点，O_0 为在椭球面上的投影点，点 O_0 的矢径在发射坐标系上的投影为

$$\left.\begin{aligned} r_{o_x} &= -r_0 \sin\mu \cos A_0 \\ r_{o_y} &= -r_0 \cos\mu \\ r_{o_z} &= r_0 \sin\mu \sin A \end{aligned}\right\} \tag{3-102}$$

式中：$A(=A_0)$ 为发射方位角。

设发射点大地高为 H_0 ，则空间任意点 (x, y, z) 的地心矢径可表示为

$$\left.\begin{aligned} r^2 &= x'^2 + y'^2 + z'^2 \\ x' &= x + r_{o_x} \\ y' &= y + H_0 + r_{o_y} \\ z' &= z + r_{o_z} \end{aligned}\right\} \tag{3-103}$$

由此可以推出引力位 U_1 在 $Oxyz$ 坐标系上的引力各分量为

$$g_{\alpha}=\frac{\partial U_0}{\partial \alpha'}=-\frac{-GM}{r^2}\left\{\frac{\alpha'}{r}-J\left[\frac{a_e}{r^2}-\left(1-5\frac{Z^2}{r^2}\right)\right]\frac{\alpha'}{r}-2J\left[\frac{a_e}{r^2}\frac{Z}{r}\right]m_{\alpha}\right\} \tag{3-104}$$

式中：$J=-\frac{3}{2}J_2$。

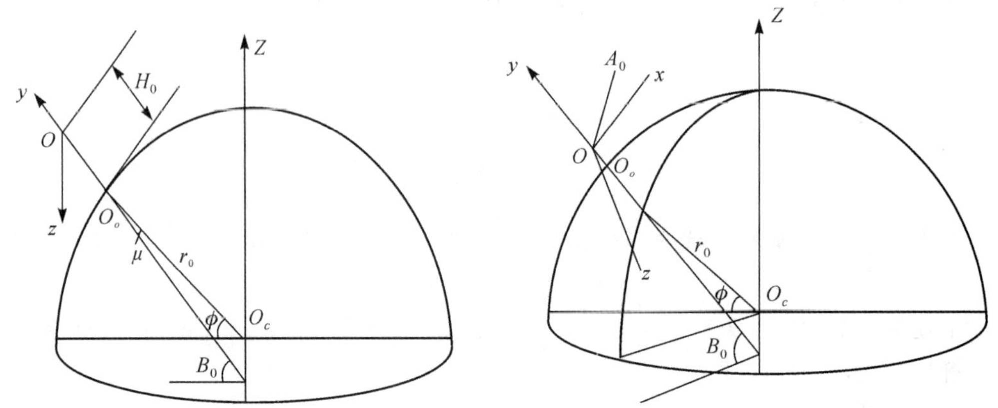

图 3-3　发射坐标系

其中，Z 是地球极轴上的投影，其表达式为

$$\left.\begin{aligned}Z&=x'm_x+y'm_y+z'm_z\\m_x&=\cos A_0\cos B_0\\m_y&=\sin B_0\\m_z&=-\sin A_0\cos B_0\end{aligned}\right\} \tag{3-105}$$

本节主要介绍的是圆球模型和 Claircut 椭球模型。由于地球实际很复杂，并不是位函数的高阶项越多，截断误差就越小；位函数的各高阶项系数的大小差异不大，截断误差并不因为技术的增高而很快衰减，对于大多数的航天器的轨道计算，带谐系数取到 J_4 就足够精确；对于运载火箭和导弹的弹道计算，取到 J_2 就很准确了。

3.3　测量模型

惯性系统是以惯性器件为核心构成的具有某种特定功能的系统和仪器。这些功能包括导航、制导、姿态测量、姿态稳定、定位、定向、大地测量、重力测量、振动测量、冲击测量、变形测量等。以陀螺仪和加速度计为核心部件的惯性导航系统成为现代飞机、大型舰只和潜艇的一种重要导航设备，而惯性制导系统则成为地对地战术导弹、战略导弹、巡航导弹和运载火箭的一种重要制导设备，例如，在导弹制导控制中，位置与姿态的测量是非常重要的一环，而自动导弹诞生后，采用惯性测量器件进行位姿的测量是最主要的方式。

由上述可见，惯性测量器件是控制系统中的关键部件，其性能的优劣直接影响导弹（火箭）的命中精度（或入轨精度）。对于纯惯性制导导弹而言，惯性测量器件所引起的误差通常占整个制导误差的 70%以上。本节除了介绍有关惯性测量器件的基础知识外，还将对惯性测量器件的误差模型进行详细的介绍。

3.3.1　惯性测量器件及系统的基本概念

1. 惯性器件的定义

陀螺仪和加速度计是惯性导航(或制导)系统中的两个关键部件。

陀螺仪是用来敏感运动载体在惯性空间的角运动,感测旋转的一种装置,其作用是为加速度计的测量提供一个参考坐标系,以便把重力加速度和载体加速度区分开,并可为惯性系统、火力控制系统、飞行控制系统等提供载体的角位移或角速率。随着科学技术的发展,人们已发现大约有 1 000 种以上的物理现象可被用来感测载体相对于惯性空间的旋转。从工作机理来看,陀螺仪可被分为两大类:一类是以经典力学为基础的陀螺仪(通常称为经典陀螺仪或转子陀螺仪),另一类是以非经典力学为基础的陀螺仪(称为现代陀螺仪,如振动陀螺、光学陀螺、硅微陀螺等)[5]。

加速度计又称比力敏感器,它是以牛顿惯性定律作为理论基础的。在运动体上安装加速度计的目的,是用它来敏感和测量运动体沿一定方向的比力(即运动体的惯性力与重力之差),然后经过计算(一次积分和二次积分)求得运动体的速度和所行距离。测量加速度的方法很多,有机械的、电磁的、光学的、放射线的等。按照作用原理和结构的不同,惯性系统使用的加速度计可分为两大类,即机械加速度计和固态加速度计。

惯性导航和制导系统对陀螺仪和加速度计的精度要求很高,如加速度计分辨率通常为 $0.000\,1g \sim 0.000\,01g$,陀螺随机漂移率为 $0.01°/h$ 甚至更低,并且要求有大的测量范围。因此,陀螺仪和加速度计属于精密仪表范畴。

2. 惯导系统

惯性导航系统(INS,简称惯导系统)是一种不依赖于外部信息、也不向外部辐射能量的自主式导航系统。其工作环境不仅包括空中、地面,还可以在水下。惯导系统的基本工作原理是以牛顿力学定律为基础,通过测量载体在惯性参考系的加速度,将它对时间进行积分,且把它变换到导航坐标系中,就能够得到在导航坐标系中的速度、偏航角和位置等信息。惯导系统应用的是由惯性仪表构成的惯性测量装置或惯性测量系统,其功能简单来说,就是在飞行过程中为导弹建立基准坐标系,测量导弹的角速度和加速度,为导弹发射前进行初始对准提供方向基准,确定发射点的地理位置和坐标方向等。目前,惯导系统的主要实现方案有两种,即平台式惯导系统和捷联式惯导系统。

(1) 平台式惯导系统。图 3-4 为平台式惯导系统各部分相互关系的示意图。平台式惯导系统的核心部分是一个实际的陀螺稳定平台,平台上 3 个实体轴重现了所要求导航坐标系的 3 个轴向。它为加速度计提供了精确的测量基准,保证 3 个加速度计测量值正好是导航计算需要的 3 个加速度分量。平台完全隔离了导弹的角运动,保证了加速度计的良好工作环境。

根据建立的坐标系不同,平台式惯导系统又分为空间稳定和本地水平两种工作方式。空间稳定平台式惯导系统的台体相对惯性空间稳定,用以建立惯性坐标系。地球自转、重力加速度等影响由计算机加以补偿。这种系统多用于运载火箭的主动段和一些航天器上。本地水平平台式惯导系统的特点是台体上的两个加速度计输入轴所构成的基准平面能够始终跟踪飞行器所在点的水平面（利用加速度计与陀螺仪组成舒拉回路来保证），因此加速度计不受重力加速度的影响。这种系统多用于沿地球表面作等速运动的飞行器（如飞机、巡航导弹等）。在平台式惯导系统中，框架能隔离飞行器的角振动，仪表工作条件较好。平台能直接建立导航坐标系，计算量小，容易补偿和修正仪表的输出，但结构复杂，尺寸大。

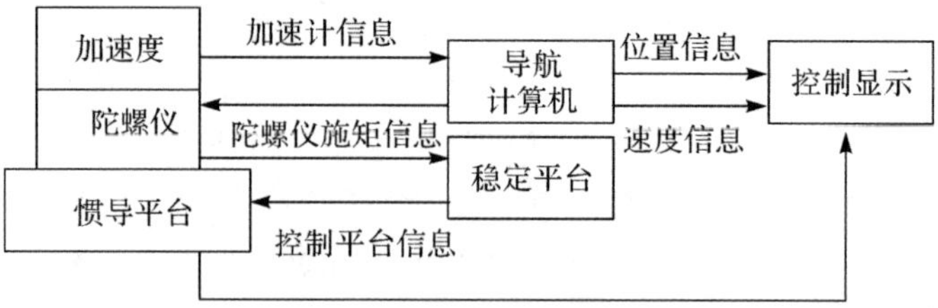

图 3-4　平台式惯导系统

(2) 捷联式惯导系统。捷联式惯导系统的原理如图 3-5 所示。数据处理中心实时地采集加速度计和陀螺仪数据用于姿态矩阵和位置矩阵的计算，从而得到运动载体的姿态、位置和速度等信息。

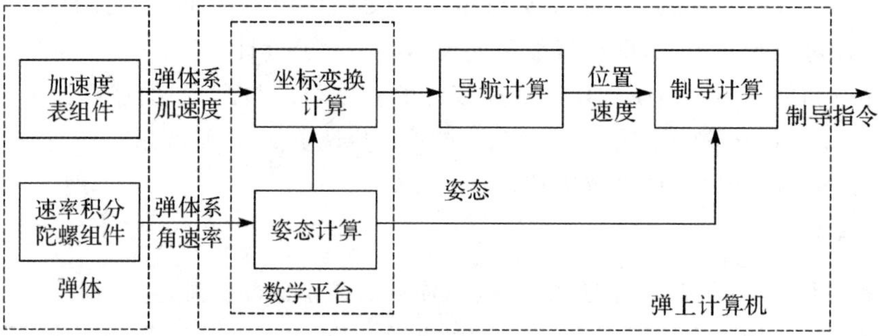

图 3-5　捷联式惯导系统的组成及原理框图

根据所用陀螺仪的不同，捷联式惯导系统分为速率型捷联式惯导系统和位置型捷联式惯导系统。前者用速率陀螺仪，输出瞬时平均角速度矢量信号；后者用自由陀螺仪，输出角位移信号。

(3) 惯导系统间的差异。捷联式惯导系统与平台式惯导系统的主要区别是：它没有实体的陀螺稳定平台，加速度计和陀螺仪直接安装在导弹上，通过导航计算机的运算，建立一个“数学平台”。它将陀螺仪绕弹体坐标系的 3 个角速度，通过计算机实时计算，形成由弹体坐标系向类似实际平台坐标系的“平台”坐标系转换，即解算出姿态矩阵，并利用这个姿态矩阵，进一步求出导弹的姿态和航向信息，使实体平台功能无一缺少。

由于平台式惯导系统依靠框架隔离了导弹角运动对惯性测量装置的影响，提高了惯性仪表的工作条件，使其对输出信号的补偿和修正的计算量变小了，但其机械结构复杂，体积较大。而捷联式惯导系统取消了结构复杂的机电式平台，减少了大量机械零件、电子元件、电气电路，不仅减少了体积、质量、功耗和成本，而且大大提高了系统可靠性和可维修性。但是由于陀螺仪和加速度计直接与弹体相连，弹体运动将直接传递到惯性元件，恶劣的工作环境将引起惯性元件一系列的动态误差，所以误差补偿复杂，导航精度一般低于平台式惯导系统。目前，捷联式惯导系统主要用于近程和常规战术导弹武器，而中远程和洲际导弹以及巡航导弹主要还是采用平台式惯导系统。

(4) 惯导系统的优、缺点。惯导系统有如下主要优点：

1)可全天候、全球、全时间地工作于空中、地球表面乃至水下；

2)由于它是不向外部辐射能量的自主式系统，也不依赖于任何外部信息，故隐蔽性好且不受外界电磁干扰的影响；

3)数据更新率高、短期精度和稳定性好；

4)能提供位置、速度、航向和姿态角数据，所产生的导航信息连续性好且噪声低。

其缺点是：

1)由于导航信息经过积分而产生，定位误差随时间而逐渐增大，在时间长的情况下精度差；

2)每次使用之前都需要一段很长的初始对准时间；

3)设备的价格比较昂贵；

4)不能给出时间信息。

(5) 系统测量误差的来源。

1)第一种测量误差的产生是由于上述的第一个缺点，为了得到飞行器的位置数据，须对惯导系统每个测量通道的输出进行积分，但是陀螺仪的漂移将使测角误差随时间成正比地增大，而加速度计的常值误差又将引起与时间二次方成正比的位置误差。

这是一种发散的误差(随时间不断增大)，可通过组成舒拉回路、陀螺罗盘回路和傅科回路 3 个负反馈回路的方法来修正这种误差，以获得准确的位置数据。舒拉回路、陀螺罗盘回路和傅科回路都具有无阻尼周期振荡的特性，因此惯导系统常与无线电、多普勒和天文等导航系统组合，构成高精度的组合导航系统，使系统既有阻尼又能修正误差。

组合导航技术有效地融合了不同导航系统的优点，将任何一种单一的导航系统都难以胜任的高精度、高可靠性、高抗干扰性导航定位任务得以有效实现，是现代导航应用研究中的一个主要发展方向。组合导航系统通常以惯导系统为主导航系统，将全球定位系统(GPS)、速度、倾角仪、重力场、地形图等导航定位误差不随时间积累的独立测量系统作为辅助导航系统，将两个导航系统相同的量进行比较，应用传感器数据融合技术和滤波技术，对导航系统的状态变量进行估计，从而给出高精度的导航参数，因此限制了惯导系统的长期漂移，组合导航系统如图 3-6 所示。

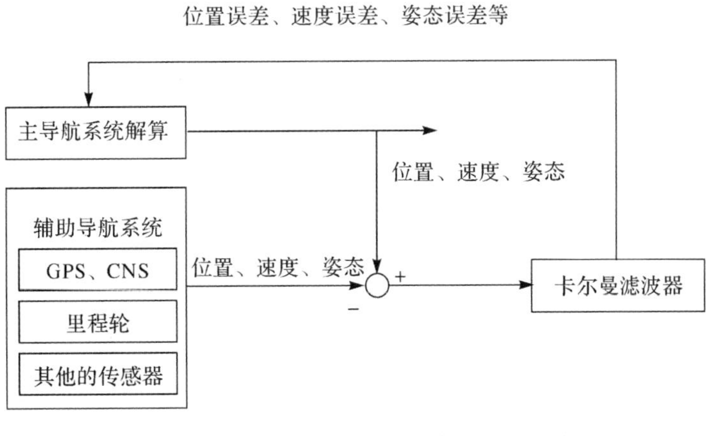

图 3-6　组合导航系统原理

2)第二种测量误差的产生与地球参数的精度密切相关。高精度的惯导系统须用参考椭球来提供地球形状和重力的参数。由于地壳密度不均匀、地形变化等因素,所以地球各点的参数实际值与参考椭球求得的计算值之间往往有差异,并且这种差异还带有随机性,这种现象称为重力异常。正在研制的重力梯度仪能够对重力场进行实时测量,提供地球参数,解决重力异常问题。

3.3.2 惯性测量器件的分类

惯性器件是基于惯性定律工作的装置,分为惯性敏感器和惯性稳定器两类。惯性敏感器用于测量物体在惯性空间中的运动参数,即绝对运动参数。其中:测量物体角运动的,称为陀螺仪;测量物体线运动的,称为加速度计。它们也统称为惯性敏感元件或惯性仪表。将数个陀螺仪和加速度计组合在一起构成的具有综合测量功能的惯性敏感器称为惯性测量装置(IMU)或惯性测量部件、惯性测量单元。这里主要介绍陀螺仪和加速度计两种惯性敏感器。

1.陀螺仪的分类

(1)经典陀螺仪。框架陀螺仪、液浮陀螺仪、挠性陀螺仪、动压陀螺仪、静电陀螺仪、超导陀螺仪等经典陀螺仪的共同特征是都有高速旋转的转子和支撑转子轴获得转动自由度的框架系统。常见的有航海型罗经用的液浮陀螺仪和斯伯利罗经用的框架陀螺仪等。

抽取它们的共性,无论陀螺仪的种类如何变化,均具有相同的陀螺特性,只是支撑方式不同而已。由此得出经典陀螺仪的定义:陀螺及其悬挂装置的总称。这里之所以称为经典的定义,是因为一些现代出现的新型陀螺仪,其结构与经典的陀螺仪结构完全不同。下面简单介绍几种经典陀螺仪及其工作原理。

1)框架陀螺仪。图 3-7 中的转子可相对内环(内框架)绕主轴转动,内环可相对外环(外框架)绕内环轴转动,外环可相对基座(仪表壳体)绕外环轴转动,因此转子的支点是三轴交点 O,转子内部的电机(陀螺马达)驱动转子自转。由于内、外环轴上使用滚珠轴承,所以转子绕定点 O 运动时受到的干扰力矩(轴承摩擦力矩)较大。陀螺仪的精度不高,代表性的指标——漂移。于是,液浮、挠性、动压、超导、磁浮、静电式等其他支承方式的陀螺仪相继问世。

2)液浮陀螺仪。如图 3-8 所示,液浮陀螺仪的结构与框架陀螺仪相同,但内环做成密闭的球形,称为浮子,置于密度相同的浮液中。由于浮力,轴承处的正压力接近于零,摩擦干扰力矩也接近于零。液浮陀螺仪的精度比轴承框架陀螺仪高几个数量级。但为保持确定的浮力,须增加温控装置。

为了进一步提高陀螺精度,以后在输出轴采用液浮技术的基础上又增加了动压气浮轴承和磁悬浮系统,从而构成了所谓的“三浮”陀螺。这种陀螺是目前战略武器用高精度惯性系统的心脏。

3)挠性陀螺仪。外框架陀螺仪的结构不很紧凑,可改为如图 3-9 所示的内框架式陀螺仪。为了解决轴承摩擦问题,取消滚珠轴承,转轴改用弹性细轴且与中间环级转子固结。这样,陀螺主轴仍可指任意方向,转子所受到的弹性恢复力矩可由中间环运动时的惯性力矩抵消,因此大大减少干扰力矩。这种结构因使用了弹性轴,故称为挠性陀螺仪。

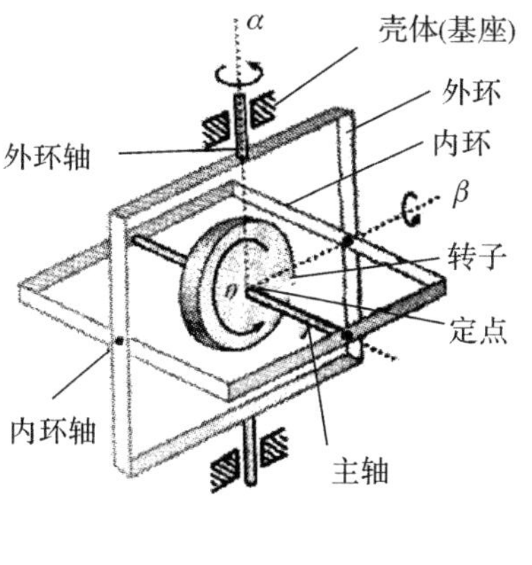

图 3-7　框架陀螺仪

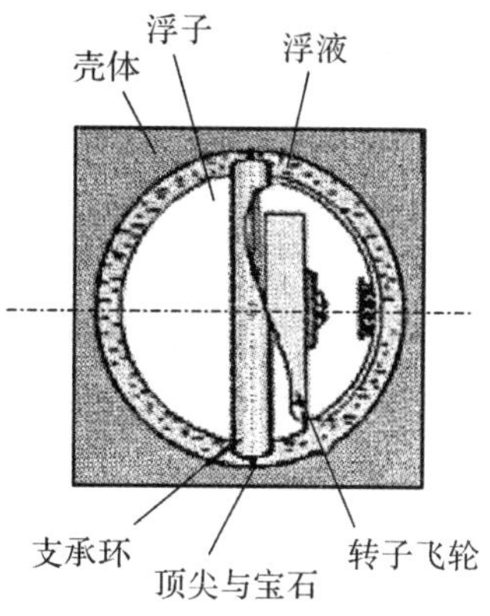

图 3-8　液浮陀螺仪

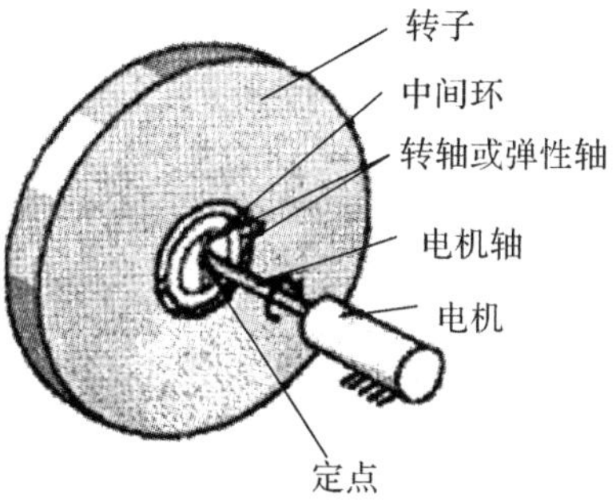

图 3-9　挠性陀螺仪

4)动压陀螺仪。其结构与球铰相同,如图 3-10 所示。转子做成法兰盘式样包在固定的圆球外面;圆球上刻有沟槽,当转子在外磁场驱动下高速自转时,球腔与圆球之间的间隙中形成一层气膜,可将转子可靠地支承起来。转子的主轴只能在小角度范围内转动,为扩大工作范围,须在壳体上加随动系统,使壳体不断转动去追踪陀螺主轴的运动。

5)静电陀螺仪。图 3-11 为静电陀螺仪的基本结构。与动压陀螺仪相反,此处转子是球形的,支承则是不动的球腔;通电时依靠球腔内壁三对电极对转子的静电吸力来支承后者,球形转子的中心即为支承点。转子中空,内壁有一赤道带以区分转子的主轴与赤道轴。转子表面刻有图谱,当转子旋转时可由光电传感器识别转子主轴的方向。静电陀螺仪的精度极高,但要工作在高真空状态,以防止高压静电击穿。

6)超导陀螺仪。超导陀螺仪的结构与静电陀螺仪相同,如图 3-12 所示,但不是依靠静电力支承,而是磁悬浮。陀螺仪置于超低温(材料的超导转变温度以下)环境中,将线圈 b_1、b_2 通电,激起超导体 e_1、e_2 中的电流,即使 b_1、b_2 断电,e_1、e_2 中的电流也永不消失,并能产生强大磁场,将球形转子 C 支承于其中心。超导陀螺仪需要超低温环境。如果能找到常温下的超导材料,这种陀螺仪就有实际意义。

但是这些陀螺仪由于采用的是框架式结构,并有一个高速旋转的转子,无论是体积、承载能力、宽范围测量时的线性度等方面都不能完全满足现代应用的需求。为了弥补这些缺陷,我们采用一些技术来尽可能精确地测定它们的性能,从而寻求到解决问题的途径和方法,于是陀螺仪漂移测试技术应运而生。

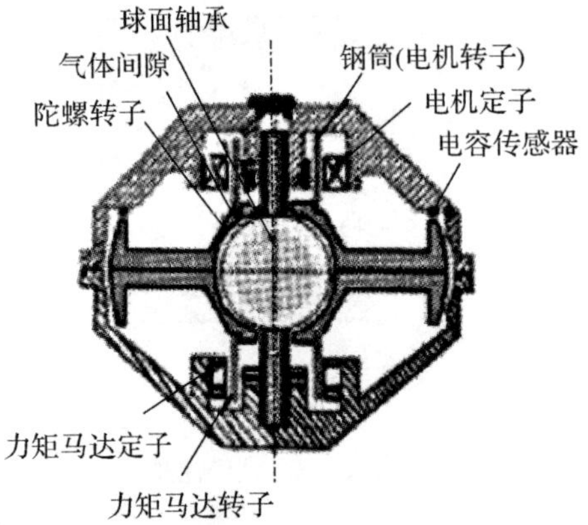

图 3-10　动压陀螺仪

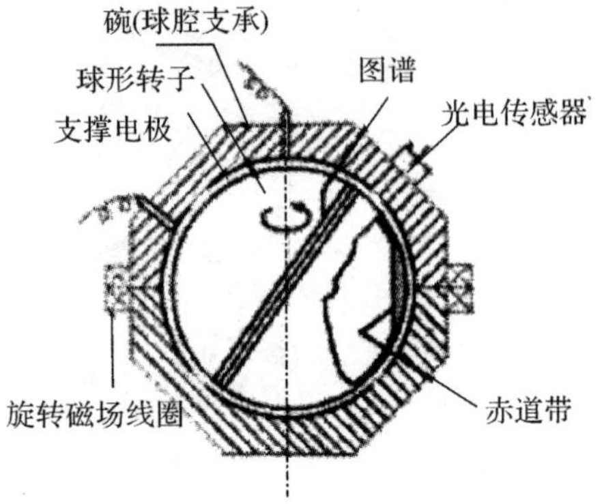

图 3-11　静电陀螺仪

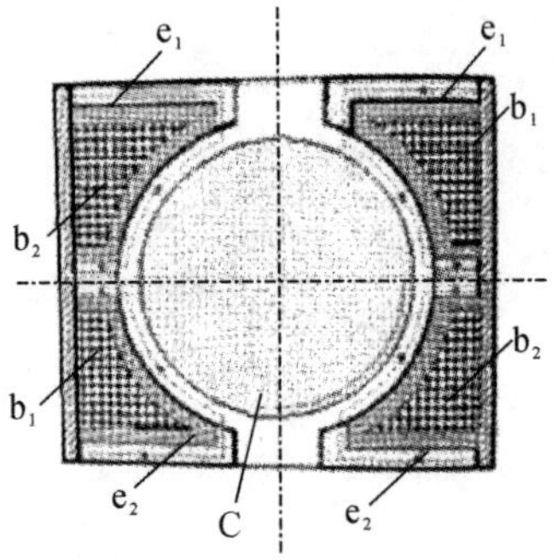

图 3-12　超导陀螺仪

(2)现代陀螺仪。激光陀螺仪、光纤陀螺、硅微机械陀螺、振动陀螺、粒子陀螺等现代陀螺仪既没有可高速转动的转子,也没有支撑框架,但它们能够敏感载体相对惯性空间的转动角速度,具备与经典陀螺仪相同的对方向敏感的特性。因此,凡能敏感载体相对惯性空间的转动角速度的惯性敏感元件,同样可称作陀螺仪。为与经典陀螺仪相区别,称这样的陀螺仪为现代陀螺仪。

现代陀螺仪,本身就不设有转子和框架,实际称呼当中,陀螺与陀螺仪经常是不区分的。下面简单介绍几种现代陀螺仪。

1)激光陀螺仪。激光陀螺仪根本没有转动部件,也没有支撑框架。如图 3-13 所示,它使用沿闭合光路逆向运转的两束激光光束,利用它们相遇后产生的干涉条纹的萨格纳克效应(当频率相同、振动方向相同、相位相同或相位差恒定的两列或两列以上的光波在空间相遇时,光强分布会出现稳定的强弱相间的现象),测定相对惯性空间的转速和方位。

2)光纤陀螺仪。1976 年,美国犹他州大学的维艾尔等人制成了世界上第一台光纤陀螺仪。它的原理与激光陀螺仪一样,只是采用光纤作为光的传播介质,因此与激光陀螺仪相比,其体积更小,质量更轻,精度更高。

3)微机械陀螺仪。微机械陀螺仪(见图3-14)是利用单晶硅或多晶硅制成的振动质量,在被基座带动旋转时的哥氏效应感测基座相对惯性空间的惯性旋转,有振动式、转子式、加速度计式等。

4)振动陀螺仪。振动陀螺仪利用两个对称的高频振动物体(如音叉)代替高速旋转的转子来产生陀螺效应。图3-15为半球谐振陀螺仪。

5)粒子陀螺仪。粒子陀螺仪利用基本粒子(如电子)的磁矩在磁场作用下,或某些物质(如电介质)的分子在电场作用下来产生陀螺效应。

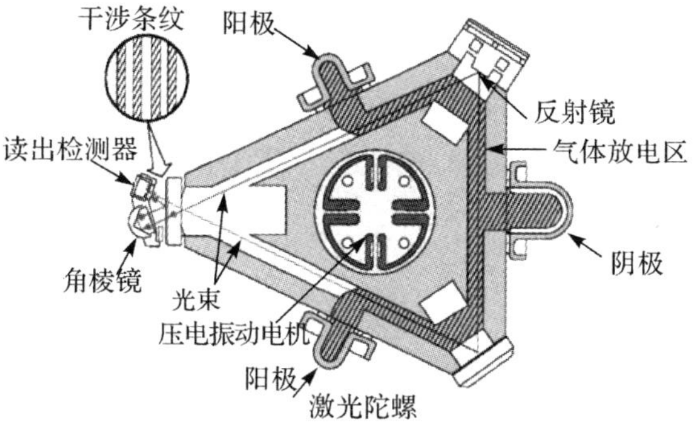

图3-13　激光陀螺仪

图3-14　微机械陀螺仪

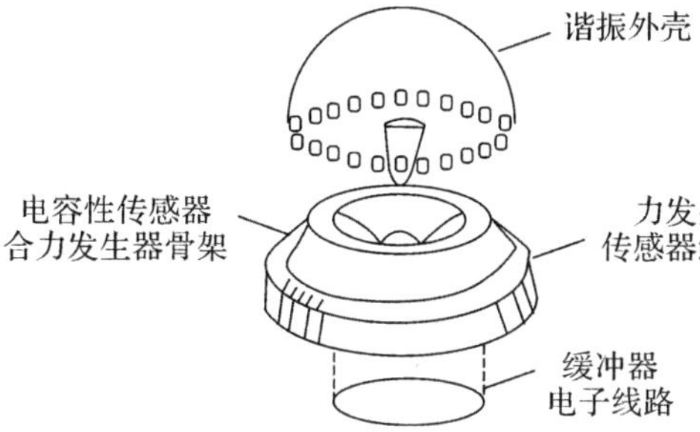

图3-15　半球谐振陀螺仪

6)核磁共振陀螺仪 。原子以极高速度自旋,通过观测原子核进动磁矩的相移敏感惯性旋转。

将现代陀螺仪与计算机、加速度计等部件组合后,可建立捷联式惯导,使整个导航系统的体积大大减小、成本急剧下降、应用范围加大。

2.加速度计的分类

(1)机械加速度计。机械加速度计包括力反馈摆式加速度计、双轴力反馈加速度计和摆式积分陀螺加速度计等。

石英挠性加速度计是力反馈摆式加速度计中的一种,是在液浮摆式加速度计的基础上发展起来的新一代加速度计,其组成包括挠性杆、摆组件、力矩器、信号器等。这两者的力学原理是相同的,所不同的是,挠性加速度计敏感加速度的摆组件不是悬浮在液体中,而是由具有细颈的挠性杆所支撑的,而且是用整块石英玻璃把细颈和摆锤连在一起加工而成的。

与金属挠性杆相比，采用熔凝石英挠性杆的好处是热胀系数低，摆组件随温度变化小，因此标度因数误差小。石英挠性加速度计与第一代液浮摆式加速度计相比，具有无支撑摩擦力矩、对温控要求较低、结构简单、工艺性好、制造成本较低等优点。

从 20 世纪 60 年代问世以来，石英挠性加速度计很快就取代了液浮摆式加速度计，目前正在海、陆、空各种惯导系统中得到广泛应用。

(2) 固态加速度计。这类装置包括振动加速度计、表面声波加速度计、静电加速度计、光纤加速度计以及硅微机械加速度计等。

1)石英振梁加速度计。这是一种利用石英晶体本身的压电性能激励刚性梁作为谐振元件的仪表，加速度计是开环的。由于它用晶体振荡器和振荡电子线路代替了力平衡加速度计中的力矩器、信号器和归零电路，从而使之成为一种固态的、直接数字输出的仪表。其基本组成为石英晶体力频转换器(谐振子)、悬挂质量块、温度传感器、晶体控制振荡电路及外壳等。由于它采用高稳定的石英单晶材料，所以具有极好的标度因数稳定性，而且具有结构简单、功耗小、分辨率高、直接数字输出及性价比高等特点。从 20 世纪 90 年代开始，国外这类加速度计已逐步形成系列产品，并开始应用于平台式和捷联式惯性系统中。

2)硅微机械加速度计。硅微机械加速度计的结构形式很多，大多为静电力平衡式，其结构是由一个摆片和两个极板叠加而成的，即在平板硅片上做出检测质量(摆片)，通过两根硅挠性梁连接在框架结构上。也就是说，检测质量、挠性梁及框架都由同一单晶硅片经过各向异性刻蚀而制成。

力平衡式硅微机械加速度计的研制工作已取得了很大进展。20 世纪 90 年代中期，供汽车导航用的商用产品已经问世。在军用方面，用于炮弹制导的高硅微机械加速度计正在开发中；另外，由它与光纤陀螺仪组成的微型惯性测量装置(MIMU)已被用于战术导弹制导系统中。

3.3.3 惯性器件在导弹(火箭)中的功用

我国惯性技术发展历程与惯性技术在航天领域的应用情况密切相关，既得益于航天领域需求的牵引，同时也推进了航天技术的发展。国内有多所高校与科研院所从事航天领域惯性技术研究与应用研究，研制了包括早期的气浮陀螺平台系统、动调陀螺平台系统，以及目前“神舟”系列飞船、新型导弹、运载火箭采用的惯性器件在内的多型惯性系统，为我国航天与导弹事业的发展做出了卓越贡献。惯性仪器在导弹(火箭)的主要功用可以概括为以下几个方面。

1. 在飞行过程中对于导弹(火箭)的功用

弹道导弹通常采用惯性坐标系作为基准坐标系，根据所选用的惯性仪器类型，有多种建立惯性坐标系的方法。

在早期，一般用两个位置陀螺仪作为姿态角测量基准。其中一个陀螺仪的自转轴处于射面内的水平位置，其外框架轴垂直于射面，与弹体的俯仰轴重合，轴上装有姿态角传感器，能提供导弹的俯仰角信号，另一个陀螺仪的自转轴垂直于射面，其内、外框架轴分别保持与弹体的滚动轴、偏航轴重合，通过轴上的传感器分别提供滚动、偏航角信号。

也可以利用陀螺稳定平台为导弹(火箭)建立惯性坐标系。陀螺稳定平台的 3 个轴分别与弹体滚动轴、偏航轴、俯仰轴重合[利用台体上陀螺仪所构成的稳定回路控制平台框架，使台体稳定在惯性空间，作为测量导弹（火箭）体运动参数的基准坐标系]。

利用速率捷联系统也可以建立惯性坐标系。这时陀螺仪测得的信息是瞬时角速度沿弹体坐标轴的分量，须经过积分和坐标变换后才能得到导弹（火箭）所需要的姿态角信息。

2. 测量导弹（火箭）的角速度

为了使导弹在飞行过程中保持姿态稳定，弹（箭）的控制系统要求惯性器件提供角速度信息。为了避免弹（箭）体弹性变形的影响，要严格选择速率陀螺仪的安装位置，通常在弹体上一次振型的波峰或波谷处，互相正交地安装 3 个速率陀螺仪来测量弹（箭）体绕 3 个相应轴的角速度。

3. 测量导弹（火箭）的加速度

为了确定导弹（火箭）在运动中的速度、位置，需要测量导弹（火箭）相对于惯性坐标系的 3 个运动加速度分量，通过积分求得速度和位置。在陀螺稳定平台中，3 个加速度表输入轴分别重合于台体坐标轴，由于台体稳定于惯性空间，所以测得的是相对于惯性坐标系的加速度分量。对于捷联系统，加速度表直接安装于弹体上，其输出量是相对于运动着的弹体坐标系的加速度分量，须经坐标转换才能求得相对惯性坐标系的信息。

4. 为导弹（火箭）发射前进行初始对准提供方向基准

导弹（火箭）发射前，陀螺稳定平台要进行初始对准，使台体坐标各轴与发射坐标系重合，通常用两个加速度表组成调平回路来建立当地水平基准。

5. 确定发射点的地理位置和坐标方向

在机动发射的情况下，要求在发射前确定临时作为发射点的地理位置和坐标指向，可以利用弹上惯性仪器构成惯导系统，测量导弹在机动运动中的方向、位置，从而确定发射点的地理位置和瞄准目标的指向。

6. 其他用途

除了上述主要用途外，导弹（火箭）上的惯性器件还可以用来测量级间分离时的加速度、弹头再入时的姿态角和加速度以及发动机的推力等，还可以用作弹道零 g 指示和弹体谐振研究等。

惯性器件安装在导弹（火箭）内部，其最大的特点就是在测量轨道参数时，不需要外界信息，也不向外界辐射能量，不受外界干扰。与其他制导、导航系统相比，它不容易被敌方发现、破坏，具有很好的隐蔽性，是一种完全自主式的制导、导航手段。因此，在导弹、飞机、舰船等作战武器中得到了日益广泛的应用。

3.3.4　惯性器件的误差模型概述

惯性器件的误差模型是描述惯性器件误差与有关物理量之间关系的数学表达式，简称误差模型。为了提高导弹惯性系统的精度，需要建立器件的误差模型，并在系统中进行补偿。

惯性器件的误差模型通常分为以下几类。

(1)静态误差。静态误差是指在线运动条件下惯性器件误差的数学表达式，通常也称为与 g 有关的误差。因为在地球表面的惯性器件总是会受到重力加速度的影响，所以将在重力和线加速度下建立的误差模型统称为静态误差模型。

(2)动态误差。动态误差是指在角运动条件下惯性器件误差的数学表达式,它确定了惯性器件误差与角速度和角加速度之间的函数关系。对于捷联式惯导系统,由于惯性器件直接固连在载体上,陀螺仪与加速度计直接承受载体的角运动,所以捷联式惯导系统中惯性器件的动态误差要比平台式惯导系统中严重得多。

(3)随机误差。引起惯性仪器误差的诸多因素是带有随机性的,应用数理统计与模型辨识理论所建立的描述惯性仪器随机误差的数学表达式,即随机误差模型。

建立误差模型的方法主要有分析法和实验法。分析法是根据惯性仪器的工作原理,分析引起误差的物理机制,再通过数学推导得出方程,各误差项有明确的物理意义,又称为物理模型;实验法是激励加测试的方法,以实验中取得的大量数据为依据,纯粹用数学方法来构造的数学模型。惯性仪器的静态和动态误差属于系统误差,其模型一般通过分析法获得。而随机误差因其不确定性,模型往往通过实验法得出。

当陀螺仪在平台式惯导系统中应用时,平台对载体的角运动起隔离作用,安装在平台上的陀螺仪不参与载体的角运动,一般只要考虑静态误差模型。当陀螺仪在捷联式惯导系统中应用时,因为直接与载体固连,载体的角运动直接作用于陀螺仪,所以除了考虑静态误差模型外,还应该考虑动态误差模型。

3.3.5 陀螺误差模型构建

1. 陀螺仪静态误差模型

陀螺仪误差模型实际上就是陀螺仪漂移误差的数学表达式,最常用的一种误差模型就是把陀螺仪漂移表达为加速度或比力的函数。在研究陀螺仪静态漂移误差时,设壳体坐标系为 $OX_bY_bZ_b$,陀螺坐标系为 $OX_gY_gZ_g$,其中 Y_g 轴沿输出轴 OA ,Z_g 轴沿转子轴 SA ,X_g 轴与 Y_g 、Z_g 成右手直角坐标系。假设比力在陀螺坐标系上的分量为 f_x 、f_y 、f_z ,如图 3-16 所示。由于在实际应用中,陀螺仪往往处在伺服回路中或力矩反馈状态下工作,所以绕输出轴的转角 θ_x 很小,可以近似认为框架坐标系与壳体坐标系各轴重合在一起。

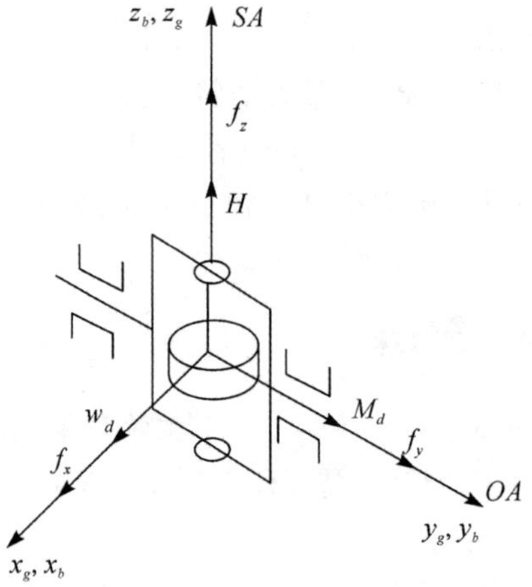

图 3-16　比力分量在陀螺仪坐标系中的关系

根据陀螺仪精度和使用的场合不同，陀螺仪误差模型所需要考虑的误差项阶次不同，考虑了0阶、1阶、2阶和交叉项，可以得到

$$\begin{bmatrix}\delta\omega_{cx}\\\delta\omega_{cy}\\\delta\omega_{cz}\end{bmatrix}=\begin{bmatrix}k_{g0x}\\k_{g0y}\\k_{g0z}\end{bmatrix}+\begin{bmatrix}k_{g1x}&k_{g2x}&k_{g3x}\\k_{g1y}&k_{g2y}&k_{g3y}\\k_{g1z}&k_{g2z}&k_{g3z}\end{bmatrix}\cdot\begin{bmatrix}f_x\\f_y\\f_z\end{bmatrix}+\begin{bmatrix}k_{g1x2}&k_{g2x2}&k_{g3x2}\\k_{g1y2}&k_{g2y2}&k_{g3y2}\\k_{g1z2}&k_{g2z2}&k_{g3z2}\end{bmatrix}\cdot\begin{bmatrix}f_x^2\\f_y^2\\f_z^2\end{bmatrix}+\begin{bmatrix}k_{g1x3}&k_{g2x3}&k_{g3x3}\\k_{g1y3}&k_{g2y3}&k_{g3y3}\\k_{g1z3}&k_{g2z3}&k_{g3z3}\end{bmatrix}\cdot\begin{bmatrix}f_xf_y\\f_yf_z\\f_zf_x\end{bmatrix}\tag{3-106}$$

式中：$\delta\omega_{cx}$、$\delta\omega_{cy}$、$\delta\omega_{cz}$ 为陀螺仪静态误差；k_{g0x}、k_{g0y}、k_{g0z} 分别为陀螺仪与比力无关的误差系数；k_{g1ij}、k_{g2ij}、$k_{g3ij}(i=x,y,z;j=1,2,3)$ 分别为陀螺仪与比力有关的误差系数；f_x、f_y、f_z 分别为惯性器件三轴上受到比力分量(视加速度)。

2.陀螺仪动态误差模型

当陀螺仪用于惯导系统时，除了需要建立它的静态漂移误差模型外，还必须建立它的动态误差模型，而且后者往往更为重要，同时，经分析可知，陀螺仪标度因数误差也包含在动态误差中。

$$\begin{bmatrix}\delta\omega_{dx}\\\delta\omega_{dy}\\\delta\omega_{dz}\end{bmatrix}=\begin{bmatrix}d_{g1x}&d_{g2x}&d_{g3x}\\d_{g1y}&d_{g2y}&d_{g3y}\\d_{g1z}&d_{g2z}&d_{g3z}\end{bmatrix}\cdot\begin{bmatrix}\omega_x\\\omega_y\\\omega_z\end{bmatrix}+\begin{bmatrix}d'_{g1x}&d'_{g2x}&d'_{g3x}\\d'_{g1y}&d'_{g2y}&d'_{g3y}\\d'_{g1z}&d'_{g2z}&d'_{g3z}\end{bmatrix}\cdot\begin{bmatrix}\dot\omega_x\\\dot\omega_y\\\dot\omega_z\end{bmatrix}+\begin{bmatrix}d_{g1x2}&d_{g2x2}&d_{g3x2}\\d_{g1y2}&d_{g2y2}&d_{g3y2}\\d_{g1z2}&d_{g2z2}&d_{g3z2}\end{bmatrix}\cdot\begin{bmatrix}\omega_x^2\\\omega_y^2\\\omega_z^2\end{bmatrix}+\begin{bmatrix}d'_{g1x2}&d'_{g2x2}&d'_{g3x2}\\d'_{g1y2}&d'_{g2y2}&d'_{g3y2}\\d'_{g1z2}&d'_{g2z2}&d'_{g3z2}\end{bmatrix}\cdot\begin{bmatrix}\dot\omega_x\dot\omega_y\\\dot\omega_y\dot\omega_z\\\dot\omega_z\dot\omega_x\end{bmatrix}+\begin{bmatrix}d_{g1x3}&d_{g2x3}&d_{g3x3}\\d_{g1y3}&d_{g2y3}&d_{g3y3}\\d_{g1z3}&d_{g2z3}&d_{g3z3}\end{bmatrix}\cdot\begin{bmatrix}\omega_x\omega_y\\\omega_y\omega_z\\\omega_z\omega_x\end{bmatrix}\tag{3-107}$$

式中：$\delta\omega_{dx}$、$\delta\omega_{dy}$、$\delta\omega_{dz}$ 为陀螺仪动态误差；d_{g1ij}、d_{g2ij}、$d_{g3ij}(i=x,y,z;j=1,2,3)$ 分别为陀螺仪动态误差中与三轴角速度有关系数；d'_{g1ij}、d'_{g2ij}、$d'_{g3ij}(i=x,y,z;j=1,2,3)$ 分别为陀螺仪动态误差中与三轴角加速度有关的误差系数；ω_x、ω_y、ω_z 分别为三轴角速度分量；$\dot\omega_x$、$\dot\omega_y$、$\dot\omega_z$ 分别为三轴角加速度分量。

3.陀螺仪随机误差模型

陀螺仪随机误差大概分为三类，即逐次启动漂移、慢变漂移和快变漂移。

(1)逐次启动漂移。它取决于启动时的环境条件和电气参数的随机性等因素，一旦启动完成就保持在固定值上，但此固定值是一个随机变量，这种分量可以描述为

$$\dot\varepsilon_{bi}=0,i=x,y,z\tag{3-108}$$

(2)慢变漂移。陀螺仪在工作过程中,环境条件、电气参数都在做随机改变,因此陀螺仪漂移在随机常数的基础上以较慢的速率变化。由于变化较为缓慢,所以变化过程中前、后时刻上的漂移值有一定的关联性,即后一时刻的漂移值程度不等地取决于前一时刻的漂移值,两者的时间点靠得越近,这种依赖关系就越明显。这种漂移分量可用一阶马尔科夫过程描述为

$$\dot{\varepsilon}_{ri} = -\frac{1}{T}\varepsilon_{ri} + w_{ri}, i = x, y, z \tag{3-109}$$

(3)快变漂移。快变漂移表现为上述两种分量基础上的杂乱无章的高频跳变,不管两时间点靠得多近,该两时间点上的漂移值依赖关系十分微弱或几乎不存在。这种漂移分量可抽象化为白噪声过程 w_{gi} ,即

$$E[w_{gi}(t)w_{gi}(\tau)] = q_{gi}\delta(t-\tau), i = x, y, z \tag{3-110}$$

式中:$\delta(t-\tau)$ 为狄拉克 δ 函数。

陀螺仪随机漂移可模型化为

$$\varepsilon_i(t) = \varepsilon_{bi}(t) + \varepsilon_{ri}(t) + w_{gi}(t), i = x, y, z \tag{3-111}$$

综上所述,陀螺仪误差模型为静态误差、动态误差及随机漂移误差之和,即

$$\delta\omega = \delta\omega_c + \delta\omega_d + \varepsilon \tag{3-112}$$

如果所使用的是平台式积分陀螺,则其陀螺仪误差可以写为

$$\delta\omega = \delta\omega_c + \varepsilon \tag{3-113}$$

其中在惯性器件三轴向的比力分量分别为稳定平台三轴向上的视加速度分量 f_{px}、f_{py}、f_{pz} 。

3.3.6 加速度计误差模型构建

1.加速度计静态误差模型

同陀螺仪类似,加速度计静态误差模型也可以建模如下,其中包含加速度计标度因数误差:

$$\begin{bmatrix}\delta a_{cx}\\ \delta a_{cy}\\ \delta a_{cz}\end{bmatrix} = \begin{bmatrix}k_{a0x}\\ k_{a0y}\\ k_{a0z}\end{bmatrix} + \begin{bmatrix}k_{a1x} & k_{a2x} & k_{a3x}\\ k_{a1y} & k_{a2y} & k_{a3y}\\ k_{a1z} & k_{a2z} & k_{a3z}\end{bmatrix}\cdot\begin{bmatrix}f_x\\ f_y\\ f_z\end{bmatrix} + \begin{bmatrix}k_{a1x2} & k_{a2x2} & k_{a3x2}\\ k_{a1y2} & k_{a2y2} & k_{a3y2}\\ k_{a1z2} & k_{a2z2} & k_{a3z2}\end{bmatrix}\cdot\begin{bmatrix}f_x^2\\ f_y^2\\ f_z^2\end{bmatrix} + \begin{bmatrix}k_{a1x3} & k_{a2x3} & k_{a3x3}\\ k_{a1y3} & k_{a2y3} & k_{a3y3}\\ k_{a1z3} & k_{a2z3} & k_{a3z3}\end{bmatrix}\cdot\begin{bmatrix}f_xf_y\\ f_yf_z\\ f_zf_x\end{bmatrix} \tag{3-114}$$

式中:δa_{cx}、δa_{cy}、δa_{cz} 为加速度计静态误差;k_{a0x}、k_{a0y}、k_{a0z} 为加速度计误差中与比力无关的误差系数;k_{a1i}、k_{a2i}、$k_{a3i}(i = x, y, z)$ 分别为加速度计误差中与比力有关的误差系数;f_x、f_y、f_z 分别为惯性器件三轴方向感受的比力分量(视加速度)。

2.加速度计动态误差模型

当加速度计安装于捷联式惯导系统中时,也需要考虑动态误差模型:

$$\begin{bmatrix}\delta a_{dx}\\ \delta a_{dy}\\ \delta a_{dz}\end{bmatrix}=\begin{bmatrix}d_{a1x} & d_{a2x} & d_{a3x}\\ d_{a1y} & d_{a2y} & d_{a3y}\\ d_{a1z} & d_{a2z} & d_{a3z}\end{bmatrix}\cdot\begin{bmatrix}\omega_x\\ \omega_y\\ \omega_z\end{bmatrix}+\begin{bmatrix}d'_{a1x} & d'_{a2x} & d'_{a3x}\\ d'_{a1y} & d'_{a2y} & d'_{a3y}\\ d'_{a1z} & d'_{a2z} & d'_{a3z}\end{bmatrix}\cdot\begin{bmatrix}\dot{\omega}_x\\ \dot{\omega}_y\\ \dot{\omega}_z\end{bmatrix} \tag{3-115}$$

式中：δa_{dx}、δa_{dy}、δa_{dz} 为加速度计动态误差；d_{a1i}、d_{a2i}、$d_{a3i}(i=x,y,z)$ 分别为加速度计动态误差中与三轴角速度有关系数；d'_{a1i}、d'_{a2i}、$d'_{a3i}(i=x,y,z)$ 分别为加速度计动态误差中与三轴角加速度有关的误差系数；ω_x、ω_y、ω_z 分别为三轴角速度分量；$\dot{\omega}_x$、$\dot{\omega}_y$、$\dot{\omega}_z$ 分别为三轴角加速度分量。

3. 加速度计随机误差模型

加速度计随机误差模型也可以分为三种分量，但实际中一般仅考虑随机常值误差，即偏置误差 $\nabla_i(i=x,y,z)$，而忽略相关误差，这是由于这种分量相对较小，同时也为了使设计中滤波器维数尽量低，所以加速度计随机误差模型一般考虑为

$$\nabla_i=\nabla_{bi}+w_{ai} \tag{3-116}$$

式中：$\nabla_{bi}=0$；$w_{ai}(i=x,y,z)$ 为白噪声过程。

综上所述，加速度计误差模型为静态误差、动态误差及随机漂移误差之和：

$$\delta a=\delta a_c+\delta a_d+\nabla \tag{3-117}$$

由于本项目中所使用的是平台式惯导系统，所以其加速度计误差可以写为

$$\delta a=\delta a_c+\nabla \tag{3-118}$$

其中在惯性器件三轴向的比力分量分别为稳定平台三轴向上的视加速度分量 f_{px}、f_{py}、f_{pz}。

3.3.7　惯性稳定平台的误差模型构建

三轴平台式是由单轴平台（单自由度陀螺）复合而成的，但是在实现几何稳定和空间积分两种工作状态过程中出现了许多特殊问题，如平台信号的驱动分配和误差、基座角运动的耦合和隔离、陀螺输出轴的交叉耦合、三轴平台系统的交叉耦合等。因此，对于三轴平台的误差分模型，平台控制回路静态误差为

$$\begin{bmatrix}\delta w_{px}\\ \delta w_{py}\\ \delta w_{pz}\end{bmatrix}=\begin{bmatrix}K_{p0x}+K'_{p1x}\cdot f_{py}+K''_{p1x}\cdot f_{pz}+K_{p2x}\cdot\dfrac{\mathrm{d}(f_{py}\cdot f_{pz})}{\mathrm{d}t}\\ K_{p0y}+K'_{p1y}\cdot f_{px}+K''_{p1y}\cdot f_{pz}+K_{p2y}\cdot\dfrac{\mathrm{d}(f_{px}\cdot f_{pz})}{\mathrm{d}t}\\ K_{p0z}+K'_{p1z}\cdot f_{px}+K''_{p1z}\cdot f_{py}+K_{p2z}\cdot\dfrac{\mathrm{d}(f_{px}\cdot f_{py})}{\mathrm{d}t}\end{bmatrix} \tag{3-119}$$

式中：K_{p0x}、K'_{p1x}、K''_{p1x}、K_{p2x}、K_{p0y}、K'_{p1y}、K''_{p1y}、K_{p2y}、K_{p0z}、K'_{p1z}、K''_{p1z}、K_{p2z} 为平台静态误差系数；f_{px}、f_{py}、f_{pz} 为 p 系中的平台比力。

平台控制回路动态误差为

$$\begin{bmatrix}\delta w_{Dx}\\ \delta w_{Dy}\\ \delta w_{Dz}\end{bmatrix}=\begin{bmatrix}k_x^{(1)}\cdot f_{pz}\cdot\sqrt{f_{px}^2+f_{py}^2}+k_x^{(2)}\cdot f_{x1}\cdot\sqrt{f_{px}^2+f_{py}^2}\\ k_y^{(1)}\cdot f_{x1}\cdot\sqrt{f_{px}^2+f_{py}^2}+k_y^{(2)}\cdot\sqrt{f_{px}^2+f_{py}^2}\cdot f_{pz}\\ k_y^{(1)}\cdot f_{x1}\cdot\sqrt{f_{px}^2+f_{py}^2}+k_z^{(2)}\cdot f_{x1}+f_{pz}\end{bmatrix} \tag{3-120}$$

式中：$k_x^{(1)}$、$k_y^{(1)}$、$k_z^{(1)}$、$k_x^{(2)}$、$k_y^{(2)}$、$k_z^{(2)}$ 为各轴的动态误差系数；f_{px}、f_{py}、f_{pz} 为 p 系中视加速度；f_{x1} 为弹体系 x_b 轴上视加速度。积分后平台差角为 $\delta\boldsymbol{\alpha}_D=[\delta\alpha_{Dx}\quad\delta\alpha_{Dy}\quad\delta\alpha_{Dz}]^{\mathrm{T}}$，如下所示：

$$\begin{bmatrix}\delta\alpha_{Dx}\\ \delta\alpha_{Dy}\\ \delta\alpha_{Dz}\end{bmatrix}=\begin{bmatrix}k_x^{(1)}\cdot\int\sqrt{f_{px}^2+f_{py}^2}\cdot f_{pz}\,\mathrm{d}t+k_x^{(2)}\cdot\int\sqrt{f_{px}^2+f_{py}^2}\cdot f_{xt}\,\mathrm{d}t\\ k_y^{(1)}\cdot\int f_{x1}\cdot\sqrt{f_{px}^2+f_{py}^2}\,\mathrm{d}t+k_y^{(2)}\cdot\int\sqrt{f_{px}^2+f_{py}^2}\cdot f_{pz}\,\mathrm{d}t\\ k_z^{(1)}\cdot\int f_{x1}\cdot\sqrt{f_{px}^2+f_{py}^2}\,\mathrm{d}t+k_z^{(2)}\cdot\int f_{x1}\cdot f_{pz}\,\mathrm{d}t\end{bmatrix}\tag{3-121}$$

3.4 伺服模型

高超声速飞行器涉及大范围的飞行过程，所采用的伺服机构也极为复杂，为了适应不同阶段的需求力和力矩，采用几类伺服机构进行控制。

伺服系统(Servo System)是自动控制系统的一类，它的输出变量通常是机械位置或速度，是使物体的位置、方位、状态等输出被控量能够跟随输入目标值(或给定值)的任意变化的自动控制系统。在很多情况下，伺服系统专指被控制量(系统的输出量)是机械位移或位移速度、加速度的反馈控制系统，其作用是使输出的机械位移(或转角)准确地跟踪输入的位移(或转角)。伺服系统的结构组成和其他形式的反馈控制系统没有原则上的区别。

伺服系统的主要任务是实现执行机构对给定指令的准确跟踪，即实现输出变量的某种状态能够自动、连续、精确地复现输入指令信号的变化规律。按照控制命令的要求，对功率进行放大、变换与调控等处理，使驱动装置输出的力矩、速度和位置控制非常灵活方便。

3.4.1 摆动喷管

助推级固体发动机采用单喷管柔性接头，推力矢量控制采用全轴摆动方式(见图 3-17)。

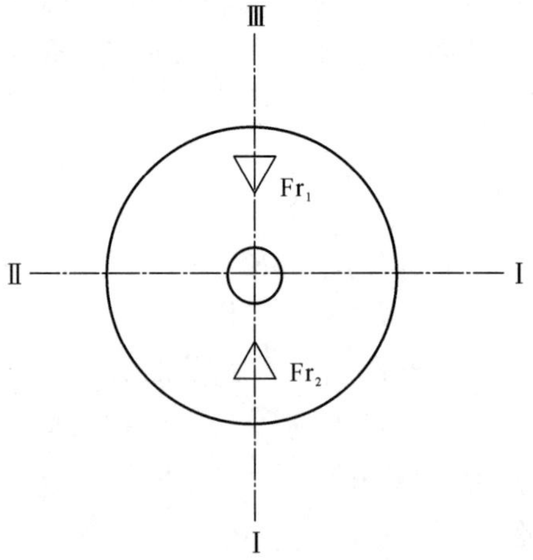

图 3-17　发动机截面图

(主发动机提供俯仰、偏航方向控制力)

主发动机可以在 z、y 两个方向摆动。如图 3 - 18 所示，当发动机无摆动时，推力沿 O_1x_1 方向；当其受控摆动时，按照先俯仰后偏航的顺序，其转角 δ 可以分解为沿 y_1 轴的 δ_φ，以及沿 z_1 轴的 δ_ψ。这样一来，发动机的推力在弹体系的表示如下：

$$\left.\begin{aligned} P_{x1zh} &= P_{zh}\cos\delta_\varphi\cos\delta_\psi \\ P_{y1zh} &= P_{zh}\sin\delta_\varphi \\ P_{z1zh} &= -P_{zh}\cos\delta_\varphi\sin\delta_\psi \end{aligned}\right\} \tag{3-122}$$

式中：P_{zh} 为主发动机推力。

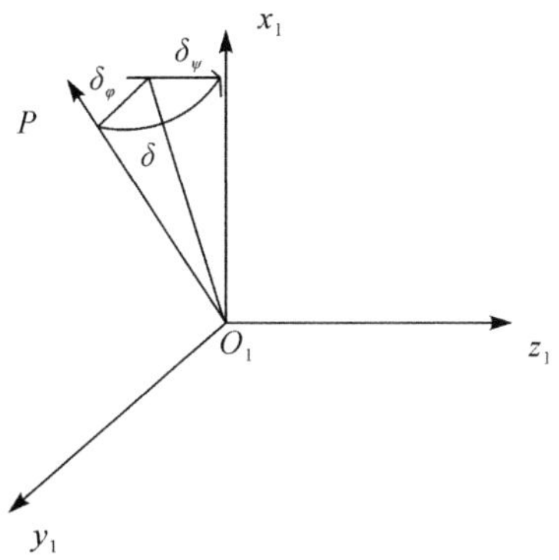

图 3 - 18　推力的转角在弹体系下分量

考虑推力线偏移以后，发动机推力在弹体坐标系各轴的分量如下：

$$\left.\begin{aligned} F_x &= P\cos(\delta_\varphi + \bar{\delta}_\varphi)\cos(\delta_\psi + \bar{\delta}_\psi) \\ F_y &= P\sin(\delta_\varphi + \bar{\delta}_\varphi) \\ F_z &= -P\cos(\delta_\varphi + \bar{\delta}_\varphi)\sin(\delta_\psi + \bar{\delta}_\psi) \end{aligned}\right\} \tag{3-123}$$

式中：$\bar{\delta}_\varphi$ 为发动机由于推力线偏移影响在俯仰平面内的附加摆角；$\bar{\delta}_\psi$ 为发动机由于推力线偏移影响在偏航平面内的附加摆角。

滚控机构为 2 台固体可摆动喷管，位于发动机截面内，可摆动角度为 90°。设两个摆动喷管的摆动角度分别为 δ_{Fr}，顺时针摆动为正，以喷管 Fr_1 为例，设单个喷管推力为 P_{Fr}，在弹体系产生的三个方向控制力为

$$\left.\begin{aligned} F_{\mathrm{Fr}_{1x}1} &= 0 \\ F_{\mathrm{Fr}_{1y}1} &= -P_{\mathrm{Fr}}\cos\delta_{\mathrm{Fr}} \\ F_{\mathrm{Fr}_{1z}1} &= -P_{\mathrm{Fr}}\sin\delta_{\mathrm{Fr}} \end{aligned}\right\} \tag{3-124}$$

其余喷管依此类推，总控制力为

$$\left.\begin{aligned} F_{\mathrm{Fr}_x1} &= 0 \\ F_{\mathrm{Fr}_y1} &= \sum_{i=1}^{2} F_{\mathrm{Fr}_{iy}1} \\ F_{\mathrm{Fr}_z1} &= \sum_{i=1}^{2} F_{\mathrm{Fr}_{iz}1} \end{aligned}\right\} \tag{3-125}$$

燃气舵由石墨或其他耐高温材料制成，安装在发动机喷口出口处，一共有 4 个。当火箭

竖立在发射台上时，舵的安装位置是 2 个舵在射击平面内，另 2 个舵垂直于射面，4 个成十字型。1 舵在射面内偏向射击方向一边，从尾部看上去由 1 舵开始顺时针排序，如图 3－19 所示。

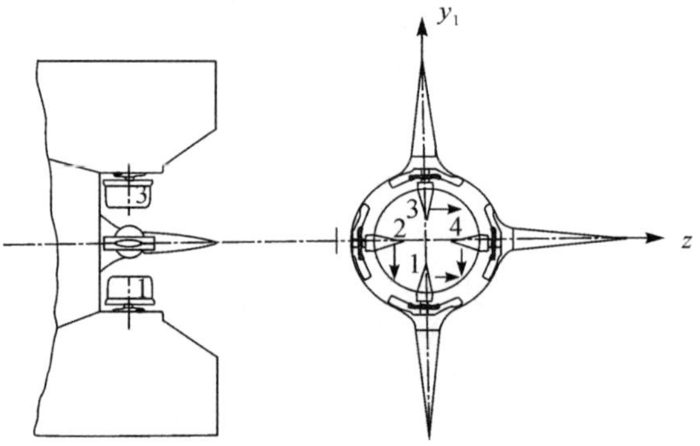

图 3－19　十字型布置的燃气舵

发动机燃烧室排出的燃气流作用在燃气舵上，就像空气流作用在飞行器上一样，形成燃气动力，称为控制力。显然，控制力的大小与燃气舵的偏转角——舵偏角有关。考虑到每个舵的形状、大小均相同，因此各舵的气动特性也一样。为了便于计算控制力和控制力矩，通常引进等效舵偏角的概念，其含义是与实际舵偏角具有相同控制力的平均舵偏角。不难理解，若要产生法向控制力，可同时偏转 2、4 舵，其舵偏角分别记为 δ_2、δ_4，则等效舵偏角记为

$$\delta_\varphi = \frac{1}{2}(\delta_2 + \delta_4) \tag{3-126}$$

同理，对应 1、3 舵的 δ_1、δ_3 之等效舵偏角即为

$$\delta_\varphi = \frac{1}{2}(\delta_1 + \delta_3) \tag{3-127}$$

从控制火箭的俯仰与偏航运动出发，不难理解，1 舵与 3 舵应同向偏转，2 舵与 4 舵应相同偏转，偏转角的正、负，规定为产生负的控制力矩的舵偏角为正。具体各舵正向规定如图 3－19 所示。当火箭飞行中出现滚动角时，要消除该角，必须使 1、3 舵或者 2、4 舵反向偏转，才能产生滚动力矩。通常火箭滚动控制通道中采用 1、3 舵差动来完成姿态稳定，为了讨论的一般性，认为 2、4 舵也可差动，与 1、3 舵一起同为滚动控制通道中的执行机构。我们根据各舵偏转角正、负向的规定，不难写出滚动通道有效舵偏角的表达式为

$$\delta_r = \frac{1}{4}(\delta_3 - \delta_1 + \delta_4 - \delta_2) \tag{3-128}$$

记 C_{x1j}、C_{y1j}、C_{z1j} 分别为每个燃气舵的阻力系数、升力系数、侧力系数，在临界舵偏角范围内，升力系数 C_{y1j} 与等效舵偏角 δ_φ 成正比，即 $C_{y1j} = C_{y1j}^{\delta} \cdot \delta_\varphi$。注意到各个舵的形状、大小相同，且当 δ_φ、δ_ψ 均为正时，相应的控制力为正升力和负侧力，故知 $C_{z1j}^{\delta} = - C_{y1j}^{\delta}$。因此，燃气流作用在燃气舵上的力可表示为

$$\left.\begin{aligned} &\text{阻力 } X_{1c} = 4C_{x1j}q_jS_j \\ &\text{升力 } Y_{1c} = 2C_{y1j}^{\delta}q_jS_j\delta_\varphi \xlongequal{\text{def}} R'\delta_\varphi \\ &\text{阻力 } Z_{1c} = -2C_{y1j}^{\delta}q_jS_j\delta_\psi \xlongequal{\text{def}} -R'\delta_\psi \end{aligned}\right\} \tag{3-129}$$

式中：$q_j = \frac{1}{2}\rho_j v_j^2$ 为燃气压头，ρ_j 为燃气流的气体密度，v_j 为燃气流速度；S_j 为燃气舵参考面积；$R' = 2Y_{1c}^{\delta}$ 为一对燃气舵的升力梯度。

燃气舵所提供的俯仰、偏航、滚动控制力矩依次为

$$\left.\begin{aligned} M_{z1c} &= -R'(x_c - x_g)\delta_{\varphi} \\ M_{y1c} &= -R'(x_c - x_g)\delta_{\psi} \\ M_{x1c} &= -4Y_{1c} \cdot r_c = -2R' r_c \delta_{\gamma} \end{aligned}\right\} \tag{3-130}$$

式中：$x_c - x_g$ 为燃气舵压心到重心的距离，即控制力矩的力臂。通常燃气舵的压心取为舵的铰链轴位置；r_c 为舵的压力到纵轴 x_1 的距离。

记

$$\left.\begin{aligned} M_{z1c}^{\delta} &= M_{y1c}^{\delta} = -R'(x_c - x_g) \\ M_{x1c}^{\delta} &= -2R' r_c \end{aligned}\right\} \tag{3-131}$$

分别称为俯仰、偏航和滚动力矩梯度，也可写为

$$\left.\begin{aligned} M_{z1c} &= M_{z1c}^{\delta}\delta_{\varphi} \\ M_{y1c} &= M_{y1c}^{\delta}\delta_{\psi} \\ M_{x1c} &= M_{x1c}^{\delta}\delta_{\gamma} \end{aligned}\right\} \tag{3-132}$$

3.4.2　反作用控制系统

1. 简介

反作用控制系统(Reaction Control System，RCS)是指利用推力器产生的反作用力或力矩对卫星等飞行器进行轨道控制和姿态控制的系统。RCS 是目前许多高超声速飞行器采用的气动控制方法之一，其典型应用实例包括无升力再入飞行器(如飞船返回舱等)、升力式再入飞行器(如航天飞机、X－37B、X－38、HTV－2 等)、高速拦截导弹[如 PAC－3、THAAD(Terminal High-Altitude Area Defense) 等]。对再入飞行器而言，RCS 的主要作用是提供在轨机动的控制力，以及再入过程中的一部分或整个轨道上(对无升力再入飞行器)的控制力。而对新一代拦截导弹而言，RCS 与气动舵面复合控制可提高其接近目标时的碰撞杀伤概率和解决不同拦截高度的适应性问题。

2. 布局

RCS 在飞行器上的布置位置多样，航天飞机、X－37B 等的 RCS 喷口位于机体头部和尾部，而类似 PAC－3 的拦截导弹则在弹身中部布置有 RCS 喷口。总结已有 RCS 在飞行器上的布局位置和局部外形特点，其大致分为 4 类典型的布局方式，包括小曲率表面喷流、大曲率表面喷流、头部喷流和翼面附近喷流。

3. 应用

RCS 是为航天器等飞行器的速度和姿态改变提供动力的推进系统，主要用于航天器姿态控制与轨道修正、飞船交会对接时的速度和姿态控制、运载火箭上面级在滑行段进行的姿

态控制、卫星定向定位以及弹头再入姿控及方向控制等。

RCS可用于全速域和全空域，尤其是在中高空（高度大于30 km）区域，由于大气密度迅速下降导致气动舵效率降低，需要RCS进行辅助控制。

3.4.3 推力矢量控制系统

1. 推力矢量控制系统在导弹中的应用

至今，推力矢量控制导弹主要在以下场合得到了应用：

(1) 进行近距格斗、离轴发射的空空导弹，典型型号为俄罗斯的P-73。

(2) 目标横越速度可能很高，初始弹道需要快速修正的地空导弹，典型型号为俄罗斯的C-300。

(3) 机动性要求很高的高速导弹，典型型号为美国的HVM。

(4) 气动控制显得过于笨重的低速导弹，特别是手动控制的反坦克导弹，典型型号为美国的“龙”式导弹。

(5) 无需精密发射装置，垂直发射后紧接着就快速转弯的导弹。因为垂直发射的导弹必在低速下以最短的时间进行方位对准，并在射面里进行转弯控制，此时导弹速度低，操纵效率也低，所以不能用一般的空气舵进行操纵。为达到快速对准和转弯控制的目的，必须使用矢量舵。新一代舰空导弹和一些地空导弹为改善射界、提高快速反应能力都采用了该项技术。典型型号有美国的“标-3”。

(6) 在各种海情下出水，需要弹道修正的潜艇发射导弹，如法国的潜射导弹“飞鱼”。

(7) 发射架和跟踪器相距较远的导弹，独立助推、散布问题比较突出的导弹，如中国的HJ-73。

以上列举的各种应用几乎包含了适用于固体火箭发动机的所有战术导弹。通过控制固体火箭发动机喷流的方向，可使导弹获得足够的机动能力，以满足应用要求。

2. 推力矢量控制系统的分类

(1) 摆动喷管。这一类包括所有形式的摆动喷管及摆动出口锥的装置。在这类装置中，整个喷流偏转，主要有以下两种。

1)柔性喷管。图3-20给出了柔性喷管的基本结构。它实际上就是通过层压柔性接头直接装在火箭发动机后封头上的一个喷管。层压接头由许多同心球形截面的弹胶层和薄金属板组成，弯曲形的夹层结构。这个接头轴向刚度很大，而在侧向却很容易偏转。用它可以实现传统的发动机封头与优化喷管的对接。

2)球窝喷管。图3-21给出了球窝式摆动喷管的一般结构形式。其收敛段和扩散段被支撑在万向环上，该装置可以围绕喷管中心线上的某个中心点转动。延伸管或者后封头上装一套有球窝的筒形夹具，使收敛段和扩散段可在其中活动。球面间装有特制的密封环，以防高温、高压燃气泄漏。舵机通过方向环进行控制，以提供俯仰和偏航力矩。

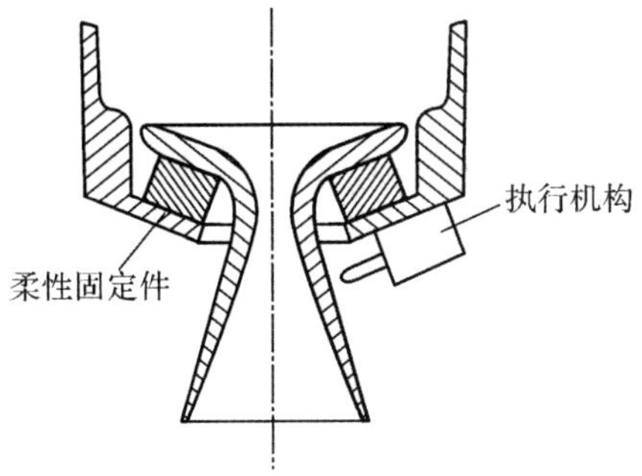

图 3 - 20　柔性喷管的基本结构

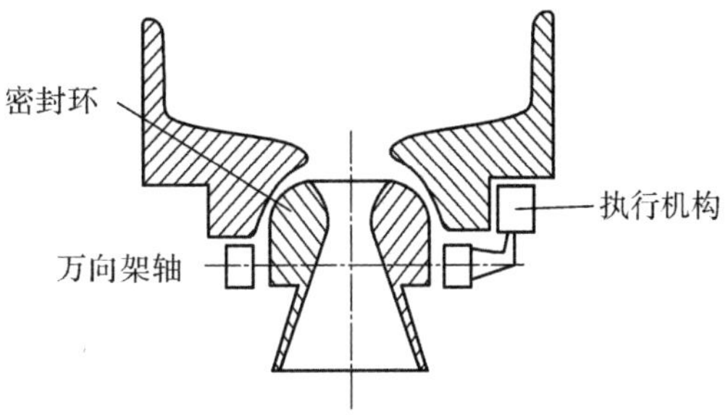

图 3 - 21　球窝喷管的基本结构

(2) 流体三次喷射。在这类系统中，流体通过吸管扩散段被注入发动机喷流。注入的流体在超声速的喷管气流中产生一个斜激波，引起压力分布不平衡，从而使气流偏斜。这一类主要有以下两种。

1)液体二次喷射。高压液体喷入火箭发动机的扩散段，产生斜激波，从而引起喷流偏转。惰性液体系统的喷流最大偏转角为 4°，液体喷射点周围形成的激波引起推力损失，但是二次喷射液体增加了喷流和质量，使得净力略有增加。与惰性液体相比，采用活性液体能够略为改善侧向比冲性能，但是在喷流偏转角大于 4°时，两种系统的效率都急速下降。液体二次喷射推力矢量控制系统的主要吸引力在于其工作时所需的控制系统质量小，结构简单。因此在不需要很大喷流偏转角的场合，液体二次喷射具有很强的竞争力。

2)热燃气二次喷射。在这种推力矢量控制系统中，燃气直接取自发动机燃烧室或者燃气发生器，然后注入扩散段，由装在发动机喷管上的阀门实现控制，图 3 - 22 为其典型结构。

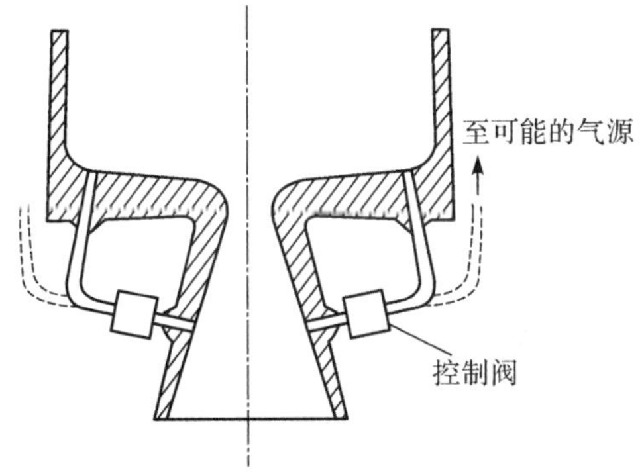

图 3 - 22　热燃气二次喷射的基本结构

(3) 喷流偏转。在火箭发动机的喷流中设置阻碍物的系统归入这一类，主要有以下 5 种。

1)燃气舵。燃气舵的基本结构是在火箭发动机的喷管尾部对称地放置 4 个舵片。4 个舵片的组合偏转可以产生要求的俯仰、偏航和滚转操纵力矩和侧向力。燃气舵具有结构简单、致偏能力强、响应速度快的优点，但其在舵偏角为零时仍存在较大的推力损失。另外，由于燃气舵的工作环境比较恶劣，存在严重的冲刷烧蚀问题，所以不宜用于要求长时间工作的场合。图 3 - 23 为燃气舵的基本结构。

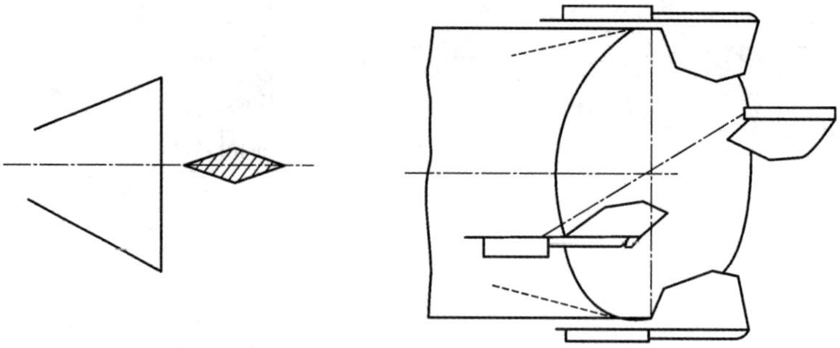

(a)　　　　　　(b)

图 3 - 23　燃气舵的基本结构

(a)燃气舵;(b)燃气舵布置

2)偏流环喷流偏转器。偏流环喷流偏转器的基本结构如图 3 - 24 所示。它基本上是发动机喷管的管状延长,可绕出口平面附近喷管轴线上的一点转动。偏流环偏转时扰动燃气,引起气流偏转。这个管状延伸件,或称偏流环,通常支撑在一个万向架上。伺服机构提供俯仰和偏航平面内的运动。

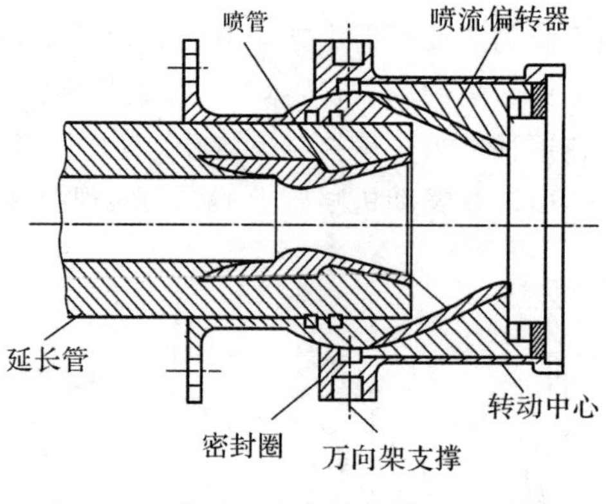

图 3 - 24　偏流环喷流偏转器的基本结构

3)轴向喷流偏转器。图 3 - 25 为轴向喷流偏转器的基本结构。在欠膨胀喷管的周围安置 4 个偏流叶片,叶片可沿轴向运动以插入或退出发动机尾喷流,形成激波而使喷流偏转。叶片受线性作动筒控制,靠滚球导轨支持在外套筒上。该方法最大可以获得 7°的偏转角。

4)臂式扰流片。图 3 - 26 为典型的臂式扰流片系统的基本结构。在火箭发动机喷管出口平面上设置 4 个叶片,工作时可阻塞部分出口面积,最大偏转可达 20°。该系统可以应用于任何正常的发动机喷管,只有在桨叶插入时才产生推力损失,而且基本上是线性的,喷流每偏转 1°,大约损失 1%的推力。这种系统体积小,质量轻,因此只需要较小的伺服机构,这对近距离战术导弹是很有吸引力的。对于燃烧时间较长的导弹,由于高温、高速的尾喷流会对扰流片造成烧蚀,所以使用这种系统是不合适的。

5)导流罩式致偏器。图 3 - 27 所示的导流罩式致偏器基本上就是一个带圆孔的半球形拱帽，圆孔大小与喷管出口直径相等且位于喷管的出口平面上。拱帽可绕喷管轴线上的某一点转动，该点通常位于喉部上游。这种装置的功能和扰流片类似。当致偏器切入燃气流时，超声速气流形成主激波，从而引起喷流偏斜。与扰流片相比，能显著地减少推力损失。对于导流罩式致偏器，喷流偏角和轴向推力损失大体与喷口遮盖面积成正比。一般来说，喷口每遮盖 1%，将会产生 0.52°的喷流偏转和 0.26%的轴向推力损失。

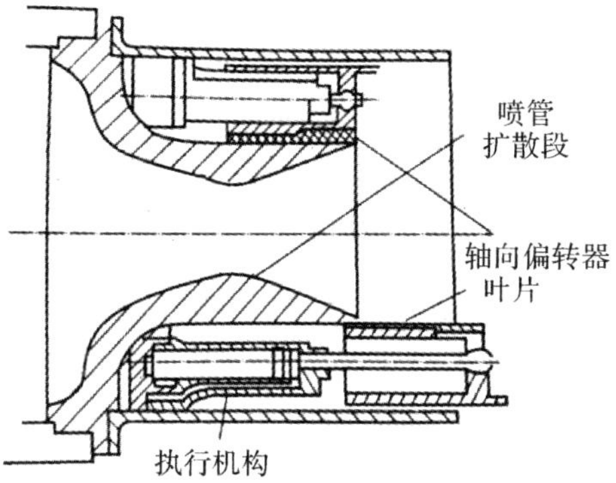

图 3-25　轴向喷流偏转器的基本结构

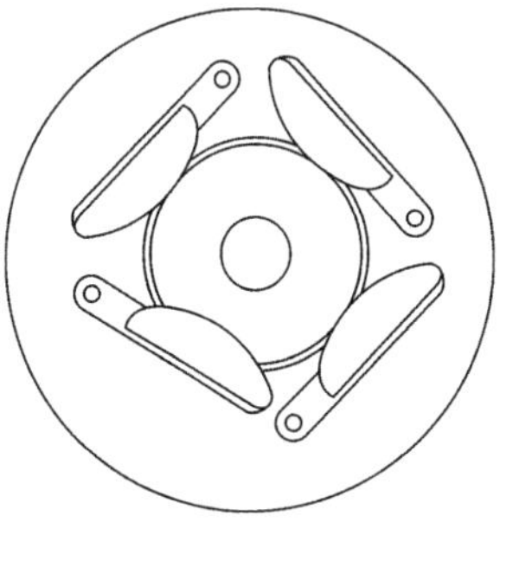

图 3-26　臂式扰流片系统的基本结构

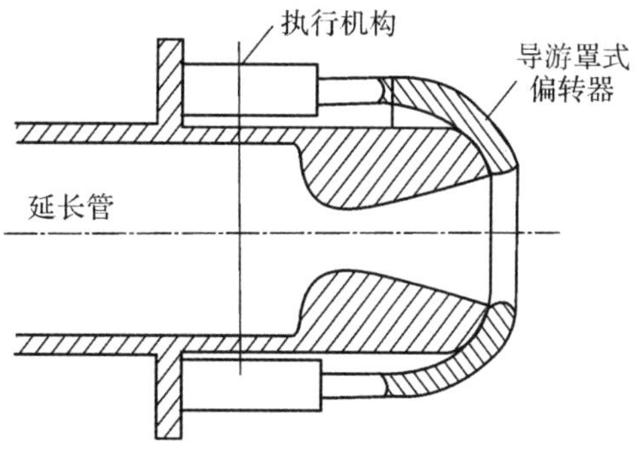

图 3-27　导流罩式致偏器的基本结构

3. 推力矢量控制系统的性能描述

推力矢量控制系统的性能大体上可分为 4 个方面。

(1)喷流偏转角度：也就是喷流可能偏转的角度。

(2)侧向力系数：也就是侧向力与未被扰动时的轴向推力之比。

(3)轴向推力损失：装置工作时所引起的推力损失。

(4)驱动力：为达到预期响应需加在这个装置上的总的力特性。

喷流偏转角和侧向力系数用以描述各种推力矢量控制系统产生侧向力的能力。对于靠形成冲击波进行工作的推力矢量控制系统来说，通常用侧向力系数和等效气流偏转角来描述产生侧向力的能力。

当确定驱动机构尺寸时，驱动力是一个必不可少的参数。另外，当进行系统研究时，用它可以方便地描述整个伺服系统和推力矢量控制装置可能达到的最大闭环带宽。

3.4.4 气动舵

气动伺服系统在国防领域也有较多的应用，主要为位置控制系统，如导弹的气动舵机系统。伺服系统执行机构作为制导控制系统的重要组成部分，根据制导控制系统指令操纵翼、舵面偏转或摆动喷管偏转，实现导弹姿态稳定和控制。

1. 气动舵机

(1) 冷气式舵机。图 3-28 为一个射流管式的冷气式舵机，主要由电磁控制器、喷嘴、接收器、作动器、反馈电位器等组成。电磁控制器、喷嘴和接收器组成射流管。电磁控制器是一个双臂的转动式极化电磁铁，它的山形铁芯上绕有激磁线圈，由直流电压供电。可转动的衔铁上绕有一对控制线圈，衔铁的轴与喷嘴固连，喷嘴随衔铁一起转动。接收器固定在作动器上，接收器的两个接收孔对着喷嘴，两个输出孔分别通过管路与作动器的两个腔相连。舵机的活塞杆一端连接舵轴，另一端与反馈电位器的电刷相连，控制信号与反馈电位器输出电压都输入磁放大器中。

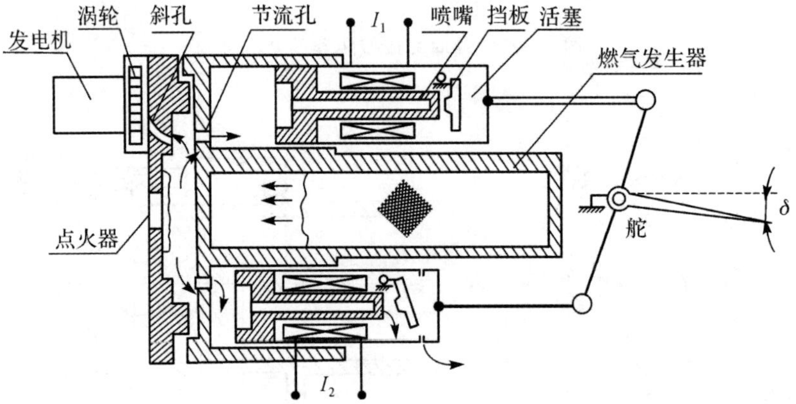

图 3-28 冷气式舵机原理示意图

当没有校正控制信号时，电磁控制器的衔铁位于两个磁极的中间，喷嘴的喷口遮盖两个接收孔的面积相同，经喷嘴进入作动器的两个腔内的气流量相同，活塞处于中间位置不动。如果有校正控制信号，该信号经磁放大器放大加到控制绕组上，产生控制力矩，使电磁控制器的衔铁带动喷嘴偏转。偏转角与校正控制信号的强度成正比。喷嘴偏转后，进入作动器两个腔内的气流量不等，因此产生压力差，使舵机的活塞移动。活塞移动的方向由喷嘴偏转的方向决定，其移动的速度与喷嘴偏转角的大小有关。活塞移动时带动舵面偏转，从而产生操纵导弹飞行的控制力。活塞杆移动时带动反馈电位器的电刷，反馈电位器向磁放大器输送反馈电压，反馈电压的作用是用来改善舵机的工作特性。

(2) 燃气式舵机。图 3-29 为一个喷嘴挡板式的燃气式舵机，它主要由燃气发生器、电气转换装置、传动装置及反馈装置等几个部分组成。电气转换装置包括活塞中的电磁线圈、喷嘴、挡板等，将综合放大器输出的信号转换成气压信号，改变挡板与喷嘴之间的间隙，就可以改变经过喷嘴的燃气量，从而改变作用在两个活塞上的压力。传动装置由两个单向作用的作动筒、活塞、活塞杆、摇臂组成，活塞杆与摇臂相连，摇臂转动时舵面偏转。

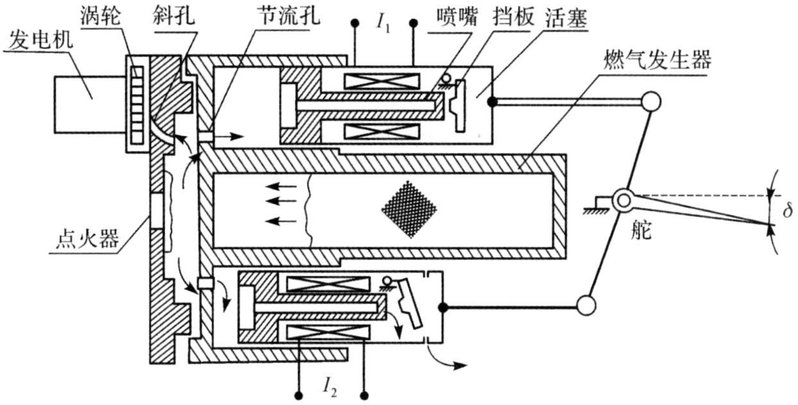

图 3-29　燃气式舵机原理示意图

导弹发射后，点火器点燃燃气发生器内的燃料，产生高温、高压的燃气。燃气经过滤后，经气动分配腔、节流孔作用在两个活塞的底面上，再通过活塞铁芯孔、喷嘴、挡板及铁芯间的空隙以及活塞排气孔，排到大气中去。控制信号经综合放大器放大后，输出控制电流 I_1、I_2，分别加到两个活塞铁芯的线圈中使其产生对挡板的电磁吸引力。当没有校正控制信号时，两个挡板与喷嘴的间隙相同，从两个间隙中排出的燃气流量相等，这样两作动筒内的燃气压力相等，两个活塞处于平衡位置，舵面不转动。当有校正控制信号时，由于电磁力作用，两个挡板与喷嘴的间隙发生变化，间隙小的燃气流量减小，间隙增大的燃气流量增大，这样，两个作动筒内的燃气压力一个上升一个下降，使两个活塞作用在摇臂上的力矩失去平衡，舵面就随摇臂转动。舵面逐渐发生偏转后，位置反馈装置输出的反馈信号增大，在位置反馈信号的作用下，输入电磁控制绕组的电流逐渐减小，作动筒内的压力就发生相应的变化，当两个作动筒内的燃气压力对舵的转动力矩与铰链力矩重新平衡时，舵面停止转动。

3.5　参考文献

[1]　JOHNSOP D L, ROBERTS B C. Atmospheric models for engineering applications [R]. AIAA-2003-0894, 2003.

[2]　REGAN F J, ANANDAKRISHNAN S M. Dynamic of atmospheric re-entry [M]. Washington, DC: AIAA, 1993.

[3]　杨蔚炳. 标准大气参数的公式表达[J]. 宇航学报, 1983, 4 (1): 83-86.

[4]　季蓉芬. 地球扰动大气模型[J]. 航天返回与遥感, 1995, 16 (1): 66-81.

[5]　徐延万. 控制系统[M]. 北京: 宇航出版社, 1991.

[6]　BENJAMIN C K. Digital control system [M]. New York: Rinehart and Winston, 1980.

第 4 章　高超声速飞行器的轨迹优化

高超声速飞行器的制导问题是指飞行器从武器平台发射后再入大气，然后滑翔机动飞行并且在飞行过程中实施制导策略引导飞行器精确飞向目标的过程。其整个阶段的制导过程涉及非常复杂的阶段，还有许多学科交叉领域。而其中最重要的部分是轨迹设计，对于高超声速飞行器，轨迹设计与飞行器所执行的飞行任务相关，其实质是在规定的飞行任务条件下，需求一条满足某种性能指标最优，而又不违背各种约束的飞行轨迹。轨迹优化可以为飞行器的各类性能指标和总体设计的可行性提供重要参考依据，同时也是提高任务需求和改善飞行器性能的重要途径。

本章针对高超声速飞行器的轨迹优化问题进行介绍，包括其轨迹优化问题的数学描述，并给出高超声速飞行器的制导模型，分别针对上升段和再入段进行轨迹规划的问题实现。

4.1　高超声速飞行器轨迹优化概述

轨迹优化是指根据飞行任务的飞行条件和技术指标，寻找一条某种性能指标最优，而又不违背各种约束的飞行轨迹，其理论基础是高超声速飞行力学和最优化理论，其可以总结为强非线性、多阶段、多约束的最优控制问题，可以统一描述为对于给定的受控系统，须找控制变量 $\boldsymbol{U}(t)\in\mathbf{R}^m$，使系统由指定状态转移至期望状态，且使下式给出的一般性 Bolza 型性能指标取最优值。连续 Bolza 问题是性能指标为复合型，纯积分为拉格朗日问题，而只有终端状态为 mayer 问题。此三类为古典变分法的基础[1]。对于高超声速飞行器的轨迹优化，其为典型的连续 Bolza 问题，具体问题可描述为

$$J=\Phi(x(t_0),t_0,x(t_f),t_f)+\int_{t_0}^{t_f}g(x(t),u(t),t)\mathrm{d}t \tag{4-1}$$

式中：$x\in\mathbf{R}^n$ 为状态变量；$u\in\mathbf{R}^m$ 为控制变量；t_0 为初始时间；t_f 为终端时间；t 为任意时刻。其约束条件为

$$\dot{x}=f(x(t),u(t),t),t\in[t_0,t_f] \tag{4-2}$$

$$\phi(x(t_0),t_0,x(t_f),t_f)=0 \tag{4-3}$$

$$c(x(t),u(t),t)\leqslant 0 \tag{4-4}$$

对于该类问题，在最优控制中已进行了充分的说明，从欧拉方程的提出，到帕特里亚金的极小值原理，再到贝尔曼的动态规划方法，最优控制理论取得了极大的进步。但是由于高超声速飞行器的复杂性，所以该问题即使采用成熟的最优化方法，仍然存在着不少的问题。

基本的求解方式为间接法和直接法。间接法主要基于经典变分法和极小值原理，将最优控制转换为哈密尔顿两点边值问题进行求解。从 20 世纪 70 年代开始，以此理论为基础，针对最优无动力飞行、超声速巡航、转弯机动以及再入飞行器最优滑翔等问题，相关的论文采用了间接法进行问题求解。直接法是将最优控制问题中的变量离散并参数化，将其转换为非线性规划的问题进行求解，依赖于计算机技术的发展，该方式近年来发展迅速，主要的方式包括直接打靶法和配点法。

1987 年，哈格里夫斯提出了 3 次 Hermite 插值近似状态变量的配点法，随后就有基于 5 次 Gauss - Lobatto 多项式的配点法，该方法对于初始条件不敏感，且计算较快。

微分包含法是由 Seywald 提出的，是对配点法的改进，其通过映射将控制变量消去，从而有效降低了转换后的 NLP 问题变量维数，求解速度有所提高。而动态逆方法由陆平提出，其主要通过期望的轨迹输出，不断微分获取控制量的显式解，该方法可以缓解优化计算时的参数敏感问题，但是对于轨迹的复杂性适应度有限，适用于具有理想轨迹形式的轨迹规划方法。近年来，基于伪谱法求解轨迹优化问题成为研究热点，其主要采用 Legendre 伪谱法进行规划优化的非线性规划转换，也取得了很大的进展。除此之外，还包括动态规划方法、滚动时域优化、快速搜索随机树等方法。

对于哈密尔顿两点边值问题，想要得到解析解十分困难，大多采用数值方法进行计算，最终将其转变为参数优化问题求解。这同直接法一致，因此对于数值求解方法均需要选择。

经典的数值优化方法包括无约束优化和有约束优化方法，对于有约束优化，一般通过罚函数法将其转换，再应用求解无约束的方法进行求解，或者直接基于梯度的间接优化方法。除此之外，智能优化算法也被应用进来[2]。

4.2　轨迹优化的数值方法

本节主要介绍在轨迹优化中应用较多的间接法和直接法的基本原理，对其进行介绍，同时介绍相关的动态规划方法[3]。

4.2.1　间接法基本原理

间接法的基本理论基础是最优控制理论中的经典变分法和极小值原理，由于该方法并不对性能指标直接寻优，而是将最优控制问题转化为哈密尔顿两点边值问题进行求解，所以被称为间接法。

经典变分法在定义中，对于两点边值的问题求解，基本上分了几个阶段来实现，首先是经典的变分法处理，在解决此问题时，欧拉起到了非常重要的贡献，而在变分法中的处理中，需要考虑基于泛函分析的基础，其本质问题是取泛函极值的方法。

基本变分的概念如下：

(1)泛函。设有函数 $x(t)$，存在另一个函数 J 依赖该函数，表示为 $J(x)$，则函数 $J(x)$ 称为函数 $x(t)$ 的泛函，而 $x(t)$ 称为泛函的宗量。

(2)宗量和泛函的变分。宗量 $x(t)$ 的变分是指其增量，表示为

$$\delta x(t) = x(t) - x^*(t) \tag{4-5}$$

而泛函的变分是对应于宗量变分产生的微小变化，假设泛函在欧氏空间连续，则有泛函 $J(x)$ 在 $x=x^*$ 处可微，即存在

$$J'(x)\big|_{x=x^*}=\left.\frac{\partial J(x)}{\partial x}\right|_{x=x^*} \tag{4-6}$$

则有泛函 $J(x)$ 在 $x=x^*$ 处的一阶变分，表示为

$$\delta J(x^*,\delta x)=\left.\frac{\partial J(x)}{\partial x}\right|_{x=x^*}\delta x \tag{4-7}$$

紧接着推导欧拉-拉格朗日方程。对于泛函型的积分，即拉格朗日问题，有

$$J=\int_{t_0}^{t_f}F[x(t),x(t),t]\mathrm{d}t \tag{4-8}$$

假设 $x(t)$ 二次可导，起始与终端时刻给定，则有 $x(t)$ 的轨迹满足边界条件，其过程可描述为变分形式，即

$$x(t)=x^*(t)+\delta x(t) \tag{4-9}$$

其导数形式为

$$\dot{x}(t)=\dot{x}^*(t)+\delta\dot{x}(t) \tag{4-10}$$

则性能指标可写为

$$J=\int_{t_0}^{t_f}F[x^*(t)+\delta x,\dot{x}^*(t)+\delta\dot{x}(t),t]\mathrm{d}t \tag{4-11}$$

根据泛函极值的必要条件，则有泛函的变分为零。对式(4-11)求变分，则有

$$\delta J=\int_{t_0}^{t_f}\left(\frac{\partial F}{\partial x}\delta x+\frac{\partial F}{\partial \dot{x}}\delta\dot{x}\right)\mathrm{d}t=0 \tag{4-12}$$

对式(4-12)进行积分，并对第二项采用分部积分，则可以最终得到

$$\left.\frac{\partial F}{\partial \dot{x}}\delta x\right|_{t_0}^{t_f}+\int_{t_0}^{t_f}\left(-\frac{\mathrm{d}}{\mathrm{d}t}\left(\frac{\partial F}{\partial \dot{x}}\right)\delta x+\frac{\partial F}{\partial x}\delta x\right)\mathrm{d}t=0 \tag{4-13}$$

由于终端的变分为零，所以最终的欧拉方程成立，即

$$\frac{\mathrm{d}}{\mathrm{d}t}\left(\frac{\partial F}{\partial \dot{x}}\right)-\frac{\partial F}{\partial x}=0 \tag{4-14}$$

最优两点边值问题，当终端固定时，则根据以上方程可以得到满足性能指标的最优轨迹。

当存在两个端点状态不固定的情况时，需要进行横截条件的推导获取，可以得到

$$\left.\frac{\partial F}{\partial \dot{x}}\delta x\right|_{t_0}^{t_f}=0,\quad \left.\frac{\partial F}{\partial \dot{x}}\right|_{t_f}=0,\quad \left.\frac{\partial F}{\partial \dot{x}}\right|_{t_0}=0 \tag{4-15}$$

如果不能在边界条件下同时变为零，则必须有式(4-15)成立，这样满足极值的必要条件。而对于终端时刻存在自由的情况，整个泛函应该包括由于终端 t_f 变化产生的变分项，则性能指标包含了

$$J=\int_{t_0}^{t_f}F[x^*(t)+\delta x,\dot{x}^*(t)+\delta\dot{x}(t),t]\mathrm{d}t+\int_{t_f^*}^{t_f^*+\delta t_f}F[x^*(t)+\delta x,\dot{x}^*(t)+\delta\dot{x}(t),t]\mathrm{d}t \tag{4-16}$$

由于终端时刻 δt_f 较小，所以对第二项取中值定理，则第二项可写为

$$F[x^*(t_f),\dot{x}^*(t_f),t_f^*]\delta t_f \tag{4-17}$$

代入泛函的变分中，则有

$$\frac{\partial F}{\partial \dot{x}}\delta x\bigg|_{t_0}^{t_f}+\int_{t_0}^{t_f}\left(-\frac{\mathrm{d}}{\mathrm{d}t}\left(\frac{\partial F}{\partial \dot{x}}\right)\delta x+\frac{\partial F}{\partial x}\delta x\right)\mathrm{d}t+F[x^*(t_f^*),\dot{x}^*(t_f^*),t_f^*]\delta t_f=0 \tag{4-18}$$

若终端状态与终端时间独立，在原有基础上，则需要有

$$F(x,\dot{x},t)\big|_{t_f}=0 \tag{4-19}$$

而如果两者相关，则终端状态受终端时间相关，满足 $x(t_f)=c(t_f)$，两个变量之间存在相关性，因此在同时变分后，有

$$x^*(t_f^*+\delta t_f)+\delta x(t_f^*+\delta t_f)=c(t_f^*+\delta t_f) \tag{4-20}$$

等式两边对 t_f^* 求偏导，令 δt_f 对 t_f^* 变分为零，考虑到 $\delta\dot{x}(t_f)\big|_{t_f=t_f^*}\delta t_f=\delta x(t_f^*)$。

将式(4-20)写为变分形式，则有

$$\dot{x}^*(t_f^*)\delta t_f+\delta x(t_f^*)=\dot{c}(t_f^*)\delta t_f \tag{4-21}$$

$$\delta x(t_f^*)=[\dot{c}(t_f^*)-\dot{x}^*(t_f^*)]\delta t_f \tag{4-22}$$

将式(4-21)和式(4-22)代入泛函变分，则有

$$-\frac{\partial F}{\partial \dot{x}}\delta x\bigg|_{t_0}+\int_{t_0}^{t_f}\left[-\frac{\mathrm{d}}{\mathrm{d}t}\left(\frac{\partial F}{\partial \dot{x}}\right)\delta x+\frac{\partial F}{\partial x}\delta x\right]\mathrm{d}t+\delta t_f\left\{\frac{\partial F}{\partial \dot{x}}\bigg|_{t_f}[\dot{c}(t_f^*)-F(x_f^*)]+\right.$$

$$\left.F[x^*(t_f^*),\dot{x}^*(t_f^*),t_f^*]\bigg|_{t_f}\right\}=0 \tag{4-23}$$

要求各分项均为零。因此可以看到，不管何种情况，泛函极值均满足欧拉方程（需要注意的是，当变量 $\boldsymbol{x}$ 为向量时，前置量应进行转置，满足矩阵相乘要求）。

对于有约束的情况下，则需要进行哈密尔顿函数的推广，上述过程中不存在过程约束，而动态系统的变化规律均受到系统本身方程的约束，因此需要根据约束方程进行古典变分的处理。

对于仍然具有积分型泛函的极值问题，存在以下几类约束条件：

(1) $\boldsymbol{f}(\boldsymbol{x},t)=0$ 代数方程约束；

(2) $\boldsymbol{f}(\boldsymbol{x},\dot{\boldsymbol{x}},t)=0$ 微分方程约束；

(3) $\int_{t_0}^{t_f}\boldsymbol{f}(\boldsymbol{x},\dot{\boldsymbol{x}},t)=C$ 积分方程约束。

对于代数方程约束和微分方程约束，采用拉格朗日乘子，将泛函增广后，有

$$J_a=\int_{t_0}^{t_f}[\boldsymbol{F}(\boldsymbol{x},\dot{\boldsymbol{x}},t)+\boldsymbol{\lambda}^{\mathrm{T}}(t)\boldsymbol{f}(\boldsymbol{x},t)]\mathrm{d}t \tag{4-24}$$

对增广泛函求变分，则可得

$$\delta J_a=\int_{t_0}^{t_f}\left\{\left[\left(\frac{\partial \boldsymbol{F}}{\partial \boldsymbol{x}}\right)^{\mathrm{T}}+\boldsymbol{\lambda}^{\mathrm{T}}(t)\frac{\partial \boldsymbol{f}}{\partial \boldsymbol{x}^{\mathrm{T}}}\right]\delta\boldsymbol{x}+\left(\frac{\partial \boldsymbol{F}}{\partial \dot{\boldsymbol{x}}}\right)^{\mathrm{T}}\delta\dot{\boldsymbol{x}}+\boldsymbol{f}^{\mathrm{T}}(\boldsymbol{x},t)\delta\boldsymbol{\lambda}\right\}\mathrm{d}t=0 \tag{4-25}$$

同样处理后则可得

$$\frac{\partial \boldsymbol{F}}{\partial \boldsymbol{x}}+\frac{\partial \boldsymbol{f}}{\partial \boldsymbol{x}^{\mathrm{T}}}\boldsymbol{\lambda}-\frac{\mathrm{d}}{\mathrm{d}t}\left(\frac{\partial \boldsymbol{F}}{\partial \dot{\boldsymbol{x}}}\right)=0 \tag{4-26}$$

整理后可得

$$\boldsymbol{F}_a=\boldsymbol{F}+\boldsymbol{f}^{\mathrm{T}}\boldsymbol{\lambda},\quad \frac{\partial \boldsymbol{F}_a}{\partial \boldsymbol{x}}-\frac{\mathrm{d}}{\mathrm{d}t}\left(\frac{\partial \boldsymbol{F}_a}{\partial \dot{\boldsymbol{x}}}\right)=0 \tag{4-27}$$

对于积分方程约束,需要将其转化为微分方程约束,再以同样的方式代入,对于积分约束,假设 $\dot{\boldsymbol{z}}=\boldsymbol{f}(\boldsymbol{x},\dot{\boldsymbol{x}},t)$,并设 $\boldsymbol{z}(0)=0,\boldsymbol{z}(t_{\mathrm{f}})=\boldsymbol{c}$,则有约束方程为

$$\int_{t_0}^{t_{\mathrm{f}}}\boldsymbol{f}(\boldsymbol{x},\boldsymbol{x},t)\mathrm{d}t=\int_{t_0}^{t_{\mathrm{f}}}\dot{\boldsymbol{z}}(t)\mathrm{d}t=\boldsymbol{z}(t_{\mathrm{f}})-\boldsymbol{z}(t_0)=\boldsymbol{c} \tag{4-28}$$

$$\boldsymbol{f}(\boldsymbol{x},\dot{\boldsymbol{x}},t)-\dot{\boldsymbol{z}}(t)=0 \tag{4-29}$$

方程变为具有附加变量 $\boldsymbol{z}$ 的微分方程约束,直接对变量 $\boldsymbol{x}$ 进行增广,则有

$$\bar{\boldsymbol{x}}=\begin{bmatrix}\boldsymbol{x}\\ \boldsymbol{z}\end{bmatrix} \tag{4-30}$$

$$\boldsymbol{F}_a=\boldsymbol{F}+\boldsymbol{\lambda}^{\mathrm{T}}[\boldsymbol{f}-\dot{\boldsymbol{z}}] \tag{4-31}$$

分解后有

$$\frac{\partial \boldsymbol{F}_a}{\partial \boldsymbol{x}}-\frac{\mathrm{d}}{\mathrm{d}t}\left(\frac{\partial \boldsymbol{F}_a}{\partial \dot{\boldsymbol{x}}}\right)=0 \tag{4-32}$$

$$\frac{\partial \boldsymbol{F}_a}{\partial \boldsymbol{z}}-\frac{\mathrm{d}}{\mathrm{d}t}\left(\frac{\partial \boldsymbol{F}_a}{\partial \dot{\boldsymbol{z}}}\right)=0 \tag{4-33}$$

$$\frac{\mathrm{d}}{\mathrm{d}t}\left(\frac{\partial \boldsymbol{F}_a}{\partial \dot{\boldsymbol{z}}}\right)=-\dot{\boldsymbol{\lambda}}=0 \tag{4-34}$$

对于最优控制问题,有

$$\dot{\boldsymbol{x}}(t)=\boldsymbol{f}[\boldsymbol{x}(t),\boldsymbol{u}(t),t] \tag{4-35}$$

性能指标为复合型:

$$J=\theta[\boldsymbol{x}(t_{\mathrm{f}})\cdot t_{\mathrm{f}}]+\int_{t_0}^{t_{\mathrm{f}}}\boldsymbol{F}[\boldsymbol{x}(t),\boldsymbol{u}(t),t]\mathrm{d}t \tag{4-36}$$

对于初始时刻、终端时刻与状态均给定,以及终端不受约束这类具有等式约束的泛函极值问题,首先用拉格朗日乘子法把约束条件化为无约束条件,即求泛函,则有

$$J=\theta[\boldsymbol{x}(t_{\mathrm{f}})\cdot t_{\mathrm{f}}]+\int_{t_0}^{t_{\mathrm{f}}}\{H[\boldsymbol{x}(t),\boldsymbol{u}(t),t]-\boldsymbol{\lambda}^{\mathrm{T}}\dot{\boldsymbol{x}}\}\mathrm{d}t \tag{4-37}$$

对式(4-37)进行变分,可得

$$\delta J_a=\left\{\frac{\partial\theta[\boldsymbol{x}(t_{\mathrm{f}}),t_{\mathrm{f}}]}{\partial\boldsymbol{x}(t_{\mathrm{f}})}\right\}\delta\boldsymbol{x}(t_{\mathrm{f}})+\int_{t_0}^{t_{\mathrm{f}}}\left\{\left[\frac{\partial H(\boldsymbol{x},\boldsymbol{u},\boldsymbol{\lambda},t)}{\partial\boldsymbol{x}}\right]^{\mathrm{T}}\delta\boldsymbol{x}+\left[\frac{\partial H(\boldsymbol{x},\boldsymbol{u},\boldsymbol{\lambda},t)}{\partial\boldsymbol{u}}\right]^{\mathrm{T}}\delta\boldsymbol{u}+\right.$$
$$\left.\left[\frac{\partial H(\boldsymbol{x},\boldsymbol{u},\boldsymbol{\lambda},t)}{\partial\boldsymbol{\lambda}}\right]^{\mathrm{T}}\delta\boldsymbol{\lambda}-\dot{\boldsymbol{x}}^{\mathrm{T}}\delta\boldsymbol{\lambda}-\boldsymbol{\lambda}^{\mathrm{T}}\delta\dot{\boldsymbol{x}}\right\}\mathrm{d}t \tag{4-38}$$

$$\int_{t_0}^{t_{\mathrm{f}}}\boldsymbol{\lambda}^{\mathrm{T}}\delta\dot{\boldsymbol{x}}\mathrm{d}t=\boldsymbol{\lambda}^{\mathrm{T}}\delta\boldsymbol{x}\,|_0^t-\int_{t_0}^{t_{\mathrm{f}}}\dot{\boldsymbol{\lambda}}^{\mathrm{T}}\delta\boldsymbol{x}\mathrm{d}t=\boldsymbol{\lambda}^{\mathrm{T}}\delta\boldsymbol{x}(t_{\mathrm{f}})-\int_{t_0}^{t_{\mathrm{f}}}\dot{\boldsymbol{\lambda}}^{\mathrm{T}}\delta\boldsymbol{x}\mathrm{d}t \tag{4-39}$$

$$\delta J_a=\left\{\left[\frac{\partial\theta[\boldsymbol{x}(t_{\mathrm{f}}),t_{\mathrm{f}}]}{\partial\boldsymbol{x}(t_{\mathrm{f}})}\right]^{\mathrm{T}}-\boldsymbol{\lambda}^{\mathrm{T}}(t_{\mathrm{f}})\right\}\delta\boldsymbol{x}(t_{\mathrm{f}})+\int_{t_0}^{t_{\mathrm{f}}}\left\{\left[\left(\frac{\partial H(\boldsymbol{x},\boldsymbol{u},\boldsymbol{\lambda},t)}{\partial\boldsymbol{x}}\right)^{\mathrm{T}}-\dot{\boldsymbol{\lambda}}^{\mathrm{T}}\right]\delta\boldsymbol{x}+\right.$$
$$\left.\left(\frac{\partial H(\boldsymbol{x},\boldsymbol{u},\boldsymbol{\lambda},t)}{\partial\boldsymbol{u}}\right)^{\mathrm{T}}\delta\boldsymbol{u}+\left(\left[\frac{\delta H(\boldsymbol{x},\boldsymbol{u},\boldsymbol{\lambda},t)}{\delta\boldsymbol{\lambda}}\right]^{\mathrm{T}}-\dot{\boldsymbol{x}}^{\mathrm{T}}\right)\delta\boldsymbol{\lambda}\right\}\mathrm{d}t \tag{4-40}$$

由于各变量各自独立,所以式(4-40)中的各分项分别应该为零,得到最优控制的最终

解析求解条件为

$$\dot{\boldsymbol{x}}^*(t)=\frac{\partial H(\boldsymbol{x},\boldsymbol{u},\boldsymbol{\lambda},t)}{\partial \boldsymbol{\lambda}} \tag{4-41}$$

$$\dot{\boldsymbol{\lambda}}^*(t)=-\frac{\partial H(\boldsymbol{x},\boldsymbol{u},\boldsymbol{\lambda},t)}{\partial \boldsymbol{x}} \tag{4-42}$$

$$\frac{\partial H(\boldsymbol{x},\boldsymbol{u},\boldsymbol{\lambda},t)}{\partial \boldsymbol{u}}=0 \tag{4-43}$$

$$\boldsymbol{\lambda}^*(t_f)=\frac{\partial \theta[\boldsymbol{x}(t_f),t_f]}{\partial \boldsymbol{x}(t_f)} \tag{4-44}$$

式(4-41)～式(4-43)为欧拉方程，式(4-44)为横截条件。

4.2.2 极小值原理

典型古典变分法求解最优控制问题时，控制变量不受任何限制，控制集合可以看为整个 m 维的控制空间开集。控制变分可任意选取[4]。而且哈密尔顿函数对于控制量还连续可微。在实际问题中，控制变量往往受到一定限制，容许控制集合是一个 m 维的有界集，控制变分在边界处不能任意选取，因此针对该问题，进行了极小值原理的推广[5]。

对于同样的最优控制问题，连续系统动态方程为

$$\dot{\boldsymbol{x}}(t)=\boldsymbol{f}[\boldsymbol{x}(t),\boldsymbol{u}(t),t] \tag{4-45}$$

性能指标为

$$J=\theta[\boldsymbol{x}(t_f)t_f]+\int_{t_0}^{t_f}\boldsymbol{F}[\boldsymbol{x}(t),\boldsymbol{u}(t),t]\mathrm{d}t \tag{4-46}$$

其中边界条件可以任意变化，但控制量属于 m 维有界闭集，则使指标达到最优的条件如下。

(1)正则条件：

$$\dot{\boldsymbol{x}}^*(t)=\frac{\partial H(\boldsymbol{x},\boldsymbol{u},\boldsymbol{\lambda},t)}{\partial \boldsymbol{\lambda}} \tag{4-47}$$

$$\dot{\boldsymbol{\lambda}}^*(t)=-\frac{\partial H(\boldsymbol{x},\boldsymbol{u},\boldsymbol{\lambda},t)}{\partial \boldsymbol{x}} \tag{4-48}$$

(2)哈密尔顿函数对应最优控制时为极小值：

$$\min_{u\in U}H(\dot{\boldsymbol{x}}^*(t),\boldsymbol{u}(t),\boldsymbol{\lambda}^*(t),t)=H(\dot{\boldsymbol{x}}^*(t),\boldsymbol{u}^*(t),\boldsymbol{\lambda}^*(t),t) \tag{4-49}$$

当不存在边界时，取控制方程等于0，即取泛函极值。当不存在变量时，哈密尔顿函数沿最优轨线应为常数，而如果中断自由，则其值为零。在方程离散化的情况下，对上述定理进行离散化处理，则有

(1)正则方程：

$$\dot{\boldsymbol{x}}^*(k+1)=\frac{\partial H(\boldsymbol{x}(k),\boldsymbol{u}(k),\boldsymbol{\lambda}(k+1),k)}{\partial \boldsymbol{\lambda}(k+1)} \tag{4-50}$$

$$\dot{\boldsymbol{\lambda}}^*(k)=-\frac{\partial H(\boldsymbol{x}(k),\boldsymbol{u}(k),\boldsymbol{\lambda}(k+1),k)}{\partial \boldsymbol{x}(k)} \tag{4-51}$$

(2)哈密尔顿函数为极小值：

$$\min_{u\in U}H(\dot{\boldsymbol{x}}^*(k),\boldsymbol{u}(k),\boldsymbol{\lambda}^*(k+1),k)=H(\dot{\boldsymbol{x}}^*(k),\boldsymbol{u}^*(k),\boldsymbol{\lambda}^*(k+1),k) \tag{4-52}$$

(3)边界条件：

$$\boldsymbol{x}(0)=\boldsymbol{x}_0,\boldsymbol{\lambda}^*(N)=\frac{\partial\theta[\boldsymbol{x}(N),N]}{\partial\boldsymbol{x}(N)} \tag{4-53}$$

在具体的求解过程中，对于过程受限的此类问题，由于其正则条件较好确定，而对于控制量在一定范围的取极值问题，则难以解析求解。

考虑到最短时间控制问题，即最速到达问题，则其哈密尔顿函数可写为

$$1+\boldsymbol{\lambda}^*(t)\boldsymbol{A}\boldsymbol{x}^*(t)+\boldsymbol{\lambda}^*(t)\boldsymbol{B}\boldsymbol{u}^*(t)\leqslant 1+\boldsymbol{\lambda}^*(t)\boldsymbol{A}\boldsymbol{x}^*(t)+\boldsymbol{\lambda}^*(t)\boldsymbol{B}\boldsymbol{u}(t) \tag{4-54}$$

$$\boldsymbol{\lambda}^*(t)\boldsymbol{B}\boldsymbol{u}^*(t)\leqslant\boldsymbol{\lambda}^*(t)\boldsymbol{B}\boldsymbol{u}(t) \tag{4-55}$$

将 $\boldsymbol{B}$ 阵写为向量形式，则有

$$\boldsymbol{\lambda}^*(t)\boldsymbol{B}\boldsymbol{u}(t)=\sum_{i=1}^{m}\boldsymbol{\lambda}^{*\mathrm{T}}(t)b_iu_i \tag{4-56}$$

则各分量满足

$$\boldsymbol{\lambda}^{*\mathrm{T}}(t)b_iu_i^*\leqslant\boldsymbol{\lambda}^{*\mathrm{T}}(t)b_iu_i \tag{4-57}$$

则最优控制应满足取最大值，并且在系数为零时不确定，该问题被称为奇异问题。

对于奇异问题，需要考虑其存在的条件，根据一般的一维控制变量定义后，其主要的奇异问题是 $\boldsymbol{\lambda}^{*\mathrm{T}}\boldsymbol{b}=0$，由于各自分别为零的情况不可能出现，所以只有等式相乘后为零，而根据此条件，可知此时条件为系统不能控。

对于最优的充分条件，目前还没有可行的证明手段。

4.2.3 动态规划法

动态规划法是将控制变量限定在一定闭集内的又一种重要方法，其把最优控制问题变成多级决策过程的递推函数关系，基础和核心是最优性原理。因此在应用动态规划法求解过程的最优决策时，首先要根据最优性原理将多级决策过程表示为[6]

$$w_k(x_k)=\min_{u_{ki}}[d(x_k,x_{k-1,i})+w_{k-1}(x_{k-1,i})] \tag{4-58}$$

式中：$w_k(x_k)$为 k 级决策过程的始点 x_k 至终点 x_f 的最小消耗；$d(x_k,x_{k-1,i})$为由 k 级决策过程始点 x_k 至下一步到达点 $x_{k-1,i}$的一步消耗；u_{ki}为 k 级决策过程始点 x_k 所采取的控制决策，从而使状态转移到下一步 $x_{k-1,i}$。

假设系统状态方程为

$$\boldsymbol{x}(k+1)=\boldsymbol{f}[\boldsymbol{x}(k),\boldsymbol{u}(k)],\quad k=0,1,\cdots,N-1 \tag{4-59}$$

式中：$\boldsymbol{x}(k)$为 n 维状态变量；$\boldsymbol{u}(k)$为 m 维控制向量；设 $J[\boldsymbol{x}(k),\boldsymbol{u}(k)]$为每一步转移中的性能指标。从初始状态开始，每一步的状态变化均会产生性能指标，多次决策就是使得最终的总指标满足最优。通过求解递推方程，则可以逐步实现最优的控制决策。

对于连续系统状态方程 $\dot{\boldsymbol{x}}=\boldsymbol{f}[\boldsymbol{x}(t),\boldsymbol{u}(t),t]$，$\boldsymbol{x}(t_0)=\boldsymbol{x}_0$，$\boldsymbol{u}(t)\in U$，假设 t_f 给定，性能指标为

$$J=\theta[\boldsymbol{x}(t_\mathrm{f}),t_\mathrm{f}]+\int_{t_0}^{t_\mathrm{f}}\boldsymbol{F}[\boldsymbol{x}(t),\boldsymbol{u}(t),t]\mathrm{d}t \tag{4-60}$$

求最优控制 $\boldsymbol{u}^*(t)$，使性能指标最小。

由于函数方程是一个递推方程，所以适合求解离散系统的最优控制问题。因此，首先需要进行连续过程离散化，将其转变为多级决策过程。

$$\frac{\boldsymbol{x}[(k+1)\Delta]-\boldsymbol{x}[k\Delta]}{\Delta}\approx \boldsymbol{f}[\boldsymbol{x}(k\Delta),\boldsymbol{u}(k\Delta),k\Delta] \tag{4-61}$$

假设在每段时间 Δt 内，$\boldsymbol{x}(k)$，$\boldsymbol{u}(k)$保持常值。同时将积分型的性能指标用序列形式近似为

$$J=\theta[\boldsymbol{x}(N),N]+\sum_{K=0}^{N}\boldsymbol{F}[\boldsymbol{x}(k),\boldsymbol{u}(k),k]\Delta t \tag{4-62}$$

如果系统直接为离散线性系统，则其状态方程为

$$\boldsymbol{x}(k+1)=\boldsymbol{A}(k)\boldsymbol{x}(k)+\boldsymbol{B}(k)\boldsymbol{u}(k) \tag{4-63}$$

性能指标为

$$J=\boldsymbol{x}^{\mathrm{T}}(N)\boldsymbol{S}\boldsymbol{x}(N)+\sum_{k=0}^{N}[\boldsymbol{x}^{\mathrm{T}}(i)\boldsymbol{Q}(i)\boldsymbol{x}(i)+\boldsymbol{u}^{\mathrm{T}}(k)\boldsymbol{R}(i)\boldsymbol{u}(i)] \tag{4-64}$$

式中：$\boldsymbol{S}$，$\boldsymbol{Q}$，$\boldsymbol{R}$ 均为对称矩阵，其中 $\boldsymbol{R}$ 为正定矩阵，$\boldsymbol{Q}$，$\boldsymbol{S}$ 为正半定矩阵。求最优控制序列使 J 为最小。

如果采用动态规划法求解，从初始端开始，经过 N 级决策得到最优性能指标可表示为

$$w_N[\boldsymbol{x}(0),0]=\min_u\{\boldsymbol{x}^{\mathrm{T}}(N)\boldsymbol{S}\boldsymbol{x}(N)+\sum_{i=0}^{N-1}[\boldsymbol{x}^{\mathrm{T}}(i)\boldsymbol{Q}(i)\boldsymbol{X}(i)+\boldsymbol{u}^{\mathrm{T}}(i)\boldsymbol{R}(i)\boldsymbol{u}(i)]\} \tag{4-65}$$

如果过程是从第 k 级开始至终端，则这一段的最优性能指标可表示为

$$w_N[\boldsymbol{x}(k),k]=\min_u\{\boldsymbol{x}^{\mathrm{T}}(N)\boldsymbol{S}\boldsymbol{x}(N)+\sum_{i=0}^{N-1}[\boldsymbol{x}^{\mathrm{T}}(i)\boldsymbol{Q}(i)\boldsymbol{X}(i)+\boldsymbol{u}^{\mathrm{T}}(i)\boldsymbol{R}(i)\boldsymbol{u}(i)]\} \tag{4-66}$$

根据最优性原理，可以建立函数方程如下：

$$w_N[\boldsymbol{x}(k),k]=\min_u\{\boldsymbol{x}^{\mathrm{T}}(i)\boldsymbol{Q}(i)\boldsymbol{X}(i)+\boldsymbol{u}^{\mathrm{T}}(i)\boldsymbol{R}(i)\boldsymbol{u}(i)+w_{N-k-1}[\boldsymbol{x}(k+1),k+1]\} \tag{4-67}$$

假设二次型问题的最优性能为 $w_{N-k}[\boldsymbol{x}(k),k]=\boldsymbol{x}^{\mathrm{T}}(k)\boldsymbol{p}(k)\boldsymbol{x}(k)$，将系统方程代入，基丁哈密尔顿函数对其求导，则可以得到

$$\boldsymbol{u}^*(k)=-[\boldsymbol{B}^{\mathrm{T}}(k)\boldsymbol{P}(k+1)\boldsymbol{B}(k)+\boldsymbol{R}(k)]^{-1}\boldsymbol{B}^{\mathrm{T}}(k)\boldsymbol{p}(k+1)\boldsymbol{A}(k)\boldsymbol{x}(k)=-\boldsymbol{G}(k)\boldsymbol{x}(k) \tag{4-68}$$

将式(4-68)代入性能指标，并遵循 $w_{N-k}[\boldsymbol{x}(k),k]=\boldsymbol{x}^{\mathrm{T}}(k)\boldsymbol{p}(k)\boldsymbol{x}(k)$，则有离散系统的黎卡提方程。

由于离散系统存在偏差，所以可直接对连续系统进行处理，最终得到一阶非线性偏微分方程，从而得到连续系统的最优控制。

同样，设连续系统状态方程为 $\dot{\boldsymbol{x}}(t)=\boldsymbol{f}[\boldsymbol{x}(t),\boldsymbol{u}(t),t]$，性能指标为

$$J=\theta[\boldsymbol{x}(t_{\mathrm{f}})\cdot t_{\mathrm{f}}]+\int_{t_0}^{t_{\mathrm{f}}}\boldsymbol{F}[\boldsymbol{x}(t),\boldsymbol{u}(t),t]\mathrm{d}t \tag{4-69}$$

将其采用动态规划法进行处理，性能指标可改写为

$$w(\boldsymbol{x}_0,t_0)=\min_{u\in U}\left\{\theta[\boldsymbol{x}(t_{\mathrm{f}})\cdot t_{\mathrm{f}}]+\int_{t_0}^{t_{\mathrm{f}}}\boldsymbol{F}[\boldsymbol{x}(t),\boldsymbol{u}(t),t]\mathrm{d}t\right\} \tag{4-70}$$

将过程分解两部分，用 Δt 作为间隔点，则有

$$w(\boldsymbol{x}_0,t_0)=\min_{u\in U}\left\{\theta[\boldsymbol{x}(t_f),t_f]+\int_{t_0}^{t_0+\Delta t}\boldsymbol{F}[\boldsymbol{x}(t),\boldsymbol{u}(t),t]\mathrm{d}\tau+\int_{t_0+\Delta t}^{t_f}\boldsymbol{F}[\boldsymbol{x}(t),\boldsymbol{u}(t),t]\mathrm{d}\tau\right\} \tag{4-71}$$

$$w(\boldsymbol{x}(t),t)=\min_{u\in U}\left\{\int_{t_0}^{t_0+\Delta t}\boldsymbol{F}[\boldsymbol{x}(t),\boldsymbol{u}(t),t]\mathrm{d}\tau+w(\boldsymbol{x}(t+\Delta t),t+\Delta t)\right\} \tag{4-72}$$

假设 Δt 较小，用泰勒级数将后项展开，且考虑到 $w(\boldsymbol{x}(t),t)$ 不是控制量的函数，则有

$$w(\boldsymbol{x}(t),t)=\min_{u\in U}\left\{\boldsymbol{F}[\boldsymbol{x}(t),\boldsymbol{u}(t),t]\Delta+\left(\frac{\partial w}{\partial \boldsymbol{x}}\right)^{\mathrm{T}}\dot{\boldsymbol{x}}\Delta\right\}+w(\boldsymbol{x}(t),t)+\frac{\partial w}{\partial t}\Delta+\boldsymbol{\varepsilon}(\Delta^2) \tag{4-73}$$

对其求导，并取 $\Delta\to 0$，则有

$$-\frac{\partial w}{\partial t}=\min_{u\in U}\left\{\boldsymbol{F}[\boldsymbol{x},\boldsymbol{u},t]+\left(\frac{\partial w}{\partial \boldsymbol{x}}\right)^{\mathrm{T}}\boldsymbol{f}[\boldsymbol{x},\boldsymbol{u},t]\right\} \tag{4-74}$$

定义

$$H(\boldsymbol{x},\boldsymbol{u},\frac{\partial w}{\partial \boldsymbol{x}},t)=\boldsymbol{F}[\boldsymbol{x},\boldsymbol{u},t]+\left(\frac{\partial w}{\partial \boldsymbol{x}}\right)^{\mathrm{T}}\boldsymbol{f}[\boldsymbol{x},\boldsymbol{u},t] \tag{4-75}$$

则当式(4－75)满足最小时，可得最优控制，式(4－75)被称为哈密尔顿-雅可比方程。当控制不受限制时，要求式(4－75)对控制量求导为零。欧拉方程变为

$$\frac{\partial \boldsymbol{F}(\boldsymbol{x},\boldsymbol{u},t)}{\partial \boldsymbol{u}}+\left[\frac{\partial \boldsymbol{f}(\boldsymbol{x},\boldsymbol{u},t)}{\partial \boldsymbol{u}}\right]^{\mathrm{T}}\frac{\partial w}{\partial \boldsymbol{x}}=0 \tag{4-76}$$

由式(4－76)即可解得控制量，同时，根据边界条件，解得泛函，从而获得最优控制。

综合上述问题，看到两点边值问题的综合解法可以采用以下的通用形式进行描述：

$$\frac{\mathrm{d}\boldsymbol{Y}}{\mathrm{d}t}=\boldsymbol{f}(t,\boldsymbol{Y}),\quad B_0(\boldsymbol{Y}_0)=0,\quad B_f(\boldsymbol{Y}_f)=0 \tag{4-77}$$

对于此类问题，由于具体的约束条件不同，所以具体求解方式上差异较大，而且对于协态变量无物理意义，求解也较为困难。常用的求解方式如下：

(1)间接打靶法。其基本思路是将哈密尔顿两点边值问题转换为初值问题进行求解，基本步骤如下：

1)取状态变量和协态变量的未知初始条件的猜测值，构成初始条件；

2)以时间为自变量，将状态方程和协态方程向前积分，同时根据极小值原理，得到状态变量、协态变量和最优控制变量的变化过程，计算终端值，如果偏差在给定条件内，求解结束，否则转为下一步；

3)对初始条件进行改变，重复上述过程，得到终端该变量，获取终端值对于初值的数值偏微商矩阵；

4)根据末值和偏微商矩阵，得到新猜测值，重复步骤，直到满足要求。

间接打靶法是一种简单的寻根方法。当利用间接打靶法寻根时，只须求解未知初始条件，因此求解变量的数目较少，求解的问题维数低，所需计算机的内存少。在控制参数较少、方程积分特性较好、不易发散时，间接打靶法较为有效。随着需要初始猜想的参数增加，以及积分收敛性变差，间接打靶法所得的结果，对初始猜想参数非线性特性明显增强，收敛域明显减小，其结果对初始猜想参数变得十分敏感，迭代收敛将变得十分困难。另外在轨迹优化设计中，须猜想的初值多为协态变量初值，这些变量毫无物理意义，因此其初值估计较为

困难。

(2)有限差分法。间接打靶法的主要问题是对初始猜测值较敏感,收敛困难。数值有限差分是一个很有效的手段处理该问题,其将整个轨迹划分为多个有限时间段,通过有限差分方法将其转变为一系列的代数方程组,从而将哈密尔顿两点边值问题变为代数方程组的求解问题。

对于两点边值问题,将时间平均分为 M 段,可以得到 $M+1$ 个时间点,定义为 $t_k(k=0,1,\cdots,M)$,每段的长度定义为 $h=(t_f-t_0)/M$,根据中心差分法则,可以得到代数方程为

$$\boldsymbol{Y}_k-\boldsymbol{Y}_{k-1}=h\boldsymbol{f}\left(\frac{t_k+t_{k-1}}{2},\frac{\boldsymbol{Y}_k+\boldsymbol{Y}_{k-1}}{2}\right) \tag{4-78}$$

定义差分误差为

$$\boldsymbol{E}_k(\boldsymbol{Y}_k,\quad \boldsymbol{Y}_{k-1})=\boldsymbol{Y}_k-\boldsymbol{Y}_{k-1}-h\boldsymbol{f}\left(\frac{t_k+t_{k-1}}{2},\frac{\boldsymbol{Y}_k+\boldsymbol{Y}_{k-1}}{2}\right)=0 \tag{4-79}$$

若状态方程是 $2N$ 维,则有 $2N\times(M+1)$个状态量需要求解。方程式(4-79)提供了 $2N\times M$ 个方程,另外下面两式所示的端点条件有 $2N$ 个约束方程,一共构成了 $2N\times(M+1)$个方程,因此方程数和状态量个数相等,由此,两点边值问题转化成了一个有限维代数方程求解问题。该方法没有数值积分,其计算类似于直接法,离散了协态方程,但是存在须搜索参数庞大的问题。

$$E_0(\boldsymbol{Y}_0)=B_0(\boldsymbol{Y}_0)=0 \tag{4-80}$$

$$E_M(\boldsymbol{Y}_M)=B_f(\boldsymbol{Y}_f)=0 \tag{4-81}$$

对于该方法,其优、缺点十分明显,优点如下:

(1)解的精度高,在合理的初始条件下,迭代计算量远远小于直接法,有很好的实时在线轨迹优化的应用潜质;

(2)最优解满足一阶最优性的必要条件,同时能求出状态变量、协态变量和最优控制序列,有时可满足二阶必要性条件,最优性有保证[7]。

但是缺点也较为明显,如下:

(1)推导过程烦琐,需要求偏导;

(2)收敛域较小,对初值敏感,共轭变量无物理意义,对于不同问题,求解难度差异较大;

(3)对于过程约束,只能得到问题的闭环次优解。

4.3　直接法求解的基本原理

针对间接法所存在的问题,直接法的思路是,通过把控制变量、状态变量离散和参数化,从而将连续最优问题转换为有限维的非线性规划问题,再利用参数优化方法进行求解。根据参数化方程的不同,可以将问题分为以下几类[8]。

(1)仅离散控制变量的方法,以直接打靶法为代表,该类方法只离散控制变量,描述运动轨迹的状态变量,须根据参数化的控制量,对运动方程进行数值积分获取。

(2)仅离散状态变量的方法,以微分包含和动态拟为代表。

(3)同时离散控制变量和状态变量的方法,包括配点法和伪谱法,该类方法描述运动轨迹的控制变量和运动变量均通过多项式逼近。

4.3.1 直接打靶法

该方法是一类只离散控制变量的方法,一般以时间作为离散自变量,可以得到一个参考序列。

$$t_0 = t_1 < t_2 < \cdots < t_{N-1} < t_N = t_f \tag{4-82}$$

$$[u_1, u_2, \cdots, u_{N-1}, u_N] \tag{4-83}$$

时间节点之间的控制变量,可以通过插值基函数 φ_k 获取,通常采用的是分段线性插值的方法来近似节点之间的控制变量。

$$u_{ki}(t) = u_{i-1} + \frac{u_i - u_{i-1}}{t_i - t_{i-1}}(t_i - t_{i-1}), \quad t \in (t_{i-1}, t_i) \tag{4-84}$$

在确定的初始状态,以及给定一组初值猜想的前提下,按照一定的步长,进行积分迭代,则可以得到与时间序列对应的状态变量序列:

$$[X_1, X_2, \cdots, X_{N-1}, X_N = X_f] \tag{4-85}$$

令设计变量集合为

$$\boldsymbol{Y} = [X_1, u_1, t_1, X_2, u_2, t_2, \cdots, X_{N-1}, u_{N-1}, t_{N-1}, X_N, u_N, t_N] \tag{4-86}$$

此时的性能指标为

$$J = \phi[X_1, t_1, X_f, t_f] + \sum_{i=1}^{N} L[X_i(t_i), u_i(t_i), t_i] = F(\boldsymbol{Y}) \tag{4-87}$$

边界条件可表示为

$$g_1(\boldsymbol{Y}) = 0, g_2(\boldsymbol{Y}) \geqslant 0 \tag{4-88}$$

综合式(4-87)和式(4-88),可以看到轨迹优化问题已经被转化为一个经典的非线性规划问题:

$$\left.\begin{aligned} &\min J = F(\boldsymbol{Y}) \\ &g_1(\boldsymbol{Y}) = 0 \\ &g_2(\boldsymbol{Y}) \geqslant 0 \end{aligned}\right\} \tag{4-89}$$

直接打靶法的基本原理如图 4-1 所示。

离散化的参考自变量不一定只选择实际时间或者归一化的时间,也可以是能量 e、高度 r、速度 v 等。离散自变量通常由飞行器运动方程的相对独立变量决定。在轨迹优化中,一般推荐选择单调变化的物理量为离散参考自变量。如果参考自变量不单调(例如,RLV 再入过程中高度可能出现长周期振荡),那么就需要将其分段离散,并分段求取性能指标后再求和,否则,将导致结果出现较大误差,甚至不正确。对于终端时刻 t_f 不固定的轨迹优化问题,在优化过程中,需要时间历程动态离散的过程,这可以通过随 t_f 变化,动态改变离散点个数、动态改变离散步长 dt 来实现。

直接打靶法思路明确,实现简单。但由于直接打靶法是在单区间上进行数值积分的,所以当时间间隔较大时,积分精度会下降。若增加分段节点的个数,则又会使运算量变得庞大。对于模型简单、积分时间短的最优控制问题,直接打靶法是可行的,且求解效果不错。

而对于较为复杂的轨迹优化问题，则需要进行相应的改进。多重打靶(Multiple Shooting)法是将时间区间分段，采用参数化方法在各段逼近控制值，在节点处实施打靶并提出匹配原则，最后利用合适的数值优化方法求出参数向量，近似逼近最优控制。该方法不是严格意义上的仅离散控制变量的方法，它将节点处的状态变量也作为设计变量，虽然可以经过降阶处理，减少变量数目，但处理过程中，线性化处理使二次规划设计在很大程度上偏离原模型。

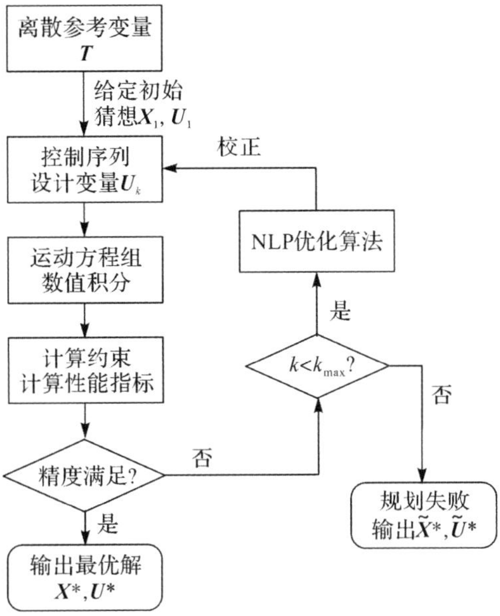

图 4－1　直接打靶法的基本原理

综上可知，离散的自变量可以为能量、高度和速度等，一般推荐选择单调变化量，在此过程中，由于出现了基本的近似，所以对于最优解的保证难以处理。

4.3.2　配点法

配点法[9]是一种将控制变量和状态变量同时离散的方法，也称为直接配点非线性规划，其基本思路与直接打靶法相似，先将参考自变量离散，并以此通过分段线性插值来近似控制变量 U，状态通过分段的 Gauss－Lobatto 多项式插值方法[10]获得，近似了节点间的状态变量随参考自变量的变化关系，并在一定精度下，对配点插值多项式求导得到的状态变量导数与飞行器运动方程组求得的状态导数相等，从而将运动方程组的微分约束转化为代数约束，再以节点处的状态变量、控制变量和配点处的控制变量作为优化设计变量，进而将轨迹优化问题转化为非线性规划方法求解[11]。

配点法因其选取的插值多项式不同而不同，此处以 3 次 Hermite 插值方法为例说明该算法的基本求解步骤。

(1)将时间和控制变量按照以下方式离散：

$$t_0 = t_1 < t_2 < \cdots < t_{N-1} < t_N = t_f \tag{4-90}$$

$$[u_1, u_2, \cdots, u_{N-1}, u_N] \tag{4-91}$$

以初值给出状态变量的初始猜想，以 Hermite 多项式进行状态变量的离散，形式如下：

$$X(\tau)=c_0+c_1\tau+c_2\tau^2+c_3\tau^3,c_i\in\mathbf{R}^n \tag{4-92}$$

(2)将状态变量参数化。先通过转换公式将子区间 $t\in[t_{i-1},t_i]$ 转换为 $\tau\in[0,1]$，然后由边界条件在相邻两个节点之间，以 3 次 Hermite 插值多项式将状态变量近似。

转换公式为

$$\tau=\frac{t-t_{i-1}}{t_i-t_{i-1}},i=2,3,\cdots,N \tag{4-93}$$

边界条件为

$$X(0)=X_{i-1},X(1)=X_i \tag{4-94}$$

$$\left.\frac{\mathrm{d}x}{\mathrm{d}\tau}\right|_{\tau=0}=\dot{X}_{i-1},\quad \left.\frac{\mathrm{d}x}{\mathrm{d}\tau}\right|_{\tau=1}=\dot{X}_i \tag{4-95}$$

通过参考数值分析参考书可知，节点处的状态变量及其导数与插值多项式系数有如下式所示的关系：

$$\begin{bmatrix}c_1\\c_2\\c_3\\c_4\end{bmatrix}=\begin{bmatrix}1&0&0&0\\0&1&0&0\\-3&-2&3&-1\\2&1&-2&1\end{bmatrix}\begin{bmatrix}X_{i-1}\\\dot{X}_{i-1}\\X_i\\\dot{X}_i\end{bmatrix} \tag{4-96}$$

因此给定一组节点处的状态变量，便可求解出相应的插值多项式系数，相应的插值多项式改写为

$$X(\tau)=X_{i-1}+\dot{X}_{i-1}\tau+(-3X_{i-1}-2\dot{X}_{i-1}+3X_{i-1}-\dot{X}_i)\tau^2+(2X_{i-1}+\dot{X}_{i-1}-2X_i+\dot{X}_i)\tau^3 \tag{4-97}$$

取子区间的中点 $t-1/2$ 为配点，则配点处的状态变量和其导数可以表示为

$$\left.\begin{aligned}X_{ci}&=\frac{X_{i-1}+X_i}{2}+\frac{\dot{X}_{i-1}-\dot{X}_i}{8}\\\dot{X}_{ci}&=3\,\frac{X_{i-1}+X_i}{2}-\frac{\dot{X}_{i-1}-\dot{X}_i}{4}\end{aligned}\right\} \tag{4-98}$$

(3)计算配点处的 Defect 矢量。为确保插值多项式能更好地逼近状态变量的变化，应使子区间内配点处由状态方程计算的状态变量 $\dot{\boldsymbol{X}}_{\mathrm{EOM}}$ 与多项式求得的状态变量导数 $\dot{\boldsymbol{X}}_{\mathrm{c}}$ 相等，即使偏差矢量 $\boldsymbol{d}=\dot{\boldsymbol{X}}_{\mathrm{EOM}}-\dot{\boldsymbol{X}}_{\mathrm{c}}$ 趋于零。这里的 $\boldsymbol{d}$ 即 Defect 矢量，该矢量构成了等式约束，则方程优化变为非线性规划问题。

(4)选择系统设计变量为

$$\boldsymbol{Y}=[X_1,u_1,u_{c1},t_1,X_2,u_2,u_{c2},t_2,\cdots,X_{\mathrm{f}},u_{\mathrm{f}},u_{\mathrm{cf}},t_{\mathrm{f}}] \tag{4-99}$$

轨迹优化问题转化以 $\boldsymbol{d}=\boldsymbol{0}$ 以及原有约束为约束，使某性能指标达到最优值的非线性规划问题。

下面给出配点法的基本原理图，如图 4-2 所示。

该算法得到的非线性规划问题优化变量维数高于直接打靶法，需要优化配点处的控制量，但降低了目标函数的病态程序，提高了收敛性和精度，且对初始猜想更不敏感。

4.3.3　微分包含法与动态逆方法

微分包含法是一种仅离散状态变量的方法，其基本思想是通过对状态变量的变化率限制来消除受限控制变量。对于一般的轨迹优化问题，定义复合指标，满足微分方程组约束和边界条件，同时遵循过程约束。

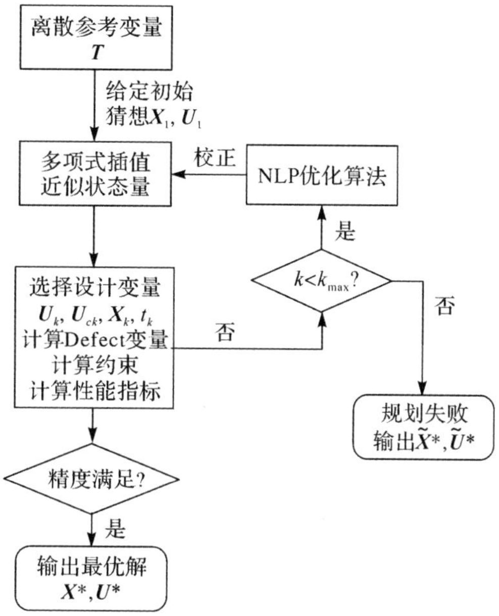

图 4－2　配点法的基本原理

性能指标为

$$J=\Phi[\boldsymbol{X}(t_0),t_0,\boldsymbol{X}(t_f),t_f]+\int_{t_0}^{t_f}L[\boldsymbol{X}(t),\boldsymbol{U}(t),t]\mathrm{d}t \tag{4-100}$$

系统状态方程为

$$\dot{\boldsymbol{X}}(t)=f[\boldsymbol{X}(t),\boldsymbol{U}(t),t],t\in(t_0,t_f) \tag{4-101}$$

边界条件为

$$\Phi[\boldsymbol{X}(t_0),t_0,\boldsymbol{X}(t_f),t_f]=0 \tag{4-102}$$

过程约束（等式和不等式统一形式）为

$$C[\boldsymbol{X}(t),\boldsymbol{U}(t),t]\leqslant 0 \tag{4-103}$$

基于一般泛函定义，定义 m 维的欧氏空间，以此定义为控制变量空间 Ω，定义 n 维欧氏空间为速度图空间 $\boldsymbol{S}$，得到状态变量变化率空间的映射：$F:\Omega\rightarrow\boldsymbol{S}$，则可以定义如下：

控制变量空间为

$$\Omega=\{\boldsymbol{U}(t)\in\mathbf{R}^m \mid C[\boldsymbol{X}(t),\boldsymbol{U}(t),t]\leqslant 0\} \tag{4-104}$$

速度图空间为

$$\boldsymbol{S}=\{\dot{\boldsymbol{X}}(t)\in\mathbf{R}^n \mid \dot{\boldsymbol{X}}(t)=f[\boldsymbol{X}(t),\boldsymbol{U}(t),t],\boldsymbol{U}(t)\in\Omega\} \tag{4-105}$$

转化后性能指标和过程约束为为

$$J = \Phi[\boldsymbol{X}(t_0), t_0, \boldsymbol{X}(t_f), t_f] + \int_{t_0}^{t_f} L[\boldsymbol{X}(t), \dot{\boldsymbol{X}}(t), t]\mathrm{d}t \tag{4-106}$$

$$C[\boldsymbol{X}(t), \dot{\boldsymbol{X}}(t), t] \leqslant 0 \tag{4-107}$$

至此可采用离散化方法，直接离散状态变量，将最优化问题转化为非线性规划问题求解。但其问题是约束的梯度解析很难获取，这给 NLP 的求解带来困难，通过某种映射消除控制变量。

动态逆方法也是一种仅离散状态变量的方法，其控制变量通过动态逆获得，该方法早期主要用于非线性系统的伪线性化，后来被用于轨迹设计，该方法须首先定义期望输出 $c(t)$ 满足的代数约束条件，表示为

$$g[\boldsymbol{X}(t), c(t), t] = 0, t \in [t_0, t_f] \tag{4-108}$$

式中：$g: \mathbf{R}^n \times \mathbf{R}^l \times \mathbf{R} \to \mathbf{R}^l$ 是完全可微的，期望输出 $c(t) \in \mathbf{R}^l$ 是光滑的。式(4－108)定义了输出关系，对其不断微分，直至出现控制变量 $\boldsymbol{U}(t)$ 的显式表达式，可得

$$\boldsymbol{G}[\boldsymbol{X}(t), \boldsymbol{U}(t), c(t), \dot{c}(t), \cdots, t] = 0 \tag{4-109}$$

式(4－108)和式(4－109)构成了状态变量和控制变量的约束方程组，在动态逆方法求解控制问题中，一般是给定期望输出 $c(t)$ 求解控制变量 $\boldsymbol{U}(t)$，而对于轨迹优化问题，如果最优期望输出 $c^*(t)$ 得到，则相应最优控制 $\boldsymbol{U}^*(t)$ 可得。对于期望输出的定义，则可以采用多项式进行描述。其问题是需要进行期望输出的前几阶导数信息(见图 4－3)。

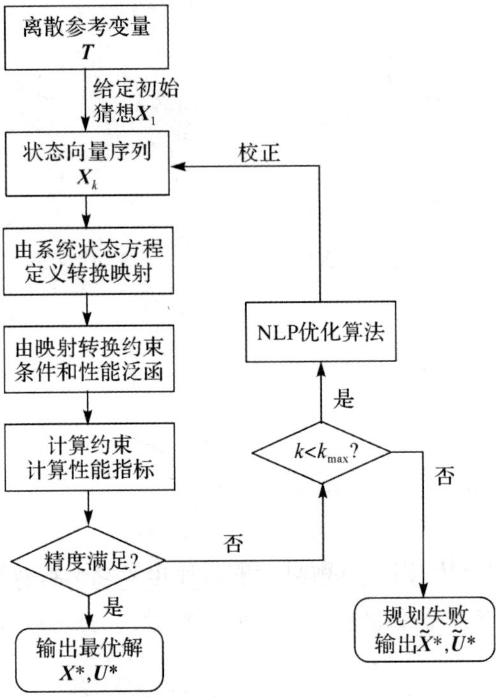

图 4－3　微分包含法的基本原理

动态逆方法之所以被认为是一种仅离散状态变量的直接法，正是因为通过动态逆变换，可以将求解最优控制解转换为求解最优期望输出解，而期望输出一般选择与描述轨迹相关

的最有影响的状态变量，同时运用式(4-109)使求解控制变量相对简单。对于转换后的问题再进行离散化和参数化，将其转化为非线性规划问题，再用数值优化方法寻优。动态逆方法的基本原理图如图 4-4 所示。

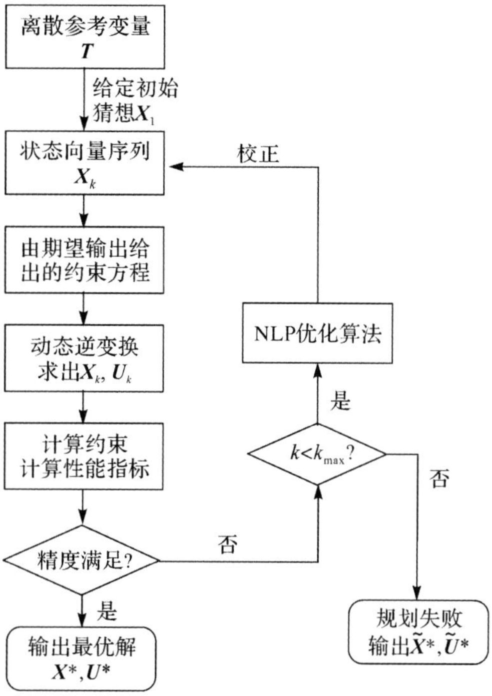

图 4-4　动态逆方法的基本原理

动态逆方法[12]可以缓解优化计算时的参数敏感问题，且期望输出的初值估计相对比较容易。但是，动态逆方法需要用到期望输出的前几阶导数信息，比一般直接法的参数化要求更高。Ping Lu 的研究[13]发现，对于较为平缓的轨迹，采用 3 次多项式即可获得精度较高的期望输出的各阶导数信息，而对于多次跳跃的期望轨迹，则须采用分段 3 次样条插值的方法才能对其各阶导数有较好的近似，且精度与划分网格点的密度相关。因此，动态逆方法对于解决轨迹优化问题还需进一步改进和完善[14]。

4.3.4　伪谱法

伪谱法是近年发展迅速、应用较多的一类同时离散控制变量和状态变量的直接法，该方法的求解基本思路类似配点法，由于其配点一般选择正交多项式的根，所以又被称为正交配点法。同时该方法一般采用全局多项式插值，因此一般被称为全局方法。伪谱法的种类根据不同的节点、配点和插值基函数不同而不同，一般应用较多的方法主要有 Chebyshev 伪谱法(CPM)、Legendre 伪谱法(LPM)、Gauss 伪谱法(GPM)和 Radau 伪谱法(RPM)。不同方法的区别是采用的插值基函数存在差异，但均满足正交特性。同时正交区间一般为[-1,1]。因此需要首先将时间区间转化值正交区间，即 $t\in[t_0,t_1]$转换到 $\tau\in[-1,1]$，其转换公式为

$$\tau=\frac{2t}{t_f-t_0}-\frac{t_f+t_0}{t_f-t_0} \tag{4-110}$$

Radau 伪谱法的配点是 Legendre - Gauss - Radau，即多项式 $P_k(\tau)+P_{k-1}(\tau)$ 或者 $P_k(\tau)-P_{k-1}(\tau)$ 的根，前者属于区间 $[-1,1)$，后者属于区间 $(-1,1]$，这里讨论第 2 种情况，其中 $P_k(\tau)=\dfrac{1}{2^k k!}\dfrac{\mathrm{d}^k}{\mathrm{d}\tau^k}[(\tau^2-1)^k]$ 为 k 阶的 Lenendre 正交多项式。RPM 的节点为配点与初始时刻点 $\tau_0\equiv-1$。设节点个数为 N，则配点个数为 $k=N-1$，即配点取 $N-1$ 阶 LGR 点。采用 Lagrange 插值的方法对状态变量进行近似，可得

$$\boldsymbol{x}(\tau)\approx\boldsymbol{X}(\tau)=\sum_{i=0}^{N-1}L_i(\tau)\boldsymbol{X}(\tau_i) \tag{4-111}$$

式中：$L_i(\tau)$ 为插值基函数；τ_i 为插值节点，即 RPM 的节点。

$$L_i(\tau)=\prod_{j=0,\nu\neq i}^{N-1}\frac{\tau-\tau_j}{\tau_i-\tau_j} \tag{4-112}$$

对式(4-112)进行求导，可得配点 τ_k 处状态变量的导数为

$$\dot{\boldsymbol{x}}(\tau_k)\approx\dot{\boldsymbol{X}}(\tau_k)=\sum_{i=0}^{N-1}\dot{l}_i(\tau_k)\boldsymbol{X}(\tau_i)=\sum_{i=0}^{N-1}D_{ki}\boldsymbol{X}(\tau_i),\quad k=1,2,\cdots,N-1 \tag{4-113}$$

其中

$$D_k=\begin{cases}\dfrac{\dot{q}(\tau_k)}{(\tau_k-\tau_i)\dot{q}(\tau_i)}, & k\neq i\\[2ex] \dfrac{\ddot{q}}{2\dot{q}}\dfrac{(\tau_i)}{(\tau_i)}, & k=i\end{cases} \tag{4-114}$$

$$q(\tau_i)=(1+\tau_i)[P_{N-1}(\tau_i)-P_{N-2}(\tau_i)],\quad i=0,1,\cdots,N-1 \tag{4-115}$$

由此，配点处飞行器运动方程组对应的微分方程约束可以转换为代数方程约束，即

$$\sum_{i=0}^{N-1}D_k\boldsymbol{X}(\tau_i)-\frac{t_i-t_0}{2}\boldsymbol{f}[\boldsymbol{X}(\tau_k),\boldsymbol{U}(\tau_k),\tau_k;t_0,t_i]=0 \tag{4-116}$$

控制变量也采用 Lagrange 插值的方法近似，可得

$$\boldsymbol{u}(\tau)\approx\boldsymbol{U}(\tau)=\sum_{i=1}^{N-1}\bar{L}_i(\tau)\boldsymbol{U}(\tau_i) \tag{4-117}$$

对于一般性的 Bloza 型性能指标，其积分项用 Gauss 积分来近似，可得转换后的

$$J=\Phi[\boldsymbol{X}(t_0),t_0,\boldsymbol{X}(t_\mathrm{f}),t_\mathrm{f}]+\frac{t_1-t_0}{2}\sum_{k=1}^{N-1}\omega_k L(\boldsymbol{X}(\tau_k),\boldsymbol{U}(\tau_k),\tau_k;t_0,t_\mathrm{f}) \tag{4-118}$$

其中

$$\left.\begin{aligned}\omega_1&=\frac{2}{(N-2)^2}\\ \omega_k&=\frac{1}{(1-\tau_k)[\dot{P}_{N-2}(\tau_k)]^2},\quad k=2,3,\cdots,N-1\end{aligned}\right\} \tag{4-119}$$

至此，RPM 离散后的轨迹优化问题的一般描述为：求解离散的状态变量 $\boldsymbol{X}(\tau_k)$ 和控制变量 $\boldsymbol{U}(\tau_k)$ 及初始时刻 t_0 和终端时刻 t_f（如果 t_0、t_f 未知），使式(4-118)所示的性能指标取最优值，并满足配点处的状态约束式(4-116)、边界条件约束式(4-120)以及过程约束式(4-121)：

$$\psi[\boldsymbol{X}(t_0),t_0,\boldsymbol{X}(t_i),t_\mathrm{f}]=0 \tag{4-120}$$

$$C[\boldsymbol{X}(\tau_k),\boldsymbol{U}(\tau_k),\tau_k;t_0,t_1]\leqslant 0 \tag{4-121}$$

表 4-1 给出了 4 种伪谱法在配点、节点等主要因素的区别与比较。接着对 4 种伪谱法转换后的 NLP 问题中(假定配点数为 N)的两个主要区别，即运动方程组约束和性能指标函数进行了总结。

表 4-1　种伪谱法的比较

方　法	配　点	以配点为根的多项式	配点区间	节　点
CPM	Chebyshev-Gauss-Lobatto	$\sin(N\arccos\tau)$	$\tau\in[-1,1]$	配点
LPM	Legendre-Gauss-Lobatto	$(1-\tau^2)\dot{P}_{k-1}(\tau)$	$\tau\in[-1,1]$	配点
GPM	Legendre-Gauss	$P_k(\tau)$	$\tau\in(-1,1)$	配点及 $\tau_0\equiv-1$
RPM	Legendre-Gauss-Radau	$P_k(\bar{\tau})+P_{k-1}(\bar{\tau})$或 $P_k(\bar{\tau})-P_{k-1}(\bar{\tau})$	$\tau\in[-1,1)$或 $\tau\in(-1,1]$	配点及 $\tau_0\equiv1$ 或 配点及 $\tau_0\equiv-1$

1. CPM 法

运动方程组约束为

$$\sum_{i=1}^{N}D_k\boldsymbol{X}(\tau_i)-\frac{t_f-t_0}{2}\boldsymbol{f}(\boldsymbol{X}(\tau_k),\boldsymbol{U}(\tau_k),\tau_k;t_0,t_f)=0 \tag{4-122}$$

$$D_{ki}=\begin{cases}\dfrac{(-1)^{i+k}c_k}{c_i(\tau_k-\tau_i)}, & k\neq i\\ -\dfrac{(2N^2+1)}{6}, & k=i=1\\ \dfrac{(2N^2+1)}{6}, & k=i=N\\ \dfrac{\tau_k}{2-2\tau_k^2}, & 2\leqslant k\leqslant i\leqslant N-1\end{cases} \tag{4-123}$$

$$c_k=\begin{cases}2, & k=1,N\\ 1, & 2\leqslant k\leqslant N-1,\quad i=1,2,\cdots,N;k=1,2,\cdots,N\end{cases} \tag{4-124}$$

性能指标函数为

$$J=\Phi[\boldsymbol{X}(t_0),t_0,\boldsymbol{X}(t_f),t_f]+\frac{t_f-t_0}{2}\sum_{k=1}^{N}\omega_k L(\boldsymbol{X}(\tau_k),\boldsymbol{U}(\tau_k),\tau_k;t_0,t_f) \tag{4-125}$$

当 N 为偶数时，有

$$\omega_1=\omega_N=\frac{1}{(N-1)^2} \tag{4-126}$$

$$\omega_s=\omega_{N+1-s}=\frac{4}{N}\sum_{i=1}^{N/2}\frac{1}{4i^2}\cos\left(\frac{2\pi is}{N}\right),\quad s=2,3,\cdots,N/2 \tag{4-127}$$

为 N 为奇数时，有

$$\omega_1=\omega_N=\frac{1}{N^2} \tag{4-128}$$

$$\omega_s=\omega_{N+1-s}=\frac{4}{N}\sum_{i=1}^{(N+1)/2}\frac{1}{1-4i^2}\cos\left(\frac{2\pi is}{N}\right),\quad s=2,3,\cdots,(N+1)/2 \tag{4-129}$$

2. LPM 法

运动方程组约束为

$$\sum_{i=1}^{N} D_{k1}\boldsymbol{X}(\tau_i)-\frac{t_1-t_0}{2}\boldsymbol{f}(\boldsymbol{X}(\tau_k),\boldsymbol{U}(\tau_k),\tau_k;t_0,t_f)=0 \tag{4-130}$$

$$D_{ki}=\begin{cases}\dfrac{P_{N-1}(\tau_k)}{(\tau_k-\tau_i)P_{N-1}(\tau_i)}, & k\neq i\\ -\dfrac{(N-1)N}{4}, & k=i=1\\ \dfrac{(N-1)N}{4}, & k=i=N\\ 0, & 2\leqslant k=i\leqslant N-1, \quad i=1,2,\cdots,N;k=1,2,\cdots,N\end{cases} \tag{4-131}$$

性能指标函数为

$$J=\Phi[\boldsymbol{X}(t_0),t_0,\boldsymbol{X}(t_f),t_f]+\frac{t_f-t_0}{2}\sum_{k=1}^{N}\omega_k L[\boldsymbol{X}(\tau_k),\boldsymbol{U}(\tau_k),\tau_k;t_0,t_f] \tag{4-132}$$

$$\omega_k=\frac{2}{N(N-1)}\frac{1}{[P_{N-1}(\tau_k)]^2}, \quad k=1,2,\cdots,N \tag{4-133}$$

3. GPM 法

运动方程组约束为

$$\sum_{i=0}^{N-2} D_{ki}\boldsymbol{X}(\tau_i)-\frac{t_f-t_0}{2}\boldsymbol{f}[\boldsymbol{X}(\tau_k),\boldsymbol{U}(\tau_k),\tau_k;t_0,t_f]=0 \tag{4-134}$$

$$\boldsymbol{X}(\tau_F)-\boldsymbol{X}(\tau_0)-\frac{t_f-t_0}{2}\sum_{k=1}^{N-2}\omega_k\boldsymbol{f}(\boldsymbol{X}(\tau_k),\boldsymbol{U}(\tau_k),\tau_k;t_0,t_f)=0 \tag{4-135}$$

$$D_{ki}=\begin{cases}\dfrac{(1+\tau_k)\dot{P}_{N-2}(\tau_k)+P_{N-2}(\tau_k)}{(\tau_k-\tau_i)[(1+\tau_i)\dot{P}_{N-2}(\tau_i)+P_{N-2}(\tau_i)]}, & k\neq i\\ \dfrac{(1+\tau_i)\ddot{P}_{N-2}(\tau_i)+2\dot{P}_{N-2}(\tau_i)}{2[(1+\tau_i),\dot{P}_{N-2}(\tau_i)+P_{N-2}(\tau_i)]}, & k=i\end{cases} \quad i=0,1,\cdots,N-2;k=1,2,\cdots,N-2 \tag{4-136}$$

性能指标函数为

$$J=\Phi[\boldsymbol{X}(t_0),t_0,\boldsymbol{X}(t_f),t_f]+\frac{t_f-t_0}{2}\sum_{k=1}^{N-2}\omega_k L(\boldsymbol{X}(\tau_k),\boldsymbol{U}(\tau_k),\tau_k;t_0,t_f) \tag{4-137}$$

$$\omega_k=\frac{2}{(1-\tau_k^2)[\dot{P}_{N-2}(\tau_k)]^2}, \quad k=1,2,\cdots,N-2 \tag{4-138}$$

4. RPM 法

运动方程组约束为

$$\sum_{i=0}^{N-1} D_{ki}\boldsymbol{X}(\tau_i)-\frac{t_f-t_0}{2}\boldsymbol{f}[\boldsymbol{X}(\tau_k),\boldsymbol{U}(\tau_k),\tau_k;t_0,t_f]=0 \tag{4-139}$$

$$D_{ki}=\begin{cases}\dfrac{\dot{q}(\tau_k)}{(\tau_k-\tau_i)\dot{q}(\tau_i)}, & k\neq i\\ \dfrac{\ddot{q}(\tau_i)}{2\dot{q}(\tau_i)}, & k=i\end{cases}\quad i=0,1,\cdots,N-1;k=1,2,\cdots,N-1 \tag{4-140}$$

$$q(\tau_i)=(1+\tau_i)[P_{N-1}(\tau_i)-P_{N-2}(\tau_i)] \tag{4-141}$$

性能指标函数为

$$J=\Phi[\boldsymbol{X}(t_0),t_0,\boldsymbol{X}(t_f),t_f]+\frac{t_f-t_0}{2}\sum_{k=1}^{N-1}\omega_k L[\boldsymbol{X}(\tau_k),\boldsymbol{U}(\tau_k),\tau_k;t_0,t_f] \tag{4-142}$$

$$\omega_1=\frac{2}{(N-1)^2} \tag{4-143}$$

$$\omega_k=\frac{1}{(1-\tau_k)[\dot{P}_{N-2}(\tau_k)]^2},\quad k=2,3,\cdots,N-1 \tag{4-144}$$

最近，关于伪谱法的大量研究表明[15,16]，伪谱法相对于配点法具有参数较少和计算精度较高等优势。伪谱法以其较少的参数、较高的计算精度、指数级的收敛速度以及在一定条件下实现了直接法与间接法结果相统一等优势，被认为在实际系统中具有实时最优控制（如飞行器在线轨迹优化）应用的潜力。

1. 连续函数空间与正交多项式理论

为了理解伪谱法，需要针对正交多项式进行说明，伪谱法相对于配点法最大的差异是采用了正交多项式进行状态变量的拟合，而不是采用离散的点，而正交多项式所具有的优点使得其非常便于进行状态的配点和拟合。下面首先进行相关理论问题的介绍，此部分为数学分析的部分内容[17]。

设$\{\varphi_i(x)\}_{i=1}^n$为$C[a,b]$中的线性无关组，则称集合

$$\mathrm{span}\{\varphi_0,\cdots,\varphi_n\}=\{s(x)\mid s(x)=\sum_{i=0}^n a_i\varphi_i(x),a_i\text{ 为实数}\} \tag{4-145}$$

为由$\{\varphi_i(x)\}_{i=1}^n$生成的集合。

施密特正交化：定义线性无关组为$H_n=\mathrm{span}(1,x,x^2,\cdots,x^n)$，则以权系数$\omega(x)$可构造正交多项式组，满足首项系数为1，即

$$\varphi_0(x)=1 \tag{4-146}$$

$$\varphi_k(x)=x^k+\sum_{j=0}^{k-1}c_{kj}\varphi_j(x),\quad k=1,2,\cdots,n \tag{4-147}$$

其中，系数$c_{kj}=-\dfrac{(x^k,\varphi_j)}{(\varphi_j,\varphi_j)}$，$j=1,2,\cdots,k-1$。

该定理的证明可由递推构造法证明，同时可得推论，若给出$P(x)\in H_n$为任意次小于n的多项式，也可构成正交多项式组[见式(4-147)]。

由此可得到正交多项式组的三项递推公式为

$$\varphi_0(x)=1 \tag{4-148}$$

$$\varphi_1(x)=x-a_1 \tag{4-149}$$

$$\varphi_{k+1}(x)=(x-\alpha_{k+1})\varphi_k(x)-\beta_{k+1}\varphi_{k-1}(x),\quad k=1,2,\cdots,n-1 \tag{4-150}$$

$$\alpha_{k+1}=\frac{(x\varphi_k,\varphi_k)}{(\varphi_k,\varphi_k)},\quad \beta_{k+1}=\frac{(\varphi_k,\varphi_k)}{(\varphi_{k-1},\varphi_{k-1})} \tag{4-151}$$

其中，$\{\varphi_i(x)\}_{i=1}^{n}$为$[a,b]$具有权函数$\omega(x)$的正交多项式组，是唯一的。

设$\{\varphi_k\}$为$[a,b]$上带权$\omega(x)$的正交多项式序列，则n次多项式$\varphi_n(x)$在$[a,b]$内恰好有n个不同的实根。

根据以上定义，可以获得常见的正交多项式形式。

(1)勒让德多项式(Legendre)。

取$[a,b]=[-1,1]$，$\omega(x)=1$，，正交多项式记为$\{\tilde{p}_i(x)\}_{i=0}^{n}$，$n$次多项式被记为

$$p_n(x)=\frac{1}{2^n n!}\frac{\mathrm{d}^n}{\mathrm{d}x^n}(x^2-1)^n,\quad n=0,1,2,\cdots \tag{4-152}$$

称为勒让德多项式，满足

$$\left.\begin{aligned}
&p_0(x)=1=\tilde{p}_0(x)\\
&p_1(x)=x=\tilde{p}_1(x)\\
&p_1(x)=\frac{3}{2}x^2-\frac{1}{2}=\frac{3}{2}\tilde{p}_2(x)\\
&p_3(x)=\frac{2}{5}x^3-\frac{3}{2}=\frac{5}{2}\tilde{p}_3(x)\\
&\cdots
\end{aligned}\right\} \tag{4-153}$$

其中，基本多项式的阶次差为2，主要原因是定义中包含项为二次方项。

满足$\varphi(x)=(x^2-1)^n=(x+1)^n\ (x-1)^n$，可以得到

$$\left[\frac{\mathrm{d}^n}{\mathrm{d}x^n}\varphi(x)\right]_{x=1}=n!2^n,\quad \left[\frac{\mathrm{d}^n}{\mathrm{d}x^n}\varphi(x)\right]_{x=-1}=n!(-2)^n \tag{4-154}$$

则有

$$p_n(1)=1,\quad p_n(-1)=(-1)^n,\quad \frac{\mathrm{d}^k}{\mathrm{d}x^k}\varphi(x)\mid_{x=\pm1}=0,\quad k<n \tag{4-155}$$

则正交多项式满足

$$(p_n,p_m)=\int_{-1}^{1}p_n(x)p_m(x)\mathrm{d}x=\begin{cases}0\\ \dfrac{2}{2n+1},\quad n=m\end{cases} \tag{4-156}$$

其三项递推公式为

$$\left.\begin{aligned}
&p_0(x)=1\\
&p_1(x)=x\\
&(k+1)p_{k+1}(x)=x(2k+1)p_k(x)-kp_{k-1}(x),\quad k=1,2,\cdots,x\in[-1,1]
\end{aligned}\right\} \tag{4-157}$$

该正交多项式可构成变量在$[-1,1]$区间、多项式值也在$[-1,1]$区间变化的函数。

(2)切比雪夫多项式。

取$[a,b]=[-1,1]$，$\omega(x)=\dfrac{1}{\sqrt{1-x^2}}$，正交多项式组记为$\{\tilde{T}_i(x)\}_{i=0}^{n}$表示为

$$T_n(x)=\cos(n\arccos x)=\cos(n\theta),\quad x\in[-1,1] \tag{4-158}$$

并设 $x=\cos\theta$，则称该多项式为切比雪夫多项式，首项系数为 2^{n-1}，其三项递推公式为

$$\left.\begin{aligned} &T_0(x)=1\\ &T_1(x)=x\\ &T_{k+1}(x)=2xT_k(x)-T_{k-1}(x),\quad k=1,2,\cdots,x\in[-1,1] \end{aligned}\right\} \tag{4-159}$$

对于定理，$T_n(x)=\cos(n\arccos x)=\cos(n\theta)$ 存在 n 个零点、$n+1$ 个极点。

2. 配点实现与算法处理

对于配点法[18]，由于正交多项式满足在区间[−1,1]之间，取多项式的零点或者极点进行配点的实现，配点数为 N，节点数为 $N+1$。以此为基础进行状态变量的离散化处理，采用 Lagrange 插值方法进行近似。对于 Lagrange 多项式插值，可定义函数 $f(x)$，若 $x\in[a,b]$，$\{x_i\}_{i=0}^{n}$ 为区间上 $n+1$ 个相异点，则满足 $y_i=f(x_i)=p(x_i)$ 的多项式存在且唯一。而插值的基函数被描述为

$$L_i(t)=\prod_{i=0,j\neq i}^{N}\frac{\tau-\tau_j}{\tau_i-\tau_j} \tag{4-160}$$

$$x(\tau)\approx X(\tau)=\sum_{i=0}^{N}L_i(\tau)X_i(\tau) \tag{4-161}$$

其中，Lagrange 多项式[19]中的基函数满足

$$L_i(x_j)=\begin{cases}1, & i=j\\ 0, & i\neq j\end{cases} \tag{4-162}$$

式(4-162)被称为 n 次插值基函数或者 Lagrange 基本多项式。

为简单起见，设

$$\omega_{n+1}(x)=\prod_{i=0}^{n}(x-x_i)=(x-x_0)(x-x_1)\cdots(x-x_n) \tag{4-163}$$

$$\begin{aligned}\omega'_{n+1}(x)&=\lim_{x\to x_k}\frac{\omega(x)-\omega(x_k)}{x-x_k}=\lim_{x\to x_k}\frac{\omega(x)}{x-x_k}\\ &=(x_k-x_0)\cdots(x_k-x_{k-1})(x_k-x_{k+1})\cdots(x_k-x_n)\end{aligned} \tag{4-164}$$

则有

$$L_i(x)=\prod_{i=0,j\neq i}^{N}\frac{x-x_j}{x_i-x_j}=\frac{\omega_{n+1}(x)}{x-x_i}\frac{1}{\omega'_{n+1}(x_i)},L_n(x)=\sum_{j=0}^{n}\prod_{\substack{i=0\\ i\neq j}}^{n}\frac{x-x_i}{x_j-x_i}y_j \tag{4-165}$$

在此基础上，可以利用 Legendre 多项式[20]的基本特性进行正交多项式基函数的设置，从而使得函数可以使用该基函数进行逼近。将时间区间变换至[−1,1]区间，并设 $L_N(\tau)$ 为 n 阶勒让德多项式，τ_j 为多项式导数的零点。可将连续函数的拟合值表示为

$$x(\tau)\approx X(\tau)=\sum_{i=0}^{N}L_i(\tau)X_i(\tau) \tag{4-166}$$

$$L_i(\tau)=\frac{1}{N(N+1)L_N(\tau_j)}\frac{(\tau^2-1)L'_N(\tau)}{\tau-\tau_j} \tag{4-167}$$

则以上为函数的 Lagrange 插值多项式。其中节点 N 的范围为 15～30，主要原因是 Lagrange 插值会出现 runge 现象(节点与中间区域误差小，两端误差大)。因此配点并非数目

越多越好，而在一般情况下，当要求函数的 $n+1$ 次导数具有一致界时，点数目越多越好。

Sobolev 空间，表征函数及其导数二次方可积，并在端点处正负为 1 时，值为零的函数全体。

在得到基本的配点后，可以对控制量和状态量进行离散处理，以 Legendre 多项式的零点为配点，进行变量离散化(配点的多项式形式存在差异，导致配点方法也具有差异性)。得到离散化后的形式如下[21]：

$$x(\tau) \approx X(\tau) = \sum_{i=0}^{N} X(\tau_i) L_i(\tau) \tag{4-168}$$

$$u(\tau) \approx U(\tau) = \sum_{i=0}^{N} U(\tau_i) L_i^*(\tau) \tag{4-169}$$

基于离散点，可将动态约束转为代数约束：

$$\sum_{i=0}^{N} D_{ki} X_i - \frac{t_f - t_0}{2} F(X_k, U_k, \tau_k; t_0, t_f) = 0, \quad k = 1, 2, \cdots, N \tag{4-170}$$

将终端约束 $x(\tau_f) = x(\tau_0) + \int_{-1}^{1} f(x(\tau), u(\tau), \tau) d\tau$ 离散并用 Gauss - Lobatto 积分来近似，可得

$$X_f = X_0 + \sum_{k=1}^{N} \omega_k \sum_{i=0}^{N} D_{ki} X_i \tag{4-171}$$

同理，性能指标也能离散化为

$$J = \Phi(x(t_0), t_0 \cdot x(t_f), t_f) + \frac{t_f - t_0}{2} \sum_{k=1}^{N} \omega_k G(X_k, U_k, \tau_k; t_0, t_f) \tag{4-172}$$

其中，权系数可以描述为

$$\left.\begin{aligned} \omega_1 &= \frac{2}{(N-2)^2} \\ \omega_k &= \frac{1}{1 - \tau_k [\dot{P}_{N-2}(\tau_k)]^2}, \quad k > 1 \end{aligned}\right\} \tag{4-173}$$

于是可将问题变化为求解离散的状态变量和控制变量，以及初始与终端时刻，使性能指标取最优值，并保证配点处的状态约束、边界条件约束和过程约束满足条件。该问题的设计变量主要是离散点处的状态变量和控制变量。

针对不同的配点方法，书上有各种介绍，主要的差异性存在于：

(1)CPM(Chebyshev - Gauss - Lobatto)。正交多项式配点选择为 $\sin(N\arccos \tau)$的根，区间为$[-1,1]$，节点即为配点。

(2)LPM(Legendre - Gauss - Lobatto)。正交多项式为$(1-\tau^2)\dot{P}_{k-1}(\tau)$的根，区间为$[-1,1]$，节点即为配点。

(3)GPM(Legendre - Gauss)。正交多项式为 $P_k(\tau)$，区间为$(-1,1)$，节点需要在配点基础上增加端点。

(4)RPM(Legendre - Gauss - Radau)。正交多项式为 $P_k(\tau)+P_{k-1}(\tau)$，$P_k(\tau)-P_{k-1}(\tau)$，区间为半闭空间，配点加一端点。

不同逆谱方法采用的正交多项式不同，配点存在差异，导致其离散化后的拟合基函数以

及微分矩阵存在差异，并直接导致高斯积分变化后的权系数存在不同，但基本思路均一致。相比配点法，伪谱法具有更少的参数和更高的计算速度，并且与可推导离散化的KKT条件一阶最优的必要条件相等价，因此具有更好的应用优势[22,23]。

根据以上的直接法介绍，可以发现，传统直接法的优点如下：

(1)不需要推导一阶最优性条件；

(2)收敛域较宽，对初值估计要求不高；

(3)不需要给协态变量初值估计；

(4)通用性较好。

其缺点是无法保证非线性规划解是原最优控制问题，因为不能提供协态变量信息，容易收敛至局部最优解。

4.3.5　其他方法

关于其他的方法，本小节主要介绍动态规划方法、滚动时域优化方法和快速搜索随机树方法[24]。

1. 动态规划方法

该方法是运筹学的一支，于20世纪50年代由贝尔曼在研究多段决策过程的优化问题时提出，其最核心最优性原理为：一个最优策略的子策略总是最优的。动态规划方法是求解最优控制问题的一种思想和方法，不是一种算法，该方法以Hamilton-Jacobi方式发展了经典变分法，可以解决更一般的问题，且对于连续系统，给出了一个偏微分方程表示的充分条件。其最大的问题是以空间换时间，需要存储大量的状态参数。在该领域，迭代动态规划方法不需要计算梯度信息，因此对于光滑和非光滑最优控制问题具有较好的性能，但是实时性欠佳，对于轨迹优化，存在单网格点的动态规划方法。

该方法是运筹学的一支，是求解决策过程最优化的数学方法。20世纪50年代初，美国数学家R. E. 贝尔曼(R. E. Bellman)等人在研究多段决策过程的优化问题时，把多段决策过程转化为一系列相对简单的单段决策，将全局最优解问题分解为各单段决策最优解集合的子问题，大大简化了求解过程，这就是著名的贝尔曼最优性原理：一个最优策略的子策略总是最优的。

动态规划方法诞生以来，在经济生产、工程技术和最优控制等方面得到了广泛的应用。例如最短路线、资源分配等问题，用动态规划方法比用其他方法求解更为方便。而对于轨迹优化问题(例如最短飞行路径或最短时间到达问题)，在采用最优控制进行建模后，也可以利用动态规划方法进行求解。虽然动态规划方法主要用于求解以时间划分阶段的动态过程的优化问题，但是一些与时间无关的静态规划，只要人为地引进时间因素，把它视为多阶段决策过程，也可以用动态规划方法方便地求解，并且这里的参考变量也不一定是时间。例如对于无动力滑翔再入问题，参考变量也可以是总机械能或者再入速度(在大气稠密的平衡滑翔阶段)等。

动态规划方法不像最速下降法、牛顿法、BFGS等那些数值搜索算法那样，具有一个标准的数学表达式和明确清晰的求解方法。与间接法类似，动态规划程序设计往往是针对不同的问题。由于最优性能指标形式和约束条件各不相同，所以动态规划方法的设计方法和求解过程也各具特色，而不存在一种普适的动态规划算法。

动态规划方法的优点是计算原理简单，精确度相对较高，有严格的理论支撑。动态规划方法最大的不足，正如贝尔曼所说，是“维数灾难”现象。动态规划将原来具有指数级复杂度的搜索算法改进成了具有多项式时间的算法。其中的关键在于解决冗余，这是动态规划算法的根本目的。动态规划实质上是一种以空间换时间的技术，它在实现的过程中，不得不存储过程中产生的大量的各种状态参数。另外，离散格式的选择无统一的标准，离散化程度会影响计算速度和精度。

2. 滚动时域优化方法

滚动时域优化的思想来源于模型预测控制。预测控制是针对传统最优控制在工业化过程中的不适用性而提出的一种优化控制方法，其重要思想是利用滚动的有限时段优化取代一成不变的全局优化。

将预测控制思想引入飞行器轨迹优化设计时，还需要考虑终端价值函数最优，因此，在应用滚动时域优化时，还必须解决剩余时间价值函数(cost - to - go function)的描述问题。一般的方法是采用某种近似模型来描述该函数。在预测控制中，已出现多种方法来解决该问题。杰德贝拜(Jadbabaie)等人提出一种控制 Lyapunov 函数(CLF)来计算终端价值函数。对于基于滚动时域的轨迹优化问题，一般采用近似的轨迹模型求解剩余价值函数。贝林翰姆(Bellingham)等人用多项式表示二维地形模型，用近似的距目标最短距离作为 RH 规划器的终端价值函数，而该近似模型可由地形和目标信息离线计算出来。

实际轨迹优化问题往往存在一定程度的不确定性，比如，飞行器到达目的地之前，或许目标已发生变化(例如 RLV 返回着陆前，目标着陆场因为天气等原因会更换)，且环境参数的详细信息也很难预先准确获知。同时，轨迹越长，不确定性就越大。滚动优化可以在有限时段内优化轨迹，因此，在应对不确定性问题上具有优势，同时有利于实现轨迹的实时规划。

综上，此方法的思路来源于预测控制，预测控制是针对传统最优控制在工业化过程中的不实用性而提出的一种优化控制方法。其重要思想是通过滚动的有限时段优化取代全局优化问题。在轨迹优化设计中，为了将预测控制引入，还需要考虑终端价值函数最优，因此必须解决剩余时间价值函数的描述问题。一般采用近似的轨迹模型进行描述。目前该方法主要用于低空无人飞行器的轨迹规划。

3. 快速搜索随机树方法

快速搜索随机树(Rapidly - exploring Random Tree，RRT)方法是拉维勒于 1998 年提出的一种路径规划算法。该方法的基本原理为：建立两个状态树，一个以初始状态为起点，向前积分；另一个以目标(终端)状态为起点，向后积分。状态树每一步增长过程都是对飞行器运动方程组进行前向或后向积分。相应的控制变量，由使这两个状态树以更快的速度接近的 RRT 算法决定。一旦两个状态树接近到一定的空间距离，就可连接起来作为一条可行轨迹。RRT 方法的基本原理如图 4 - 5 所示。

快速搜索随机树方法[25]的最显著优点，就是能够自动满足状态变量和控制变量的空间约束。因为，控制变量是由 RRT 方法在各种控制约束对应的空间中计算出来的，同时，超过状态变量约束的状态树分支会自动去除。但是，该方法的随机特性是我们不期望的。尤其对于在线轨迹优化问题，可能在一个特定时间区间内，随机过程无法获得可行的轨迹，且当问题规模增大时，其难度急剧增加。该方法的最大困难是，对于那些复杂动力学系统，如何确定性能较好的收敛标准(metric)。例如，X-33 飞行器再入问题[26]中的归一化速度和航迹倾角这两个状态变量，如果不知道如何从每一个状态变量将飞行器控制到目标点，就很难判断哪一个状态更接近目标。该问题与全部状态轨迹设计是等价的。此外，该方法应用于飞行器轨迹规划，得到的解不一定是最优解，但是，是可行解或者是可行解的集合。

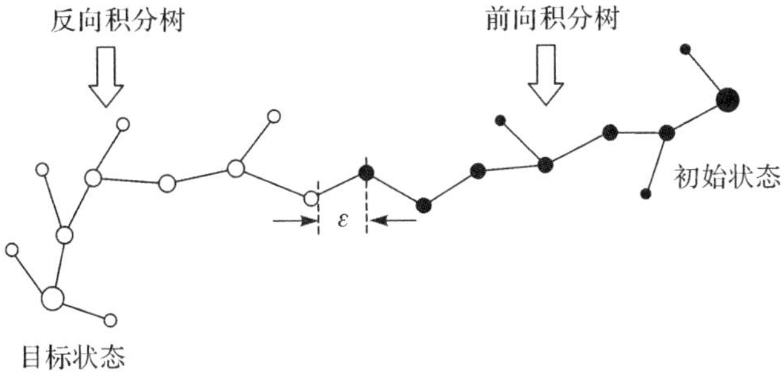

图 4-5　快速搜索随机树方法的基本原理

综上，该方法是一种路径规划算法，其基本原理是建立两个状态树，一个以初始状态为起点，向前积分，另一个以目标状态为起点，向后积分，一旦两个状态树接近到一定距离，就可以为一可行轨迹[27]。该方法主要可以用于可行解的获取中，并在区域规避优化中可以使用。该方法被用于 X-33 中，获得多条满足各种约束轨迹的可行解[28]。

4.4　数值优化方法

本节针对规划后的非线性规划问题求解，从数值求解和智能优化两个方面进行方法介绍。

4.4.1　非线性规划问题的求解方法

非线性规划的一般性问题为

$$\left.\begin{aligned}&\min f(\boldsymbol{x})\\&g_i(\boldsymbol{x})=0,\quad i=1,2,\cdots,p\\&h_j(\boldsymbol{x})\geqslant 0,\quad j=1,2,\cdots,q\end{aligned}\right\}\tag{4-174}$$

非线性规划的问题根据是否包含约束条件，可以分为无约束非线性规划问题和有约束非线性规划问题。非线性规划问题根据所含约束的形式，还可以进一步分为非线性等式约束问题(NEP)和非线性不等式约束问题(NIP)。我们所讲的高超声速飞行器轨迹优化问题可以转化为有等式和不等式约束的有限维非线性规划问题。对于一般的约束非线性规划问题，主要有以下方法。

1. *罚函数法*

罚函数是一类间接处理约束优化问题的方法，基本思想是：根据约束条件的特点，将其转化为某种惩罚函数加到目标函数中，从而将约束优化问题转化为一系列的无约束优化问题进行求解。一般的方法包括外罚函数法、内点法和乘子法。

（1）外罚函数法。对于一般的约束优化问题形式如上所述，记录变量的可行域为

$$\lambda = \{\boldsymbol{x} \in \mathbf{R}^n \mid g_i(\boldsymbol{x}) = 0, h_j(\boldsymbol{x}) \geqslant 0\} (i = 1,2,\cdots,p; j = 1,2,\cdots,q) \tag{4-175}$$

构造罚函数为

$$\bar{P}(\boldsymbol{x}) = \sum_{i=1}^{p} g_i^2(\boldsymbol{x}) + \sum_{j=1}^{q} [\min\{0, h_j(\boldsymbol{x})\}]^2$$

增广目标函数为

$$P(\boldsymbol{x},\sigma) = f(\boldsymbol{x}) + \sigma\bar{P}(\boldsymbol{x})$$

其中，$\sigma>0$ 为罚参数或称罚因子，当 $\boldsymbol{x}\in\lambda$，即变量 $\boldsymbol{x}$ 为可行点时，$P(\boldsymbol{x},\sigma)=f(\boldsymbol{x})$，此时目标函数没有受到额外的惩罚；当 $\boldsymbol{x}\notin\lambda$，即 $\boldsymbol{x}$ 为不可行点时，$P(\boldsymbol{x},\sigma)>f(\boldsymbol{x})$，此时目标函数受到了额外的惩罚。$\sigma$ 越大，受到的惩罚越重。当 $\sigma>0$ 且充分大时，要使 $P(\boldsymbol{x},\sigma)$ 达到极小，罚函数 $\bar{P}(\boldsymbol{x})$ 应该充分小才行，从而 $P(\boldsymbol{x},\sigma)$ 的极小点充分逼近可行域 λ，而其极小值自然充分逼近 $f(\boldsymbol{x})$ 在 λ 上的极小值。这样求解一般约束优化问题就可以化为求解无约束优化问题：

$$\min P(\boldsymbol{x},\sigma_k) \tag{4-176}$$

其中，$\{\sigma_k\}$ 为正数序列，而且 $\sigma_k\to+\infty$。

外罚函数的详细计算步骤如下：

1）选取初始值。给定初始点 $\boldsymbol{x}_0\in\mathbf{R}^n$，终止误差 $0\leqslant\varepsilon\leqslant1$，，$\sigma_1>0$，$\gamma>1$，令 $k=1$。

2）求解子问题。以 $\boldsymbol{x}_{k-1}$ 为初始点，求解子问题：

$$\min_{\boldsymbol{x}\in\mathbf{R}^n} P(\boldsymbol{x},\sigma_k) = f(\boldsymbol{x}) + \sigma_k\bar{P}(\boldsymbol{x}) \tag{4-177}$$

令其极小值点为 $\boldsymbol{x}_k$。

3）检验停止条件。若 $\sigma_k\bar{P}(\boldsymbol{x}_k)\leqslant\varepsilon$，停止迭代，输出 $\boldsymbol{x}^*\approx\boldsymbol{x}_k$ 作为近似极小值点。

4）更新罚函数。令 $\sigma_{k+1}=\gamma\sigma_k$，$k=k+1$，转步骤 2）。

外罚函数法结果简单，可以直接调用无约束优化算法的成熟通用程序，因而编程容易实现。其缺点是：①$\boldsymbol{x}_k$ 往往不是可行点，这对于某些实际问题是难以接受的；②罚函数 σ_k 的选取比较困难，取小起不到惩罚的作用，取大则会导致 $P(\boldsymbol{x},\sigma_k)$ 的 Hesse 矩阵条件数过大，从而带来数值技术上的困难；③$\bar{P}(\boldsymbol{x})$ 一般是不可微的，因而难以直接使用利用导数的优化算法，从而收敛速度缓慢。

（2）内点法。内点法一般只适用于不等式约束问题：

$$\left.\begin{aligned} &\min f(\boldsymbol{x}) \\ &h_j(\boldsymbol{x}) \geqslant 0, \quad j = 1,2,\cdots,q \end{aligned}\right\} \tag{4-178}$$

记可行域 $\lambda=\{\boldsymbol{x}\in\mathbf{R}^n \mid h_j(\boldsymbol{x})\geqslant0, j=1,2,\cdots,q\}$。其基本思想是保持每一个迭代点 $\boldsymbol{x}_k$ 均处于可行域 λ 的内点，可行域的边界作为障碍，当迭代点靠近边界时，增广目标函数值骤然变大以示“惩罚”，并阻止迭代点穿越边界。因此内点法也称为内罚函数法或者障碍函数法，它只适用于可行域的内点集非空的情况，即

$$\lambda = \{\boldsymbol{x} \in \mathbf{R}^n \mid h_j(\boldsymbol{x}) \geqslant 0, \quad j = 1,2,\cdots,q\} \neq \phi \tag{4-179}$$

同样构造增广目标函数：

$$H(\boldsymbol{x},\tau)=f(\boldsymbol{x})+\tau\bar{H}(\boldsymbol{x})$$

其中，障碍函数 $\bar{H}(\boldsymbol{x})$需满足：当 $\boldsymbol{x}$ 在 λ_0 趋向于边界时，至少有一个 $h_j(\boldsymbol{x})$趋向于 0，此时 $\bar{H}(\boldsymbol{x})\rightarrow\infty$。因此可选约束函数的倒数之和作为障碍函数即可满足要求：

$$\bar{H}(\boldsymbol{x})=\sum_{j=1}^{q}\frac{1}{h_j(\boldsymbol{x})} \tag{4-180}$$

或者取对数障碍函数：

$$\bar{H}(\boldsymbol{x})=-\sum_{j=1}^{q}\ln[h_j(\boldsymbol{x})] \tag{4-181}$$

参数 $\tau>0$ 为罚参数或称罚因子。这样，当 $\boldsymbol{x}$ 在 λ_0 中时，$\bar{H}(\boldsymbol{x})>0$ 也是有限的；当 $\boldsymbol{x}$ 接近边界时，$\bar{H}(\boldsymbol{x})\rightarrow\infty$，从而增广目标函数的值又趋近于无穷大，因此得到了严重的“惩罚”。由于约束优化条件的极小点一般在可行域的边界上达到，所以内点法要求罚因子 $\tau_k\rightarrow\infty$。求解内点法一般约束问题就可以转化成求解一系列无约束优化子问题：

$$\min_{\boldsymbol{x}\in\mathbf{R}^n}H(\boldsymbol{x},\tau_k)=f(\boldsymbol{x})+\tau_k\bar{H}(\boldsymbol{x}) \tag{4-182}$$

内点法的详细步骤如下：

1)选取初始值。给定初始点 $\boldsymbol{x}_0\in\lambda_0$，终止误差 $0\leqslant\varepsilon\leqslant1$，$\tau_1>0$，$\rho\in(0,1)$，令 $k=1$。

2)求解子问题。以 $\boldsymbol{x}_{k-1}$ 为初始点，求解子问题：

$$\min_{\boldsymbol{x}\in\mathbf{R}^n}H(\boldsymbol{x},\tau_k)=f(\boldsymbol{x})+\tau_k\bar{H}(\boldsymbol{x}) \tag{4-183}$$

令其极小值点为 $\boldsymbol{x}_k$。

3)检验终止条件。若 $\tau_k\bar{H}(\boldsymbol{x}_k)\leqslant\varepsilon$，停止迭代，输出 $\boldsymbol{x}^*\approx\boldsymbol{x}_k$ 作为近似极小点。

4)更新罚函数。令 $\tau_{k+1}=\rho\tau_k$，$k=k+1$，转步骤 2)。

内点法的优点是结构简单，适应性强。但是随着迭代过程的进行，罚参数将变得越来越小，趋近于零，使得增广函数的病态性越来越严重，这给无约束子问题的求解带来了数值上难以实现的困难，以致迭代失败。此外，要求内点法的初始点 $\boldsymbol{x}_0$ 是一个严格的可行点，这是很麻烦和困难的。

对于一般约束优化问题：

$$\begin{cases}\min f(\boldsymbol{x})\\ g_i(\boldsymbol{x})=0, & i=1,2,\cdots,p\\ h_j(\boldsymbol{x})\geqslant0, & j=1,2,\cdots,q\end{cases}$$

内点法求解的一种途径是，对于等式约束，利用外罚函数的思想，而对于不等式约束，则利用障碍函数的思想，构造出混合增广目标函数：

$$H(\boldsymbol{x},\mu)=f(\boldsymbol{x})+\frac{1}{2\mu}\sum_{i=1}^{p}g_i^2(\boldsymbol{x})+\mu\sum_{j=1}^{q}\left[\frac{1}{h_j(\boldsymbol{x})}\right] \tag{4-184}$$

或者

$$P(\boldsymbol{x},\mu)=f(\boldsymbol{x})+\frac{1}{2\mu}\sum_{i=1}^{p}g_i^2(\boldsymbol{x})-\mu\sum_{j=1}^{q}\ln[h_j(\boldsymbol{x})] \tag{4-185}$$

由此，可类似于不等式约束内点法或外罚函数法的算法框架，建立起相应的算法，但是算法的初始点的选取，仍然是一个困难的问题。

还有一种途径是，引入松弛变量 $y_j(j=1,2,\cdots,q)$，将问题转化为

$$\left.\begin{array}{l}\min f(\boldsymbol{x}) \\ g_i(\boldsymbol{x})=0, \quad i=1,2,\cdots,p \\ h_j(\boldsymbol{x})-y_j=0, \quad j=1,2,\cdots,q \\ y_j \geqslant 0, \quad j=1,2,\cdots,q\end{array}\right\} \tag{4-186}$$

然后构成等价的混合增广目标函数：

$$\left.\begin{array}{l}H(\boldsymbol{x},y,\mu)=f(\boldsymbol{x})+\dfrac{1}{2\mu}\sum\limits_{i=1}^{p}g_i^2(\boldsymbol{x})+\dfrac{1}{2\mu}\sum\limits_{j=1}^{q}[h_j(\boldsymbol{x})-y_j]^2+\mu\sum\limits_{j=1}^{q}(1/y_j) \\ H(\boldsymbol{x},y,\mu)=f(\boldsymbol{x})+\dfrac{1}{2\mu}\sum\limits_{i=1}^{p}g_i^2(\boldsymbol{x})+\dfrac{1}{2\mu}\sum\limits_{j=1}^{q}[h_j(\boldsymbol{x})-y_j]^2+\mu\sum\limits_{i=1}^{q}\ln y_j\end{array}\right\} \tag{4-187}$$

在此基础上，类似于前面的外罚函数法和内点法算法框架，可以建立起相应求解算法，此时，任意的 $\boldsymbol{x}$ 和 $\boldsymbol{y}(y_j>0)$ 都可以作为一个合适的初始点，来启动相应的迭代算法。这样可以降低对于初值的选择难度。

(3)乘子法。乘子法的基本思想是：从原问题的拉格朗日函数出发，再加上适当的罚函数，从而将原问题转化为无约束优化问题。由于外罚函数是总的罚参数，所以增广目标函数变得越来越病态。增广函数的这种病态性质是外罚函数法的主要缺点，而在乘子法中，由于引入了拉格朗日函数以及加上适当的罚函数，上述缺点就可以有效地克服。对于一般约束优化问题：

$$\left.\begin{array}{l}\min f(\boldsymbol{x}) \\ g_i(\boldsymbol{x})=0, \quad i=1,2,\cdots,p \\ h_j(\boldsymbol{x})\geqslant 0, \quad j=1,2,\cdots,q\end{array}\right\} \tag{4-188}$$

构造增广拉格朗日函数为

$$\varphi(\boldsymbol{x},\mu,\lambda,\sigma)=f(\boldsymbol{x})-\sum_{i=1}^{p}\mu_i g_i(\boldsymbol{x})+\frac{\sigma}{2}\sum_{i=1}^{p}g_i^2(\boldsymbol{x})+\frac{1}{2\sigma}\sum_{j=1}^{q}\{\{\min[0,\sigma h_j(\boldsymbol{x})-\lambda_j]\}^2-\lambda_j^2\} \tag{4-189}$$

乘子的迭代公式为

$$\left.\begin{array}{l}(\mu_{k+1})_i=(\mu_k)_i-\sigma g_i(\boldsymbol{x}_k), \quad i=1,2,\cdots,p \\ (\lambda_{k+1})_j=\max[0,(\lambda_k)_j-h_j(\boldsymbol{x}_k)], \quad j=1,2,\cdots,q\end{array}\right\} \tag{4-190}$$

令

$$\beta_k=\{\sum_{i=1}^{p}g_i^2(\boldsymbol{x}_k)+\sum_{j=1}^{q}\{\min[h_j(\boldsymbol{x}_k),\frac{(\lambda_k)_j}{\sigma}]\}^2\}^{1/2} \tag{4-191}$$

则终止准则为

$$\beta_k \leqslant \varepsilon \tag{4-192}$$

乘子法的详细见步骤如下：

1)选取初始值。给定初始点 $\boldsymbol{x}_0\in\mathbf{R}^n$，$\mu\in\mathbf{R}^p$，$\lambda_1\in\mathbf{R}^q$，$\sigma_1>0$，终止误差 $0\leqslant\varepsilon\leqslant 1$，$\vartheta\in(0,1)$，$\eta>0$，$\rho\in(0,1)$，令 $k=1$。

2)求解子问题。以 $\boldsymbol{x}_{k-1}$ 为初始点，求解无约束子问题：

$$\min\varphi(\boldsymbol{x},\mu_k,\lambda_k,\sigma_k) \tag{4-193}$$

令其极小值点为 $\boldsymbol{x}_k$。

3)检验终止条件。若 $\beta_k \leqslant \varepsilon$，停止迭代，输出 $\boldsymbol{x}^* \approx \boldsymbol{x}_k$ 作为近似极小点。

4)更新罚函数。若 $\beta_k \geqslant \vartheta \beta_{k-1}$，令 $\sigma_{k+1} = \eta \sigma_k$，否则 $\sigma_{k+1} = \sigma_k$。

5)更新乘子向量。计算

$$(\mu_{k+1})_i = (\mu_k)_i - \sigma g_i(\boldsymbol{x}_k), \quad i = 1,2,\cdots,p$$

$$(\lambda_{k+1})_j = \max[0,(\lambda_k)_j - h_j(\boldsymbol{x}_k)], \quad j = 1,2,\cdots,q$$

令 $k=k+1$，转步骤 2)。

2. 可行方向法与序列二次型

可行方向法是一类直接处理约束优化问题的方法，其基本思想是，要求每一步迭代产生的搜索方向，不仅是目标函数的下降方向，而且对约束条件来说是可行方向，即迭代点总是满足所有的约束条件。各种不同的可行方向法的主要区别在于选取可行方向的策略不同，较为常用的可行方向法是 Zoutendujk 可行方向法(通过线性规划来确定下降可行方向)、投影梯度法(迭代点处目标函数的负梯度向起作用的约束超平面交集投影，确定可行下降方向)、广义简约梯度法(通过线性等式约束把目标函数变换到低维空间，来确定下降可行方向)[29]。下面主要介绍广义简约梯度法。

对于一般的约束问题：

$$\left.\begin{aligned} &\min f(\boldsymbol{x}) \\ &g_i(\boldsymbol{x}) = 0, \quad i = 1,2,\cdots,p \\ &h_j(\boldsymbol{x}) \geqslant 0, \quad j = 1,2,\cdots,q \end{aligned}\right\} \tag{4-194}$$

其中，f, g_i, h_j 为连续可微的函数。广义简约梯度法的基本求解步骤如下：

1)选取初始值。给定初始点 $\boldsymbol{x}_0 \in \mathbf{R}^n$，终止误差 $0 \leqslant \varepsilon \leqslant 1$，令 $k=0$。

2)检验终止条件。确定基变量 $\boldsymbol{x}_k^B$ 和非基变量 $\boldsymbol{x}_k^N$，计算简约梯度 $r(\boldsymbol{x}_k^N)$，若 $\| r(\boldsymbol{x}_k^N) \| \leqslant \varepsilon$，则 $\boldsymbol{x}_k$ 为近似极小值点，停止计算。

3)确定搜索方向。计算下降方向 $\boldsymbol{d}_k$。

4)进行线搜索。求解一维极小问题的步长因子 α_k，令 $\boldsymbol{x}_{k+1} = \boldsymbol{x}_k + \alpha_k \boldsymbol{d}_k$。

5)修正有效集。先求 $\boldsymbol{x}_{k+1}$ 处的有效集，在根据相应的拉格朗日乘子的估计对有效集进行修正，令 $k=k+1$，，转步骤 2)。

广义简约梯度法详细的求解过程，可以参考其他书籍，此处不做赘述。该求解步骤 2)中，还需要判别对应于不等式约束的拉格朗日乘子的非负性，若不满足，还需要进行改进；广义简约梯度法通过消去某些变量在降维空间中的运算，能够很快地确定最优解，可用来求解大型问题，因为它目前是求解非线性优化问题的最有效的方法。

3. 序列二次规划方法

序列二次规划方法是一类直接处理约束优化的方法，其基本思路是，在每次迭代中，通过求解二次规划问题，来确定下降方向，以减少价值函数来取得步长，重复这些操作，直到求得原问题的解。该方法是目前使用最成功的算法，其典型的应用步骤是：在每一步迭代中，通过求解一个二次规划子问题，来确定一个下降方向，以减少价值函数取得步长，重复这些步骤，直至求得原问题的解。

SQP算法的主要优点之一是它的全局收敛性和局部超线性收敛性。为使算法具有全局收敛性,一方面,通常要求子问题(QP)中的矩阵 $\boldsymbol{H}$ 对称正定。使得(QP)产生的方向S是某个效益函数的下降方向。另一方面,若矩阵 $\boldsymbol{H}$ 对称正定,则子问题(QP)是一个严格凸二次规划。此时,该问题有唯一解。而且,其求解也相对容易。因此,研究矩阵 $\boldsymbol{H}$ 的对称正定性是一项非常重要的工作,并已引起了学者们的重视。Powell(1976)提出了一个修正的BFGS公式。该公式可保证产生的矩阵是对称正定的。数值计算的结果表明,利用该修正公式的SQP算法的数值效果较好。然而该算法的局部收敛性质尚不清楚。序列二次规划(SQP)算法是将复杂的非线性约束最优化问题转化为比较简单的二次规划(QP)问题求解的算法。所谓二次规划问题就是目标函数为二次函数,约束函数为线性函数的最优化问题。二次规划问题是最简单的非线性约束最优化问题。

对于非线性约束最优化问题,有

$$\left.\begin{aligned}&\min f(\boldsymbol{x})\\&g_i(\boldsymbol{x})=0,\quad i=1,2,\cdots,p\\&h_j(\boldsymbol{x})\geqslant 0,\quad j=1,2,\cdots,q\end{aligned}\right\}\tag{4-195}$$

利用泰勒级数展开将目标函数在迭代点处展开,可以得到二次型的优化问题:

$$\left.\begin{aligned}&\min\frac{1}{2}\boldsymbol{d}^{\mathrm{T}}\ \nabla^2\boldsymbol{f}(\boldsymbol{x}_k)\boldsymbol{d}+\nabla\boldsymbol{f}(\boldsymbol{x}_k)\boldsymbol{d}\\&\boldsymbol{g}(\boldsymbol{x}_k)+\nabla\boldsymbol{g}(\boldsymbol{x}_k)\boldsymbol{d}=0\\&\boldsymbol{h}(\boldsymbol{x}_k)+\nabla\boldsymbol{h}(\boldsymbol{x}_k)\boldsymbol{d}=0\end{aligned}\right\}\tag{4-196}$$

求解此二次规划问题,将其最优解作为原问题的下一个搜索方向,并在该方向上进行原约束问题目标函数的约束一维搜索,就可以得到原约束问题的解。该问题的核心是求解函数的二阶导数,并要求其对称正定,即Hesse矩阵。

二阶导数矩阵的近似计算可以利用拟牛顿法的变尺度矩阵计算的DFP公式。求解二次规划问题可采用KT条件进行求解。此外,还可以采用Armijo线搜索方法,由此来近似函数的二阶导数,即hesse矩阵近似。此处具有研究的方向点。

一般形式约束优化问题的SQP算法步骤如下。

1)给定初始点 $(\boldsymbol{x}_0,\mu_0,\lambda_0)\in\mathbf{R}^n\times\mathbf{R}^p\times\mathbf{R}^q$,对称正定矩阵 $\boldsymbol{B}_0\in\mathbf{R}^{n\times n}$,计算 $\boldsymbol{A}_0^{\mathrm{E}}=\nabla\boldsymbol{g}(\boldsymbol{x}_0)$,$\boldsymbol{A}_0^{\mathrm{I}}=\nabla\boldsymbol{h}(\boldsymbol{x}_0)^{\mathrm{T}}$,$\boldsymbol{A}_0=\begin{bmatrix}\boldsymbol{A}_0^{\mathrm{E}}\\\boldsymbol{A}_0^{\mathrm{I}}\end{bmatrix}$,选择参数 $\eta\in(0,1/2)$,$\rho\in(0,1)$,容许误差 $0\leqslant\varepsilon_1,\varepsilon_2\leqslant 1$,令 $k=0$。

2)求解子问题:

$$\left.\begin{aligned}&\min\frac{1}{2}\ \boldsymbol{d}^{\mathrm{T}}\boldsymbol{B}_k\boldsymbol{d}+\nabla\boldsymbol{f}\ (\boldsymbol{x}_k)^{\mathrm{T}}\boldsymbol{d}\\&\boldsymbol{g}(\boldsymbol{x}_k)+\boldsymbol{A}_k^{\mathrm{E}}\boldsymbol{d}=0\\&\boldsymbol{h}(\boldsymbol{x}_k)+\boldsymbol{A}_k^{\mathrm{I}}\boldsymbol{d}=0\end{aligned}\right\}\tag{4-197}$$

得最优解 $\boldsymbol{d}_k$。

3)若 $\|\boldsymbol{d}_k\|_1\leqslant\varepsilon_1$ 且 $\|\boldsymbol{h}_k\|_1+\|\boldsymbol{g}_k\|_1\leqslant\varepsilon_2$,停止计算,得到原问题的一个近似KT点 $(\boldsymbol{x}_k,\mu_k,\lambda_k)$。

4)对于某种介质价值函数 $\phi(\boldsymbol{x},\sigma)$,选择罚函数 σ_k,使得 $\boldsymbol{d}_k$ 是该函数在 $\boldsymbol{x}_k$ 处的下降方向。

5)运用 Armijo 搜索，令 m_k 是使下列不等式成立的最小非负整数 m：

$$\phi(\boldsymbol{x}_k+\rho^m\boldsymbol{d}_k,\sigma_k)-\phi(\boldsymbol{x}_k,\sigma_k)\leqslant \eta\rho^m\phi'(\boldsymbol{x}_k,\sigma_k,\boldsymbol{d}_k) \tag{4-198}$$

令 $\alpha_k=\rho^m$，$\boldsymbol{x}_{k+1}=\boldsymbol{x}_k+\alpha_k\boldsymbol{d}_k$。

6)计算

$$\boldsymbol{A}_{k+1}^{\mathrm{E}}=\nabla g(\boldsymbol{x}_{k+1})^{\mathrm{T}},\boldsymbol{A}_{k+1}^{\mathrm{I}}=\nabla \boldsymbol{h}(\boldsymbol{x}_{k+1})^{\mathrm{T}},\boldsymbol{A}_{k+1}=\begin{bmatrix}\boldsymbol{A}_{k+1}^{\mathrm{E}}\\ \boldsymbol{A}_{k+1}^{\mathrm{I}}\end{bmatrix} \tag{4-199}$$

以及最小二乘子

$$\begin{bmatrix}\boldsymbol{\mu}_{k+1}\\ \boldsymbol{\lambda}_{k+1}\end{bmatrix}=(\boldsymbol{A}_{k+1}\boldsymbol{A}_{k+1}^{\mathrm{T}})^{-1}\boldsymbol{A}_{k+1}\nabla \boldsymbol{f}_{k+1} \tag{4-200}$$

7)校正矩阵 $\boldsymbol{B}_k$ 为 $\boldsymbol{B}_{k+1}$，即令

$$\boldsymbol{s}_k=\alpha_k\boldsymbol{d}_k,\boldsymbol{y}_k=\nabla_x L(\boldsymbol{x}_{k+1},\boldsymbol{\mu}_{k+1},\lambda_{k+1})-\nabla_x L(\boldsymbol{x}_k,\boldsymbol{\mu}_k,\lambda_k)$$

$$\boldsymbol{z}_k=\theta_k\boldsymbol{y}_k+(1-\theta_k)\boldsymbol{B}_k\boldsymbol{s}_k,\boldsymbol{B}_{k+1}=\boldsymbol{B}_k-\frac{\boldsymbol{B}_k\boldsymbol{s}_k\boldsymbol{s}_k^{\mathrm{T}}\boldsymbol{B}_k}{\boldsymbol{s}_k^{\mathrm{T}}\boldsymbol{B}_k\boldsymbol{s}_k}+\frac{\boldsymbol{z}_k\boldsymbol{z}_k^{\mathrm{T}}}{\boldsymbol{s}_k^{\mathrm{T}}\boldsymbol{z}_k}$$

θ_k 定义为

$$\theta_k=\begin{cases}1, & \boldsymbol{s}_k^{\mathrm{T}}\boldsymbol{y}_k\geqslant 0.2\boldsymbol{s}_k^{\mathrm{T}}\boldsymbol{B}_k\boldsymbol{s}_k\\ \dfrac{0.8\boldsymbol{s}_k^{\mathrm{T}}\boldsymbol{B}_k\boldsymbol{s}_k}{\boldsymbol{s}_k^{\mathrm{T}}\boldsymbol{B}_k\boldsymbol{s}_k-\boldsymbol{s}_k^{\mathrm{T}}\boldsymbol{y}_k}, & \boldsymbol{s}_k^{\mathrm{T}}\boldsymbol{y}_k<0.2\boldsymbol{s}_k^{\mathrm{T}}\boldsymbol{B}_k\boldsymbol{s}_k\end{cases} \tag{4-201}$$

8)令 $k=k+1$,，转步骤 2)。

序列二次规划方法是求解约束问题最有效的算法之一，也是应用最成功和广泛的一类算法。序列二次规划方法在具备整体收敛性的同时，保持局部超 1 次收敛性。许多大型优化设计软件都是采用序列二次规划方法进行优化求解的，同时，序列二次规划方法也成功地应用于轨迹优化领域。针对各种应用，序列二次规划方法有很多改进和发展，并陆续产生了一些通用的序列二次规划方法求解器，包括 MINOS，CONOPT，NLPQL，NPSOL，DONLP，SNOPT 等。这些求解器在实际应用中，可靠性强，且效率在不断地提高。轨迹优化中应用最为广泛的是 NPSOL 和 SNOPT 两类算法，现阶段，尤以 SNOPT 应用更为广泛。

4.4.2　智能优化方法

智能优化方法主要包括遗传算法、模拟退火算法、差分进化算法以及蚁群算法。智能优化方法一般遵循的流程是通过带有启发式的目标函数，本质上利用并行优化的思路来实现，是一类全局优化方法。

1.遗传算法

遗传算法是根据达尔文的进化论和孟德尔的遗传学原理，在 20 世纪 60 年代，由美国密歇根学院霍兰德(Holland)教授提出的，它是利用群体进化模拟适应性系统的进化算法。该算法模拟基因重组和进化的自然过程，把待解决问题的参数编码构成个体，许多个体构成种群，并引进了适应值、选择、交叉和变异的概念。遗传算法的编码技术和遗传操作比较简单，其优化不受强制性条件约束，本质上是一种并行的全局优化算法。

遗传算法将问题域中的可行解，看作是群体中的一个个体或染色体，并对每一个个体用二进制表示法或浮点表示法进行编码，实现模型的参数化，把代表模型集参数空间中的每一

点都一一映射到染色体空间的染色体上，之后对群体反复进行基于遗传学的操作，根据预定的目标函数，对每一个个体进行评价，经过类似于生物个体的“适者生存”过程，并反复迭代不断优化繁殖产生新一代，得到更优的群体，同时以全局、并行搜索方式来搜索优化群体中的最优个体，求得满足要求的最优解。

遗传算法是一类随机优化算法，但不是简单的随机比较搜索，而是通过对染色体的评价和对染色体中优秀基因的选择作用，有效地利用已有信息，来指导搜索有希望改善优化质量的状态。

标准遗传算法的基本流程描述如下：

(1)对待解决的问题进行编码；

(2)随机产生一组个体，构成初始群体；

(3)计算各个体的适应度值；

(4)根据适应度大小以一定的方式执行复制；

(5)根据一定的交换律执行交换操作；

(6)根据一定的变异率执行变异操作；

(7)反复执行流程(2)～(5)，直到达到终止条件，选择最佳个体作为遗传算法的最优结果。

遗传算法中，适应度是群体中的每个个体(染色体)进行评价的一种度量指标，是遗传算法进行寻优所需的关键信息，它与个体的目标值存在一种对应关系。选择操作和复制操作一般是同时进行的，即根据个体适应度值，按照复制概率与适应度值成正比的关系，决定每个个体被选择进行复制的机会大小，这同时决定了适应度高的个体在下一代中复制自身的概率大，从而提高了种群的平均适应值；交叉操作是通过交换两父代个体各自的部分信息构成后代个体，使得后代个体能够继承父代的“基因”，从而有助于产生优秀新个体；变异操作是通过随机改变父代个体中的某个基因而产生新个体，有助于增加种群的多样性，有效跳出局部最优值，增强算法的全局寻优能力。

理论上已经得到证明，遗传算法能从概率意义上以随机的方式找到最优解。但在实践中的应用表明，直接将遗传算法用于轨迹优化，还有很多问题需要进一步研究。遗传算法的全局搜索性良好，但是局部搜索性能还有待改进，效率还有待提高，需要仔细研究早熟现象，特别是对于轨迹优化这一复杂非线性优化问题的应用更是如此。在遗传算法的搜索过程中融合经典优化算法而构成的混合算法，可以用来作为提高遗传算法运行效率和求解质量的有效手段，因此结合经典布局寻优方法的混合遗传算法，成为轨迹优化应用中的重点研究对象之一。

一般通过两种思路来实现遗传算法和经典算法的混合：①将经典算法的优化过程作为类似于选择、交叉或变异一样的一个遗传算子，融入遗传算法之中，加快进化过程的收敛速度；②在遗传算法优化设计的基础上，使用经典算法进行二次优化，得到的结果作为最终优化结果。对比两种方式，可以看出，前一种方式使得两者结合更加紧密，如果设计合理，可以很好地提高算法的优化质量，但同时，使得算法的性能对设计细节更加敏感。后一种方式中，两者融合较为松散，这样更容易对整个优化过程进行控制。

比如，采用融入单纯型算法的方法来进行混合并改进遗传算法，这里正式考虑了单纯型算法的强局部搜索性，可以弥补遗传算法局部搜索效果差的能力。利用上面所说的两种基本形式,分别设计实现了镶嵌式混合遗传算法与串联式混合遗传算法。其中,镶嵌式混合遗传算法的主要思路是,对于已经完成交叉和变异操作的当前种群,以一定概率选择其中的个体,进行单纯算法的局部寻优,然后将优化的结果参与到群体中进行评估与选择,得到更优的个体,这样单纯形算法,就作为一个遗传算子,参与到了整个进化过程中;串联式混合遗传算法的主要思路是利用遗传算法的全局搜索能力,为单纯形算法提供好的初始点,单纯形算法寻优的结果即为最终优化结果,两种算法就好比是串联起来一样,操作简单而灵活是它的最大特点。两种类型的混合遗传算法已在飞行器轨迹优化中得到了成功的应用。

前面已经介绍了遗传算法的基本流程,下面介绍遗传算法应用于轨迹优化中的基本操作流程。

在将遗传算法应用于轨迹优化中时,每一条染色体表示一条飞行轨迹。染色体的每一节点,除了记录轨迹节点的坐标外,还包括状态变量,该变量记录如下信息:一是该节点是否可行,即是否满足飞行轨迹的所有约束条件;二是连接该节点与下一节点之间的轨迹段是否可行,当且仅当一条轨迹的所有节点以及所有轨迹段都可行时,该轨迹才是可行的。因此,种群中的染色体(轨迹)可能是可行的,也可能是不可行的。

初始种群可以随机生成,即它们的节点数和节点的坐标都是随机的。染色体的最大长度(即轨迹中节点的最大数目)可作为预先确定的参数。需要注意的是,所有轨迹中的第一个和最后一个节点的坐标都是相同的,分别代表了飞行器的起始点和目标点。另外,对于飞行器的初始位置或方向如果有约束的话,我们需要对飞行器进行满足约束的初始化。遗传算法应用于轨迹优化的具体流程图如图 4-6 所示。

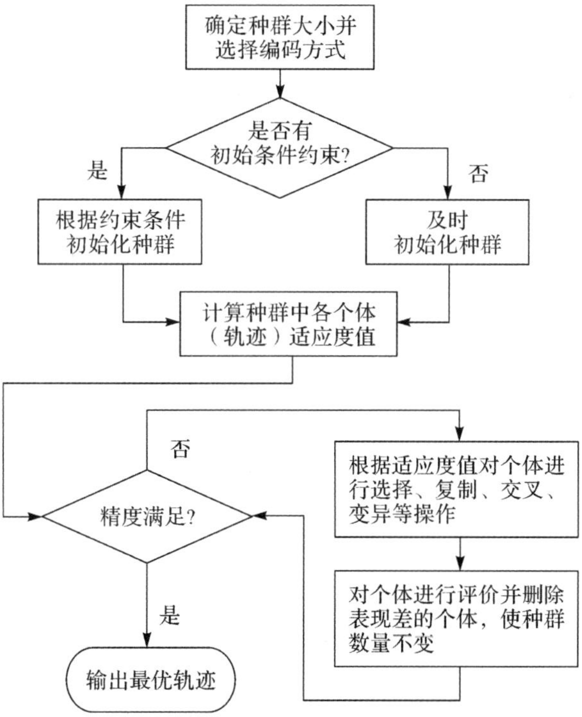

图 4-6　遗传算法应用于轨迹优化的基本流程

2. 模拟退火算法

模拟退火算法于1953年由梅热普里斯(Metropolis)等人提出，其基于固体物质的退火过程和一般组合优化问题之间的相似性原理。其收敛性可由Markov过程进行分析。

模拟退火算法的主要思路是，从某一初始温度开始，伴随温度参数的不断下降，结合概率突跳特性，在解空间内，随机寻优目标函数的全局最优解，即在局部最优解能概率性地跳出，并最终趋于全局最优，判断是否最优的标准由解的适应度值 $f(X)$ 的大小决定。

该方法的基本求解步骤如下：

(1)设定初始解 $X=X_0$ 和初始温度 $T=T_0$，选定领域函数和温度更新函数；

(2)根据邻域函数对当前点产生扰动，生成新的试探解 X'_k；

(3)计算接受新的试探解的概率，计算公式为

$$P(X'_k \mid X_k, T_k) = \begin{cases} 1, & f(X'_k) \leqslant f(X_k) \\ \exp\left[-\dfrac{f(X'_k)-f(X_k)}{T_k}\right], & f(X'_k) \geqslant f(X_k) \end{cases} \tag{4-202}$$

(4)判断是否接收新解 X'_k，从(0,1)范围内产生一个均匀分布的随机数 p，当 $p \leqslant P(X'_k|X_k, T_k)$ 时，令 $X_{k+1}=X'_k$，否则令 $X_{k+1}=X_k$；

(5)更新最优解，如果 $f(X_{k+1})<f_{\min}$，则令 $X_{\min}=X_{k+1}$；

(6)判断终止条件，若满足条件，则停止迭代，否则转至步骤(7)；

(7)根据给定的温度更新函数进行函数更新，并转至步骤(2)。

模拟退火算法的操作与参数的设计，一般包括三函数两准则，即状态产生函数、状态接受函数、温度更新函数、内循环终止准则和外循环终止准则。经过大量的尝试，对模拟退火算法的操作和参数做如下的设计。

(1)邻域函数。连续变量的邻域状态有无限多，这与组合优化问题的有限邻域状态不同。模拟退火算法应用连续函数优化问题的一个难点，便在于如何设计合适的邻域函数。学习遗传算法中多点变异策略，我们设计如下邻域函数。

对当前解 $x=x(x_1, x_1, \cdots, x_n)$，随机选取 m 个扰动 $x_{r1}, x_{r2}, \cdots, x_{rm}$，扰动后分量为

$$y_{ri} = x_{ri} + rS(x_{ri}^{\mathrm{u}} - x_{ri}^{\mathrm{d}}), \quad i=1,2,\cdots,m, r\in[-1,1] \tag{4-203}$$

式中：r 为[-1,1]上均匀分布的随机数；x_{ri}^{u}、x_{ri}^{d} 分别为给定设计变量的上、下限；S、m 为两个邻域规模因子，与解空间的规模有直接关联，S 反映了邻域函数可以对变量空间纵向的开采规模，为了提高模拟退火算法的局部精细开采能力，在此，选择了如下随着退火递减的函数：

$$S = S_0 \mathrm{e}^{\frac{-bk}{K_{\max}}} \tag{4-204}$$

式中：S_0 一般为[0.05,0.5]上的一个常数；b 为 S 随退火变化趋势的系数；$K_{\max}$ 为最大退火次数；m 为反映邻域函数对变量空间横向的开采规模，为了保证每个解的邻域规模相同，应该是一个固定的常数，可以根据变量的维数，确定为一个适当的正整数。

(2)初温和退温函数。目标函数差主要确定了初温，并保证初始解具有一定的接受概率。随机产生一个初始种群，种群大小的选择为待解决问题的5～10倍，确定初温 $T_0=(f_{\min}-f_{\max})/\ln P_0$，$P_0$ 为最差初始接收概率。通过 P_0 调整初温，并利用了初始种群的相对

性能，避免过高或过低初温对算法性能的影响。退温函数采用了指数退温函数，即 $T_{k+1}=\alpha T$，α 为退温速率。该方法可以较好地折中优化质量和时间性能。

(3)算法内循环中止准则。内循环中止准则，即梅热普里斯(Metropolis)抽样稳定准则，用于决定在各温度下产生候选解的数目。这里选择为固定步数法，即在各温度下均以 L 步进行抽样，达到阈值就进行退温。采用了 $K_{\max}$ 为外循环中止条件，若 $K>K_{\max}$，则算法中止。

模拟退火算法应用于轨迹优化设计的基本流程如图 4-7 所示。

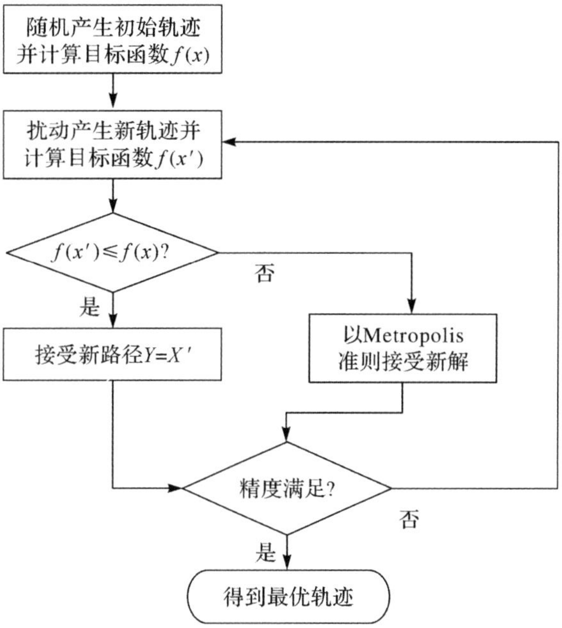

图 4-7　模拟退火算法应用于轨迹优化设计的基本流程

3. 粒子群算法

粒子群优化算法源于对鸟群捕食行为的研究，在粒子群算法中，每个优化问题的解都是搜索空间中的一只鸟，称为粒子。所有的粒子都有一个由优化函数确定的适应度值，每个粒子还有一个速度，决定了其飞翔的方向和距离。粒子群算法初始化为一群随机粒子(随机解)，然后通过迭代，在解空间中搜索并找到最优解。在每一次迭代中，粒子通过跟踪两个“极值”来更新自己：第一个是粒子本身找到的最优解，称为个体极值；另一个是整个粒子群目前找到的最优解，称为全局极值。这两个极值是由所有粒子都遵循的一个被目标函数决定的适应度值决定的，假设用 $x_i=(x_{i1},x_{i2},\cdots,x_{id})$表示第 i 个粒子，其中 d 是粒子的温度，它经历过的最好位置表示为 $p_i=(p_{i1},p_{i2},\cdots,p_{id})$，整个种群经历过的最好位置表示为 g_i，粒子 i 的速度表示为 v_i。在迭代过程中，粒了 i 通过下式更新自己的位置和速度：

$$\left.\begin{aligned} v_{id} &= v_{id}+c_1\text{rand}()(p_{id}-x_{id})+c_2\text{rand}()(p_{gd}-x_{id}) \\ x_i &= x_{id}+v_{id} \end{aligned}\right\} \tag{4-205}$$

式中：rand()是介于(0,1)之间的随机数；c_1、c_2 是加速度因子。另外，粒子的每一维速度都

会被一个最大速度 $v_{\max}$ 限定，如果更新后的速度超过用户所设定的 $v_{\max}$，那么就被限定为 $v_{\max}$。当 $v_{\max}$ 取值较大时，粒子的飞行速度大，有利于全局搜索，但是有可能飞过最优解；当 $v_{\max}$ 取值较小时，粒子可在特定区域内精细搜索，但是容易陷入局部最优，这样构成了最基本的粒子群算法，粒子群算法的流程图如图 4－8 所示。与其他的飞行器轨迹优化方法相比，粒子群算法概念简单、鲁棒性好、智能背景深刻，特别是它天生具有并行计算的潜质，适用于并行计算中。

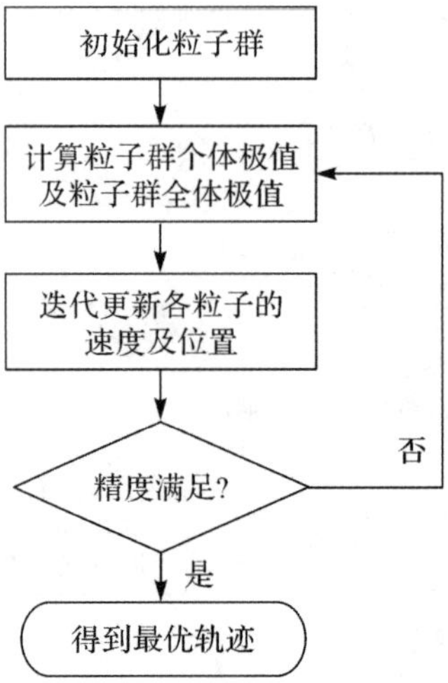

图 4－8　粒子群算法流程图

4. 差分进化算法

差分进化算法是一种新兴的进化计算技术。它是由斯特里恩(Storn)等人于 1995 年在遗传算法等进化思想的基础上提出的。最初的设想是为了解决切比雪夫多项式问题，后来发现可以解决复杂优化的问题。差分优化算法和粒子群算法一样，它是基于群体智能理论的优化算法，通过群体内个体间的合作和竞争产生的群体智能指导优化搜索。但是和进化算法相比，差分进化算法保留了基于种群的全局搜索策略，采用实数编码、基于差分的简单变异操作和一对一的竞争生存策略，降低了遗传操作的复杂性。同时，其特有的记忆能力，使其可以动态跟踪当前的搜索情况，以调整其搜索策略，具有较强的全局收敛能力和鲁棒性，而且不需要借助问题的特征信息，适用于求解利用常规数学规划方法无法求解的复杂环境中的优化问题。

差分进化算法是一种基于种群进化的算法，具有记忆个体最优解和种群内信息共享的特点，即通过种群内个体间的合作和竞争来实现对优化问题的求解，其本质是一种基于实数编码的具有保优思想的贪婪遗传算法。

该种算法首先在问题的可行解空间随机初始化种群 $\boldsymbol{X}^0=[\boldsymbol{x}_1^0,\boldsymbol{x}_2^0,\cdots,\boldsymbol{x}_{N_p}^0]$，其中 N_p 为种群规模，个体 $\boldsymbol{x}_i^0=[x_{i,1}^0,x_{i,2}^0,\cdots,x_{i,D}^0]$ 用于表征问题解，D 为优化问题的维数。在随后的进化过程中，对当前种群进行变异和交叉操作，产生另一个新种群；然后利用基于贪婪思想的选择操作，对这两个种群进行一对一的选择，从而产生最终的新一代种群。具体而言，首先通过下式对每一个在 t 时刻的个体 $\boldsymbol{x}_i^t$ 实施变异操作，得到与其对应的变异个体 $\boldsymbol{v}_i^{t+1}$：

$$\boldsymbol{v}_i^{i+1} = \boldsymbol{x}_{r1}^t + K(\boldsymbol{x}_{r2}^t - \boldsymbol{x}_{r3}^t)t \tag{4-206}$$

式中：$r1,r2,r3 \in \{1,2,\cdots,N_p\}$互不相同，且与 i 不同；$\boldsymbol{x}_{r1}^t$ 为父代基矢量；$(\boldsymbol{x}_{r2}^t - \boldsymbol{x}_{r3}^t)$称为父代差矢量；$K$ 为缩放比例因子。

然后，利用下式对 $\boldsymbol{x}_i^t$ 和由式(4-206)生成的变异个体 $\boldsymbol{v}_i^{i+1}$ 实施交叉操作，生成实验个体 $\boldsymbol{u}_i^{i+1}$，即

$$u_{i,j}^{t+1} = \begin{cases} v_{i,j}^{t+1}, & \{j \mid \text{rand}(j) \leqslant \text{CR}\} \cup \{j \mid j = \text{rnbr}(i)\} \\ x_{i,j}^t, & 其他 \end{cases} \tag{4-207}$$

式中：rand(j)为[0,1]之间的均匀分布随机数；CR 为范围在[0,1]之间的交叉概率；rnbr(i)为{1,2,…,D}之间的随机量。

利用式(4-207)对实验个体 $\boldsymbol{u}_i^{t+1}$ 和 $\boldsymbol{x}_i^t$ 的目标函数进行比较，对于最小化问题，选择目标函数值低的个体作为新种群的个体 $\boldsymbol{x}_i^{t+1}$，即

$$\boldsymbol{x}_i^{t+1} = \begin{cases} \boldsymbol{u}_i^{t+1}, & f(\boldsymbol{u}_i^{t+1}) < f(\boldsymbol{x}_i^t) \\ \boldsymbol{x}_i^t, & 其他 \end{cases} \tag{4-208}$$

其中，f 为目标函数。以上便是标准的差分进化算法。

差分进化算法的搜索性能取决于算法全局探索和局部开发能力的平衡，而这在很大程度上依赖于算法的控制参数的选取，包括种群规模、缩放比例因子和交叉概率等[30]。相对于其他进化算法而言，差分进化算法所需要调节的参数较少。总结起来，差分进化算法有以下优点：①算法通用，不依赖于问题信息；②算法原理简单，容易实现；③群体搜索，具有记忆个体最优的能力；④协同搜索，具有利用个体局部信息和群体全局信息，指导算法进一步搜索的能力；⑤易于与其他算法混合，构造出更优性能的算法。

5. *蚁群算法*

蚁群算法是一种基于种群的模拟进化，用于解决复杂优化问题的启发式算法。蚂蚁运动时，会通过在路径上释放出一种信息素来寻找路径。该算法便是在对自然界中真实蚁群的集体行为研究(即蚂蚁依赖信息素进行通信而显示出的社会性行为)的基础上，由意大利学者多里戈等人首先提出的。

蚁群系统的行为方式和自组织能力及系统所具有的分布式组织模型，为解决复杂组合优化问题、分布式控制问题及聚类分析问题，提供了很好的解决思路，相应的算法被称为蚁群算法。蚂蚁在运动的过程中，在其经过的路径上留下信息素，并能感受到这种信息素的存在和强度，并以此来指导自己的运动方向。蚂蚁倾向于朝着信息素浓度高的方向前进，因此由大量蚂蚁组成的蚁群的行为，便表现出一种信息的正反馈现象：某一路径上走过的蚂蚁越多，则后来者选择该路径的概率就越大。蚁群就是通过个体之间这种信息交换机制来彼此协作达到搜索食物的目的。

其基本步骤如下：

(1)参数初始化。指定蚁群规模 m，父代种群规模 n，输入信息素 $\pi_{ij}(0)$和启发信息 $\eta_{ij}(0)$；随机生成初始蚁群 $\boldsymbol{A}(0)=[A_1(0),A_2(0),\cdots,A_m(0)]$；置时间 $t=0$。

(2)选择操作。从 $\boldsymbol{A}(t)$中按照目标函数值选择出 n 只蚂蚁组成第 t 代蚁群蚁群 $\boldsymbol{B}(t)=(A_{i1}(t),A_{i2}(t),\cdots,A_{in}(t))$。

(3)重组。按照相应公式设置信息素增量 $\Delta\pi_{ij}$，并相应调整信息素含量 $\Delta\pi_{ij}(t+1)$，根据适当方式获得启发式信息 $\eta_{ij}(t+1)$，独立重复地以由 $\pi_{ij}(t+1)$ 和 $\eta_{ij}(t+1)$ 决定的概率随机产生蚂蚁 $A_k(t+1)$，$k=1,2,\cdots,m$，由此组成第 $t+1$ 代蚁群，$\mathbf{A}(t+1)=[A_1(t+1), A_2(t+1),\cdots,A_m(t+1)]$。

(4)终止检验。如果解已经达到精度，或者已经达到预设进化时限，那么就停止，输出 $\mathbf{A}(t+1)$ 中最好的个体为所求的近似解，否则，令 $t=t+1$ 转至步骤(3)。

将基本蚁群算法应用于飞行器轨迹优化的一般方法是：首先，将轨迹空间进行网格划分；然后将 m 只蚂蚁放置于轨迹优化的起点，通过状态转移规则，使每只蚂蚁从一个状态(节点 i)转移至另一个状态(节点 j)，直到最终达到目标点，完成一条候选轨迹，即轨迹优化问题的一个可行解；在所有蚂蚁都完成各自的候选轨迹选择后，再利用信息素更新规则，将蚂蚁所经过所有轨迹上的信息素进行更新，引导蚂蚁最终能迭代搜索到轨迹优化的最优解。

4.5 参考文献

[1] LEWALLEN J M, TAPLEY B D, WILLIAMS S D. Iteration procedures for indirect trajectory optimization methods[J]. Journal of Spacecraft, 1968, 5 (3): 321 - 327.

[2] VINH N X. Optimal trajectories in atmospheric flight[M]. New York: Elsevier Scientific Pub. Co., 1981.

[3] LSTRATIE V. Optimal skip entry into atmosphere with minimum heat and constraints[C]//AIAA. [S. l.: s. n.], 2000: 3993.

[4] LSTRATIE V. Three dimensional optimal skip entry with terminal maximum velocity [C]//AIAA. [S. l.: s. n.], 1997: 3483.

[5] BARRON R L, CHICK C M. Improved indirect method for air-vehicle trajectory optimization[J]. Journal of Guidance Control and Dynamics, 2006, 29 (3): 643 - 652.

[6] JORRIS T. Multiple method 2-D trajectory optimization satisfying waypoints and no fly zone constraints[J]. Journal of Guidance Control and Dynamics, 2008, 31(3): 543 - 553.

[7] LU P, PAN B F. Highly constrained optimal launch ascent guidance[J]. Journal of Guidance Control and Dynamics, 2010, 33(2): 404 - 414.

[8] LU P, GRIFFIN B J, DUKEMAN G A, et al. Rapid optimal multiburn ascent planning and guidance[J]. Journal of Guidance Control and Dynamics, 2008, 31 (6): 1656 - 1664.

[9] LU P. Entry guidance and trajectory control for reusable launch vehicle[J]. Journal of Guidance Control and Dynamics, 1997, 20(1): 143 - 149.

[10] LU P, XUE S B. Rapid generation of accurate entry landing footprints[J]. Journal of Guidance Control and Dynamics, 2010, 33(3): 756 - 767.

[11] LU P. Entry trajectory optimization with analytical feedback bank angle law[C]//AIAA. [S. l.: s. n.], 2008: 7268.

[12] 王志刚,袁建平,陈士橹. 高超声速航天器最优再入大回转轨迹与控制[J]. 弹道学报,2005,17 (2): 60 - 64.

[13] 周浩,周韬,陈万春,等. 高超声速滑翔飞行器引入段弹道优化[J]. 宇航学报,2006,27 (5):970 - 973.

[14] 陈有荣,袁建平,罗建军. 再入滑翔式飞行器轨迹快速优化[J]. 飞行力学,2008,26 (6): 47 - 51.

[15] 李惠峰,李昭莹. 高超声速飞行器上升段最优制导间接法研究[J]. 宇航学报,2011,32 (2):297 - 302.

[16] 王银,陆宇平,张崇峰. 带配平翼月球返回舱跳跃再入轨迹优化设计[J]. 宇航学报,2011,32(2):284 - 289.

[17] HULL D G. Conversion of optimal control problems into parameter optimization problems[C]//AIAA. [S. l. :s. n.],1996:3812.

[18] TU L H,YUAN J P,FANG Q,et al. Reentry skipping trajectory optimization using direct parameter optimization method[C]//AIAA. [S. l. :s. n.],2006:7993.

[19] 雍恩米,唐国金,陈磊. 助推-滑翔式弹道中段弹道方案的初步分析[J]. 国防科技大学学报,2006,28(6):6 - 10.

[20] 李瑜. 助推-滑翔导弹弹道优化与制导方法研究[D]. 哈尔滨:哈尔滨工业大学,2009.

[21] 黄育秋,何麟书. 升力式再入飞行器多约束多阶段弹道优化设计[J]. 哈尔滨工业大学学报,2011,43 (7): 144 - 148.

[22] HARGRAVES C R,PARIS C R. Direct trajectory optimization using nonlinear programming and collocation[J]. Journal of Guidance Control and Dynamics,1987,10 (4):338 - 342.

[23] TIEU D,CLUETT W R,PENLIDIS A. A comparison of collocation methods for solving dynamic optimization problems[J]. Computers & Chemical Engineering,1995,19 (4):375 - 381.

[24] ENRIGHT P J,CONWAY B A. Discrete approximations to optimal trajectories using direct transcription and nonlinear programming[J]. Journal of Guidance Control and Dynamics,1992,15 (4):994 - 1002.

[25] 陈小庆,侯中喜,刘建霞. 基于直接配点法的滑翔轨迹快速优化设计[J]. 航空计算技术,2010,40 (1):37 - 41.

[26] DESAI P N,CONWAY B A. Two-timescale discretization scheme for collocation[J]. Journal of Guidance Control and Dynamics,2008,31 (5):1316 - 1322.

[27] DESAI P N,CONWAY B A. Six-degree-of-freedom trajectory optimization using a two-timescale collocation architecture[J]. Journal of Guidance Control and Dynamics,2008,31 (5):1308 - 1315.

[28] 雍恩米. 高超声速滑翔式再入飞行器轨迹优化与制导方法研究[D]. 长沙:国防科技大学,2008.

[29] 杨希祥，张为华. 基于 Gauss 伪谱法的固体运载火箭上升段轨迹快速优化研究[J]. 宇航学报，2011，32 (1)：15－21.

[30] 王明光，袁建平，罗建军. RLV 再入轨迹机载快速优化[J]. 宇航学报，2005，26 (3)：253－256.

第 5 章 高超声速飞行器的制导律设计

制导是按照一定规律将飞行器从空间某点导引到目标点，其所遵从的规律即为制导律，制导律的设计目的是使飞行器在不违背各项约束条件下，将飞行器导引至指定的位置，并满足终端要求。对于高超声速飞行器的飞行过程，再入段是最严峻的一个阶段，因此再入段的制导律设计是本章关注的重点。

5.1 高超声速飞行器制导方法概述

5.1.1 制导律综述

飞行器再入段制导的目的是控制其在着陆点附近着陆，在此过程中满足过载和热环境等要求[1]。基于近年来的技术发展，高超声速飞行器的主要制导技术包括上升段的制导技术以及再入段的制导技术[2]。而在具体方法上，主要包括跟踪预先设计轨迹的标称轨迹法以及基于实时校正的预测校正制导方法两类。

(1)标称轨迹法。所谓标称轨迹法，是指在飞行器的机载计算机中，预先装订标准轨迹参数的方法，而在实际的飞行过程中，由于受初始条件误差、大气环境变化、气动系数变化等因素的影响，实际飞行轨迹偏离了标称轨迹，制导系统根据实际轨迹和标称轨迹的偏差进行姿态调整，从而实现对标称轨迹的跟踪。

标称轨迹法主要包括标称轨迹规划和参考轨迹在线跟踪两部分。美国的阿波罗计划和航天飞机的发展，使得阻力加速度剖面规划再入轨迹的标称轨迹法得到了成功的应用。航天飞机的再入制导分为纵向和侧向分别进行制导。纵向制导跟踪阻力加速度剖面，并根据飞行器状态调整阻力剖面以满足要求的航程。侧向制导采用基于漏斗曲线的开关控制方式，通过调整倾侧角的正、负号来保证方位角的精度。在标称轨迹跟踪中，主要上升段和再入段具有不同的实现方式。

上升段的标称轨迹跟踪一般基于固定俯仰程序给出满足终端状态的标称轨迹，离线设计完成后，对标称轨迹的跟踪，由于受到导弹推力、燃料的秒耗量以及结构质量、大气密度、地球引力均值的影响，实际飞行弹道往往偏离标准值，从而导致距离终端状态存在偏差，对于此类问题，参考一般弹道导弹的制导方法，可以从摄动和闭路两个方式来说明上升段的制导策略。

除此之外，在确定关机点状态后，也可以根据两点边值方式确定上升段的标称轨迹，考虑受到大气摄动影响，因此通常采用固定俯仰角加闭路的方式进行制导跟踪实现。随着这种开闭环制导方法所存在的局限性逐渐明显，Lu ping 和 Dukeman 也开展了基于标称轨迹分段的两点边值闭环制导方法研究。国内外众多学者也基于反馈线性化等方法实现了轨迹跟踪[3]。

对于再入段的制导问题，典型的阻力加速度曲线跟踪被用来实现再入轨迹的生成，而随着各类飞行器再入阶段的自主性、自适应性和鲁棒性要求逐步提高，目前针对标称轨迹的跟踪主要沿着两条技术轨迹开展：一是研究具备鲁棒性能和自适应能力的轨迹跟踪方法；二是研究在线弹道规划方法，使其具有自主设计参考弹道的能力。

(2)预测校正制导方法。再入段的预测校正制导方法是以消除实际弹道的预报落点和预定落点位置之间的偏差为目的的制导方法，与标称轨迹不同的是，它是根据实时再入弹道落点和理论落点的误差求解满足约束的情况并产生控制指令，对航天器实现轨道控制的。预测校正制导方法可以获得更高的落点精度，并且对再入初始条件不敏感；其主要约束在于需要在轨实时计算。

预报落点位置和制导方法的选择是实施预测校正制导方法需要解决的两大问题。在落点预报中，可以采用快速数值积分法和闭环解析法来处理。快速数值积分法是利用机载计算机对运动方程组进行数值积分，该方法的优点是能处理任何可能的飞行条件，且预报精度高，对航程、加速度和热流等均能进行预测，但是由于要进行数值积分计算，所以对机载计算机的快速运算能力和存储能力要求很高。闭环解析法是指通过对再入运动的复杂性，求解过程一般都要基于很多假设，因此得到的解只是运动方程组的近似解，且不能获得所有情况下的运动方程组的解析解。闭环解析法由于限制条件较多、预报精度较差，以及还不能对任意飞行条件进行处理，所以适应性比较差。而对于上升段的弹道预测校正，只适用于空间环境中，通常在大气层内采用固定程序飞行的方法实现。

1. 制导律设计的关键技术

再入制导律根据导航系统提供的相关信号，给姿态控制系统提供制导指令，该制导指令应该在尽可能大的干扰和不确定飞行环境的条件下，将再入飞行器准确地从再入点导引到指定的目标着陆点，并保证飞行器在再入过程中不违背热流率、热载荷、过载、动压等约束条件。而且，制导律还应该考虑姿态控制系统的能力，减小姿态控制系统的负担，提高再入段轨迹的质量并保证飞行器到达由自身能力决定的可达区域中的任意目标点，提高再入飞行器的任务适应性。在完成上述功能的基础上，制导律应该在现有的机载计算机技术条件下，提高算法运算效率并减小算法的资源占用率。

目前，再入制导律主要分为三类：

(1)跟踪标称轨迹实现飞行器导引的标称轨迹法；

(2)通过闭环解析预测或快速数值积分预测手段实现再入导引的预测轨迹法；

(3)结合两者的混合衍生制导方法。

上述的三种制导律，因为解决飞行器再入轨迹问题的方法不同，所以其设计的关键技术也不同，下面对三种制导律的设计关注点进行简要的论述。

(1)标称轨迹法。飞行器再入的标称轨迹，主要通过直接或间接优化算法取得。由于目前的轨迹优化算法在收敛性、求解速度等方面存在很大的不确定性，所以标称轨迹的获得一般都以离线的方式进行。在得到再入标称轨迹后，将标称轨迹参数存入弹载计算机，作为参考轨道。在飞行器再入飞行过程中，参考轨道参数与导航系统获得的飞行器状态参数实时进行比较，从而给姿态控制系统提供制导指令，以修正飞行轨道。当对标称轨迹法进行评估时，需要关注的技术重点包括以下内容[4]。

1)选择哪些状态变量作为编程轨迹的参量。选择合适的状态变量，既可以简化算法结构，又可以减小制导参数算法对弹载存储资源的需求。

2)参考轨道跟踪制导律的选取以及相应闭环反馈系数的确定。科学的参考轨道跟踪控制律可以显著增强制导律对非标称条件的鲁棒性，而闭环控制律反馈系数将在很大程度上决定轨道跟踪的动态响应，再入轨道质量将是反馈系数选取是否合理的直接体现。

(2)预测轨迹法。当对预测轨迹法进行评估时，需要重点关注以下方面[5]。

1)快速数值积分预测模型中，轨迹控制参数剖面的选择。因为再入攻角一般是根据具体飞行任务提前规划的，所以快速数值积分轨迹的控制参数主要是倾侧角。倾侧角剖面是指通过一定方式对再入倾角控制进行参数化，便于校正运算。倾侧角剖面的选择与再入过程的能量/射程管理有直接关系，对再入飞行器的机动能力的发挥起决定作用。

2)快速数值积分预测模型中，数值积分算法、积分步长的选取。一般，基于快速数值积分预测模型的预测轨迹法，对于飞行器在线处理能力有较高的要求。在保证预测轨迹精度与收敛性的前提下，选择合适的数值积分算法，并尽可能选取较大积分步长，这将显著降低该类型制导律对弹载计算能力的要求。

3)快速数值积分预测模型中制导模型的自适应算法。快速数值预测模型依赖自身的飞行器制导模型生成预测轨迹，制导模型与飞行器真实运行模型的误差，决定了预测轨迹的正确性，因此，有效的制导模型自适应算法能够改善预测轨迹。

4)如何保证预测轨迹不违背过程约束。约束过程是满足再入飞行过程中热力学环境的保证。预测轨迹一定要有明确的技术路线，以保证通过预测机制得到的再入轨迹不违背这些硬性约束。

5)闭环解析预测模型中，再入轨迹的分段与轨迹剖面的选择。闭环解析预测模型的获得，在很大程度上取决于对再入轨迹的分段、轨迹剖面的选择以及再入动力学的简化，分段简化的合理直接决定了闭环解析模型与真实轨迹之间的误差，最终决定了轨迹预测的精度。

6)轨迹校正算法选取与保证算法收敛性措施。轨迹校正算法通过选择合理的校正算法以及数值方法完成对控制量剖面或者轨迹剖面的调整。校正方法的质量直接影响再入飞行器的机动能力，通常情况下，校正数值方法求解的是多元非线性方程组。预测轨迹法最大的难点在于如何保证制导律的收敛性，或者说在一个制导周期内，当制导律没有收敛时，如何保证再入轨迹控制能正常运行。为确保校正算法的收敛性，需要针对具体情况进行相应处理。

(3)兼有标称轨迹法与预测轨迹法的混合衍生型制导律。标称轨迹法与预测轨迹法各有优、缺点。

对于标称轨迹法得到的再入轨迹，一般具有优良的再入热力学环境，对实际轨迹与标称轨迹的偏差具有有限鲁棒性，对弹载计算机功能要求比较低。当再入实际轨迹与参考轨迹的偏差超出制导律自身所能承受的范围时，制导性能将大幅度下降[6]。

基于快速积分的预测轨迹法，对于再入初始条件散布、再入飞行过程中各类条件的不确定性，具有很强的鲁棒性。但是由于再入轨迹完全依赖于内置制导模型与导航系统的实时输入参量，所以它对于导航误差与制导模型误差非常敏感。当实际导航系统出现较大偏差或者内置制导模型与真实运行模型存在较大建模误差时，该种制导律性能同样会急剧下降。此外，在很多情况下，其自身的校正算法并不能保证在每一个制导周期内都收敛，那么制导性能也将随之下降。由于该制导方法需要进行数值预测与校正，所以对弹载计算机功能要求比较高。

基于闭环解析解的预测轨迹法，虽然对再入初始条件散布、再入飞行过程中各类条件的不确定性，具有一定的鲁棒性，但是该类制导方法普遍存在一些假设条件，当实际运行轨迹满足这些条件时，制导律性能比较稳定，一旦当实际再入轨迹状态不满足这些假设条件时，制导性能将大幅度降低。另外，这种制导方法与快速数值积分的预测轨迹法相比较，对于弹载计算机功能要求相对较低。

由以上分析可以看出，混合衍生型制导律兼有标称轨迹法和预测轨迹法两种制导律的优点，但是，并不是在任何情况下它都能很好地用于制导律设计。比如对于试验型飞行器，在飞行环境、气动模型、热防护、机身结构、导航设备等方面，都存在很大的不确定性，在这种情况下，采用离线优化得到标称轨迹，通过标称轨迹法实现再入飞行制导是一条比较合理的技术路线。通过对再入关键技术有了较深了解之后，根据飞行器的具体情况，结合标称轨迹法和预测轨迹法两类制导律的特点，才能给出最适合的混合衍生型制导律。

2. 制导律的关键性能

再入制导率的关键性能评估是评估所指定的指标体系的依据。制导律的设计是为了确定再入飞行器三自由度质点的运动轨迹[7]。再入轨迹质量是制导律性能的外在表现，制导律的关键性能除了与再入轨迹相关的性能外，还包括制导模型自适应能力、系统裕度等方面的内在性能，根据上述对飞行器再入制导律的定义，可以将再入制导律的关键性能分为以下7个方面[8]。

(1)到达指定目标点的精确度。精确度是再入制导律最基本的性能，也是最值得关注的性能。在武器研制领域，高精确度的再入制导意味着更强的打击能力。

(2)满足再入过程约束的能力。再入飞行器高超声速再入大气层后，将承受异常恶劣的再入热力学和力学环境，再入轨迹必须要满足过程约束，如最大热流率、总热载荷、动压、过载以及铰链力矩等，在这种情况下，如何将飞行器安全地引导到指定目标点，是再入制导律的根本任务。制导律在满足约束控制力方面的性能，将直接影响再入飞行器能够充分利用再入走廊。除此之外，合理的过程控制机制，能够在不违背约束条件下，最大限度地减轻总体设计的负担。

(3)对于干扰等各种不确定性的裕度及敏感性。再入飞行器飞行包络线内环境条件变化范围大，且程度强烈，同时存在气动力、热结构、控制多种物理场严重耦合等客观因素，加上在很多学科领域还需要对一些机理性问题进行深入研究，因此，就需要再入制导律对这些干扰与不确定性因素具有合理的裕度，或者说对它们具有较低的敏感性。

(4)制导律的任务适应性。为了简化制导方法、增加武器系统战场适应能力，再入制导律必须具有任务需求的适应能力，主要包括：①允许任务载荷量范围有一定变化、适应再入过程约束条件的变化和大纵程或者大横程目标切换等；②不需要对制导律结构或输入参数等方面进行过多的修改，就可以装载使用。制导律较强的任务适应能力，不仅因为系统结构得到简化而显著增强控制系统的可靠性，同时可以大大减少武器系统研发与维护的成本。

(5)匹配导航系统与姿态控制的能力。制导律不是一个独立工作的环节，它首先根据导航系统提供的相关信息，计算并形成制导指令，进而通过姿态控制系统实现制导。在整个飞行控制系统中，它起着承上启下的作用[9]。导航系统或者姿态控制系统都直接影响制导效果，如果传感器提供了错误的位置信息，那么无论制导律多么完美，飞行器也不能到达预定目标，因此，在制导律设计时，要充分考虑到导航系统与姿态控制的影响，并由此选择合理的制导方法[10]。

(6)再入段的能量管理。再入制导律的核心问题是再入过程的能量管理，即规划一种合理的能力耗散方式，来完成规定的任务[11]。在再入过程中，能量水平直接决定了飞行器的射程能力、再入热力学状态等。因此，具有不同任务需求的再入飞行器在制导律设计过程中，应该选择不同的能量耗散方式，这就决定了不同类型再入飞行器的制导律是不可能通用的。正确的做法应该是，由任务需求选择匹配的能量耗散方式，然后在此基础上进行有针对性的制导律研发工作。

在进行制导律评估时，须十分重视再入轨迹的能量管理，它直接关系到能否保证飞行器准确地到达目标点：过早的大能量耗散，将导致飞行器不能到达指定目标；而保存过多的能量，将导致飞行器必须通过超越目标点才能耗散掉多余的能量。

(7)制导算法复杂性。制导算法的复杂性主要包括算法逻辑结构、算法收敛性、算法运算效率以及算法占用内存资源等方面，简单的逻辑结构能够增强系统的可靠性，高效且占用资源少的算法能够减小弹载计算机的研发成本，在制导算法的评估过程中，算法复杂程度的评估也是非常重要的内容。

3. 影响制导律性能的重要因素

对再入段进行评估，需要找出影响它的重要因素，并将影响因素进行系统建模，进行评估时，将这些因素科学地加入评测仿真中。影响制导律性能的因素总结如下。

(1)再入飞行器气动模型。高升阻比再入飞行器，主要通过调整自身的气动力来完成对再入轨迹的控制，气动模型的变化对再入轨迹将产生重要的影响。

(2)环境模型。环境模型的改变，如大气密度的变化，特别是高空大气密度的变化，将直接影响飞行器气动力，进而对再入轨迹产生非常大的影响。

(3)再入点导航设备输出的速度/位置信息。使用再入点导航设备提供的速度/位置信息，可进行在线轨迹生成。带有误差的导航信息将直接导致制导律生成不准确的参考轨迹，进而对再入制导性能带来较大影响。

(4)飞行器质量特性。对于具有被动热防护的再入飞行器，热防护材料需要经历烧蚀，在这个过程中，飞行器质量特性将发生变化，进而影响到飞行器的配平攻角、升重比等，而这两个因素也是影响再入轨迹的重要参量，因此，在再入制导律评估中，应该考虑质量变化对其性能的影响。

(5)姿态控制系统。再入姿态控制系统的主要作用是响应制导指令。由于姿态控制系统自身具有的动力学特性，导致制导指令不能被理性地执行，飞行器也就不可能得到所需的气动力，进而使得轨迹控制出现误差。

(6)导航系统。目前，再入飞行器系统一般采用GPS/IMU组合导航，高速再入的“黑障”现象将导致GPS不能正常工作，而初始对准状态或者陀螺漂移等因素，会导致IMU带有测量误差，因此，导航系统提供给制导律的信号，将不是飞行器真实位置信息的反映，而是带着随机误差的导航信号，这就使得制导律的效果不可能与理论计算的结果完全一致。

5.1.2 制导律实际运行经验

有学者综合了美国的双子星座飞船、ASSET和PRIME计划、航天飞机几类飞行器制导律的实际运行情况，分析他们遇到的问题，得出以下六个方面的启示，对于制导律设计评估有重要的参考价值[11]。

(1)再入飞行器升阻特性的不确定性。目前，CFD技术或地面试验还不完善，导致了无法准确预测飞行器的气动特性。如果飞行器是采用烧蚀热防护，在再入过程中，质心会发生变化，从而影响飞行器的配平特性，这都将导致再入飞行器的实际升阻比与预测升阻比之间存在较大的差异。如果升阻比模型中没有在线自适应系统设计，制导律将会因为这种实际升阻比与预测升阻比之间的差异出现制导性能的下降。制导性能下降对于机动能力要求不高的再入任务影响不是特别明显，而对于一些飞行器机动能力的极限情况，将导致出现很大的终端误差。出现这种情况的主要原因，是飞行器在再入过程中并没有按照其自身实际具有的机动能力进行能量管理，而是被错误的预测机动能力所误导。为了克服这个问题，航天飞机中的升阻比特性根据导航系统实测数据进行实施更新。再入制导律中对升阻比特性的自适应机制，将直接决定该制导律对升阻比建模误差的鲁棒性，并且这种对升阻比不确定性的鲁棒性，只有依赖一些极限飞行任务才能进行全面考察。

(2)常值倾侧角技术。常值倾侧角技术主要应用在利用快速数值积分的预测轨迹法中，常值倾侧角只需要一个变量，就可以参数化倾侧角控制量，通过这种参数化方式，显著提高了校正算法的运算效率与收敛性，最终提高了再入制导算法的运算速度。然而，当再入飞行任务对飞行器机动能力要求比较高或者再入轨迹比较短时，该技术存在明显的问题：它不能迅速消除因诸如导航信息误差等带来的制导误差，它对误差的抵消作用分摊到整个全轨迹段；它受飞行器建模误差的影响较大，当采用错误的飞行器动力学模型进行快速积分时，会出现非常不合理的能量耗散弹道，在接近目标时，导致飞行器已基本丧失对误差或者各种随机扰动的修正能力。对于采用常值倾侧角技术的制导律，在一些极限任务情况下，将很有可能出现制导性能下降的状况。

(3)导航系统误差对制导性能的影响。制导律的设计一定要考虑当前导航系统所处的水平，分析导航系统所能提供信号的准确性与可靠性，要全面地考虑导航信息可能出现的问题。航天飞机制导律在这个方面就处理得比较合理。首先，因为当时惯导系统不能提供准确的高度变化率信息，而不准确的高度变化率信息直接导致出现跟踪误差，随即在跟踪控制律中，增加跟踪误差积分项，使得跟踪律的稳态误差被消除。对于再入过程中的黑障现象，为了减小该现象给导航系统带来的误差，保存了黑障以后的再入机动能力，采用了巧妙的航程校正方法。再入过程中，由于制导系统的性能与导航信息直接相关，在相对制导律评估时，一定要对导航误差在制导系统中的传递进行科学分析，特别是要考察对各类传感器误差的敏感性。

(4)纵向与侧向解耦处理后的机动能力分配。目前很多制导律都将纵向和侧向分开处理，基本思路是倾侧角幅值完成纵向制导，倾侧角符号完成侧向制导。当应用这种制导方法时，一定要注意考察制导律分配给侧向的机动能力。在很多情况下，当倾侧角的幅值比较小时，飞行器的侧向机动能力几乎消失。因此对于纵向与侧向解耦的制导律，在评估过程中应注意其倾侧角幅值是否有零值倾侧角出现，特别是当快接近目标时，如果有零值倾侧角出现，就需要对其横程散布情况进行细致考察。

(5)长周期振荡轨迹的诱发问题。对于高升阻比再入飞行器，相关最优化理论已经证明振荡痕迹对应的是极限航程能力。但这里应该指出的是，长周期振荡的诱发原因不是最优指标，而是因为在进行侧向控制时，倾侧角的反转诱发的不必要的再入轨迹长周期振荡。在评估过程中，一定要要分清楚是什么原因引起轨迹振荡，如果是出于倾侧角的反转这个原因，那么必须采取类似航天飞机的方法进行振荡的抑制。

(6)飞行任务的适应性。制导律的设计一定是基础再入飞行任务，而再入飞行任务是根据飞行器研制任务需求形成的。例如“阿波罗”计划，由于当初错误的研制任务需求定义，而使“阿波罗”飞行器的再入制导律结构与制导逻辑变得相对非常复杂，在后期的实际运行中，复杂的逻辑并没有发挥作用，反而将简单的问题复杂化。对于评估来说，也是一样的，一定要以飞行任务或者是飞行器颜值需求作为出发点，进而设计评测任务以及评估指标体系，评估的最终目的是找到最适合飞行器研制需求的制导律。

5.2　上升段的制导算法

5.2.1　主动段关机点的确定方法

对于一般的运载器的运载问题，其通常根据要求将滑翔器运载至期望的状态点处，从而使其满足后续的飞行要求[12]。而对于高超声速飞行器，由于其具有动力巡航和滑翔的能力，所以一般难以直接基于确定的射程计算其关机点状态。因此需要根据对象特性进行以下的修正[13]。

对于动力巡航，保持其在射面，关机点状态不受射程影响，可直接根据巡航发动机的点火条件确定[14]。而对于无动力滑翔的飞行器，主动段关机点的能量直接影响到整个导弹的射程，则基于虚拟目标的关机状态确定[15]。

对于无动力滑翔飞行器，可认为射程与主动段终点运动参数相关，则有

$$\chi = \chi(v_x, v_y, v_z, x_k, y_k, z_k, t_k) \tag{5-1}$$

主动段的情况比较复杂，影响弹道的因素较多，因此其误差系数一般很难写成解析形式，只可利用摄动和求差法进行计算。如果主动段关机时刻的速度和坐标发生偏差，则会导致落点产生偏差。根据射程和横程计算公式，可以获得落点偏差与主动段关机点参数之间的关系，取偏微分求基本变分。

首先需要获得考虑地球旋转时全射程的偏导数，引入一个不随地球旋转的同心球，再考虑地球转动的影响。对于不动球壳来讲，其被动段射程可直接引用结果获取。

定义发射坐标系，设其不随地球转动，取发射点 O_M 作为原点，x 轴指向目标，$\chi=\chi(v_x, v_y, v_z, x_k, y_k, z_k, t_k)$，$y$ 轴是地心与发射点连线，向上为正，z 轴构成右手坐标系。设定发射段终止时刻$\overline{t_k}$，标准弹道主动段在不动球壳上的投影为 K，并得到该时刻导弹在发射坐标的位置分量为 $x_k, y_k, z_k, v_{xk}, v_{yk}, v_{zk}$。$O_MX$ 与主动段绝对弹道之间的夹角为 γ_k，主动段的绝对射程角为 β_k，则此两个角度可定义为

$$\sin\beta_k=\frac{\sqrt{x_k^2+z_k^2}}{r_k},\quad \cos\beta_k=\frac{R+y_k}{r_k} \tag{5-2}$$

$$\sin\gamma_k=\frac{z_k}{\sqrt{x_k^2+z_k^2}},\quad \cos\gamma_k=\frac{x_k}{\sqrt{x_k^2+z_k^2}} \tag{5-3}$$

如果以此两个角度作为坐标变化夹角，则可以得到当地惯性坐标系和发射惯性坐标系之间的坐标变化关系。同理，可以定义绝对速度和当地设计平面的夹角为

$$\sin\gamma_A=\frac{v_{Az}}{\sqrt{v_{Ax}^2+v_{A=}^2}},\quad \cos\gamma_A=\frac{v_{Ax}}{\sqrt{v_{Ax}^2+v_{Az}^2}} \tag{5-4}$$

$$\sin\theta_{ak}=\frac{v_{Az}}{v_{Ak}},\quad \cos\theta_{ak}=\frac{\sqrt{v_{Ax}^2+v_{Az}^2}}{v_{Ak}} \tag{5-5}$$

由以上叙述可以看出，主动段终点坐标参量的位置和速度可分别由绝对速度、绝对矢量、四个角度和时间进行描述。

对于 6 坐标和时间的落点偏差则可以由此 7 个参量进行描述。雅可比阵为 49 个偏导数。考虑到变量之间的相关性，则有 24 个偏导数。在此基础上获取落点偏差对于不同参数的偏导数[16]。

假设被动段飞行时间为 t_c，在命中瞬间，地球上的发射点在不动球壳上的投影为 o，大圆弧 $\tilde{oc}$ 是导弹在旋转地球上的射程在不动球壳上的投影，射程角为 Φ。其包括了主动段和被动段的射程角。如果选择适当的球壳半径，则射程可表示为 $L=R\Phi$。如果导弹的实际落点为 c，则落点偏差可分解为 ΔL、ΔH，有

$$\Delta L=R(\Phi-\widetilde{\Phi}) \tag{5-6}$$

$$\Delta H=R\sin\widetilde{\Phi}\sin(A_\varphi-A_\Phi) \tag{5-7}$$

由球面三角形，有

$$\sin\widetilde{A}_\varphi=\frac{\cos\varphi_c\sin\lambda_b}{\sin\Phi},\quad \cos\widetilde{A}_\varphi=\frac{\sin\varphi_c-\cos\Phi\sin\varphi_0}{\sin\Phi\cos\varphi_0} \tag{5-8}$$

$$\cos\Phi=\sin\varphi_0\sin\varphi_c+\cos\varphi_0\cos\varphi_c\cos\lambda_b \tag{5-9}$$

因为发射点的纬度已知，所以射程角 $\Phi=\Phi(\varphi_c, \lambda_b)$，根据摄动量对相关量求偏导，则有

$$\Phi=\Phi(\varphi_c, \lambda_b) \tag{5-10}$$

$$N=\frac{\partial[L, H]^{\mathrm{T}}}{\partial[\varphi_c, \lambda_b]}\frac{\partial[\varphi_c, \lambda_b]^{\mathrm{T}}}{\partial[v_{ak}, \theta_{ak}, r_k, \beta_k, \gamma_k, \gamma_A, t_k]} \tag{5-11}$$

由于摄动法是在标称轨迹附近展开的，所以参数均为标准弹道参数，根据射程公式，则可以得到

$$\frac{\partial L}{\partial[\varphi_c, \lambda_b]}=\frac{R\partial\Phi}{\partial[\varphi_c, \lambda_b]},\frac{\partial H}{\partial[\varphi_c, \lambda_b]}=\frac{R\sin\Phi\partial A_\varphi}{\partial[\varphi_c, \lambda_b]} \tag{5-12}$$

为求解后项，进一步找出落点参数与关机点参数之间关系，构建球面三角形，令

$$\psi_{\beta} = A_k + \gamma_A \tag{5-13}$$

$$\sin\varphi_c = \sin\varphi_k \cos\beta_c + \cos\varphi_k \sin\beta_c \cos\psi_{\beta c} \tag{5-14}$$

同样，根据球面三角公式，则可以得到

$$\sin(\lambda_b - \lambda_a + \Omega t_c) = \frac{\sin\beta_c \sin\psi_{\beta c}}{\cos\varphi_c} \tag{5-15}$$

$$\cos(\lambda_b - \lambda_a + \Omega t_c) = \frac{\cos\beta_c \cos\varphi_k - \sin\beta_c \sin\varphi_k \cos\psi_{\beta c}}{\cos\varphi_c} \tag{5-16}$$

可以看到其中的 φ_c、λ_b 与自变量之间的关系。

综合以上，可以得到

$$\frac{\partial\,[\varphi_c, \lambda_b]^{\mathrm{T}}}{\partial[v_{ak}, \theta_{ak}, r_k, \beta_k, \gamma_k, \gamma_A, t_k]} = \frac{\partial\,[\varphi_c, \lambda_b]^{\mathrm{T}}}{\partial[\beta_c, \psi_{\beta}, t_c, \lambda_a, \varphi_k]} \cdot N_2 \tag{5-17}$$

$$N_2 = \frac{\partial[\beta_c, \psi_{\beta}, t_c, \lambda_a, \varphi_k]}{\partial[v_{ak}, \theta_{ak}, r_k, \beta_k, \gamma_k, \gamma_A, t_k]} \tag{5-18}$$

根据各项求解偏导数，则可以得到

$$\frac{\partial\,[\varphi_c, \lambda_b]^{\mathrm{T}}}{\partial[\beta_c, \psi_{\beta}, t_c, \lambda_a, \varphi_k]} = \begin{bmatrix} \dfrac{\partial\varphi_c}{\partial\beta_c} & \dfrac{\partial\varphi_c}{\partial\psi_{\beta}} & 0 & 0 & \dfrac{\partial\varphi_c}{\partial\varphi_k} \\ \dfrac{\partial\lambda_b}{\partial\beta_c} + \dfrac{\partial\lambda_b}{\partial\varphi_c}\dfrac{\partial\varphi_c}{\partial\beta_c} & \dfrac{\partial\lambda_b}{\partial\psi_{\beta}} + \dfrac{\partial\lambda_b}{\partial\varphi_c}\dfrac{\partial\varphi_c}{\partial\psi_{\beta}} & \dfrac{\partial\lambda_b}{\partial t_c} & \dfrac{\partial\lambda_b}{\partial\lambda_a} & \dfrac{\partial\lambda_b}{\partial\varphi_k} + \dfrac{\partial\lambda_b}{\partial\varphi_c}\dfrac{\partial\varphi_c}{\partial\varphi_k} \end{bmatrix} \tag{5-19}$$

根据以上公式则可以求解获得各分量。

为了求解 N_2，需要找到关机点参数和发射点参数之间的关系，同样构建球面三角形，可以得到

$$\psi_{\beta k} = A_0 + \gamma_k \tag{5-20}$$

$$\sin\varphi_k = \sin\varphi_0 \cos\beta_k + \cos\varphi_0 \sin\beta_k \cos\psi_{\beta k},\ |\varphi_k| < \frac{\pi}{2} \tag{5-21}$$

$$\sin A_k = \frac{\cos\varphi_0 \sin\psi_{\beta k}}{\cos\varphi_k}, \cos A_k = \frac{-\sin\varphi_0 \sin\beta_k + \cos\varphi_0 \cos\beta_k \cos\psi_{\beta k}}{\cos\varphi_k} \tag{5-22}$$

$$\sin(\lambda_a + \Omega t_c) = \frac{\sin\beta_k \sin\psi_{\beta k}}{\cos\varphi_k} \tag{5-23}$$

$$\cos(\lambda_a + \Omega t_c) = \frac{\cos\beta_k \cos\varphi_0 - \sin\beta_k \sin\varphi_0 \cos\psi_{\beta k}}{\cos\varphi_k} \tag{5-24}$$

因此存在各项的偏导数，根据 N_2 进行求解，可以得到相关的偏导数，则可以得到横程、纵程相对于发射点终止情况的影响，即如果给定主动段终点的绝对弹道运动参数和起始发射点的方位角和纬度，则可以得到全射程的偏导数。

对于基本的摄动方程，也存在由于参数变化引起的速度等质心运动状态变化，其主要因素为重量偏差、消耗量偏差、有效比推力偏差以及气动力特征系数偏差等[13]，从而使得在确定时间内，存在关机点参数变化，影响最终的射程变化。在此过程中，可行的思路是对状态进行修正，获取不同参数影响的射表，从而使得完整射程得到修正。此时需要更改关机时间[17]。

对于弹道导弹，也可以计算获得再入段和自由飞行段的运动方程和相关扰动因素[13]。在再入段，通常认为是零攻角再入，除了重力，还受到空气阻力作用。而对于自由飞行段，需

要考虑地球形状摄动、大气阻力摄动、太阳光压和日月摄动，具体求解采用力学计算中的哈密顿原理以及哈密顿-雅可比方程。

5.2.2 摄动制导律

1. 摄动制导的基本原理

(1)弹头落点偏差控制原理。弹道导弹应能以所要求的精度命中在其射程范围内的目标，射程控制器则利用发射前装订的参数，根据所选定的制导方式进行射程控制，以保证导弹射程与发射点到目标之间的距离相等[18]。

导弹的射程可以用发动机关机时刻 t_k 时的弹的运动参量来确定[19]。设 t_k 瞬间弹相对于发射坐标系 $oxyz$ 的运动参量为

$$\left.\begin{aligned} r_k &= r(t_k) = (x_k, y_k, z_k)^{\mathrm{T}} \\ \dot{r}_k &= \dot{r}(t_k) = (x_{xk}, y_{xk}, z_{xk})^{\mathrm{T}} \end{aligned}\right\} \tag{5-25}$$

即 $L_{全}=L_{全}(r_k,\dot{r}_k)$。

如果用 $ox_a y_a z_a$ 表示发射惯性坐标系，在 t_k 瞬间其运动参量为

$$\left.\begin{aligned} r_{ak} &= r_a(t_k) = (x_{ak}, y_{ak}, z_{ak})^{\mathrm{T}} \\ \dot{r}_{ak} &= \dot{r}_a(t_k) = (\dot{x}_{ak}, \dot{y}_{ak}, \dot{z}_{ak})^{\mathrm{T}} = (v_{axk}, v_{ayk}, v_{azk})^{\mathrm{T}} \end{aligned}\right\} \tag{5-26}$$

由于目标随地球旋转，故在地球上的全射程 $L_{全}$ 不仅与绝对参数 r_{ak}、$\dot{r}_{ak}$ 有关，而且与主动段关机时间 t_k 有关：

$$L_{全} = L_{全}(r_{ak}, \dot{r}_{ak}, t_k) \tag{5-27}$$

如果在发射坐标系内进行标准弹道计算，设发动机关机时间为 $\tilde{t}_k$，运动参量为 $\tilde{r}_k$、$\tilde{\dot{r}}_k$，则由此而确定的标准弹道射程为

$$\tilde{L}_{全} = \tilde{L}_{全}(\tilde{r}_k, \tilde{\dot{r}}_k) \tag{5-28}$$

在发射惯性坐标系内表示为

$$\tilde{L}_{全} = \tilde{L}_{全}(\tilde{r}_k, \tilde{\dot{r}}_k, \tilde{t}_k) \tag{5-29}$$

式中：标准弹道射程 $\tilde{L}_{全}$ 即是对目标进行射击时所要求的射程。

射程控制问题即是使

$$L_{全}(r_k, \dot{r}_k) = \tilde{L}_{全}(\tilde{r}_k, \tilde{\dot{r}}_k) \tag{5-30}$$

或

$$L_{全}(r_{ak}, \dot{r}_{ak}, t_k) = \tilde{L}_{全}(\tilde{r}_k, \tilde{\dot{r}}_k, \tilde{t}_k) \tag{5-31}$$

(2)弹头落点偏差控制方法。简单而容易想到的射程控制方法是使发动机关机时刻 t_k 与标准弹道的关机时刻相等，即

$$t_k = \tilde{t}_k \tag{5-32}$$

但由于扰动因素的影响，当 $t_k=\tilde{t}_k$ 时，射程将存在等时偏差：

$$\delta L = \frac{\partial L}{\partial r_k}\delta r_k + \frac{\partial L}{\partial \dot{r}_k}\delta \dot{r}_k \tag{5-33}$$

式中：偏导数都是对标准弹道的偏导数，即各偏导数中的运动参量都是标准弹道的运动参量

$\delta x_k,\delta y_k,\delta \dot{x}_k,\delta \dot{y}_k(\delta x_{ak},\delta y_{ak},\delta \dot{x}_{ak},\delta \dot{y}_{ak})$，表示关机点弹的相对(或绝对)弹道纵平面运动参量的等时偏差对射程等时偏差的影响，而$\delta z_k,\delta z_{ak}$则表示弹道侧平面的等时偏差。计算表明，可以将导弹的运动分解成纵平面运动和侧平面运动两个互相独立的运动来进行考虑。

当弹上法向与横向稳定系统正常工作时，可将弹头落点偏差分解成射程偏差ΔL(纵向)和横向偏差ΔH(侧向)，则有

$$\left.\begin{aligned}\Delta L &= L(x_k,y_k,v_k,\theta_k)-\widetilde{L}(\widetilde{x}_k,\widetilde{y}_k,\widetilde{v}_k,\widetilde{\theta}_k)\\ \Delta H &= H(x_k,y_k,v_k,\sigma_k)-\widetilde{H}(\widetilde{x}_k,\widetilde{y}_k,\widetilde{v}_k,\widetilde{\sigma}_k)\end{aligned}\right\}\qquad(5-34)$$

对于发射惯性坐标系，情形与之类似。

射程控制坐标系统的任务在于正确选择关机点参数，使$\Delta L\to 0,\Delta H\to 0$。具体的有按时间关机、按速度关机、按射程关机等多种射程控制方案。

2. 按速度关机的射程控制方案

(1)速度关机方程。按时间关机的射程控制方案相对来说最为简单，但却存在较大的射程偏差，根据射程偏差方程：

$$\delta L=\frac{\partial L}{\partial x_k}\delta x_k+\frac{\partial L}{\partial y_k}\delta y_k+\frac{\partial L}{\partial v_{xk}}\delta v_{xk}+\frac{\partial L}{\partial v_{yt}}\delta v_{yt}\qquad(5-35)$$

或

$$\delta L=\frac{\partial L}{\partial x_k}\delta x_k+\frac{\partial L}{\partial y_k}\delta y_k+\frac{\partial L}{\partial v_k}\delta v_k+\frac{\partial L}{\partial \theta_k}\delta \theta_k\qquad(5-36)$$

式中：前两项是由于关机点坐标偏差引起的射程偏差，后两项是由于速度偏差而引起的射程偏差，它们前面的偏导数称为误差传递系数。

研究表明，射程对坐标的偏导数$\frac{\partial L}{\partial r_k}$较小，而射程对速度的偏导数$\frac{\partial L}{\partial v_k}$则较大，对于近程导弹来说，在最佳射角附近$\frac{\partial L}{\partial \theta_k}$不大，且主动段飞行程序保证了$\delta\theta_k$值比较小，故射程偏差的主要原因是$\frac{\partial L}{\partial v_k}\delta v_k$，这启发人们能否可以用速度关机的方案[20]。

设弹上有测量装置，能测出实际飞行速度$\boldsymbol{v}$的大小v，然后与标准弹道关机速度$\widetilde{v}_k$比较，二者相等时关机，则关机方程为

$$v_k=\widetilde{v}_k\qquad(5-37)$$

控制方案示意图如图 5-1 所示，此时主动段终点的速度偏差为

$$\Delta v_k=v_k-\widetilde{v}_k=0\qquad(5-38)$$

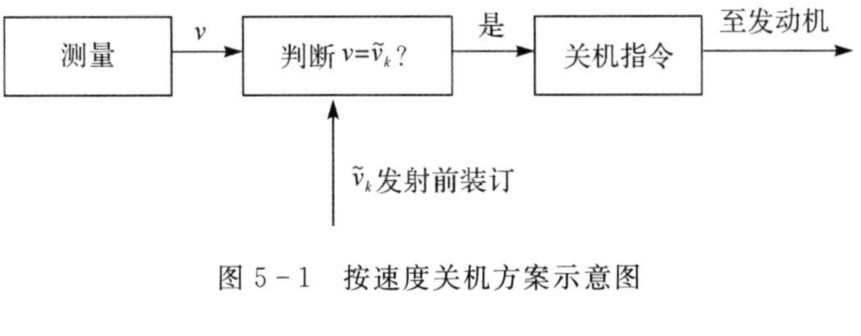

图 5-1　按速度关机方案示意图

由于按速度关机，关机时刻t_k与标准关机时刻不等，有一时间偏差Δt_k：

$$\Delta t_k = t_k - \tilde{t}_k \tag{5-39}$$

Δt_k 应为小偏差,则有

$$v_k = v(t_k) = v(\tilde{t}_k + \Delta t_k) = v(\tilde{t}_k) + \dot{v}(\tilde{t}_k)\Delta t_k \tag{5-40}$$

则有

$$\Delta v_k = v_k - \tilde{v}_k = v(\tilde{t}_k) - \tilde{v}_k + \dot{v}(\tilde{t}_k)\Delta t_k = \delta v_k + \dot{v}\Delta t_k \tag{5-41}$$

按速度关机 $\Delta v_k = 0$,故

$$\Delta t_k = -\frac{\delta v_k}{\dot{v}_k} \approx \frac{\delta v_k}{\dot{\tilde{v}}_k} \tag{5-42}$$

正是有了这一时间偏差小于 Δt_k,对等时关机的射程偏差起到了补偿的作用,使按速度关机的射程偏差小于按时间关机的射程偏差,下面加以说明。

如图 5-2 所示,设主动段在干扰作用下,实际弹道 v 比标准弹道 $\tilde{v}$ 大,若按时间关机,$t=\tilde{t}_k$ 时产生速度偏差 $\delta v_k > 0$,而使 $\delta L > 0$;若按速度关机,关机时间为 t_k,比 $\tilde{t}_k$ 提前了 Δt_k,使射程偏差减小。射程偏差 ΔL 是否确实小于 δL 需要进一步研究,为此,首先导出按速度关机时的射程偏差公式,然后再与按时间关机的射程偏差公式进行比较。

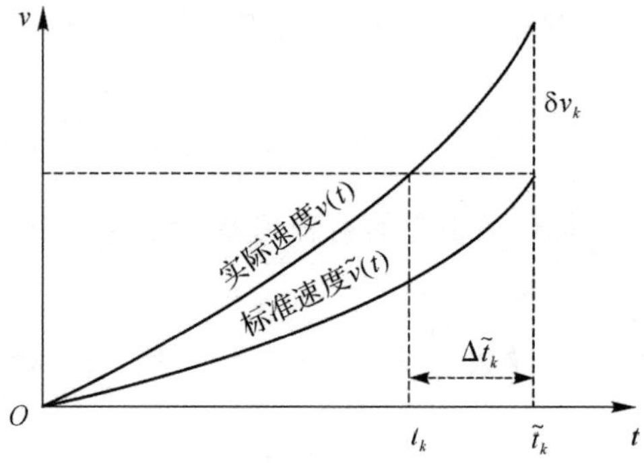

图 5-2 按速度关机与按时间关机的比较

(2)方法误差分析。

1)按速度关机时的射程偏差计算公式。在按速度关机的条件下,主动段终点运动参数对标准弹道主动段终点运动参数的偏差为

$$\left.\begin{aligned}
\Delta v_k &= v_k - \tilde{v}_k = v(t_k) - \tilde{v}(\tilde{t}_k) = 0\\
\Delta \theta &= \theta_k - \tilde{\theta}_k = \theta(t_k) - \tilde{\theta}(\tilde{t}_k)\\
\Delta x_k &= x_k - \tilde{x}_k = x(t_k) - \tilde{x}(\tilde{t}_k)\\
\Delta y_k &= y_k - \tilde{y}_k = y(t_k) - \tilde{y}(\tilde{t}_k)
\end{aligned}\right\} \tag{5-43}$$

$$\Delta L = \frac{\partial L}{\partial \theta_k}\Delta\theta_k + \frac{\partial L}{\partial x_k}\Delta x_k + \frac{\partial L}{\partial y_k}\Delta y_k \tag{5-44}$$

式中:$\Delta\theta_k$、Δx_k、Δy_k 为按速度关机的实际弹道关机时刻运动参数对标准弹道关机时刻运动参数的偏差。

2)按速度关机的射程偏差 ΔL 与按时间关机的射程偏差 δL 比较。

当按速度关机时,存在

$$\delta t_k = -\frac{\delta v_k}{\dot{v}_k} \approx -\frac{\delta v_k}{\dot{\tilde{v}}_k} \tag{5-45}$$

则有

$$\Delta\theta = \theta(t_k) - \tilde{\theta}(\tilde{t}_k) = \theta(\tilde{t}_k) + \dot{\theta}(\tilde{t}_k) \cdot \Delta t_k - \tilde{\theta}(\tilde{t}_k) = \delta\theta_k - \frac{\dot{\theta}_k}{\dot{v}_k}\delta v_k \tag{5-46}$$

同理，有

$$\left.\begin{aligned} \Delta x_k &= \delta x_k - \frac{\dot{x}_k}{\dot{v}_k}\delta v_k \\ \Delta y_k &= \delta y_k - \frac{\dot{y}_k}{\dot{v}_k}\delta v_k \end{aligned}\right\} \tag{5-47}$$

代入式(5-44)，则得

$$\begin{aligned} \Delta L &= -\frac{1}{\dot{v}_k}\left(\frac{\delta L}{\delta\theta_k} \cdot \dot{\theta}_k + \frac{\delta L}{\delta x_k} \cdot \dot{x}_k + \frac{\delta L}{\delta y_k} \cdot \dot{y}_k\right)\delta v_k + \frac{\partial L}{\partial\theta_k}\delta\theta_k + \frac{\partial L}{\partial x_k}\delta x_k + \frac{\partial L}{\partial y_k}\delta y_k \\ &\approx -\frac{1}{\dot{\tilde{v}}_k}\left(\frac{\delta L}{\delta\theta_k} \cdot \dot{\tilde{\theta}}_k + \frac{\delta L}{\delta x_k} \cdot \dot{\tilde{x}}_k + \frac{\delta L}{\delta y_k} \cdot \dot{\tilde{y}}_k\right)\delta v_k + \frac{\partial L}{\partial\theta_k}\delta\theta_k + \frac{\partial L}{\partial x_k}\delta x_k + \frac{\partial L}{\partial y_k}\delta y_k \end{aligned} \tag{5-48}$$

令

$$\left(\frac{\partial L}{\partial v_k}\right)^* = -\frac{1}{\dot{\tilde{v}}_k}\left(\frac{\delta L}{\delta\theta_k} \cdot \dot{\tilde{\theta}}_k + \frac{\delta L}{\delta x_k} \cdot \dot{\tilde{x}}_k + \frac{\delta L}{\delta y_k}\dot{\tilde{y}}_k\right) \tag{5-49}$$

代入式(5-48)，则有

$$\Delta L = \left(\frac{\partial L}{\partial v_k}\right)^* \delta v_k + \frac{\partial L}{\partial\theta_k}\delta\theta_k + \frac{\partial L}{\partial x_k}\delta x_k + \frac{\partial L}{\partial y_k}\delta y_k \tag{5-50}$$

这种方案可以减小射程偏差，但需要对导弹的飞行速度进行测量，因此弹上要有测量速度的设备，在结构上比按时间关机的方案要复杂得多[21]。

在射程控制方法中，始终存在着结构的简易性与控制的精确性的矛盾，这一矛盾促进了射程控制技术的发展，而控制的精确性是主要矛盾，应在保证精度的条件下使结构尽可能简单[22]。

3. 按视速度关机的射程控制方案

(1)视速度关机方程。按速度关机方案与按时间关机方案比较，前者可以减小射程偏差，有明显的优越性，但在弹上测量飞行速度是困难的，如果在弹上安装加速度计，只能测量导弹的视加速度 $\dot{W}$，如果对视加速度进行积分，只能得到视速度 W，不能获得弹的飞行速度 v[23]。为得到 v，必须计算出沿弹道的引力加速度 g，需要复杂的导航计算[24]。

对于中近程导弹来说，由于主动段沿实际弹道的引力加速度 $\boldsymbol{g}$ 与沿标准弹道的引力加速度 $\tilde{g}$ 相差不大，由此引起的射程偏差也小，可以不采用按速度关机方案，而采用按视速度关机方案，按视加速度组成关机方程的最简单方案是在弹纵轴方向上固连一加速度计，测得视速度为

$$\dot{W}_{x1} = a_{x1} - g_{x1} \tag{5-51}$$

如果不考虑地球旋转的影响，则有

$$\dot{W}_{x1}=\dot{v}\cos\alpha+v\dot{\theta}\sin\alpha+g\sin\varphi\approx\dot{v}+v\dot{\theta}\alpha+g\sin\varphi \tag{5-52}$$

故轴向视速度为

$$W_{x1}\approx v+\int_0^t(v\dot{\theta}\alpha+g\sin\varphi)\mathrm{d}t$$

如果考虑地球自转，则在轴向的加速度满足

$$a_{x1}=a_{rx1}+a_{ex1}+a_{kx1} \tag{5-53}$$

式中：a_{rx1}、a_{ex1}、a_{kx1}分别为轴向的相对加速度、牵连加速度与哥氏加速度在Ox_1方向的投影。

则有

$$a_{m1}=\dot{v}_{x1}=\dot{v}\cos\alpha+v\dot{\theta}\sin\alpha\approx\dot{v}+\left(v\dot{\theta}-\frac{\dot{v}}{2}\alpha\right)\alpha \tag{5-54}$$

如果用g^0表示重力，则$g-a_e=g^0$，$g_{x1}-a_{ex1}=g_{x1}^0$，即

$$-g\sin\varphi-a_{ex1}=-g^0\sin\varphi \tag{5-55}$$

那么有

$$\dot{W}=a-g \tag{5-56}$$

$$\dot{W}=a_r+a_e+a_k-g \tag{5-57}$$

在x_1轴上投影，则有

$$\dot{W}_{x1}=a_{rx1}+a_{ex1}+a_{kx1}+g\sin\varphi \tag{5-58}$$

$$\dot{W}_{x1}=\dot{v}+(v\dot{\theta}-\frac{\dot{v}}{2}\alpha)\alpha+g^0\sin\varphi+a_{kx1} \tag{5-59}$$

如果令

$$\dot{I}_1=(v\dot{\theta}-\frac{\dot{v}}{2}\alpha)\alpha+g^0\sin\varphi+a_{kx1} \tag{5-60}$$

则有

$$\left.\begin{aligned}W_{x1}&=\dot{v}+\dot{I}_1\\W_{x1}&=v+I_1\end{aligned}\right\} \tag{5-61}$$

其中

$$I_1=\int_0^t[(v\dot{\theta}-\frac{\dot{v}}{2}\alpha)\alpha+g^0\sin\varphi+a_{kx1}]\mathrm{d}t \tag{5-62}$$

可以看到，视速度W_{x1}与速度v之间，只差一项$I_1(t)$，而$I_1(t)$与α、φ、v、$\dot{v}$、g^0、a_{kx1}有关，因此由弹轴方向的一个加速度计来实现按速度关机的方案是困难的。

在关机时刻，式(5-61)可写为

$$\left.\begin{aligned}W_{x1k}&=\dot{v}_k+\dot{I}_{1k}\\W_{x1k}&=v_k+I_{1k}\end{aligned}\right\} \tag{5-63}$$

研究表明，I_{1k}为小量，W_{x1k}与v_k很接近。如果以$W_{xk}=\widetilde{W}_{xk}$作为关机条件，能否有较好的效果，需要进行研究。这时关机点运动参量的偏差为

$$\left.\begin{aligned}&\Delta W_{x1k}=W_{x1k}(t_k)-\widetilde{W}_{x1k}(t_k)=0\\&\Delta v_k=v(t_k)-\widetilde{v}(\widetilde{t}_k)\\&\Delta\theta=\theta(t_k)-\widetilde{\theta}(\widetilde{t}_k)\\&\Delta x_k=x(t_k)-\widetilde{x}(\widetilde{t}_k)\\&\Delta y_k=y(t_k)-\widetilde{y}(\widetilde{t}_k)\\&\Delta t_k=t_k-\bar{t}_k\end{aligned}\right\}\tag{5-64}$$

根据式(5-64)的第一式，有

$$\begin{aligned}W_{x1k}(t_k)-\widetilde{W}_{x1k}(t_k)&=W_{x1k}(\widetilde{t}_k+\Delta t_k)-\widetilde{W}_{x1k}(\widetilde{t}_k)\\&=W_{x1}(\widetilde{t}_k)-\widetilde{W}_{x1k}(\widetilde{t}_k)+\widetilde{W}_{x1k}(\widetilde{t}_k)\cdot\Delta t_k\\&=\delta W_{x1k}+\dot{W}_{x1k}(\widetilde{t}_k)\cdot\Delta t_k=0\end{aligned}\tag{5-65}$$

故

$$\Delta t_k=-\frac{\delta W_{x1k}}{\dot{W}_{x1k}}\approx-\frac{\delta W_{x1k}}{\dot{\widetilde{W}}_{x1k}}\tag{5-66}$$

因为

$$\delta W_{x1k}=\delta v_k+\delta I_{1k}\tag{5-67}$$

故

$$\Delta t_k=-\frac{\delta v_k}{\dot{\widetilde{W}}_{x1k}}-\frac{\delta I_{1k}}{\dot{\widetilde{W}}_{x1k}}\tag{5-68}$$

与按速度关机类似，正是由于按视速度关机造成了这一时间补偿 Δt_k，从而使射程偏差与按时间关机的射程偏差比较要小得多，如图 5-3 所示。

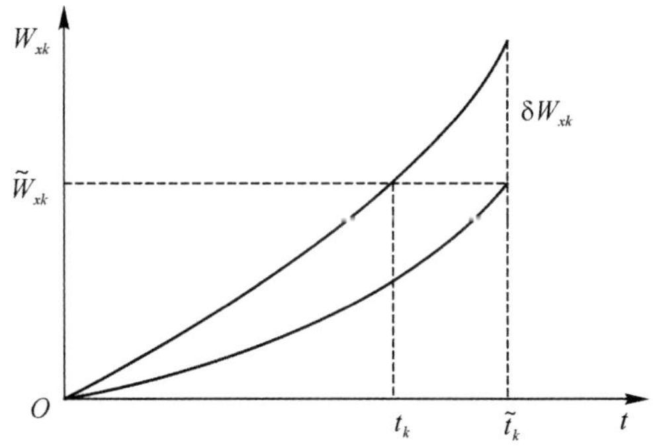

图 5-3　按视速度关机方案示意图

(2)方法误差分析。

比较式(5-68)与式(5-45)，有

$$\begin{cases}\Delta t_k=-\dfrac{\delta v_k}{\dot{\widetilde{W}}_{x1k}}-\dfrac{\delta I_{1k}}{\dot{\widetilde{W}}_{x1k}}，按视速度关机\\[2ex]\Delta t_k\approx\dfrac{\delta v_k}{\dot{\widetilde{v}}_k}，按速度关机\end{cases}$$

如果近似认为$\dot{\tilde{W}}_{x1k}=\dot{\tilde{v}}_k$，则按视速度关机方案的时间补偿比按速度关机方案的时间多了一项，下面进行比较。

按视速度关机的射程偏差表达式为

$$\Delta L=\frac{\partial L}{\partial v_k}\Delta v_k+\frac{\partial L}{\partial \theta_k}\Delta\theta_k+\frac{\partial L}{\partial x_k}\Delta x_k+\frac{\partial L}{\partial y_k}\Delta y_k \tag{5-69}$$

而

$$\left.\begin{aligned}
\Delta v_k&=\delta v_k+\dot{\tilde{v}}_k\Delta t_k=\left(1-\frac{\dot{\tilde{v}}_k}{\dot{\tilde{W}}_{x1k}}\right)\delta v_k-\frac{\dot{\tilde{v}}_k}{\dot{\tilde{W}}_{x1k}}\delta I_{1k}\\
\Delta\theta_k&=\delta\theta_k+\tilde{\theta}_k\cdot\Delta t_k=\delta\theta_k-\frac{\dot{\tilde{\theta}}_k}{\dot{\tilde{W}}_{x1k}}\delta v_k-\frac{\dot{\tilde{\theta}}_k}{\dot{\tilde{W}}_{x1k}}\delta I_{1k}\\
\Delta x_k&=\delta x_k-\frac{\dot{\tilde{x}}_k}{\dot{\tilde{W}}_{x1k}}\delta v_k-\frac{\dot{\tilde{x}}_k}{\dot{\tilde{W}}_{x1k}}\delta I_{1k}\\
\Delta y_k&=\delta y_k-\frac{\dot{\tilde{y}}_k}{\dot{\tilde{W}}_{x|k}}\delta v_k-\frac{\dot{\tilde{y}}_k}{\dot{\tilde{W}}_{x|k}}\delta I_{1k}
\end{aligned}\right\} \tag{5-70}$$

则有

$$\left.\begin{aligned}
\Delta L=&\frac{\partial L}{\partial v_k}\delta v_k+\frac{\partial L}{\partial \theta_k}\delta\theta_k+\frac{\partial L}{\partial x_k}\delta x_k+\frac{\partial L}{\partial y_k}\delta y_k-\\
&\left(\frac{\partial L}{\partial v_k}\frac{\dot{\tilde{v}}_k}{\dot{\tilde{W}}_{xk}}+\frac{\partial L}{\partial \theta_k}\frac{\dot{\tilde{\theta}}_k}{\dot{\tilde{W}}_{x1k}}+\frac{\partial L}{\partial x_k}\frac{\dot{\tilde{x}}_k}{\dot{\tilde{W}}_{xik}}+\frac{\partial L}{\partial y_k}\frac{\dot{\tilde{y}}_k}{\dot{\tilde{W}}_{xik}}\right)\cdot\delta v_k-\\
&\left(\frac{\partial L}{\partial v_k}\frac{\dot{\tilde{v}}_k}{\dot{\tilde{W}}_{xk}}+\frac{\partial L}{\partial \theta_k}\frac{\dot{\tilde{\theta}}_k}{\dot{\tilde{W}}_{x1k}}+\frac{\partial L}{\partial x_k}\frac{\dot{\tilde{x}}_k}{\dot{\tilde{W}}_{xik}}+\frac{\partial L}{\partial y_k}\frac{\dot{\tilde{y}}_k}{\dot{\tilde{W}}_{xik}}\right)\cdot\delta I_{1k}\\
=&\,\delta L-\frac{\dot{L}}{\dot{\tilde{W}}_{x|k}}(\delta v_k+\delta I_{1k})\\
=&\left(\frac{\partial L}{\partial v_k}\right)^{**}\delta v_k+\frac{\partial L}{\partial \theta_k}\delta\theta_k+\frac{\partial L}{\partial x_k}\delta x_k+\frac{\partial L}{\partial y_k}\delta y_k-\frac{\dot{L}}{\dot{\tilde{W}}_{xk}}\delta I_{1k}
\end{aligned}\right\} \tag{5-71}$$

其中

$$\begin{aligned}
\left(\frac{\partial L}{\partial v_k}\right)^{**}&=\left(1-\frac{\dot{\tilde{v}}_k}{\dot{\tilde{W}}_{x1k}}\right)\frac{\partial L}{\partial v_k}-\frac{1}{\dot{\tilde{W}}_{x1k}}\left(\frac{\partial L}{\partial \theta_k}\dot{\tilde{\theta}}_k+\frac{\partial L}{\partial x_k}\dot{\tilde{x}}_k+\frac{\partial L}{\partial y_k}\dot{\tilde{y}}_k\right)\\
&=\frac{\dot{\tilde{I}}_{1k}}{\dot{\tilde{W}}_{x1k}}\frac{\partial L}{\partial v_k}-\frac{1}{\dot{\tilde{W}}_{x1k}}\left(\frac{\partial L}{\partial \theta_k}\dot{\tilde{\theta}}_k+\frac{\partial L}{\partial x_k}\dot{\tilde{x}}_k+\frac{\partial L}{\partial y_k}\dot{\tilde{y}}_k\right)
\end{aligned}$$

$$=\frac{\dot{\tilde{I}}_{1k}}{\dot{\tilde{W}}_{x1k}}\frac{\partial L}{\partial v_k}-\frac{\dot{\tilde{v}}_k}{\dot{\tilde{W}}_{x1k}}\left(\frac{\delta L}{\delta v_k}\right)^*$$

$$=\frac{\dot{\tilde{I}}_{1k}}{\dot{\tilde{W}}_{x1k}}\left[\frac{\partial L}{\partial v_k}-\left(\frac{\delta L}{\delta v_k}\right)^*\right]+\left(\frac{\delta L}{\delta v_k}\right)^* \tag{5-72}$$

由此知

$$\frac{\dot{L}}{\dot{\tilde{W}}_{x\parallel k}}=\left(\frac{\delta L}{\delta v_k}\right)^{**}-\frac{\delta L}{\delta v_k}=\frac{\dot{\tilde{I}}_{1k}}{\dot{\tilde{W}}_{x1k}}\frac{\partial L}{\partial v_k}-\frac{\dot{\tilde{v}}_k}{\dot{\tilde{W}}_{x1k}}\left(\frac{\delta L}{\delta v_k}\right)^*-\frac{\delta L}{\delta v_k}$$

$$=-\frac{\dot{\tilde{v}}_k}{\dot{\tilde{W}}_{x1k}}\frac{\partial L}{\partial v_k}-\frac{\dot{\tilde{v}}_k}{\dot{\tilde{W}}_{x1k}}\left(\frac{\delta L}{\delta v_k}\right)^*$$

$$=-\frac{\dot{\tilde{v}}_k}{\dot{\tilde{W}}_{x1k}}\left[\frac{\partial L}{\partial v_k}-\left(\frac{\delta L}{\delta v_k}\right)^*\right] \tag{5-73}$$

$$\Delta L=\left\{\left[\frac{\partial L}{\partial v_k}-\left(\frac{\partial L}{\partial v_k}\right)^*\right]\cdot\frac{\dot{\tilde{I}}_{1k}}{\dot{\tilde{W}}_{x1k}}+\left(\frac{\partial L}{\partial v_k}\right)^*\right\}+\frac{\partial L}{\partial\theta_k}\delta\theta_k+$$

$$\frac{\partial L}{\partial x_k}\delta x_k+\frac{\partial L}{\partial y_k}\delta y_k-\left[\frac{\partial L}{\partial v_k}-\left(\frac{\delta L}{\delta v_k}\right)^*\right]\cdot\frac{\dot{\tilde{v}}_k}{\dot{\tilde{W}}_{x|k}}\cdot\delta I_{1k}$$

$$=\left(\frac{\partial L}{\partial v_k}\right)^*\delta v_k+\frac{\partial L}{\partial\theta_k}\delta\theta_k+\frac{\partial L}{\partial x_k}\delta x_k+\frac{\partial L}{\partial y_k}\delta y_k+$$

$$\left[\frac{\partial L}{\partial v_k}-\left(\frac{\partial L}{\partial v_k}\right)^*\right]\left[\frac{\dot{\tilde{I}}_{1k}}{\dot{\tilde{W}}_{x1k}}\delta v_k-\frac{\dot{\tilde{v}}_k}{\dot{\tilde{W}}_{x1k}}\delta I_{1k}\right]$$

$$=\Delta L_{速}+\left[\frac{\partial L}{\partial v_k}-\left(\frac{\delta L}{\delta v_k}\right)^*\right]\frac{\dot{\tilde{v}}_k}{\dot{\tilde{W}}_{x1k}}\left(\frac{\dot{\tilde{I}}_{1k}}{\dot{\tilde{W}}_{x1k}}\delta v_k-\delta I_{1k}\right) \tag{5-74}$$

故

$$\Delta L_{视}-\Delta L_{速}=\left[\frac{\partial L}{\partial v_k}-\left(\frac{\partial L}{\partial v_k}\right)^*\right]\frac{\dot{\tilde{v}}_k}{\dot{\tilde{W}}_{x1k}}\left(\frac{\dot{\tilde{I}}_{1k}}{\dot{\tilde{W}}_{x1k}}\delta v_k-\delta I_{1k}\right)$$

$$=\left[\frac{\partial L}{\partial v_k}-\left(\frac{\partial L}{\partial v_k}\right)^*\right]\left(\delta v_k-\frac{\dot{\tilde{v}}_k}{\dot{\tilde{W}}_{x1k}}\delta W_{x1k}\right) \tag{5-75}$$

通常 $\Delta L_{视}-\Delta L_{速}>0$，其偏差大小取决于等时偏差 δv_k、δI_{1k}，δv_k 主要是主动段飞行时切向干扰因素影响的结果，而 δI_{1k} 主要是主动段飞行时，法向干扰因素影响的结果[25]。

使射程偏差增大的原因是在关机时利用 $W_{x1k}=\tilde{W}_{x1k}$ 代替了 $v_k=\tilde{v}_k$，因为按速度关机

时，有

$$v_k = W_{x1k} - I_{1k} = \tilde{v}_k = \tilde{W}_{x1k} - \tilde{I}_{1k}$$

即

$$W_{x1k} - [I_{1k}(\tilde{t}_k) + \dot{I}_{1k}(\tilde{t}_k)\Delta t_k] = \tilde{W}_{x1k} - \tilde{I}_{1k}(\tilde{t}_k)$$

$$W_{x1k} - [I_{1k}(\tilde{t}_k) - \tilde{I}_{1k}(\tilde{t}_k) + \dot{I}_{1k}(\tilde{t}_k)\Delta t_k] = \tilde{W}_{x1k}$$

$$W_{x1k} - [\delta I_{1k} + \dot{I}_{1k}(\tilde{t}_k)\Delta t_k] = \tilde{W}_{x1k}$$

故用轴向视速度关机来代替速度关机，相当于略去了$[\delta I_{1k} + \dot{I}_{1k}(\tilde{t}_k)\Delta t_k]$，使射程偏差增大。

4. 按射程关机的射程方案控制

(1)带补偿的视速度关机方法误差分析。因此如果用视速度关机，即忽略了部分项的影响。如果将加速度计所测值减去固定值，则通过补偿可使得射程偏差减小[26]。此时可根据偏差量进行估算[27]。

轴向安装加速度计不能完全补偿偏差，因此考虑增加测量信号以提高命中精度，于是将考虑多轴加速度计修正。

$$\begin{aligned}\Delta L &= \frac{\partial L}{\partial v_{xk}}\Delta v_{xk} + \frac{\partial L}{\partial v_{yk}}\Delta v_{yz} + \frac{\partial L}{\partial x_k}\Delta x_k + \frac{\partial L}{\partial y_k}\Delta y_k \\ &= \frac{\partial L}{\partial v_{xk}}(\delta v_{xk} + \tilde{\dot{v}}_{xk}\Delta t_k) + \frac{\partial L}{\partial v_{yk}}(\delta v_{yk} + \tilde{\dot{v}}_{yk}\Delta t_k) + \frac{\partial L}{\partial x_k}(\delta x_k + \tilde{\dot{x}}_k\Delta t_k) + \frac{\partial L}{\partial y_k}(\delta y_k + \tilde{\dot{y}}_k\Delta t_k) \\ &= \frac{\partial L}{\partial v_{xk}}\delta v_{xk} + \frac{\partial L}{\partial v_{yx}}\delta v_{yx} + \frac{\partial L}{\partial x_k}\delta x_k + \frac{\partial L}{\partial y_k}\delta y_k - \frac{\tilde{\dot{L}}}{\tilde{\dot{W}}_{xz}}\delta W_{xz}\end{aligned} \tag{5-76}$$

式中

$$\tilde{\dot{L}} = \frac{\partial L}{\partial v_{xk}}\tilde{\dot{v}}_{xk} + \frac{\partial L}{\partial v_{yk}}\tilde{\dot{v}}_{yk} + \frac{\partial L}{\partial x_k}\tilde{\dot{x}}_k + \frac{\partial L}{\partial y_k}\tilde{\dot{y}}_k$$

设轴向视加速度为$\dot{W}_x$，法向视加速度为$\dot{W}_y$，俯仰角为φ，则有

$$\left.\begin{aligned}\dot{v}_x &= \dot{W}_x\cos\varphi - \dot{W}_y\sin\varphi + g_x \\ \dot{v}_y &= \dot{W}_x\sin\varphi + \dot{W}_y\cos\varphi + g_y\end{aligned}\right\} \tag{5-77}$$

故

$$\left.\begin{aligned}\delta\dot{v}_x &= \cos\tilde{\varphi}\cdot\delta\dot{W}_x - \sin\tilde{\varphi}\cdot\delta\dot{W}_y - (\tilde{\dot{W}}_x\sin\tilde{\varphi} + \tilde{\dot{W}}_y\cos\tilde{\varphi})\cdot\delta\varphi + \delta g_x \\ \delta\dot{v}_y &= \sin\tilde{\varphi}\cdot\delta\dot{W}_x + \cos\tilde{\varphi}\cdot\delta\dot{W}_y + (\tilde{\dot{W}}_x\cos\tilde{\varphi} - \tilde{\dot{W}}_y\sin\tilde{\varphi})\cdot\delta\varphi + \delta g_y\end{aligned}\right\} \tag{5-78}$$

式中：δg_x、δg_y为实际弹道与标准弹道引力项等时偏差在发射坐标系中的分量，值较小，将其略去，则有

$$\left.\begin{aligned}\delta\dot{v}_x &\approx \cos\tilde{\varphi}\cdot\delta\dot{W}\dot{\omega}_x - \sin\tilde{\varphi}\cdot\delta\dot{W}_y - (\tilde{\dot{W}}_x\sin\tilde{\varphi} + \tilde{\dot{W}}_y\cos\tilde{\varphi})\cdot\delta\varphi \\ \delta\dot{v}_y &\approx \sin\tilde{\varphi}\cdot\delta\dot{W}_x + \cos\tilde{\varphi}\cdot\delta\dot{W}_y + (\tilde{\dot{W}}_x\cos\tilde{\varphi} - \tilde{\dot{W}}_y\sin\tilde{\varphi})\cdot\delta\varphi\end{aligned}\right\} \tag{5-79}$$

而

$$\left.\begin{aligned}\delta v_{xk} &= \int_0^{\tilde{t}_k} \delta \dot{v}_x \mathrm{d}t \\ \delta v_{yk} &= \int_0^{\tilde{t}_k} \delta \dot{v}_y \mathrm{d}t\end{aligned}\right\} \tag{5-80}$$

$$\left.\begin{aligned}\delta x_k &= \int_0^{\tilde{t}_k}\int_0^{t} \delta \dot{v}_x(\tau)\mathrm{d}\tau\mathrm{d}t \\ \delta y_k &= \int_0^{\tilde{t}_k}\int_0^{t} \delta \dot{v}_y(\tau)\mathrm{d}\tau\mathrm{d}t\end{aligned}\right\} \tag{5-81}$$

利用犹利赫利积分对式(5-81)进行变换：

$$\delta x_k = \int_0^{\tilde{t}_k}\left[\delta \dot{v}_x(\tau)\int_\tau^{\tilde{t}_k}\mathrm{d}t\right]\mathrm{d}\tau = \int_0^{\tilde{t}_k}\delta \dot{v}_x(\tau)(\tilde{t}_k-\tau)\mathrm{d}t \tag{5-82}$$

同理，有

$$\delta y_k = \int_0^{\tilde{t}_k}\delta \dot{v}_y(\tau)(\tilde{t}_k-\tau)\mathrm{d}t \tag{5-83}$$

将式(5-80)、式(5-82)、式(5-83)代入式(5-76)，有

$$\Delta L = \int_0^{\tilde{t}_k}\left[\left(c_1-\frac{\tilde{L}}{\tilde{W}_{xk}}\right)\cdot\delta\dot{W}_x + c_2\delta\dot{W}_y + (c_2\tilde{W}_x - c_1\tilde{W}_y)\cdot\delta\varphi\right]\mathrm{d}t \tag{5-84}$$

其中

$$\begin{cases} c_1 = \cos\tilde{\varphi}\cdot\dfrac{\partial L}{\partial v_{xk}} + \sin\tilde{\varphi}\dfrac{\partial L}{\partial v_{yk}} + (\tilde{t}_k - t)\cos\tilde{\varphi}\cdot\dfrac{\partial L}{\partial x_k} + (\tilde{t}_k - t)\sin\tilde{\varphi}\cdot\dfrac{\partial L}{\partial y_k} \\ c_2 = -\sin\tilde{\varphi}\dfrac{\partial L}{\partial v_{xk}} + \cos\tilde{\varphi}\dfrac{\partial L}{\partial v_{yk}} - (\tilde{t}_k - t)\sin\tilde{\varphi}\cdot\dfrac{\partial L}{\partial x_k} + (\tilde{t}_k - t)\cos\tilde{\varphi}\cdot\dfrac{\partial L}{\partial y_k} \end{cases}$$

由式(5-84)可以看出，如果在弹上可以实时测出轴向视加速度 $\dot{W}_x$、法向视加速度 $\dot{W}_y$、俯仰偏差角 $\delta\varphi$，则可以完全估算出射程偏差 ΔL。

(2)射程关机方程。下面研究满足 $\Delta L=0$ 的关机射程控制的补偿方法[28]。为此，可以在关机方程中引入补偿信号 W^*，使射程偏差 $\Delta L_{补}=0$，这时关机方程为

$$W_x(t_k) - \tilde{W}_x(\tilde{t}_k) = W^* \tag{5-85}$$

$$\Delta t_k = -\frac{\delta W_x + W^*}{\tilde{W}_{xk}} \tag{5-86}$$

代入式(5-76)，即使

$$\Delta \hat{L_{补}} = \frac{\partial L}{\partial v_{xk}}\delta v_{xk} + \frac{\partial L}{\partial v_{yk}}\delta v_{yk} + \frac{\partial L}{\partial x_k}\delta x_k + \frac{\partial L}{\partial y_k}\delta y_k - \frac{\tilde{\dot{L}}}{\tilde{\dot{W}}_{xk}}(\delta W_{xk} + W^*)$$

则有

$$W^* = \int_0^{\tilde{t}_k}[a_1(t)\cdot\delta\dot{W}_x + a_2(t)\delta\dot{W}_y + a_3(t)\delta\varphi]\mathrm{d}t \tag{5-87}$$

其中

$$a_1(t) = \frac{\tilde{\dot{W}}_{xk}}{\tilde{\dot{L}}}c_1 - 1,\quad a_2(t) = \frac{\tilde{\dot{W}}_{xk}}{\tilde{\dot{L}}}c_2,\quad a_3(t) = a_2(t)\tilde{\dot{W}}_{xk} - (a_1+1)\tilde{\dot{W}}_{yk}$$

将式(5-87)代入式(5-85)，故关机方程为

$$W_x(t_k)=\widetilde{W}_x(\widetilde{t}_k)-\int_0^{\widetilde{t}_k}[a_1(t)\cdot\delta\dot{W}_x+a_2(t)\delta\dot{W}_y+a_3(t)\delta\varphi]\mathrm{d}t \tag{5-88}$$

如果不考虑 δg_x、δg_y 和工具误差的影响，利用式(5-88)关机，应能使射程偏差为0。

由 δg_x、δg_y 引起的射程偏差为

$$\Delta L_g=\int_0^{\widetilde{\mu}}\left\{\left[\frac{\partial L}{\partial v_{xk}}+(\widetilde{t}_k-t)\frac{\partial L}{\partial x_k}\right]\cdot\delta g_x+\left[\frac{\partial L}{\partial v_{yk}}+(\widetilde{t}_k-t)\frac{\partial L}{\partial y_k}\right]\cdot\delta g_y\right\}\mathrm{d}t \tag{5-89}$$

这个由引力加速度等时偏差引起的射程偏差，随射程增大而增大[29]。

利用式(5-89)中无法补偿重力加速度偏差带来的影响，考虑采用弹上测量设备，对干扰或干扰带来的影响进行测量，补偿影响[30]。

对于受到重力影响的方程，将关机特征量写为与横法向速度相关的量，并将重力加速度根据位置进行展开，得到其变分形式。最终可以得到一个线性的非齐次方程，即

$$\left.\begin{aligned}
\dot{v}_x&=\frac{\partial g_x}{\partial x}x+\frac{\partial g_x}{\partial y}y+g_x^*+\dot{W}_x\cos\varphi-\dot{W}_u\sin\varphi\\
\dot{v}_y&=\frac{\partial g_y}{\partial x}x+\frac{\partial g_y}{\partial y}y+g_y^*+\dot{W}_x\sin\varphi+\dot{W}_u\cos\varphi\\
\dot{x}&=v_x\\
\dot{y}&=v_y\\
\dot{W}&=k_0+k_1\dot{W}_x+k_2\dot{W}_y
\end{aligned}\right\} \tag{5-90}$$

将其写为矢量形式：$\dot{\boldsymbol{X}}=\boldsymbol{AX}+\boldsymbol{F}$。对于初始条件均为零。关机特征量应该是在不同的关机时刻，实际运动参量与标准运动参量产生的偏差为零，即

$$\Delta L=\frac{\partial L}{\partial v_{xk}}v_{xk}+\frac{\partial L}{\partial v_{yk}}v_{yk}+\frac{\partial L}{\partial x_k}x_k+\frac{\partial L}{\partial v_k}y_k-\frac{\partial L}{\partial v_{xk}}\widetilde{v}_{xk}+\frac{\partial L}{\partial v_{yk}}\widetilde{v}_{yk}+\frac{\partial L}{\partial x_k}\widetilde{x}_k+\frac{\partial L}{\partial y_k}\widetilde{y}_k=0 \tag{5-91}$$

即关机方程应该满足按基准弹道获得关机特征量。基于矢量运动方程构建其共轭方程，有

$$\dot{\boldsymbol{\lambda}}=-\boldsymbol{A}^{\mathrm{T}}\boldsymbol{\lambda} \tag{5-92}$$

对于该方程，选择终端条件，当 $t=t_k$ 时，有

$$\left.\begin{aligned}
&\lambda_1(t_k,t_k)=\frac{\partial L}{\partial v_x},\lambda_2(t_k,t_k)=\frac{\partial L}{\partial v_y}\\
&\lambda_3(t_k,t_k)=\frac{\partial L}{\partial x},\lambda_4(t_k,t_k)=\frac{\partial L}{\partial y},\lambda_5(t_k,t_k)=-1
\end{aligned}\right\} \tag{5-93}$$

根据共轭方程的特性可知

$$\boldsymbol{\lambda}^{\mathrm{T}}\boldsymbol{X}\Big|_0^{t_k}=\int_0^{t_k}(\boldsymbol{\lambda}^{\mathrm{T}}\boldsymbol{F})\mathrm{d}t$$

考虑到原方程组的初值为零，因此有

$$\frac{\partial L}{\partial v_{xk}}v_{xk}+\frac{\partial L}{\partial v_{yk}}v_{yk}+\frac{\partial L}{\partial x_k}x_k+\frac{\partial L}{\partial y_k}y_k-W=$$

$$\int_0^{t_k}[\lambda_1(g_x^*+\dot{W}_x\cos\varphi-\dot{W}_u\sin\varphi)+\lambda_2(g_y^*+\dot{W}_x\sin\varphi+\dot{W}_u\cos\varphi)+\lambda_5(k_0+k_1\dot{W}_x+k_2\dot{W}_y)]\mathrm{d}t \tag{5-94}$$

整理后可认为射程控制目标为零，即式(5－94)中结果为零，积分内项为零，可得

$$W=\int_0^{t_k}(k_0+k_1W_x+k_2W_y)\mathrm{d}t=W_0+W_1+W_2 \tag{5-95}$$

其中

$$W_0=\int_0^{t_k}[g_x^*\lambda_1(t,t_k)+g_y^*\lambda_2(t,t_k)]\mathrm{d}t$$

$$W_1=\int_0^{t_k}[\lambda_1(t,t_k)\cos\varphi+\lambda_2(t,t_k)\sin\varphi]\mathrm{d}t$$

$$W_2=\int_0^{t_k}[-\lambda_1(t,t_k)\sin\varphi+\lambda_2(t,t_k)\cos\varphi]\mathrm{d}t$$

如果按给出的终端条件，数值积分共轭方程，则可以求出 λ_1、λ_2，随后求解出对应的控制量，但由于终端条件是在 $t=t_k$ 时给出的，考虑到干扰，终端条件不等于标准关机时间，则可能出现终端时间不确定的情况。

对于标准的关机时间，假设在标准时间给出一等效终端条件，利用此终端条件求解共轭方程，并视其在实际关机时刻，该解等于设定的终端条件，即满足其状态的过渡过程。

考虑到主动段由于干扰引起的关机时间偏差不大，则令 $t_k=\bar{t}_k+\Delta t_k$。将共轭状态进行泰勒展开，只保留一阶项，则有

$$\lambda_i^*(t_k,\bar{t}_k)=\lambda_i^*(\bar{t}_k,\bar{t}_k)+\left.\frac{\partial\lambda_i^*(t_k,\bar{t}_k)}{\partial t}\right|_{t=\bar{t}_k}(t_k-\bar{t})=\lambda_i^*(\bar{t}_k,\bar{t}_k)+\lambda_{it}^*(\bar{t}_k,\bar{t}_k)\Delta t_k \tag{5-96}$$

这样在标准关机时间的等效终端条件可分解成两组互相叠加的终端条件，分别为标准时间和由于时间变化带来的量，由于线性微分方程的叠加性，这个解之和应该等于共轭方程的解。具体的求解可以通过逐步逼近法得到。利用弹上测量装置求解 W，当求解值等于装订值时，发出关机指令。

5. 横向导引和法向导引

(1)横向导引。导弹制导的任务是使射程偏差 ΔL 和横程偏差 ΔH 都为 0。已知横程偏差可表示为

$$\Delta H=\frac{\partial H}{\partial\dot{r}_k}\Delta\dot{r}_k+\frac{\partial H}{\partial r_k}\Delta r \tag{5-97}$$

或

$$\Delta H=\frac{\partial H}{\partial\dot{r}_{ak}}\Delta\dot{r}_{ak}+\frac{\partial H}{\partial r_{ak}}\Delta r_{ak}+\frac{\partial H}{\partial t_k}\Delta t_k \tag{5-98}$$

横程控制即要求在关机时刻 t_k，满足

$$\Delta H(t_k)=0 \tag{5-99}$$

但关机时刻 t_k 是由射程控制来确定的，由于干扰的随机性，所以不可能同时满足射程和横程偏差的关机条件。因此，往往采用先横程后射程的原则，即在标准弹道关机时刻 $\tilde{t}_k$ 之前，某一时刻 $\tilde{t}_k-T$ 开始，直到 t_k 一直保持

$$\Delta H(t)=0,\tilde{t}_k-T\leqslant t<t_k \tag{5-100}$$

这就是说，先满足横程控制的要求，并加以保持，再按照射程控制的要求关机。因为横

向只能控制 z 与 v_z，为满足式(5-100)，必须在 $\tilde{t}_k-T$ 之前足够长时间内对弹的质心横向运动进行控制，故称横向控制为横向导引。

式(5-97)中的偏差为全偏差，将其换成等时偏差，则有

$$\Delta H(t_k)=\delta H(t_k)+\dot{H}(t_k)\cdot\Delta t_k \tag{5-101}$$

其中

$$\delta H(t_k)=\frac{\partial H}{\partial \dot{r}_k}\delta\dot{r}_k+\frac{\partial H}{\partial r_k}\delta r_k$$

或

$$\delta H(t_k)=\frac{\partial H}{\partial \dot{r}_{ak}}\delta\dot{r}_{ak}+\frac{\partial H}{\partial r_{ak}}\delta r_{ak}$$

由于 t_k 是按射程关机的时间，故

$$\left.\begin{aligned}&\Delta L(t_k)=\delta L(t_k)+\dot{L}(\tilde{t}_k)\cdot\Delta t_k=0\\&\Delta t_k=-\frac{\delta L(t_k)}{\dot{L}(\tilde{t}_k)}\end{aligned}\right\} \tag{5-102}$$

代入式(5-102)，则有

$$\Delta H(t_k)=\delta H(t_k)-\frac{\dot{H}(t_k)}{\dot{L}(t_k)}\delta L(t_k) \tag{5-103}$$

其中

$$\delta L(t_k)=\frac{\partial L}{\partial \dot{r}_k}\delta\dot{r}_k+\frac{\partial L}{\partial r_k}\delta r_k$$

或

$$\delta L(t_k)-\frac{\partial L}{\partial \dot{r}_{ak}}\delta\dot{r}_{ak}+\frac{\partial L}{\partial r_{ak}}\delta r_{ak}$$

故

$$\begin{aligned}\Delta H(t_k)&=\left(\frac{\partial H}{\partial \dot{r}_k}-\frac{\dot{H}}{\dot{L}}\frac{\partial L}{\partial r_k}\right)\tilde{t}_k\cdot\delta\dot{r}_k+\left(\frac{\partial H}{\partial \dot{r}_k}-\frac{\dot{H}}{\dot{L}}\frac{\partial L}{\partial r_k}\right)\tilde{t}_k\cdot\delta r_k\\&\overset{\text{def}}{=}K_{1a}(\tilde{t}_k)\cdot\delta\dot{r}_{ak}+K_{2a}(\tilde{t}_k)\cdot\delta r_{ak}\end{aligned} \tag{5-104}$$

由标准弹道可以确定式(5-104)，如果令

$$W_H(t)=K_1(\tilde{t}_k)\cdot\delta\dot{r}(t)+K_2(\tilde{t}_k)\cdot\delta r(t)$$

或

$$W_H(t)=K_{1a}(\tilde{t}_k)\cdot\delta\dot{r}_a(t)+K_{2a}(\tilde{t}_k)\cdot\delta r_a(t)$$

称为横向控制函数，则当 $t\to t_k$ 时，$W_H(t)\to\Delta H(t)$。因此，按 $W_H(t)=0$ 控制横向质心运动与按 $\Delta H(t)\to 0$ 控制是等价的。

横向导引系统利用与射程控制所用的导弹位置速度信息相同，经过横向导引计算，得出控制函数 $W_H(t)$，并产生信号送入偏航姿态控制系统，实现对横向质心运动的控制，其控制结构的示意图如图 5-4 所示。

对于中、近程导弹来说，可以将弹的运动分为纵向和侧向两个平面运动来进行研究。横程偏差取决于主动段终点时侧向运动参数，如图 5-5 所示，此时有

$$\Delta H = z_k + \dot{z}_k T_c$$

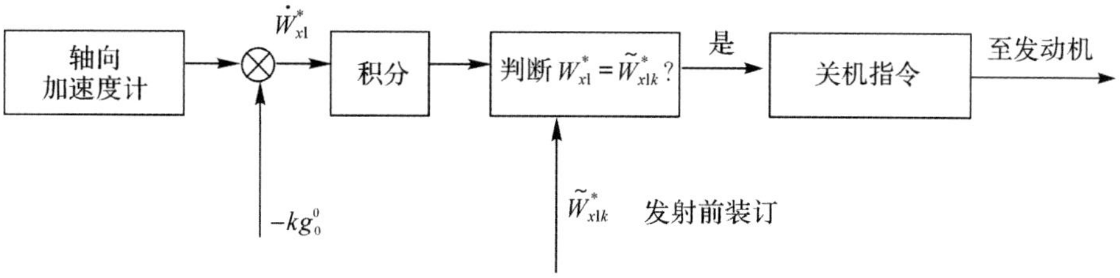

图 5-4　横向导引控制结构示意图

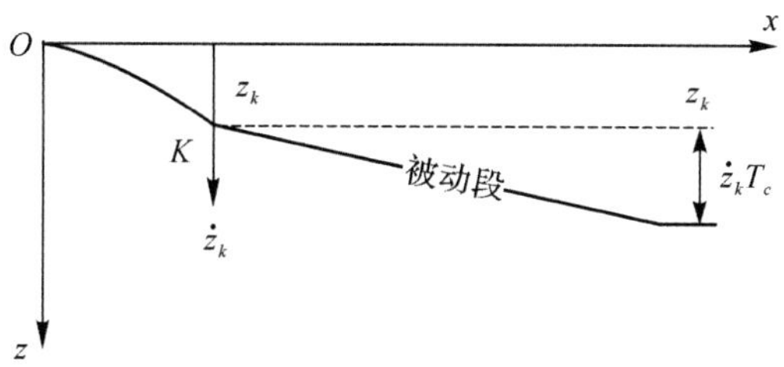

图 5-5　侧平面参量的变化

图 5-5 中，Ox 为射向，通过目标，z_k、$\dot{z}_k$ 为关机点 K 的侧向参量，T_c 为被动段飞行时间。如果在弹上安装 3 个加速度表，则有

$$\begin{cases} \dot{v}_z = -\dot{W}_x \sin\psi + \dot{W}_y \cos\psi \sin\gamma + \dot{W}_z \cos\psi\cos\gamma + g_z \\ \quad \approx -\dot{W}_x\psi + \dot{W}_y\gamma + \dot{W}_z + g_z \\ \dot{z} = v_z \end{cases}$$

考虑到偏航角、滚动角 γ 都很小，g_z 也是微量，故可令

$$\begin{cases} \dot{v}_z \approx \dot{W}_z - \dot{W}_x\psi \\ \dot{z} = v_z \approx W_z - W_x\psi \end{cases}$$

则有

$$\Delta H \approx (W_z - W_x\psi)T_c + \int_0^t W_z \mathrm{d}t - \psi\int_0^t W_x \mathrm{d}t \tag{5-105}$$

将其作为横向导引信号，加入偏航姿态稳定系统进行控制，使关机瞬间 $\Delta H \to 0$。

(2)法向导引。摄动制导也称 δ 制导，即使射程偏差展开式的一阶项 $\Delta L^{(1)} = 0$ 的制导方法，为了保证摄动制导的正确性，必须保证二阶以上各项是高阶小量，为此，要求实际弹道运动参量与标准弹道运动参量之差是小量，也就是要使实际弹道很接近标准弹道。特别是高阶射程偏导数比较大的那些运动参量，更应该是小量。计算和分析表明，在二阶射程偏导数中，$\partial^2 L/\partial\theta^2$、$\partial^2 L/\partial\theta\partial v$ 最大，因此，必须控制 $\Delta\theta(t_k)$ 小于允许值，这就是法向导引。

与横向导引类似，有

$$\Delta\theta(t_k) = \frac{\partial\theta}{\partial\dot{r}_k}\Delta\dot{r}_k + \frac{\partial\theta}{\partial r_k}\Delta r_k = \delta\theta(t_k) + \dot{\theta}(\tilde{t}_k)\Delta t_k = \left(\frac{\partial\theta}{\partial\dot{r}_k} - \frac{\dot{\theta}}{\dot{L}}\frac{\partial L}{\partial\dot{r}_k}\right)_{\tilde{t}_k}\delta\dot{r}_k + \left(\frac{\partial\theta}{\partial r_k} - \frac{\dot{\theta}}{\dot{L}}\frac{\partial L}{\partial r_k}\right)_{\tilde{r}_k}\delta r_k$$

或

$$\Delta\theta(t_k)=\left(\frac{\partial\theta}{\partial\dot{r}_{ak}}-\frac{\dot{\theta}}{\dot{L}}\frac{\partial L}{\partial\dot{r}_{ak}}\right)_{\tilde{r}_k}\delta\dot{r}_{ak}+\left(\frac{\partial\theta}{\partial r_{ak}}-\frac{\dot{\theta}}{\dot{L}}\frac{\partial L}{\partial r_{ak}}\right)_{\tilde{r}_k}\delta r_{ak}$$

式中

$$\dot{\theta}(\tilde{t}_k)=\left[\frac{\partial\theta}{\partial v_x}\dot{v}_x+\frac{\partial\theta}{\partial v_y}\dot{v}_y+\frac{\partial\theta}{\partial v_z}\dot{v}_z+\frac{\partial\theta}{\partial x}\dot{x}+\frac{\partial\theta}{\partial y}\dot{y}+\frac{\partial\theta}{\partial z}\dot{z}\right]_{\tilde{z}_z}$$

如果选择法向控制函数

$$W_\theta(t)=\left(\frac{\partial\theta}{\partial\dot{r}_k}-\frac{\dot{\theta}}{\dot{L}}\frac{\partial L}{\partial\dot{r}_k}\right)_{\tilde{t}_k}\delta' r(t)+\left(\frac{\partial\theta}{\partial r_k}-\frac{\dot{\theta}}{\dot{L}}\frac{\partial L}{\partial r_k}\right)_{\tilde{t}_k}\delta r(t)$$

或

$$W_\theta(t)=\left(\frac{\partial\theta}{\partial\dot{r}_{ak}}-\frac{\dot{\theta}}{\dot{L}}\frac{\partial L}{\partial\dot{r}_{ak}}\right)_{\tilde{r}_k}\delta\dot{r}_a(t)+\left(\frac{\partial\theta}{\partial r_{ak}}-\frac{\dot{\theta}}{\dot{L}}\frac{\partial L}{\partial r_k}\right)_{\tilde{r}_k}\delta r_a(t)$$

如果在远离 $\tilde{t}_k$ 的时间 t_θ 开始控制使 $W_\theta(t)\to 0$，则当时间 $t>t_k$ 时，$W_\theta(t_k)\to\Delta\theta(t_k)\to 0$，即满足了导引的要求。法向导引信号加在俯仰姿态控制系统上，通过对弹的质心的纵向运动参数的控制，以达到法向导引的要求。

5.2.3 显式制导方法

闭路制导是一种新型的制导模式，其主要思路是调整原有的摄动制导所存在的问题。摄动制导主要是大量的计算在地面进行，简化了关机方程，从而减小了弹上的计算量。而摄动制导依赖标准弹道，在小偏差情况下可以，当射程增加时，考虑到在地球扁率和地球自转等因素的影响下，会产生较大的制导误差。所存在的问题主要是：

(1)关机方程没有考虑射程展开二阶以上项，只有在实际弹道和标准弹道偏差较小的情况下才有效。

(2)摄动制导方法依赖于所选择的标准弹道，对于完成多任务的飞行器来说，不方便使用。

(3)发射前要进行大量的装订参数计算，限制了武器的机动性能和战斗性能。在此基础上，人们提出了显示制导方法，其主要思路是利用测量装置实时计算出飞行器的位置和速度，利用该起始条件，实时地算出对所要求终端条件的的偏差，以此组成制导指令，进行飞行器控制，消除终端条件的偏差。当终端满足条件时，关闭发动机。因此该制导方式可以理解为多维、非线性的两点边值问题。如果不做简化和近似，求解十分复杂，为此根据任务进行部分简化：

(1)远程导弹的制导问题。终端条件只要求落点坐标，对时间和速度无要求。

(2)卫星和导弹的拦截问题。要求拦截时间和拦截点坐标，对速度无要求。

(3)卫星入轨问题。对位置和速度存在要求，对时间无要求。

(4)交会问题。终端条件主要是位置和速度。

为了导出显式制导公式，必须解决以下三个问题：

(1)如何利用弹上测量和计算装置，确定弹的瞬时坐标和瞬时飞行速度。

(2)根据位置和速度产生控制信号，如何将弹控制在通过目标的射击平面内。

(3)在射击平面内，如何才能准确地计算瞬时关机时被动段的射程角和目标到此点的射程角。两者相同时关机。

1. $\boldsymbol{r}$、$\dot{\boldsymbol{r}}$ 的确定

当采用惯性平台计算机系统时($ox_a y_a z_a$),其运动方程为

$$\left.\begin{aligned}\dot{\boldsymbol{r}}_a &= \boldsymbol{v}_a\\ \dot{\boldsymbol{v}}_a &= \boldsymbol{g}_a + \dot{\boldsymbol{W}}_a\end{aligned}\right\}\tag{5-106}$$

在发射惯性坐标系中可表示为

$$\left.\begin{aligned}\dot{x}_a &= v_{xa}\\ \dot{y}_a &= v_{ya}\\ \dot{z}_a &= v_{za}\\ \dot{v}_{xa} &= g_{xa} + \dot{W}_{xa}\\ \dot{v}_{ya} &= g_{ya} + \dot{W}_{ya}\\ \dot{v}_{za} &= g_{za} + \dot{W}_{za}\end{aligned}\right\}\tag{5-107}$$

式中:$\dot{W}_{xa}$、$\dot{W}_{ya}$、$\dot{W}_{za}$ 由 3 个加速度表测量给出;g_{xa},g_{ya},g_{za} 由引力模型确定。

当考虑 $J_2 \neq 0$ 时,有

$$\boldsymbol{g} = \begin{bmatrix} g_{xa}\\ g_{ya}\\ g_{za}\end{bmatrix} = g_r \frac{\boldsymbol{r}_a}{r_a} + g_\Omega \frac{\boldsymbol{\Omega}}{\Omega}\tag{5-108}$$

式中

$$\left.\begin{aligned} g_r &= -\frac{fM}{r_a^2}\left[1 + J\left(\frac{a}{r_a}\right)^2 (1 - 5\sin^2\varphi_a)\right] = g_r(r_a, \varphi_a)\\ g_\Omega &= -\frac{2fM}{r_a^2} J\left(\frac{a}{r_a}\right)^2 \sin\varphi_a = g_\Omega(r_a, \varphi_a)\end{aligned}\right\}\tag{5-109}$$

$$\frac{\boldsymbol{r}_a}{r_a} = \frac{1}{r_a}\begin{bmatrix} R_{ox} + x_a\\ R_{oy} + y_a\\ R_{oz} + z_a\end{bmatrix},\quad \begin{bmatrix} R_{ox}\\ R_{oy}\\ R_{oz}\end{bmatrix} = R_0 \begin{bmatrix} -\sin(B - \varphi_a)\cos A\\ \cos(B - \varphi_a)\\ \sin(B - \varphi_a)\sin A\end{bmatrix}\tag{5-110}$$

$$\frac{\boldsymbol{\Omega}}{\Omega} = \begin{bmatrix} \cos B\cos A\\ \sin B\\ -\cos B\sin A\end{bmatrix},\quad \sin\varphi_a = \frac{\boldsymbol{r}_a \cdot \boldsymbol{\Omega}}{r_a \Omega}\tag{5-111}$$

不难看出,$\boldsymbol{g}$ 是坐标的非线性函数,因此,运动方程式(5-107)是非线性变系数微分方程,必须运用数值积分法进行计算。这对弹载计算机的容量和速度要求都非常高,增加了显式制导实现的困难度。在进行显式制导方案设计时,一般都要用各种近似计算方法,以降低对弹载计算机的要求。最简单的近似方法是将引力场看成有心力场,而认为地球是一圆球,即考虑到 $J_2 = 0$。

$$\boldsymbol{g} = -g_0\left(\frac{R}{r}\right)^2 \frac{\boldsymbol{r}}{r} = -\frac{g_0}{R}\left(\frac{R}{r}\right)^3 \boldsymbol{r},\quad g_0 = \frac{fM}{R^2}\tag{5-112}$$

在发射惯性坐标系中可表示为

$$\left.\begin{aligned} g_{xa} &= -g_0\frac{R^2}{r^3}x_a \\ g_{ya} &= -g_0\frac{R^2}{r^3}(y_a+R) \\ g_{za} &= -g_0\frac{R^2}{r^3}z_a \end{aligned}\right\} \tag{5-113}$$

将式(5-113)进行泰勒级数展开，且忽略一阶项，可得

$$\left.\begin{aligned} g_{xa} &= -\frac{g_0}{R}x_a+\Delta g_x \\ g_{ya} &= \frac{2g_0}{R}y_a+\Delta g_y-g_0 \\ g_{za} &= -\frac{g_0}{R}z_a+\Delta g_z \end{aligned}\right\} \tag{5-114}$$

式中：Δg_{xa}、Δg_{ya}、Δg_{za} 为扰动项。

于是，原方程组就变为一线性非齐次常系数微分方程组，即

$$\left.\begin{aligned} \dot{x}_a &= v_{xa} \\ \dot{y}_a &= v_{ya} \\ \dot{z}_a &= v_{za} \\ \dot{v}_{xa} &= -\frac{g_0}{R}x_a+\Delta g_x+\dot{W}_{xa} \\ \dot{v}_{ya} &= \frac{2g_0}{R}y_a+\Delta g_y+\dot{W}_{ya}-g_0 \\ \dot{v}_{za} &= -\frac{g_0}{R}z_a+\Delta g_z+\dot{W}_{za} \end{aligned}\right\} \tag{5-115}$$

起始条件$(t=0)$：$(x_0, y_0, z_0, v_{x0}, v_{y0}, v_{z0})^{\mathrm{T}}$ 用矢量式表示为

$$\frac{\mathrm{d}\boldsymbol{X}}{\mathrm{d}t}=\boldsymbol{AX}+\boldsymbol{F} \tag{5-116}$$

其中

$$\boldsymbol{X}=[x_a, y_a, z_a, v_{xa}, v_{ya}, v_{za}]^{\mathrm{T}}$$

$$\boldsymbol{A}=\begin{bmatrix} & \boldsymbol{0}_{3\times3} & & \boldsymbol{I}_{3\times3} \\ -a & 0 & 0 & \\ 0 & 2a & 0 & \boldsymbol{0}_{3\times3} \\ 0 & 0 & -a & \end{bmatrix}$$

$$\boldsymbol{F}=\begin{bmatrix} \boldsymbol{0}_{3\times1} \\ \vdots \\ \Delta g_x+\dot{W}_{xa} \\ \Delta g_y+\dot{W}_{ya}-g_0 \\ \Delta g_z+\dot{W}_{za} \end{bmatrix}$$

起始条件：$\boldsymbol{X}(0)=[x_0,\ \ y_0,\ \ z_0,\ \ v_{x0}, v_{y0}, v_{z0}]^{\mathrm{T}}$。

那么，其状态转移矩阵或脉冲过渡函数阵 $\boldsymbol{G}(t,\tau)$ 可由其齐次方程 $\frac{\mathrm{d}\boldsymbol{X}}{\mathrm{d}t}=\boldsymbol{AX}$ 的基本解组阵 $\boldsymbol{X}_H(t)$ 确定：

$$\boldsymbol{G}(t,\tau)=\boldsymbol{X}_H(t)\boldsymbol{X}_H^{-1}(\tau)$$

则有

$$\boldsymbol{X}(t)=\boldsymbol{G}(t,t_0)\boldsymbol{X}(t_0)+\int_{t_0}^{t}\boldsymbol{G}(t,\tau)\boldsymbol{F}(\tau)\mathrm{d}\tau \tag{5-117}$$

显然在所选定的计算周期内取 $\dot{W}_{xa}$、$\dot{W}_{ya}$、$\dot{W}_{za}$ 的测量平均值以及 Δg_x、Δg_y、Δg_z 的平均计算值，利用式(5-117)即可以确定出状态 $\boldsymbol{X}(t)$，亦即确定出 $\boldsymbol{r}(t)$、$\dot{\boldsymbol{r}}(t)$。

2. 根据 $\boldsymbol{r}_a$，$\dot{\boldsymbol{r}}_a$ 产生控制信号 U_ψ

设 $\boldsymbol{r}_{ca}$ 为命中瞬间目标在惯性坐标系中的位置矢量。为了保证 $\dot{\boldsymbol{r}}_a$ 在由 $\boldsymbol{r}_a$、$\boldsymbol{r}_{ca}$ 所确定的平面内，$\dot{\boldsymbol{r}}_a$ 应满足

$$(\boldsymbol{r}_{ca}\times\boldsymbol{r}_a)\cdot\dot{\boldsymbol{r}}_a=0 \tag{5-118}$$

式(5-118)的大小、符号则标出了 $\dot{\boldsymbol{r}}_a$ 偏离射平面的大小与方向，故在弹的偏航通道中附加信号：

$$U_\psi=\frac{K_\psi}{r_{ca}r_a\mid\dot{\boldsymbol{r}}_a\mid}[(\boldsymbol{r}_{ca}\times\boldsymbol{r}_a)\cdot\dot{\boldsymbol{r}}_a] \tag{5-119}$$

这样即可将 $\dot{\boldsymbol{r}}_a$ 控制在由 $\boldsymbol{r}_a$、$\boldsymbol{r}_{ca}$ 所确定的射平面内，式中 K_ψ 为放大系数。

如图 5-6 所示，设目标 c 在发射瞬间位于 c_0，t 时刻位于 c_t，命中瞬间($t+t_n$ 时刻)位于 c_a，O_E-XYZ 为地心惯性系，$O-x_ay_az_a$ 为发射惯性系。

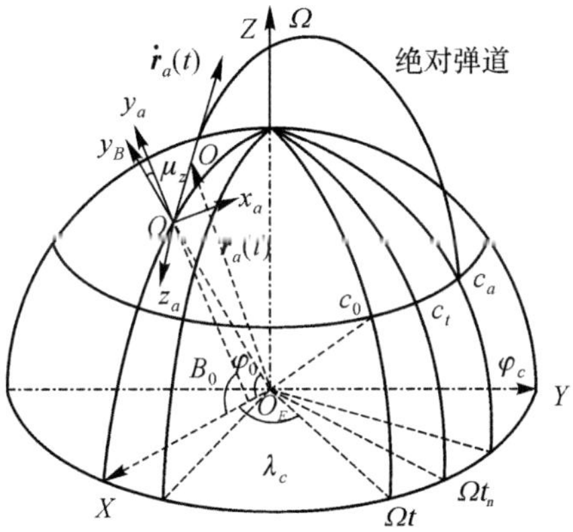

图 5-6　绝对弹道模型示意图

显然有

$$\boldsymbol{r}_{ca}=\begin{bmatrix}X\\Y\\Z\end{bmatrix}=\begin{bmatrix}r_a\cos\varphi_c\cos[\lambda_c+\Omega(t+t_n)]\\r_{ca}\cos\varphi_c\sin[\lambda_c+\Omega(t+t_n)]\\r_{ca}\sin\varphi_c\end{bmatrix} \tag{5-120}$$

而地心系与发射系间的关系为

$$\begin{bmatrix}\overline{OX}\\\overline{OY}\\\overline{OZ}\end{bmatrix}=E_3[\lambda_0+\Omega(t+t_n)]E_1(-\varphi_0)E_2(90^\circ+A)E_2(-A)E_3(\mu)E_2(A)\begin{bmatrix}\overline{\sigma x_a}\\\partial y_a\\\partial z_a\end{bmatrix}\quad(5-121)$$

那么由其关系阵，即可确定出

$$\left.\begin{aligned}\boldsymbol{r}_{ca}&=[x_{ca},y_{ca},z_{ca}]^{\mathrm{T}}\\\boldsymbol{r}_a&=[R_{ox}+x_a,\quad R_{oy}+y_a,\quad R_{oz}+z_a]^{\mathrm{T}}\\\boldsymbol{r}_a&=[v_{xa},\quad v_{ya},\quad v_{za}]^{\mathrm{T}}\end{aligned}\right\}\quad(5-122)$$

$$U_\psi=\frac{K_\psi}{r_{ac}r_a\,|\dot{\boldsymbol{r}}_a|}\begin{vmatrix}v_{xa}&v_{ya}&v_{za}\\x_{ca}&y_{ca}&z_{ca}\\R_{ox}+x_a&R_{oy}+y_a&R_{oz}+z_a\end{vmatrix}\quad(5-123)$$

不难看出，控制问题（信号产生）的关键在于如何准确地确定 t_n：

$$t_n=t_{n主}(t\text{ 后至关机点})+t_{n再}+t_{n自}$$

通常 $t_{n主}$ 无法预测，$t_{n再}$ 仅为几十秒，$t_{n自}$ 约为 $95\%t_n$。

$$t_{n主}+t_{n再}\ll t_{n自}\Rightarrow t_n\sim t_{n被}(v_k,r_k)$$

t_n 的确定有时是近似用椭圆理论来计算，即若知道椭圆参数，则可根据偏近点角计算确定如下：

$$\left.\begin{aligned}\sin E_t&=\frac{r_a}{a\sqrt{1-e^2}}\sqrt{1-\left[\frac{1}{e}\left(\frac{p}{r_a}-1\right)\right]^2}\\\sin E_c&=\frac{r_{ca}}{a\sqrt{1-e^2}}\sqrt{1-\left[\frac{1}{e}\left(\frac{p}{r_{ca}}-1\right)\right]^2}\\t_n&=\frac{a^{3/2}}{\sqrt{fM}}[E_c-E_t-e(\sin E_c\quad\sin E_t)]\end{aligned}\right\}\quad(5-124)$$

3. β_c 和 β_c^* 的确定

类似于上述 t_n 的确定、近似求取。将被动段看成为椭圆，如图 5-7 所示。

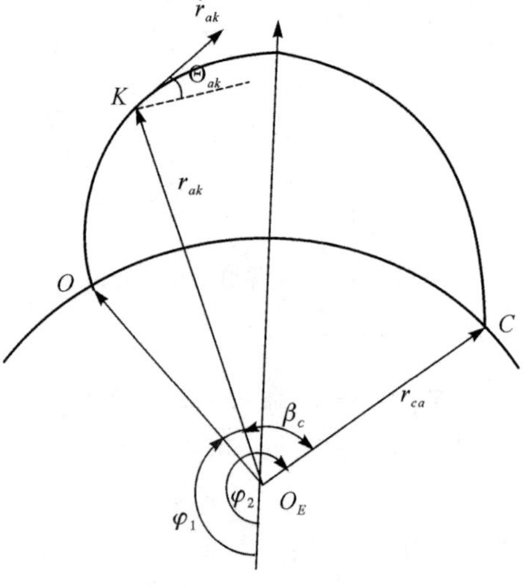

图 5-7　被动段射程计算模型示意图

由椭圆理论可知

$$r = \frac{p}{1 + e\cos f} \tag{5-125}$$

$$\beta_c = \varphi_2 - \varphi_1 \tag{5-126}$$

式中：φ_2、φ_1 分别为第三象限角和第二象限角。

$$\left.\begin{aligned}\varphi_1 &= \arccos\left[\frac{1}{e}\left(\frac{p}{r_a} - 1\right)\right]\\ \varphi_2 &= 2\pi - \arccos\left[\frac{1}{e}\left(\frac{p}{r_{ca}} - 1\right)\right]\end{aligned}\right\} \tag{5-127}$$

而

$$\left.\begin{aligned}& p = r_a v_{ka}\cos^2\Theta_{ka}\\ & e = \sqrt{1 + v_{ka}(v_{ka} - 2)\cos^2\Theta_{ka}}\\ & v_{ka} = v_a^2 r_a / fM\\ & \cos\left(\frac{\pi}{2} - \Theta_{ka}\right) = \frac{\dot{\boldsymbol{r}}_a \cdot \boldsymbol{r}_a}{r_a \mid \dot{\boldsymbol{r}}_a \mid} \text{ 或 } \cos\Theta_{ka} = \frac{\mid \boldsymbol{r}_a \times \dot{\boldsymbol{r}}_a \mid}{r_a \mid \dot{\boldsymbol{r}}_a \mid}\\ & \beta_c^* = \arccos\left(\frac{\dot{\boldsymbol{r}}_a \cdot \boldsymbol{r}_{ca}}{r_a r_{ca}}\right)\end{aligned}\right\} \tag{5-128}$$

当 $\beta_c = \beta_c^*$ 时关机。

上述仅为原理性论述，据此了解其制导的基本思想，原则上能按上述思路进行显示制导，但还存在如下问题：

(1) 由于被动段近似用椭圆轨道代替实际被动段弹道，忽略地球扁率 J_2 及再入空气阻力的影响，将引起偏差，尤其是 J_2 的影响较大，须进一步加以分析考虑。

(2) 关机之前，并未规定弹沿什么路径运动。如何确定飞行路径问题，尚须分析研究。为此可使弹仍按所选择的程序飞行，或按任务要求对弹在关机之前的飞行路径进行某种限制等。

4. 小结

近似用椭圆弹道代替计算瞬间至命中瞬间的实际弹道，由于地球扁率和再入段空气动力的影响，将引起偏差，特别是由于地球扁率而引起的偏差较大，必须加以考虑。按以上所描述方法，原则上可以进行显式制导。

显式制导的特点是根据现时值和要求达到的终端值，直接组成制导指令公式。与摄动制导不同，它没有什么预先的要求，伸缩性大，精确、灵活和通用性较强是其最大的特点。在显式制导中，经常需要引入需求速度的概念，所谓需要速度就是在当前位置矢量下应该以什么样的速度关机，才能完成制导任务。

以弹道导弹为例，如果把被动弹道看成是椭圆弹道，则通过计算瞬间和命中点可以确定无穷个椭圆，如果给定时间，则椭圆弹道唯一。如果可以确定以最小能量弹道的飞行时间作为要求，参照人造卫星运动理论可知

$$t_m = \frac{\tau_m}{2\pi}[\pi - (B_m - \sin B_m)] \tag{5-129}$$

式中：$t_m=\pi\sqrt{s^3/2fM}$为最小能量椭圆周期。

$$\left.\begin{aligned}&s=\frac{1}{2}(r_a+r_{ca}+c)\\&c=(r_a^2+r_{ca}^2-2r_ar_{ca}\cos\beta_c)^{1/2},\cos\beta_c=\left(\frac{\boldsymbol{r}_a\cdot\boldsymbol{r}_{ca}}{r_{ca}}\right),B_m=2\arcsin\left(\sqrt{\frac{s-c}{s}}\right)\end{aligned}\right\}\tag{5-130}$$

选择时间后，则可以利用如下方法求解在计算关机点的需求速度$\dot{\boldsymbol{r}}_{at}$。

根据 Lambert 原理，由计算瞬间至命中目标点瞬间的时间应为

$$T_*(t)=\frac{A(t)}{\sqrt{fM}}\sqrt{B(t)-\cos g(t)}\{1+\frac{[B(t)-\cos g(t)][2g(t)-\sin 2g(t)]}{2\sin^3 g(t)}\}\tag{5-131}$$

其中

$$\begin{cases}A(t)=2\left[r_ar_{ca}\right]^{3/4}\cos^{3/2}\dfrac{\beta_c}{2}\\B(t)=\dfrac{r_a(t)+r_{ca}}{2\sqrt{r_a(t)r_{ca}}\cos\dfrac{\beta_c}{2}}\end{cases}$$

式中：$g(t)$为落点和计算瞬间点两点偏近点角之差之半，即 $g(t)=\dfrac{E_M-E_k}{2}$。

利用牛顿迭代公式进行求出，令 $T(t)=T^*-\sum\Delta t$，牛顿迭代公式为

$$g_{n+1}=g_n-\left[\frac{T_*(t)-T(t)}{\dfrac{\partial T_*}{\partial g}}\right]\tag{5-132}$$

直至$|T_*(t)-T(t)|\leqslant\varepsilon$，有

$$\frac{\partial T_*}{\partial g}=\frac{T_*(t)}{2B(t)\sin g(t)-\sin 2g(t)}[1+5\cos^2 g(t)-6B(t)\cos g(t)]+\frac{A(t)[g+2B(t)\sin g(t)]}{\sqrt{fM}\sin^2 g(t)}\sqrt{B(t)-\cos g(t)}\tag{5-133}$$

g 的迭代初值取为 $g_0=\beta_c/2$，在 $g=g_n$ 后，需求速度为

$$\dot{\boldsymbol{r}}_{at}=\sqrt{fM}\left[p_t^{1/2}\frac{\boldsymbol{r}_{ca}-\boldsymbol{r}_a(t)}{|\boldsymbol{r}_{ca}\times\boldsymbol{r}_a(t)|}+p_t^{-1/2}\tan\frac{\beta_c\boldsymbol{r}_a(t)}{2\boldsymbol{r}_a(t)}\right]\tag{5-134}$$

其中

$$p_t=\frac{\sqrt{r_a(t)r_{ca}}}{B(t)-\cos g_n}\frac{\sin^2\dfrac{\beta_c}{2}}{\cos\dfrac{\beta_c}{2}}$$

令 $\Delta\dot{\boldsymbol{r}}_a=\dot{\boldsymbol{r}}_{at}-\dot{\boldsymbol{r}}_a$，利用变化量为控制信号，当其值小于一定值时，发动机关机，利用以上方法算出来的需要速度，由于没考虑地球扁率和再入段空气动力影响，只适用于两近圆轨道卫星的拦截制导，而不适用于弹道导弹命中地面目标的制导，需要进行修正。

对于远程弹道导弹闭路制导方法，可以考虑利用级数展开法，对地球扁率影响进行考虑，并提出修正的闭路制导方法。

对于地球模型，考虑到地球的长短轴、第一扁率和第二扁率，可以将重力加速度基于坐标进行分解，得到描述重力加速度的高阶项。在确定后，由于之前的方法是基于椭圆弹道进行计算的，所以可以对目标落点进行修正，修正后的目标称为虚拟目标，对虚拟目标进行需要速度的计算。同样，针对虚拟目标可以得到需求速度。上节给出了基于最小能量弹道的飞行时间迭代求出需求速度，也可以进行需求速度倾角的直接给定。

$$\theta_{Hi}=\begin{cases}\dfrac{1}{2}\arctan\left[\dfrac{\sin\beta_c}{\dfrac{r_a}{r_T}-\cos\beta_{ci}}\right]\\ \theta_H\end{cases} \tag{5-135}$$

$$\cos\beta_{ci}=\sin\varphi_k\sin\varphi_T+\cos\varphi_k\cos\varphi_T\cos[\lambda_{OT}-\lambda_{ok}^A+\Omega(t+t_{ni})]$$

式中：上部分为最小能量弹道，下面由任务需要给定，φ_k、φ_T 为计算瞬间和目标点的纬度；λ_{OT} 为虚拟目标与发射点之间的相对经度差；λ_{ok}^A 为计算瞬间和发射点之间的绝对经度差；t_{ni} 为计算瞬间至虚拟目标的飞行时间。

$$\left.\begin{aligned}c_i&=(r_a^2+r_T^2-2r_ar_T\cos\beta_{ci})^{1/2}\\ s_i&=\frac{1}{2}(r_a+r_T+c_i)\end{aligned}\right\} \tag{5-136}$$

$$a_i=\frac{r_a}{2}\left\{1+\frac{r_T(1-\cos\beta_{ci})}{2\left[r_a\cos^2\theta_{Hi}-r_T\cos^2\left(\theta_{Hi}+\dfrac{\beta_i}{2}\right)\right]}\right\} \tag{5-137}$$

令

$$\left.\begin{aligned}\alpha_{ki}&=2\arcsin\sqrt{\frac{s_i}{2a_i}}\\ \beta_{ki}&=2\arcsin\sqrt{\frac{s_i-c_i}{2a_i}}\end{aligned}\right\} \tag{5-138}$$

$$t_{n_m}=\frac{a_i^{3/2}}{\sqrt{fM}}[2\pi+(\sin\beta_{ki}-\beta_{ki})+(\sin\alpha_{ki}-\alpha_{ki})] \tag{5-139}$$

迭代至 $|c_{n+1}-c_n|\leqslant\varepsilon_c$，则有

$$\left.\begin{aligned}v_R&=\sqrt{fM}\sqrt{\frac{2}{r_a}-\frac{1}{a}}\\ \theta_H&=\theta_{H_n}\end{aligned}\right\} \tag{5-140}$$

设椭圆轨道平面的大圆弧方位角为 A，则有

$$\left.\begin{aligned}\sin A&=\cos\varphi_T\frac{\sin[\lambda_{oT}-\lambda_{ok}^A+\Omega(t+t_n)]}{\sin\beta_c}\\ \cos A&=\frac{\cos\varphi_T-\cos\beta_c\sin\varphi_k}{\sin\beta_c\cos\varphi_k}\end{aligned}\right\} \tag{5-141}$$

已知 θ_H、A，则可以求得需要速度在发射惯性坐标系上的分量，利用其作为控制信号，控制发动机关机。

在上节中，由于虚拟目标修正的具体办法没有给出，所以需要考虑扁率、大气对射程偏差的影响，从而计算得到虚拟目标。

(1) 扁率对于射程偏差的影响。主要影响在射程、横程和飞行时间上，具体参考《弹道

导弹制导方法与最优控制》。

(2)再入段控制动力影响。考虑零攻角再入,其增大了飞行时间,减小了落程,并引起落点散布,可考虑代入控制动力进行拟合,将空气动力拟合成对射程角和飞行时间的函数。

在得到地球扁率和再入空气动力引起的落点坐标和命中时间偏差后,对落点的修正需要根据计算的命中时间偏差修正目标在不动球壳上的投影,以及根据椭圆理论计算需要速度。

5.3 再入段的制导方法

高超声速飞行器的再入制导问题,基本可分为标准轨道制导和预测校正制导。各类新型再入飞行器的出现,对再入制导方法的鲁棒性和精度也提出了更高的要求。再入制导方法中,数值预测-校正的在线计算、再入轨迹横程的精确控制和对机动目标的适应能力等问题还需要进一步进行解决。现阶段,各种非传统制导方法,如在线轨迹规划与跟踪、标准轨道与预测-校正混合制导、制导控制一体化等方法,已成为研究该领域的热点。

5.3.1 再入阶段的数学模型和约束条件

1. 再入运动方程的建立

(1)基本再入运动方程。

假设:

1)在研究再入制导问题时,飞行器可以视为质点,控制过程时间可以忽略;

2)飞行器再入无动力,即可将原运动方程中涉及推力的项忽略;

3)飞行器通过倾斜转弯的方式(BTT)进行制导控制,因此不考虑侧滑角,设其为零,这样原运动方程中涉及侧滑角的项可以忽略;

4)地球可以视为一个绕自身旋转的均匀球体;

5)设大气为理想大气模型,即大气相对地球是静止的,且在同一高度上均匀。

考虑到以上假设,进行建模,以下是以时间为自变量的三自由度再入动力学模型:

$$\left.\begin{aligned}
\dot{r} &= V\sin\gamma \\
\dot{\theta} &= \frac{V\cos\gamma\sin\psi}{r\cos\phi} \\
\dot{\phi} &= -\frac{D}{m} - g\sin\gamma + \omega^2 r\cos\phi(\sin\gamma\cos\phi - \cos\gamma\sin\phi\cos\psi) \\
V_{\dot{\gamma}} &= \frac{L\cos\sigma}{m} - g\cos\gamma + \frac{V^2}{r}\cos\gamma + 2\omega V\cos\phi\sin\psi + \\
&\quad \omega^2 r\cos\phi(\cos\gamma\cos\phi + \sin\gamma\sin\phi\tan\phi) \\
V_{\dot{\psi}} &= \frac{L\sin\sigma}{m\cos\gamma} + \frac{V^2}{r}\cos\gamma\sin\psi\tan\phi - \\
&\quad 2\omega V(\tan\gamma\cos\phi\cos\psi - \sin\phi) + \frac{\omega^2 r}{\cos\gamma}\sin\psi\sin\phi\cos\phi
\end{aligned}\right\} \tag{5-142}$$

式中:r 是从地心到飞行器质心的距离;θ 为经度;ϕ 为纬度;V 是飞行器速度;γ 为航迹倾角,

是飞行器速度与矢量与当地水平面之间的夹角；ψ 为航向角，是飞行器速度与正北沿顺时针的夹角；ω 为地球自转角速度；D 和 L 分别是气动阻力和起动升力；m 为飞行器质量；σ 为倾侧角，要想说明其定义，需要引入几个坐标系的定义。

(2)返回坐标系 $O_0-x_0y_0z_0$。

定义：即地面坐标系，返回坐标系与地球固连并为动坐标系。该坐标系原点为再入飞行器在制动时刻质心到地心的矢量与地球椭球体表面的交点 O，O_0y_0 沿着与飞行器制动时刻其质心连线的方向，O_0x_0 在制动时刻飞行器运行的轨迹平面内，与 O_0y_0 相垂直，并且指向再入飞行器的运动方向。O_0z_0 根据右手定则由其他两轴确定。

(3)速度坐标系 $O_0-x_vy_vz_v$。

定义：坐标系原点位于飞行器的质心 O，Ox_v 轴沿着飞行器的速度方向，Oy_v 轴在再入飞行器主对称面内，与 Ox_v 垂直，向上为正，Oz_v 轴由右手定则确定。

(4)半速度坐标系 $O-x_hy_hz_h$。

定义：该坐标系原点为再入飞行器的质心 O。Ox_h 轴沿着再入飞行器速度方向，与速度坐标系 Ox_v 方向重合，Oy_h 在返回坐标系平面内垂直于 Ox_h 轴，Oz_h 轴由右手定则确定。

图 5－8 给出了倾侧角的定义。

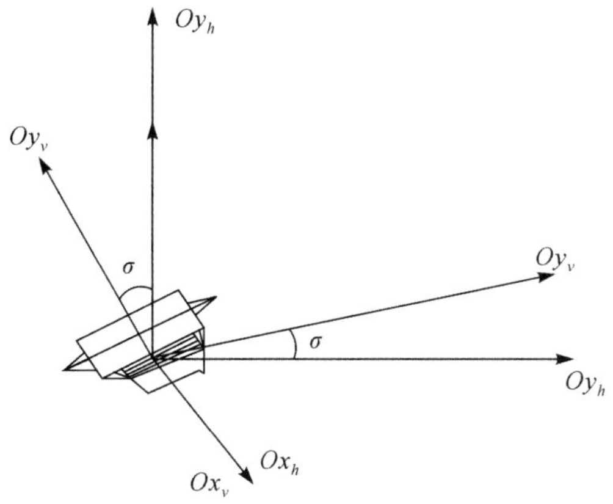

图 5－8　倾侧角示意图

需要注意的是，式(5－142)中的角度都是弧度形式，在仿真中一定要注意角度和弧度的转换。

2. 无量纲再入运动方程

我们注意到式(5－142)中变量较多，且各变量的绝对值相差非常大，例如速度和航迹倾角的数值大小相差 10^4 以上，在进行数值解算时，这样的因素将成为一个不稳定的因素。因此，为了提高算法的收敛性和收敛速度，以及增强数值计算精度，通常要进行无量纲化处理。

在去量纲化形式中，长度可以由地球半径 R_0($R_0=6\ 378\ 135$ m)来进行统一化处理，时间由$\sqrt{R_0/g_0}$来进行统一化处理，质量由飞行器初始质量 m_0 进行归一化处理。这样，我们可以得到运动方程组中相关变量的无量纲化处理结果：

$$\left.\begin{aligned}r_{\rm n}&=r/R_0\\V_{\rm n}&=V/\sqrt{g_0R_0}\\g_{\rm n}&=g_0/r_{\rm n}^2\\t_{\rm n}&=t/\sqrt{R_0/g_0}\\\omega_{\rm n}&=\omega/\sqrt{R_0/g_0}\\L_{\rm n}&=L/m_0g_0\\D_{\rm n}&=D/m_0g_0\\m_{\rm n}&=m/m_0\end{aligned}\right\}\tag{5-143}$$

式中:左边带下标的变量表示去量纲化后的变量。

通过去量纲化处理,得到无量纲运动方程组式(5-143)。式中的变量都为去量纲化后的变量,为了方便省略下标 n。另外,L 和 D 分别代表的是升力和阻力与质量的比值,与过载的定义类似。

$$\begin{cases}\dot r=V\sin\gamma\\ \dot\theta=\dfrac{V\cos\gamma\sin\psi}{r\cos\phi}\\ \dot\phi=\dfrac{V\cos\gamma\cos\psi}{r}\\ \dot V=-D-\dfrac{\sin\gamma}{r^2}+\omega^2r\cos\phi(\sin\gamma\cos\phi-\cos\gamma\sin\phi\cos\psi)\\ \dot\gamma=\dfrac{1}{V}\left[L\cos\sigma+\dfrac{\cos\gamma}{r^2}\dfrac{V^2}{r}\cos\gamma+2\omega V\cos\phi\sin\psi+\omega^2r\cos\phi(\cos\gamma\cos\phi+\sin\gamma\sin\phi\tan\phi)\right]\\ \dot\psi=\dfrac{1}{V}\left[\dfrac{L\sin\sigma}{m\cos\gamma}+\dfrac{V^2}{r}\cos\gamma\sin\psi\tan\phi-2\omega V(\tan\gamma\cos\phi\cos\psi-\sin\phi)+\dfrac{\omega^2r}{\cos\gamma}\sin\psi\sin\phi\cos\phi\right]\end{cases}$$

3.再入约束条件

我们建立再入运动方程作为基础,继续说明研究再入制导过程中所要解决的问题和遵循的原则。

再入任务中,我们首先关心的是飞行器是否能够在满足再入过程约束的前提下,在再入的结束时刻满足再入终端约束,之后才关注再入制导方法的鲁棒性、自主性和自适应性等其他性能。因此,这一部分给出再入任务的基本问题,也是制导律设计中所要遵循的最基本的原则。

再入过程约束:

(1)主要约束条件。再入滑翔阶段,气动加热效应显著,飞行器热防护系统对气动加热具有严格的限制,对最大热流率提出了要求;考虑到动压对控制铰链力矩的影响,对最大动压也具有明确的约束;飞行器结构对飞行载荷具有一定的限制,对最大过载提出了要求;理想的滑翔飞行轨迹是平缓下滑、无明显跳跃的,需要满足准平衡滑翔条件;飞行器飞行过程中需要完成对特定位置的区域观察、载荷投放等任务,对达到路径点提出了要求;同时,考虑到地理因素、飞行安全等原因,飞行过程中也要避开特定的区域。

1)动压约束。最大动压约束一方面取决于飞行器表面的防热材料条件,另一方面取决

于跟动压一同增大的气动控制铰链力矩。根据要求，有

$$\bar{q} = \rho V^2/2 \leqslant \bar{q}_{\max} \tag{5-144}$$

2)过载约束。最大过载约束的数值一方面取决于飞行器的结构强弱和飞行器上设备的过载承受范围，另一方面取决于飞行员所感受到的过载的大小，并要求法向过载要小于限定的最大值，即

$$a = \sqrt{L^2 + D^2} \leqslant a_{\max} \tag{5-145}$$

3)气动加热约束。飞行器在再入时具有非常大的再入速度，并且再入高度有非常大的动能和势能，再入飞行过程中会面临非常严重的气动加热问题。对于再入飞行器上的不同部位，气动加热的程度是不等的。通常只考察比较严重的临界加热区的效应。可以在分析的初始阶段，把对温度的限制改为对热流率的限制，即

$$\dot{Q} = k_Q \sqrt{\rho} V^{3.15} \leqslant \dot{Q}_{\max} \tag{5-146}$$

式(5-144)和式(5-146)中 V 为去量纲化速度，$k_Q = 9.436\ 9 \times 10^{-5}$，大气密度 ρ 的单位为 $\mathrm{kg/m^3}$，式(5-145)中 a 的单位为 g。

4)平衡滑翔约束。在再入过程的一般情况下，飞行器的再入轨迹会出现振荡现象，应该避免这种振荡，尤其应该避免剧烈的长周期振荡。理想的再入轨迹应该是无振荡并且轨迹倾角变化平滑，即航迹倾角要求

$$\gamma \leqslant 0 \tag{5-147}$$

5)控制变量约束。已知攻角和倾侧角为轨迹控制变量。但是由于在再入任务开始之前已经制定标准攻角剖面，对控制变量的约束主要限制倾侧角的取值范围和变化率，所以有

$$\left.\begin{array}{l} |\sigma| < \sigma_{\max} \\ |\dot{\sigma}| < \dot{\sigma}_{\max} \end{array}\right\} \tag{5-148}$$

(2)再入走廊。综合上述再入约束不等式，再入走廊就是飞行的边界，其纵坐标可以取不同的参数，例如：可以取飞行高度为纵坐标，速度为横坐标；也可以取阻力加速度为纵坐标，而速度为横坐标，选取阻力加速度为纵坐标的优点在于可以直接对切向过载进行控制(见图 5-9)。

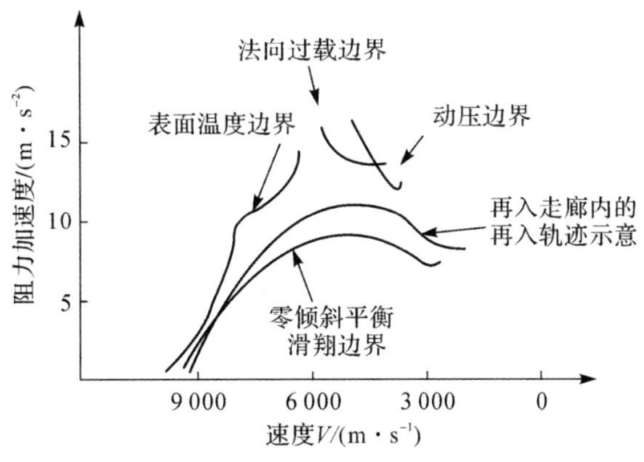

图 5-9　再入走廊示意图

再入终端约束：

为了使得飞行器在再入过程之后能够将机械能降到指定范围内，并且能够满足再入距离和落点经度，对再入终端有一些约束条件。

首先是再入距离约束，这里引入剩余航程，有

$$s_{\text{togo}}(t_f) - s_{\text{HAC}} = 0 \tag{5-149}$$

式中：t_f 是到达末端能量管理处时的时间；s_{HAC} 为标准的末端时刻飞行器到航向校正柱面的距离。

剩余航程又可以从下式得到：

$$\dot{s}_{\text{togo}} = -\frac{V\cos\gamma\cos\Delta\psi}{r} \tag{5-150}$$

式中：$\Delta\psi$ 为再入方位角误差（见图 5-10）。

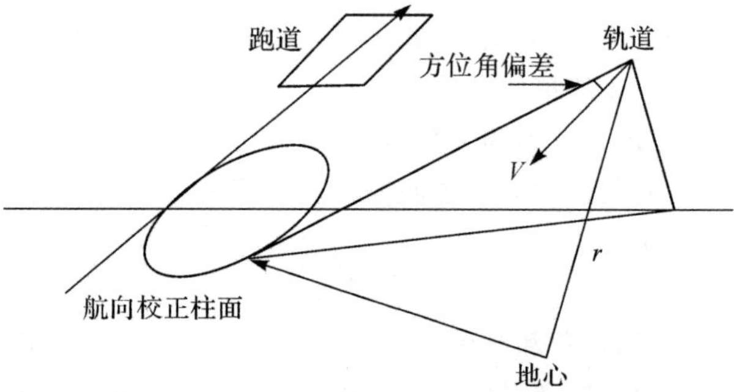

图 5-10　再入方位角误差几何图

图 5-10 中，椭圆形为 HAC，即航向校正柱面，它与降落跑道相切。再入方位角误差就是位置矢量与速度矢量组成的平面和位置矢量与飞行器和瞄准点构成的矢量所组成的平面之间的夹角。

航程约束为

$$s(t)_f = s_f = s_{\text{HAC}} \tag{5-151}$$

式(5-151)表示当飞行器达到末端能量管理层时，飞行器的剩余航程等于指定的到达 HAC 的距离。

此外，为了让飞行器能满足能量要求，还要引入飞行器机械能的定义。

定义飞行器总机械能为

$$e = \frac{GMm}{r} - \frac{1}{2}mV^2 \tag{5-152}$$

e 总是大于 0。

对式(5-152)进行无量纲化处理，得到

$$e = \frac{1}{r} - \frac{1}{2}V^2 \tag{5-153}$$

能量约束为

$$e(t_f) = e_f \tag{5-154}$$

另外，根据不同的再入任务，到达指定区域的终端约束条件可能还包括高度约束、速度

约束、倾侧角约束等，因此有

$$r(t_f)=r_f^*,\quad V(t_f)=V_f^*,\quad \gamma(t_f)=\gamma_f^* \tag{5-155}$$

5.3.2　再入走廊的建立

高超声速飞行器的再入问题可归结为再入轨迹优化、再入轨迹在线生成和再入制导。这三个问题的研究都是建立在再入走廊的基础上的，而再入制导的首要目的就是使再入飞行器的运动轨迹在再入走廊范围内，其中再入走廊约束包括了动压、过载、热流约束及拟平衡滑翔约束。各种路径约束使再入轨迹可行解限于较为狭窄的再入走廊范围内。

接下来我们将利用改进气动系数模型建立再入走廊，并分析再入走廊在不同气动模型时的变化情况。本节求解的制导律主要针对的是再入段中的拟平衡滑翔段，由于初始下降段有着其独特的特点，所以初始下降段有其特殊的设计任务。气动系数在初始段数值较小，而其精度对初始段的设计有较大的影响，本节在后面部分将分析不同气动模型对初始段的影响。

建立再入走廊的另一个目的，就是将再入过程中的约束间接施加到飞行器的再入过程中。本节利用拟平衡滑翔条件，将再入走廊约束转换为控制变量约束。再入制导律的设计主要是对运动方程中的控制变量(倾侧角 σ)进行设计，因此将再入约束转化为控制变量的上、下界，可以通过在容许倾侧角 σ 的范围内设计制导律来确保再入轨迹在再入走廊范围内，即满足动压、过载、热流率及拟平衡滑翔约束。

从严格的定义来说，再入走廊分为纵向再入走廊和侧向再入走廊，而再入走廊是指纵向再入走廊和侧向再入走廊交叉部分的空间。纵向再入走廊是指再入走廊的上、下边界之间所包含的空间，而侧向再入走廊是指保证飞行器在水平面内飞行轨迹收敛到终点的包络线。侧向再入走廊与侧向制导相关，其中主要与侧向轨迹反转逻辑的定义有关，不受气动系数的影响，因此在本章中提到的再入走廊主要是指纵向再入走廊。

再入走廊为再入飞行器安全返回所必须满足的各种约束条件的交集。高超声速滑翔式再入飞行器所受到的各种轨迹约束非常苛刻，再入走廊较为狭窄。确定再入走廊应充分考虑以下因素：

(1)高超声速气动加热对热防护系统的影响；

(2)过载对飞行器结构的影响；

(3)动压对飞行器控制系统和侧向稳定性的影响；

(4)再入飞行器有充分的机动能力以满足控制系统的要求。

再入走廊的边界由上述 4 个因素对应的驻点热流、过载、动压和拟平衡滑翔边界共同构成，其中热流、过载、动压约束是硬约束，再入过程必须满足。

1. 再入走廊数学模型建立

在现有文献中，再入走廊一般在阻力-速度($D-V$)剖面、阻力-能量($D-E$)剖面、高度-速度($H-V$)剖面以及高度-能量($H-E$)剖面内进行描述。本章将在 $H-V$ 剖面内描述再入走廊的数学模型以及完成不同气动模型下再入走廊的分析。

再入走廊是在一定飞行方案下的确定的，即需要事先确定攻角曲线。本章采用标准的攻角方案，攻角曲线由下式确定：

$$\alpha=\begin{cases}35^\circ, & Ma\geqslant 10\\ [35-0.45\,(Ma-10)^2]^\circ, & 2.5\leqslant Ma\leqslant 10\end{cases}\tag{5-156}$$

热流率、过载和动压约束已解释过，这里不再论述，3 个约束及拟平衡滑翔约束可分别表示为

$$\left.\begin{aligned}&\dot{Q}=k\rho^n V^m\leqslant Q_{\max}\\&n=\frac{\sqrt{L^2+D^2}}{mg_0}\leqslant n_{\max}\\&q=\frac{1}{2}\rho V^2\leqslant q_{\max}\\&\frac{\mu}{r^2}-\frac{V^2}{r}-\frac{L\cos\sigma_{EQ}}{m}\leqslant 0\end{aligned}\right\}\tag{5-157}$$

我们将美国的通用航空飞行器 CAV－H 作为研究的对象，$n=0.5$，$m=3$，k 的取值为 7.97×10^{-5}。拟平衡滑翔约束条件中，倾侧角最小值 σ_{EQ} 取为10°，为计算该约束的常值倾侧角。

将指数大气密度、升力和阻力的计算公式，即

$$\left.\begin{aligned}&\rho=\rho_0 e^{-\beta H}\\&L=\frac{1}{2}\rho V^2 S_{\mathrm{ref}} C\\&D=\frac{1}{2}\rho V^2 S_{\mathrm{ref}} C_D\end{aligned}\right\}\tag{5-158}$$

代入约束条件表达式中可得高度-速度（$H-V$）剖面与各约束条件对应的再入走廊边界数学模型，即

$$\left.\begin{aligned}&H\geqslant\frac{1}{\beta n}\ln\left(\frac{k\rho_0^n V^m}{\dot{Q}_{\max}}\right)=H_{\dot{Q}_{\max}}(V)\\&H\geqslant\frac{1}{\beta}\ln\left(\frac{\rho_0 V^2 S_{\mathrm{ref}}\sqrt{C_L^2+C_D^2}}{2n_{\max}mg_0}\right)=H_{n_{\max}}(V)\\&H\geqslant\frac{1}{\beta}\ln\left(\frac{\rho_0 V^2}{2q_{\max}}\right)=H_{q_{\max}}(V)\\&H\leqslant H_{\mathrm{QEGC}}\end{aligned}\right\}\tag{5-159}$$

式中：$H_{\dot{Q}_{\max}}(V)$为热流密度；$H_{n_{\max}}(V)$为总过载；$H_{q_{\max}}(V)$为动压；H_{QEGC}为拟平衡滑翔的高度边界。H_{QEGC}无解析解，需要对拟平衡条件方程进行迭代计算，即给定速度值，由拟平衡条件对应的非线性方程求拟平衡滑翔高度 H_{QEGC}。

从而，在 $H-V$ 剖面建立的再入走廊可表示为

$$\left.\begin{aligned}&H_{\mathrm{up}}(V)=H_{\mathrm{QEGC}}\\&H_{\mathrm{down}}(V)=\max(H_{\dot{Q}_{\max}},H_{n_{\max}},H_{q_{\max}})\end{aligned}\right\}\tag{5-160}$$

在以下再入走廊及后文的仿真中，取约束上界 $\dot{Q}_{\max}=8\ 000\ \mathrm{kW/m^2}$，$n_{\max}=4$，$q_{\max}=100\ \mathrm{kPa}$，速度范围为 850～7 500 m/s，得到 $H-V$ 平面内的再入走廊如图 5－11 所示。

满足拟平衡滑翔约束表示再入飞行器可以通过改变倾侧角来控制飞行轨迹。另外，该条件可以减小再入轨迹在高度方向的振荡。在大部分再入过程中，航迹角 γ 保持较小值，拟

平衡滑翔条件可以近似航迹角的实际动力学模型。但在再入末段，航迹角会增大，而且变化加剧，使得拟平衡滑翔条件的精度降低。对某些飞行任务，再入终端目标点可能超出拟平衡滑翔边界。

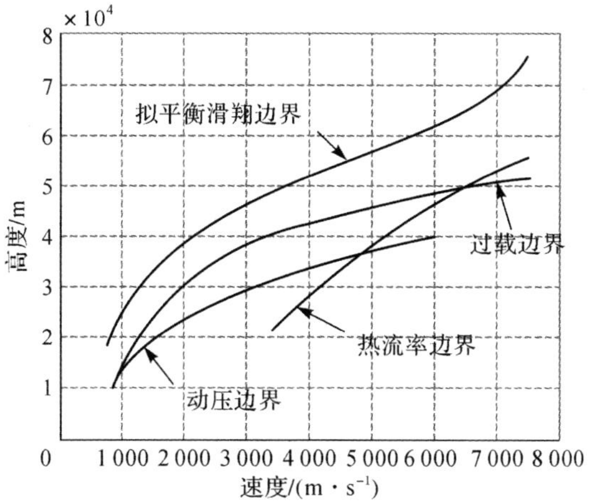

图 5 - 11　$H-V$ 剖面再入走廊

从再入走廊的仿真图中，可以总结出以下结论：

(1)再入过程的不同阶段，占主导地位的约束条件不同，进入大气层初始阶段，热流密度为下边界主要约束，随着速度的下降，过载与动压约束会相继成为主导；

(2)动压、过载、热流率约束的上限值($q_{\max}$、$n_{\max}$、$\dot{Q}_{\max}$)越大，边界曲线下移，再入走廊会变宽；

(3)飞行器在再入初始阶段，最主要的是要满足热流率约束，而动压约束占时间较少，当飞行器再入末端离地面较近时，将被考虑为主导约束；

(4)过载约束会在再入过程的大部分时间中成为主导约束。由于文中采用 CAV - H 飞行器的相关参数，这一点只适合该参数对应的仿真。

再入走廊提供了飞行器再入轨迹的可行区域，是评价再入运动轨迹最基本的指标，同时，也是轨迹在线生成及再入制导的重要依据。再入过程中，动压、过载、热流率约束必须满足，而拟平衡滑翔边界只是一种近似，并不是必须满足的约束，因此飞行轨迹有时会出现超出该边界的情况。

2. 改进气动模型对再入走廊的影响

再入过程的约束条件中，只有过载约束与拟平衡滑翔约束受气动系数 C_L 与 C_D 的影响，动压与热流率约束不受气动系数的影响。因此，不同的气动模型，会影响再入走廊的过载边界与拟平衡滑翔边界。本节将分析改进模型下的再入走廊相比一般多项式模型的变化情况。

首先，在一般多项式气动模型下，各个约束上界及 σ_{EQ} 的取值与上述仿真过程相同，得到的再入走廊仿真图如图 5 - 12 所示。

由于气动系数只会影响再入走廊边界中的拟平衡滑翔边界和过载边界，所以分析再入走廊的变化主要从两个方面进行。

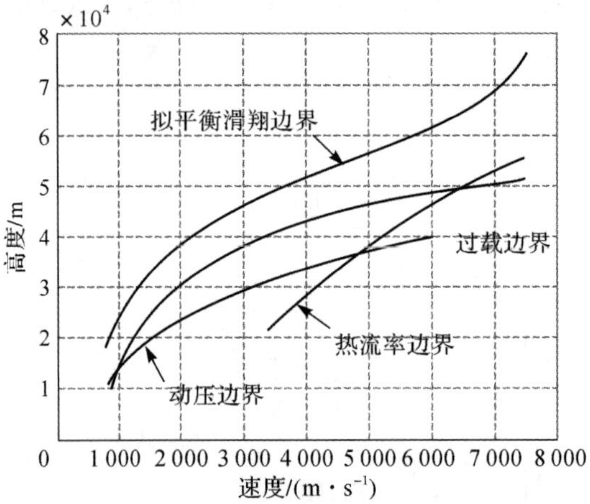

图 5-12　一般气动模型下的再入走廊

当速度较高时，应用改进的气动系数模型下系数值相比多项式模型小，对应地，当速度较低时，相比之下，系数值要大，出于这个原因，在应用改进的气动系数模型得到的拟平衡滑翔边界当速度较高时，边界曲线会相对下移，当速度较低时，边界曲线会相对上移，仿真图形如图 5-13 所示。

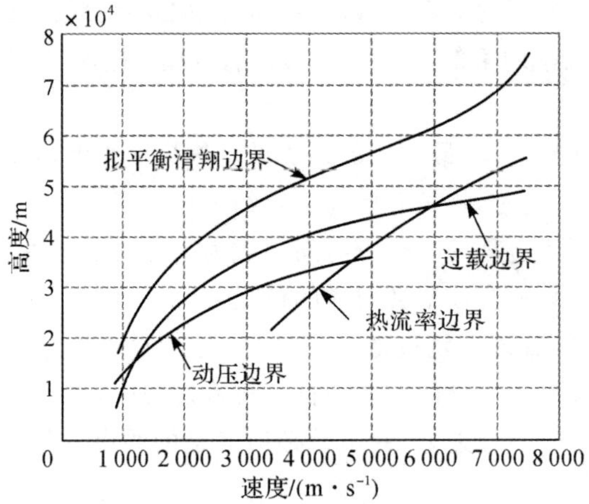

图 5-13　拟平衡滑翔边界对比图

在图 5-13 中，两条曲线直观上看差别并不是太大，这是因为在拟平衡滑翔约束表达式中，只有升力系数对其有影响，从图中只能看出两条曲线有较小的偏差。而对于过载约束，升力系数与阻力系数均会影响到边界曲线，当气动系数模型不同时，差别会较为明显。同样，类似于拟平衡滑翔边界，当速度较高时，过载边界曲线会相对下移，当速度较低时，边界曲线会相对上移，仿真图形如图 5-14 所示。

综上所述，应用改进的气动模型所带来的影响，就再入走廊而言，主要是再入过程的中间及末端阶段有较为明显的变化，这段过程对应于过载约束为主导约束的阶段，总的来说，再入走廊没有较大的变化，这是因为约束边界的仿真只是应用某一点处对应的气动系数值在该点进行仿真，气动模型的影响没有累积，但针对再入飞行过程，气动模型的影响会随再入过程的延续而累积，从而对再入过程及再入轨迹有明显的影响，从根本上说，再入走廊是由边界点组成的，而且两种气动模型系数误差的数量级相对较小，因此两种模型下的再入走廊差别并不大。

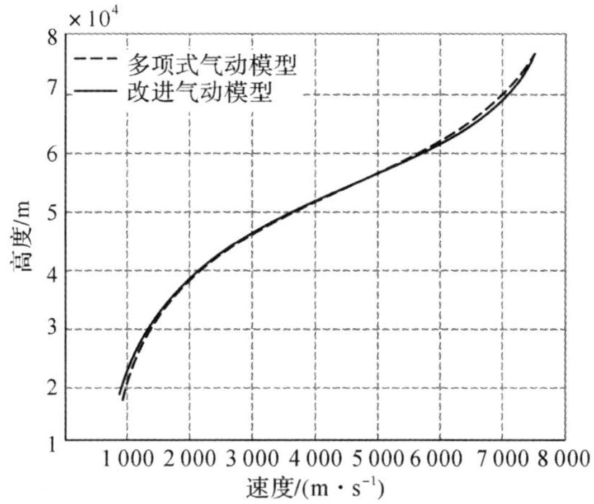

图 5-14　过载边界对比图

3. 初始下降段轨迹规划

高超声速飞行器在再入时刻速度大，离地面有较大的距离，一般再入时刻的高度范围为 80～120 km，在再入开始的一段时间内，由于初始段自身的特点，并不能满足拟平衡条件，所以再入过程的初始下降段有特殊的设计任务。

在再入初始段，气动系数值较小，气动力的控制能力非常有限，因此，气动模型对初始段的轨迹有很大的影响，本节将分析不同模型下初始段轨迹的差异。

(1)初始下降段的特点。针对高超声速飞行器再入过程的仿真，再入点一般都位于再入走廊之外，选取的再入时刻高度范围为 80～120 km，马赫数大于 10，初始下降段的特点可归结如下：

1)高度在 40 km 以上，在此高度范围内，大气密度很小，再入热流、动压和过载较小，因此除拟平衡滑翔段的转折点外不考虑各种路径约束；

2)初始段速度较快，从再入点到初始段结束满足拟平衡条件时，经历的时间短；

3)初始下降段由于气动系数值小，气动力控制能力非常有限，所以在此过程中，速度变化范围不大，而高度急剧下降；

4)该阶段不满足拟平衡条件，虽然改变倾侧角会改变飞行轨迹，但只是在初始段末端变化略微明显。

基于上述初始段的特点，规划较为精确的倾侧角方案，或者说通过改变倾侧角来控制飞行轨迹，效果并不明显而且没有必要，因此在初始下降段，倾侧角 σ 的设计目标是使再入轨迹转换到拟平衡滑翔状态，并进入再入走廊。由于气动力控制能力在这个高度范围也很有限，为减小计算量，设初始下降段的倾侧角为常值 σ_0。

(2)初始下降段轨迹生成。由于初始段时间短，若针对该过程设计侧向制导律来控制侧向轨迹，该时间会远小于满足反转逻辑时的所需时间，因此，在初始下降段，倾侧角 σ 的符号不会发生变化，只需在再入时刻确定倾侧角的符号，σ_0 的符号根据再入点航向角误差 $\Delta\varphi_0$ 的符号确定，即

$$\mathrm{sign}(\sigma_0) = -\mathrm{sign}(\Delta\varphi_0) \tag{5-161}$$

式中：$\Delta\varphi_0=\varphi_0-\Phi_0$，$\varphi_0$ 为再入点的航向角，Φ_0 为再入点到目标点的视线方位角，设再入点和目标点的经度与纬度分别为(θ_0,ξ_0)、(θ_T,ξ_T)，则 Φ_0 的计算表达式为

$$\tan\Phi_0 = \frac{\sin(\theta_T-\theta_0)}{\cos\xi_0\tan\xi_T-\sin\xi\cos(\theta_T-\theta_0)} \tag{5-162}$$

初始下降段倾侧角的大小$|\sigma_0|$通过迭代计算，迭代准则是使初始下降段纵向轨迹进入再入走廊并满足拟平衡条件，这一点可通过判断 $H-V$ 剖面内再入轨迹斜率与拟平衡约束边界斜率的差，当小到一定值时，可认为满足拟平衡条件，即

$$\left|\frac{\mathrm{d}r}{\mathrm{d}V}-\left(\frac{\mathrm{d}r}{\mathrm{d}V}\right)_{\mathrm{QEGC}}\right|<\delta \tag{5-163}$$

式中：δ 为给定小量；$\frac{\mathrm{d}r}{\mathrm{d}V}$为 $H-V$ 剖面内当前状态变量；$\left(\frac{\mathrm{d}r}{\mathrm{d}V}\right)_{\mathrm{QEGC}}$为拟平衡约束边界对应的速度点的斜率。另外，初始下降段的结束点由条件式(5-161)动态判断。

$\frac{\mathrm{d}r}{\mathrm{d}V}$由运动方程中$\frac{\mathrm{d}r}{\mathrm{d}t}$除方程$\frac{\mathrm{d}V}{\mathrm{d}t}$得到，其表达式为

$$\frac{\mathrm{d}r}{\mathrm{d}V}=-\frac{mV\sin\gamma}{D+m\mu\sin\gamma/r^2} \tag{5-164}$$

$\left(\frac{\mathrm{d}r}{\mathrm{d}V}\right)_{\mathrm{QEGC}}$由有限差分求解。给定当前速度 V，根据方程：

$$\frac{\mu}{r^2}-\frac{V^2}{r}-\frac{L\cos\sigma_{\mathrm{EQ}}}{m}=0 \tag{5-165}$$

求出对应的地心距 r，从而求出斜率$\left(\frac{\mathrm{d}r}{\mathrm{d}V}\right)_{\mathrm{QEGC}}$。

初始下降段求解控制变量 σ_0 的迭代流程为：首先读入标准攻角曲线参数、再入点状态变量值和目标点数据，判断 σ_0 的符号，并给设计变量赋初值(一般为 0°)。然后以再入点初始值为初值对三自由度运动方程积分，直到满足拟平衡条件，即达到拟平衡滑翔状态。需要注意的是，积分过程中，在满足拟平衡条件的公式前，须在高度-速度平面内判断轨迹是否越过再入走廊下界，可通过判断初始轨迹终点的高度是否在该点速度对应的再入走廊范围内来实现，若满足，则保存设计变量和下降段轨迹参数，同时修改控制变量值，可以取 $\sigma_{i+1}=\sigma_i+5°$。进行迭代，并重复前面的过程。若在积分过程中轨迹越过再入走廊下界，则说明前一个迭代倾侧角值就是所求的再入最大值。若迭代时控制变量超过其允许值还未满足各条件，则初始下降段迭代失败。若攻角曲线已合理设计，对一定范围的再入接口，文中采用的算法可以成功设计初始下降段的控制变量。若迭代失败，可以通过修改标准攻角曲线或者减小迭代步长，在此不详细讨论。图 5-15 为初始下降段倾侧角的迭代流程图。

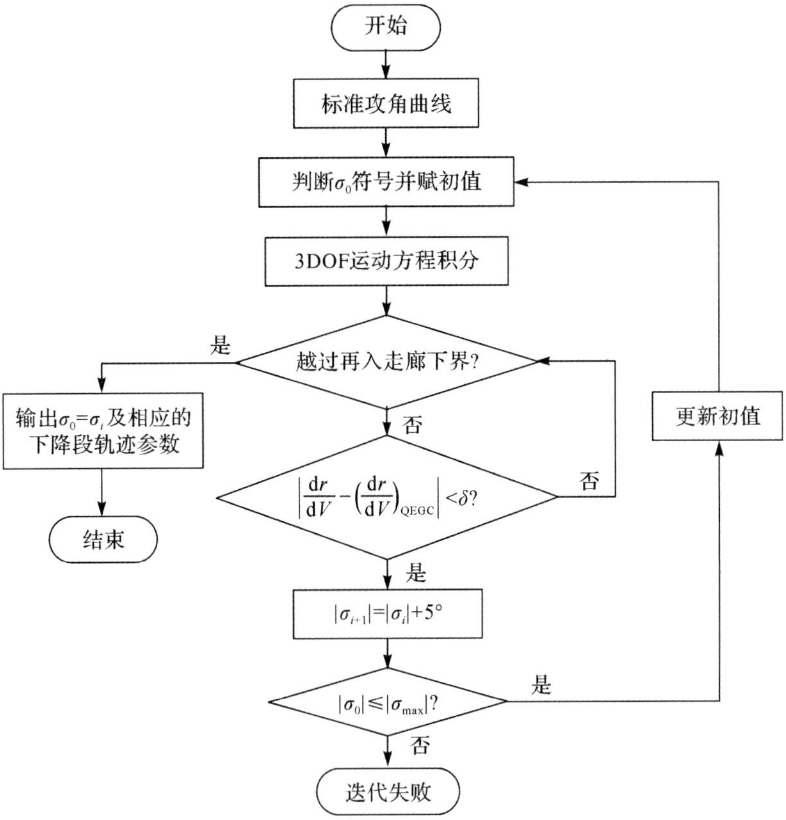

图 5－15　初始下降段倾侧角迭代流程

由于再入轨迹会有起伏，所以初始段结束后，为尽量减小轨迹的起伏周期，初始再入倾侧角的值应尽量大。在初始下降段迭代得到的 σ_0 与到转折点对应的平衡滑翔倾侧角 σ_{QEGC} 可能不同，为使控制量连续，轨迹进入再入走廊时，控制变量采用如下形式：

$$|\sigma|=\begin{cases}|\sigma_0|, & |\sigma_0|\geqslant|\sigma_{QEGC}|\\ |\sigma_{QEGC}|, & |\sigma_0|<|\sigma_{QEGC}|\end{cases}\tag{5-166}$$

通常情况下，当运动轨迹满足条件拟平衡条件方程时，飞行器已进入再入走廊，即已经处于拟平衡滑翔边界以下，因此在积分过程中就应判断当前倾侧角下，再入轨迹是否会越过再入走廊下界，尤其是热流率边界，另外，飞行器运行轨迹在初始段末端会出现波动，只满足条件拟平衡条件方程的轨迹并不一定满足硬约束，因此，要保证整段轨迹均在再入走廊范围内，须在判断条件拟平衡条件方程前，进行轨迹是否越过再入走廊下界的判断(见图 5－16)。有的文献进行迭代计算时在满足条件拟平衡条件方程后，进行了是否进入再入走廊的判断，针对我们研究的 CAV－H 飞行器，此过程省略。再入点高度为 90 km，初始速度为 7 000 m/s，初始航迹角为－0.05 rad，采用上述迭代算法可得到高度-速度平面的初始下降段轨迹，如图 5－17 所示。

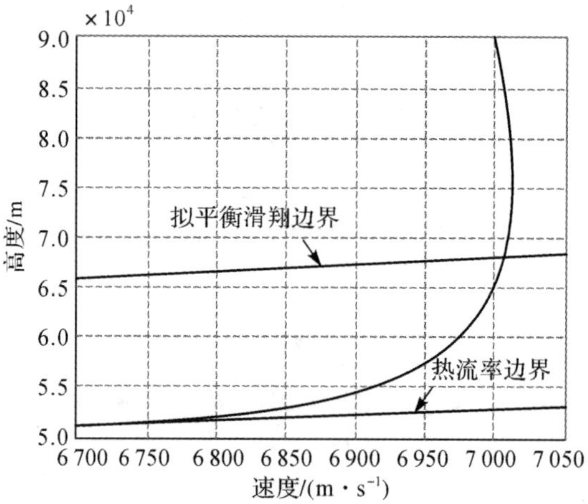

图 5-16　初始段纵向轨迹

通过上述迭代方法，得到的 σ_0 值为 30°。将 σ_0 代入再入运动方程积分，可得到初始下降段三自由度轨迹。当进入再入走廊时，控制变量采用式(5-166)。

初始下降段轨迹计算存储的数据包括积分得到的轨迹参数及相应的控制变量 $\sigma(t)$，并记转折点对应的轨迹参数为$(r_1, V_1, \gamma_1, \theta_1, \xi_1, \varphi_1)$。另外，本章将使用预测校正制导方法进行制导律设计，其中要对再入航程进行预测，因此，还需要记录初始段经过的航程 S_1。

由于后文的制导律设计中需要使用初始段结束时的数据进行仿真说明，表 5-1 给出了初始下降段的仿真结果。

表 5-1　初始下降段的仿真结果

状态变量	H/km	V/(m·s^{-1})	γ/rad	θ/rad	ζ/rad	φ/rad
再入初始值	90	7 000	−0.05	0	0	−0.1
初始段结束值	51.318	6 744.6	−0.013 3	−0.107	0.114 2	−0.061 2

(3)改进气动模型对初始段的影响。在再入走廊的仿真中，我们已论证在应用改进气动系数模型后，对再入走廊的影响并不是很明显，原因是边界点都是由方程直接计算得出的，而对于初始下降段轨迹，是通过积分微分方程得到的，因此气动系数的影响会在积分过程中不断累积，致使不同的气动系数模型对初始段轨迹影响很大。

上文中通过仿真得到改进气动模型下，初始段最大倾侧角 σ_0 为 30°，图 5-17 为倾侧角分别为 0°和 30°初始段轨迹，其中，图 5-17(b)为轨迹局部图。

从图 5-17 中可以看出，随着倾侧角的增大，初始段轨迹会向下偏移，这也是初始下降段寻求最大倾侧角的依据，另外，不仅在初始段，对于整个再入轨迹来说，都是随倾侧角的增大向下偏移。

通过图 5-17 中的两条曲线我们可以总结出，在改进气动模型下，当倾侧角不同时，初始段轨迹在开始再入的一段时间内几乎重合，说明倾侧角的不同在飞行器刚开始再入时影响并不大，相比之下，初始段轨迹只有在末端的差别较为明显，说明倾侧角开始对轨迹产生影响。总体来说，初始段轨迹十分贴近热流率边界，即再入走廊下界，即使当倾侧角为 0°时，轨迹末端与该边界亦十分贴近，这说明，在引入改进的气动系数模型后，初始段不能以较大的倾侧角进行再入。为更加明确地说明引入改进气动模型后对再入轨迹的影响，本文将对攻角多项式模型下的初始段轨迹进行仿真，以此作为对比。

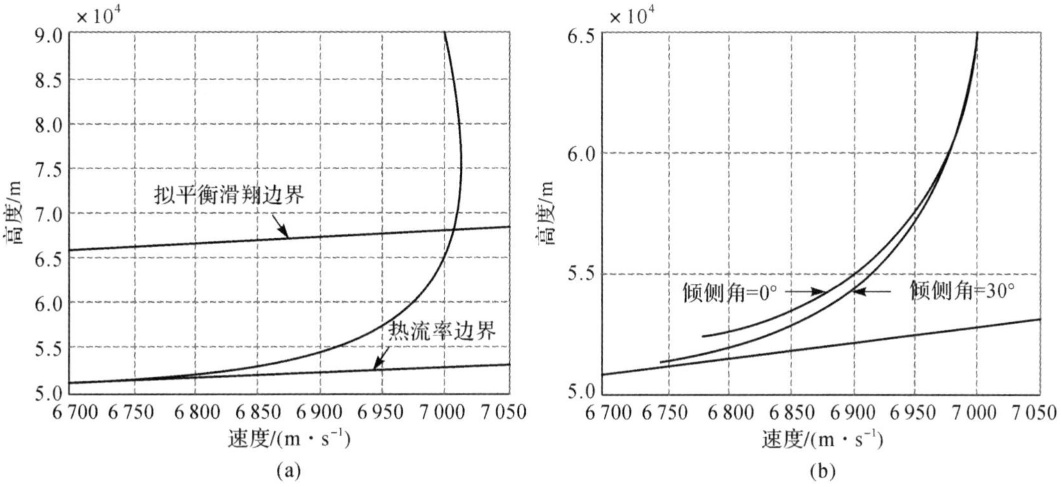

图 5-17　不同倾侧角时的初始段轨迹

采用一般多项式气动系数模型得到的初始下降段轨迹如图 5-18 所示。其中，初始状态值与上述仿真结果一致。

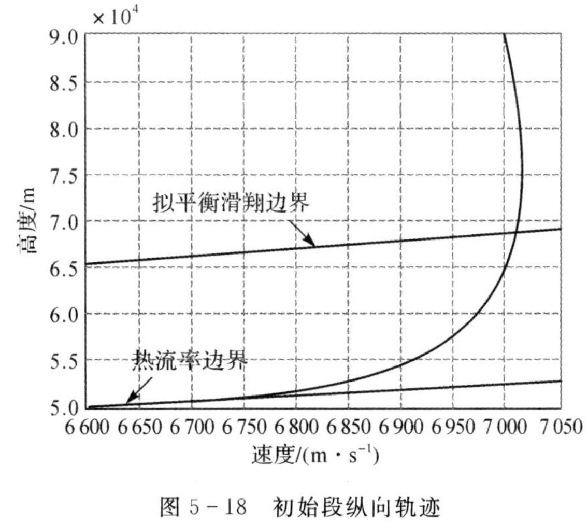

图 5-18　初始段纵向轨迹

通过迭代运算，得到多项式气动模型下初始段最大再入倾侧角 σ_0 的值为 35°。而当倾侧角 σ_0 的值分别为 0°和 35°时的初始段轨迹如图 5-19 所示。

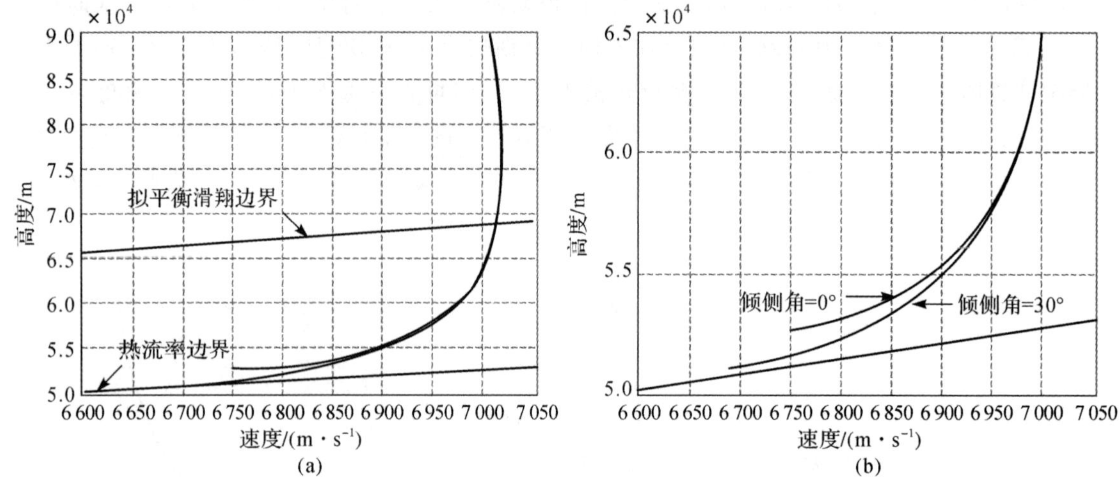

图 5-19　不同倾侧角时的初始段轨迹

通过以上仿真可见，气动模型的精度对初始段轨迹有明显的影响，这是因为改进的气动模型在初始段时的系数值相比多项式模型要小，气动力的控制能力相对要弱，所以容许的倾侧角上限要小，从另一个角度讲，在半速度坐标系中，气动力的投影为

$$\boldsymbol{R}=\begin{bmatrix}-D\\L\cos\sigma\\L\sin\sigma\end{bmatrix}\tag{5-167}$$

若气动系数值较小，就需要有较小的倾侧角，以此来保证飞行器有足够的纵向控制能力，使其在较高的速度下不致于降落太快而越过热流率约束边界。

改进的气动模型比多项式模型有更高的精度，由于在初始段气动系数值较小，所以气动模型的精度对轨迹影响很大，为说明一般气动模型具有较大的仿真误差，在此，本节对两种模型下倾侧角相同时进行轨迹对比，仿真结果如图 5-20 所示，其中倾侧角取为 0°。

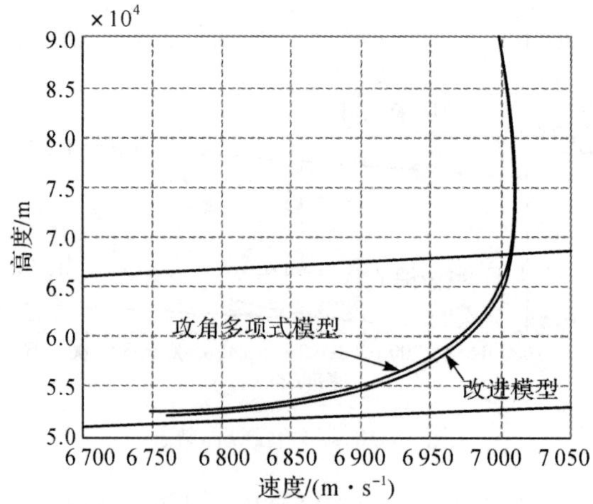

图 5-20　初始段轨迹对比($\sigma=0°$)

从图5-20中可以看出，在应用了改进的气动模型后，初始段轨迹有明显的变化，相比多项式模型，运动轨迹在高度-速度剖面内向下偏移。若采用改进的气动模型，以倾侧角35°初始轨迹如图5-21所示。

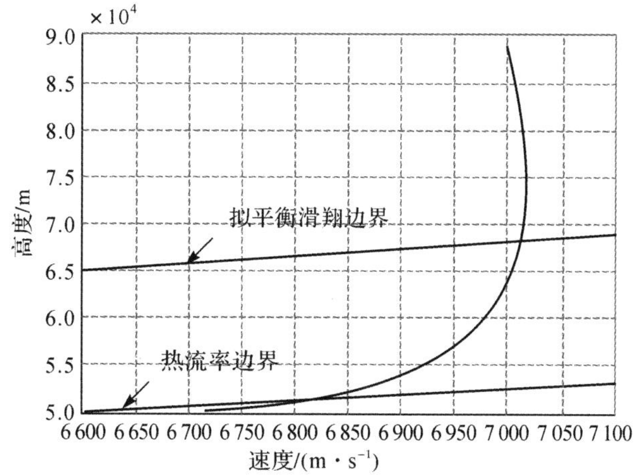

图5-21　改进气动模型下的初始段轨迹($\sigma=35°$)

显然，初始轨迹在末端超出热流率约束边界。以上说明在引入改进的气动模型后，气动控制能力变弱，只能以相对较小的倾侧角进行再入，而且，气动模型的精度对倾侧角方案的选取有较大影响。由于运动轨迹是由积分得到的，所以由气动模型的不同而带来的差异将会越来越大。

4. 再入走廊约束的转化

在再入过程中，飞行器要时刻满足各约束条件，因此，针对轨迹生成及再入制导律设计的问题，都需要将再入走廊约束施加到设计过程中。再入走廊的施加主要是针对轨迹的拟平衡滑翔段，其最终目的就是使得在倾侧角$\sigma(t)$下的轨迹满足各个约束条件。若将约束直接施加，即时刻判断再入状态是否满足约束条件，会使得设计过程复杂而且难度增大，通常采用的方法是利用拟平衡条件，在设计倾侧角方案时，将约束间接施加。本节将利用拟平衡滑翔条件，将再入走廊约束转换为控制变量约束，从而实现约束条件的间接施加。

根据拟平衡条件，即等式

$$\frac{\mu}{r^2}-\frac{V^2}{r}-\frac{L\cos\sigma}{m}=0 \tag{5-168}$$

可以推断出，若已知r、V、σ中任意2个，就可确定第3个参数。前面再入走廊仿真中已给出上、下边界$[H_{up}(V),V]$和$[H_{down}(V),V]$的求解方法，设对应的地心距变量表示的再入走廊为$[r_{up}(V),V]$和$[r_{down}(V),V]$。当给定速度V时，将边界值$r_{up}(V)$及$r_{down}(V)$代入控制变量，便可解算出倾侧角的边界值(σ_{min}，σ_{max})，且有如下关系：

$$\left.\begin{aligned}|\sigma|_{max}(V)&=|\sigma|_{QEGC}[r_{down}(V),V]\\|\sigma|_{min}(V)&=|\sigma|_{QEGC}[r_{up}(V),V]=\sigma_{EQ}\end{aligned}\right\} \tag{5-169}$$

即$|\sigma|$的最大值和最小值分别由$H-V$平面再入走廊的下边界和上边界确定，从而路径约束可间接由条件$|\sigma|_{min}\leqslant|\sigma|(V)\leqslant|\sigma|_{max}$对控制变量施加，从而使拟平衡滑翔段的参考轨迹满

足路径约束。另外，再入过程中，时刻要求飞行器在纵向和侧向仍需要有一定的制动能力，因此，最小值 σ_{EQ} 不能太小，而 σ_{EQ} 过大会在末端产生较长时间的瞬态响应，通常情况下取为 5°～15°。

控制变量 σ 的边界如图 5-22 所示，其中，倾侧角最小值 σ_{EQ} 取为 100，热流率、过载、动压约束上界分别取为 $\dot{Q}_{max}=800\ km/m^2$，$n_{max}=4$，$q_{max}=1\ 000\ kPa$。

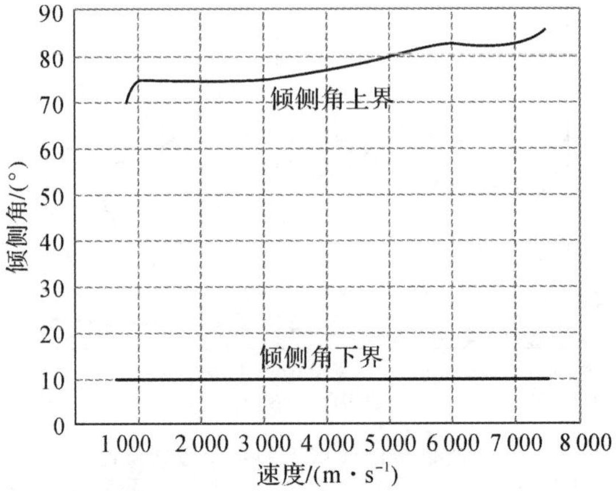

图 5-22　控制变量边界

在图 5-22 中，控制变量的上界在 70°以上，即倾侧角的最大值大于 70°，但在实际的再入过程中，倾侧角并不能取控制边界范围内的任意值，这是因为在攻角方案已确立的情况下，实际轨迹是由倾侧角及状态初值共同决定的，控制边界的作用只是用来判断由预测校正制导方法得到的倾侧角是否在容许范围之内。预测校正是分段进行的，即每隔一段时间，计算一次倾侧角，若计算得到的倾侧角超出范围，则取上限值，因此当进行轨迹预测时，都需要考虑当前状态值。

5.3.3　标称轨迹跟踪方法

再入制导律根据导航系统提供的相关信号，给姿态系统提供制导指令，该制导指令应在尽可能大的干扰（如传感器测量误差）与不确定（如大气扰动、飞行器模型误差）飞行环境条件下，将再入飞行器准确地从再入点引导到指定的目标着陆点或较为准确的着陆范围内，并且保证飞行器在再入过程中不违背热流、热载荷、过载、动压等约束条件。

除此之外，制导律应该考虑姿态控制系统的能力，减小姿态控制系统的负担，提高再入轨迹质量并保证飞行器到达由自身能力决定的可达区域中的任意目标点，提高再入飞行器的适应性。在完成上述功能的基础上，制导律的计算负荷应该在现有机载计算机计算能力允许的范围内，即要尽可能地提高算法的运算效率并减小算法的资源利用率。

现有的基本再入制导方法主要分为两大类，即标准轨迹法和预测校正法，其他的新方法都可以视为从属于这两类方法或是将这两类方法相结合的衍生方法。

飞行器再入的标准轨迹，主要是通过直接或间接优化法取得的。由于目前轨迹优化算法在收敛性、收敛速度等方面都存在很大不确定性，所以标准轨迹的获得方式一般是通过离线方式进行的。在获得标准轨迹后，将标准轨迹的参数存入弹载计算机作为参考轨迹。在飞行器再入飞行过程中，参考轨道参数与导航系统获得的飞行参数实时比较，从而给姿态控制系统提供制导指令，以实时修正飞行器的运行轨迹。

1. 攻角剖面的设计

因为标准轨道制导法最先提出是为了解决航天飞机的再入问题，也是在航天飞机最早广泛应用的，并且在后续的 RLV 验证机研发当中也扮演了非常重要的角色，所以在传统标准轨迹法的设计中，攻角剖面的选取是非常重要的而且也是相对较为成熟的。

对于低中升阻比的再入飞行器而言，攻角剖面的选取大致遵循相同的原则。根据实际飞行实验结果，采用大攻角飞行可以帮助削减再入过程中的飞行器的吸热量，从而使防护系统的负担得到减轻。这是因为使用大攻角飞行虽然有可能会使飞行器刚进入高热流区时的热量比其进行小攻角飞行时高，但是由于当攻角比较大时，飞行速度的下降比较快，飞行器可以较快地经过高热流区，这样有利于防热系统。

若在再入初期采用较小的一些攻角，虽然在飞行器刚进入高热流区时的热流率比采用大攻角时低，但由于攻角较小，减速较慢，其再入过程的总吸热量比采用大攻角时大，其表面温度比采用大攻角时高，于是对防热系统提出了更高的要求。

不过，当攻角较小时，因为减速慢、飞行时间增加，其侧向机动能力也相应增加，所以攻角的选择要平衡热防护系统的要求和侧向机动能力的要求(见图 5 - 23)。

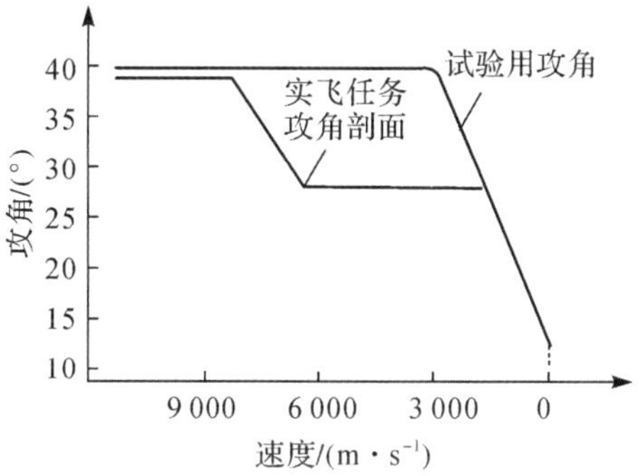

图 5 - 23　攻角剖面示意图

早期实验中，由于热防护系统没有经过实际的考验，所以设计时往往牺牲一部分横向机动能力，以得到高速下热环境的改善，如图 5 - 23 中的飞行试验用攻角所示，速度从再入速度开始到 4 420 m/s 时，攻角一直保持 40°的大攻角，之后开始减小，一直到再入的终止点为止，终止点的攻角为 14°。实际中的攻角则有所不同，初期约为 38°，在离开高热流区后，更早地将攻角改变为 28°，并在 28°下维持较长的时间，如此减速缓慢，且攻角为 28°时对应着最大升阻比，也使横向机动性得以提高，但是由于飞行器表面的温度长时间处于高温，所以也使得飞行器的热防护要求相应较高。

2. 标准轨迹的设计

(1)标准轨迹的组成。前面所述的飞行器再入走廊，对于多数的飞行器再入任务都适用，标准阻力加速度剖面的选择则依赖于飞行器的外形、再入过程约束以及任务目标的类型。根据飞行器再入的特点，其标准轨迹采用五段的表示法，包括两个二次型段、一个平衡滑翔段、一个常阻力段和一个关于能量的线性段。

二次阻力加速度曲线段：

$$D = C_1 + C_2V + C_3V^2 \tag{5-170}$$

虚拟平衡滑翔段：

$$D = \frac{g}{L/D}\left(1 - \frac{V^2}{gr}\right) \tag{5-171}$$

常阻力段：

$$D = C \tag{5-172}$$

阻力加速度与能量线性关系段：

$$D = D_0 + C(E - E_0) \tag{5-173}$$

其中：二次型段用于飞行器再入段中的高速飞行加热段：平衡滑翔段和常阻力段用于中速范围，可以保证飞行器在具有足够的纵向下降距离的同时具有足够的横向机动能力，以保证飞行器在再入走廊的中心位置；而最后一段用于低速段。

各段之间的交接点在再入过程中可以根据任务要求和飞行能力进行动态调整。

(2)航程规划方法。一旦确定了阻力加速度剖面的形状，就可以通过调整标称轨迹的大小，使得设计的标称轨迹满足实际所需要的航程。

有很多种方法可以用来调整轨道，如采用调整整个再入段的轨迹或调整某一段轨迹来达到所需要的航程。

由于在再入过程中会出现黑障区，而这一区域中，一些导航设备没法工作，所以导航系统会存在较大的误差。为了保障飞行器在黑障区过后有较大的航程能力，末端线性段在再入初期始终保持不变，这样确保了再入末端的航程能力，不受导航系统误差的影响。

飞行器在再入初始阶段是防护阶段，这一阶段是通过两个二次型段和平衡滑翔段来达到航程能力的，而常值阻力段和末端线性段保持不变，飞行器各航程具体调整策略如图 5－24 所示。

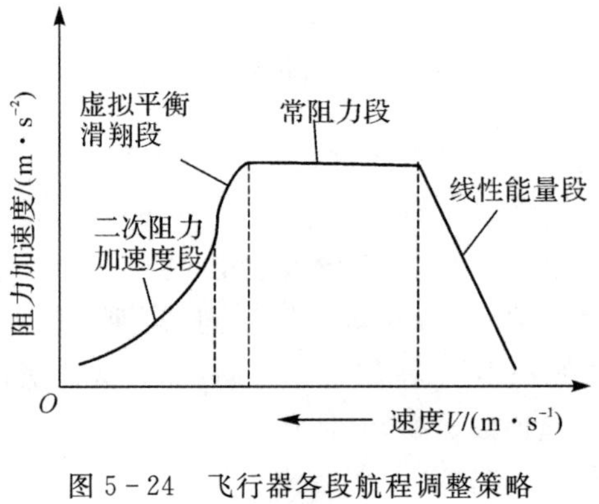

图 5－24　飞行器各段航程调整策略

3. 标准轨迹法的制导逻辑

通常，飞行器的再入制导采用纵向和侧向分别制导的方式，其中侧向制导用开关曲线进行控制，即侧向制导只用来确定倾侧角的符号，而这样简捷的侧向制导被证明是十分有效的。因此无论是在预测校正制导方法中还是在标称轨迹方法中研究的重点都在纵向制导。

(1)纵向制导逻辑。许多 BTT 飞行器的控制律可以转化为再入倾侧角和再入攻角的控制，倾侧角出现翻转时会导致跟踪误差的出现，因此除了对主控量倾侧角进行控制外，还要加入对攻角的微小调整，这里先简要介绍攻角的调节律：

$$\alpha = \alpha_0 + \frac{C_D(D_0 - D)}{f} \tag{5-174}$$

式中：α_0 为标准攻角；D_0 为标准再入剖面(阻力-速度曲线)；D 为实际的实时飞行器所受阻力；f 为经验参数。

下面介绍最主要的倾侧角制导律。首先引入倾侧角控制指令：

$$\cos\sigma = \frac{(L/D)_c}{L/D} \tag{5-175}$$

且令

$$(L/D)_c = (L/D)_0 + \Delta(L/D) \tag{5-176}$$

其中$(L/D)_0$ 为标准升阻比，且

$$\Delta(L/D) = f_1(D - D_0) + f_2(\dot{h} - \dot{h}_0) + f_3\int(D - D_0) \tag{5-177}$$

式(5－177)的意义在于当飞行器实际阻力与标准阻力和飞行器实际高度变化率与标准变化率有差异时，通过此制导律计算出倾侧角相应的变化以此达到跟踪标准轨迹的目的；而由于导航设备不能提供正确的实时高度变化率信号，所以式中右边加入了阻力加速度误差的积分项，目的是消除因导航误差所引起的轨迹跟踪误差。

上面只列出这样一种制导律作为参考，实际上根据不同的飞行器和不同的再入任务可以改变右侧变量的组成，以达到最好的跟踪效果和飞行性能。

式(5－177)中，f_1、f_2、f_3 为反馈增益系数，其确定方法目前有实验法、固化系数法、性能指标最优化方法等。

(2)侧向制导逻辑。侧向制导主要通过改变倾侧角的符号来保持飞行器瞄准误差在提前设定的边界内，如图 5－25 所示。

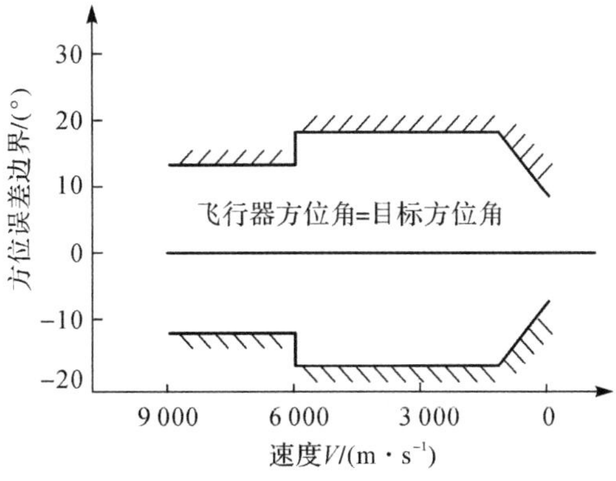

图 5－25　典型的侧向误差边界

当方位角误差超过这个边界时，就需要将倾侧角的符号反转。

5.3.4 预测校正制导方法

由于再入过程中存在较多的不确定性及外界干扰，所以为更好地提高落点精度与制导律的鲁棒性，下面介绍鲁棒性较强的预测校正制导策略，并在纵向和侧向分别设计制导律。

1.再入过程的纵向制导

(1)纵向制导描述。在三维再入运动方程中，可以认为，纵向轨迹可以由下面三个方程确定：

$$\left.\begin{aligned}\dot{r} &= V\sin\gamma \\ \dot{V} &= -\frac{D}{m}-\frac{\mu\sin\gamma}{r^2} \\ \dot{\gamma} &= \frac{L\cos\sigma}{mV}+\frac{V\cos\gamma}{r}-\frac{\mu\cos\gamma}{Vr^2}\end{aligned}\right\} \tag{5-178}$$

纵向制导确定的是倾侧角的大小，预测校正制导仅是对纵向制导而言。本节中以提高落点精度为目标，加上侧向制导中横程定义的原因，将再入过程分为两段进行预测校正制导。在第Ⅰ段采用的纵向预测校正法主要是利用再入航程进行预测校正，而在第Ⅱ段到距目标点较近时，利用高度进行预测校正。

预测校正的基本思想是以当前的倾侧角为控制变量，通过积分微分方程得到终端状态，此为预测过程，根据积分得到的终端状态值与理论值进行比较，根据偏差修正倾侧角，此为校正过程。该方法的基本流程可描述为：首先根据当前的状态，以及当前倾侧角的值(其符号由侧向制导律得出)，通过积分动力学微分方程，获得终端的状态变量值，由终端值等于期望值，获得倾侧角的值，再通过以下逻辑得出倾侧角的理论值：

$$|\sigma(V)|=\begin{cases}|\sigma|_{\min}(V), & \sigma<|\sigma|_{\min}(V)\\ \sigma', & |\sigma|_{\min}(V)\leqslant\sigma'\leqslant|\sigma|_{\max}(V)\\ |\sigma|_{\max}(V), & \sigma'\geqslant|\sigma|_{\max}(V)\end{cases} \tag{5-179}$$

式中：$|\sigma|_{\min}(V)$、$|\sigma|_{\max}(V)$均为再入走廊及拟平衡条件决定的边界；σ'为需要迭代求解的值。

(2)纵向制导律的分段设计。

1)第Ⅰ段纵向制导律设计。由于在第Ⅰ段使用的校正方程中需要用到再入航程，所以在此首先介绍再入航程的概念。

前面已定义再入初始时刻航向角与视线方位角的偏差为$\Delta\varphi_0=\varphi_0-\Phi_0$，而在本章的制导律设计当中，需要确定纵向平面的速度和航程的关系，因此，为描述瞬时纵向平面和目标平面之间的关系，定义航向角误差$\Delta\varphi$，它表示速度航向角φ与当前点到目标点的视线方位角Φ之差，即$\Delta\varphi=\varphi-\Phi$，航向角与视线方位角在球面上的定义如图5-26所示，图中，e_1、f、s分别为再入点、落点、当前位置点的地心矢与落点所在圆球面的交点。

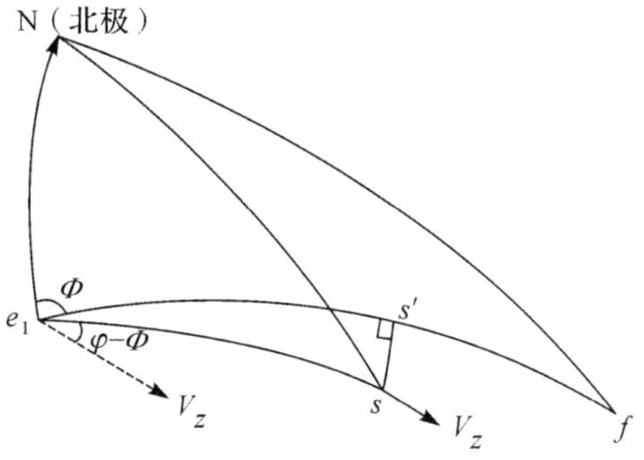

图 5-26　球面上定义的航向角与视线方位角

图 5-26 中，V_Z 为速度在球面上的投影方向，可定义 e_1s' 代表的距离为飞行器在 s 点对应的纵程，而 ss' 代表的距离为在 s 点对应的横程。若飞行器的再入点的经、纬度为 (θ_0, ξ_0)，则视线方位角 Φ 的计算公式为

$$\tan\Phi = \frac{\sin(\theta - \theta_0)}{\cos\xi_0 \tan\xi - \cos(\theta - \theta_0)\sin\xi_0} \tag{5-180}$$

再入航程的定义可通过图 5-27 进行说明，图中使用再入坐标系下纵向平面再入过程进行说明。

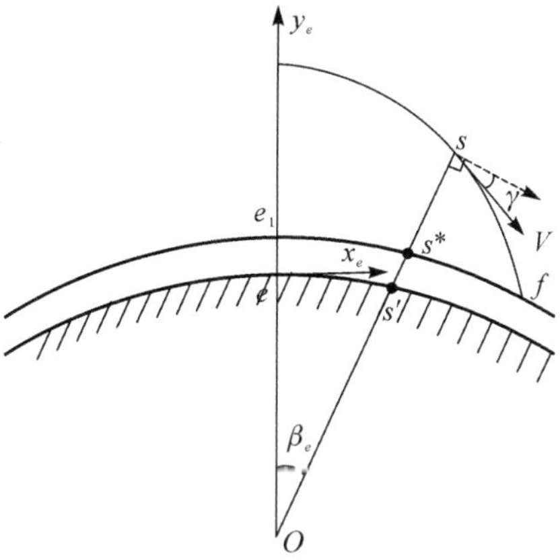

图 5-27　再入航程的定义

图 5-27 中，e、s' 分别为再入点、计算点的地心矢与地球表面的交点，e_1、f、s^* 分别为再入点、落点、计算点的地心矢与落点所在圆球面的交点。再入航程对应的距离应为 es'，而纵程对应的距离为 e_1s^*。

在控制横向轨迹时，$\Delta\varphi$ 被限制在小角度范围内。再入坐标系下纵向平面再入时，定义再入航程为 $\bar{S}$，若再入点地心矢与 s' 点地心矢的夹角为 β_e，则 $\bar{S}=\beta_e R_e$，而

$$\dot{\beta}_e = \frac{V\cos\gamma}{r} \tag{5-181}$$

从而在瞬时纵向平面内，无横向运动时，类似于再入坐标系下的平面再入过程，再入航程 $\bar{S}$ 所满足的微分方程可表示为

$$\bar{S}=\frac{R_e V\cos\gamma}{r} \tag{5-182}$$

考虑三维再入运动方程，由于速度投影方向与目标平面存在夹角 $\Delta\varphi$，所以将纵向平面的航程投影到目标平面，可得目标平面的再入航程 S 为

$$\dot{S}=\frac{R_e V\cos\gamma}{r}\cos\Delta\varphi \tag{5-183}$$

需要说明的是，再入航程对应于地球表面上的距离，而横程与纵程的定义有多种方法，在此为方便起见，对再入航程进行说明，将横程与纵程在球面上进行定义，在侧向制导中，制导律的设计与横程的定义有关，因此在设计侧向制导律时，应针对设计需要合理地定义横程。

利用当前时刻的倾侧角和状态变量初始值，通过积分三维运动方程，得到相应的终端状态，再利用终端再入航程的等式条件，由迭代算法（割线法）可得当前倾侧角的校正值，描述如下：

$$\left.\begin{aligned}(\sigma')_{i+1}&=(\sigma')_i-\frac{(\sigma')_i-(\sigma')_{i-1}}{f_i-f_{i-1}}\\ f_i&=S(\sigma')_i-S_{\mathrm{ALL}}\end{aligned}\right\} \tag{5-184}$$

其中，S_{ALL}是飞行器再入所要经过的总航程。应用上述迭代算法，再通过倾侧角对应的上、下界进行判断，得到最终校正值。

在初始下降段轨迹仿真中可知，初始段轨迹会随倾侧角$|\sigma|$值的变大而下移，同样，拟平衡滑翔段的轨迹会随值的变大而下移，这说明倾侧角$|\sigma|$的增大会使飞行器下降变快，而伴随而来的是再入航程 S 的变短，即落点越远，则需要$|\sigma|$越大。在此通过仿真图（见图 5-28）来简单描述这种变化趋势，模型取为纵向轨迹运动方程，不考虑角度的影响。

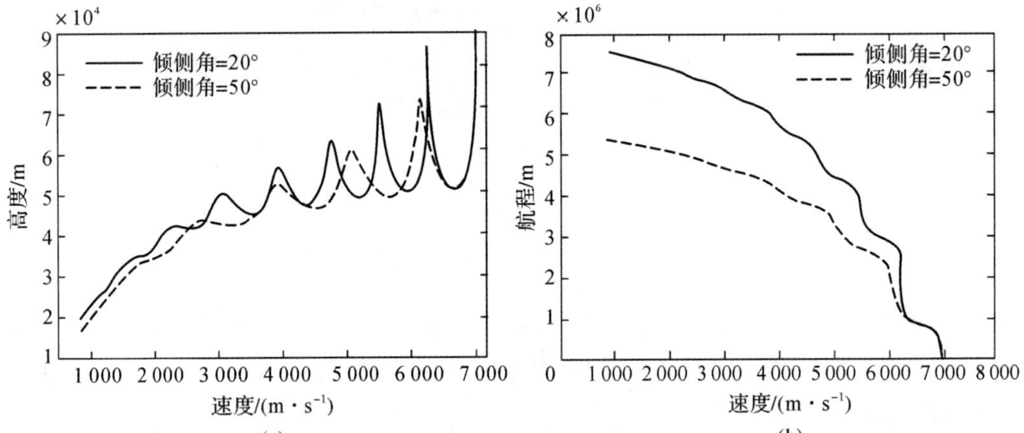

图 5-28　不同倾侧角时的纵向轨迹与航程

(a)纵向轨迹；(b)再入航程

通过图 5-28 中不同倾侧角下的航程变化规律，可以认为，再入航程随倾侧角单调变化，因此在上述倾侧角校正迭代算法中可使用割线法。

2)第Ⅱ段纵向制导律设计。Ⅰ若以达到较高的落点精度为目标，可以说，纵向制导可决

定再入轨迹末端的高度及射程，而侧向制导可决定轨迹在侧向平面的位置，即经、纬度。本节在第Ⅰ段利用再入航程进行纵向预测制导，而在下文的侧向制导中也以再入航程定义横程，为达到较高的落点精度，在第Ⅱ段侧向横程边界确立后，利用经、纬度进行预测，实现过程为：以第Ⅰ段结束时各状态变量值、再入航程值、横程值、倾侧角值为初始值，此时横程边界已确定，通过积分三维运动方程，得到到达预定经、纬度范围时的高度值，如果不满足预定高度范围，则修改倾侧角值，重新进行预测。该末端制导选取在距目标落点经、纬度 2°～4°，高度为 30～40 km，速度为 2 000 m/s 左右的范围时进行，在第Ⅰ段结束且第Ⅱ段横程边界设计完成后，该制导方案开始实行。由于此时已进行完大部分再入过程，距离落点较近，到达落点所需时间较短，所以积分过程时间段，该预测计算过程只需较少的时间。该计算过程的流程如图 5-29 所示。

在上述流程中，积分结束的条件是到达预定的经、纬度范围，此积分过程只需较短的时间，因此一次预测在短时间内就可以完成，而且倾侧角初始值与预测值相差不大，$\Delta\sigma$ 的大小可取为 2°～5°，以提高预测精度。

以上是本节所采用的预测校正制导的方法，可以说，预测校正主要是作用于纵向轨迹，而横向轨迹所采用的侧向制导是通过改变倾侧角符号来实现的，类似于开关控制。在进行预测校正的过程中，计算再入航程 S 需要确定航向角 φ，从运动方程中可以看出，计算航向角 φ 需要确定倾侧角符号，即侧向制导影响再入航程，因此再入航程的计算需要纵向制导与侧向制导同时进行。

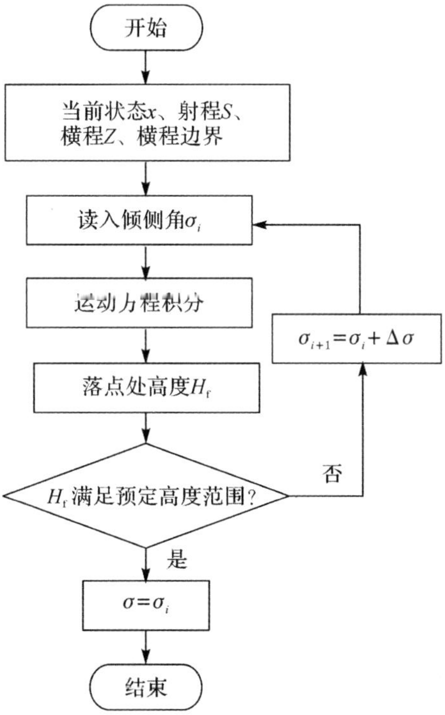

图 5-29 第Ⅱ段预测制导流程

2.再入过程的侧向制导

(1)侧向制导描述。侧向制导实现的是倾侧角 σ 的符号变化,通过控制倾侧角的符号来控制横向轨迹的变化。前文中已得出,在半速度坐标系中,气动力的投影为

$$\boldsymbol{R}=\begin{bmatrix}-D\\L\cos\sigma\\L\sin\sigma\end{bmatrix} \tag{5-185}$$

从式(5-185)中可以看出,倾侧角 σ 的大小影响了纵向轨迹的大小,而侧向轨迹除受倾侧角 σ 大小的影响外,还受倾侧角符号的影响。在三维再入运动方程中,纵向轨迹可以由前节的纵向轨迹的3个方程确定。侧向轨迹可以由

$$\left.\begin{aligned}\dot{\theta}&=\frac{V\cos\gamma\sin\varphi}{r\cos\xi}\\\dot{\xi}&=\frac{V\cos\gamma\sin\varphi}{r}\\\dot{\varphi}&=\frac{L\sin\sigma}{mV\cos\gamma}+\frac{V}{r}\cos\gamma\sin\varphi\tan\xi\end{aligned}\right\} \tag{5-186}$$

3个方程描述。

纵向制导决定的是倾侧角 σ 的大小,而倾侧角的大小一旦确定,总升力 L 在半速度坐标系中的侧向分量 $L\sin\sigma$ 也就确定了,唯一可以改变的是侧力 $L\sin\sigma$ 的符号。由于 σ 在反号时,不影响总升力 L 的大小和符号,也不影响侧力的大小,但可以改变其方向,所以利用这个特点,可以在侧向制导设计中设计一个区间,使侧向轨迹在该区间内飞行,当碰到区间的边界时,倾侧角反号,使侧向运动向相反的方向进行。因此,侧向制导实现的是开关控制。

控制侧向轨迹是通过控制倾侧角 σ 的符号来实现的,从而侧向制导的实现就要通过设计合理的倾侧角反转逻辑实现。而倾侧角反转逻辑包括两个方面:控制量和控制量边界,即当控制量的值到达边界时,倾侧角反号。其中,控制量可以是定义的横程,也可以是上文提到的航向角误差 $\Delta\varphi$。由于落点精度的要求,最终的控制量边界要小于某一值,而在再入开始阶段,偏差可能很大,也允许大一些,所以设计的控制量边界类似于"漏斗形"边界。

从以上分析中可以得出,要进行侧向制导,需要定义合理的倾侧角反转逻辑,即飞行器再入过程中,当定义的控制量满足倾侧角反转逻辑时,倾侧角反号。下文中将以横程作为控制量,通过定义横程边界实现侧向制导。

(2)侧向制导律设计。侧向制导就是要通过合理地定义倾侧角反转逻辑来实现,在本节中反转逻辑的设计是通过定义横程和横程边界来实现的。因此,本节中的侧向制导律的设计就是定义横程并设计横程边界。横程边界的设计原则为使再入轨迹满足终端位置约束,又不致于使侧倾反转过于频繁。对于特定飞行器,可以通过多次仿真实验获得适当的横程边界参数。

横程有多种定义方法,对于不同定义的横程,就要设计不同的横程边界。通常将横程边界定义为速度的线性函数,随速度减小,边界值减小。球面上最直观的定义方法是将横程定义为侧向轨迹点与目标准线的偏差,如图5-30所示,图中,e_1、f、s 分别为再入点、落点、计算点的地心矢与落点所在圆球面的交点。

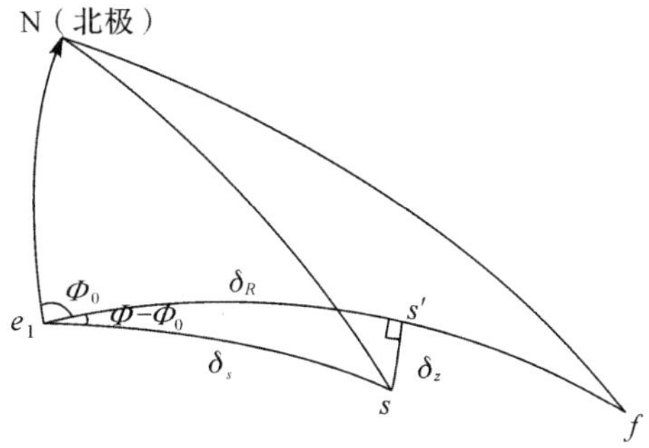

图 5-30　横程的轨迹偏差定义

若假定 δ_s、δ_z、δ_R 分别为对应 e_1s 、ss'、e_1s'的地心角，即定义 δ_z 为横程，但这种定义方法若使用在倾侧角翻转后，侧向轨迹需要经过较长时间才能翻转，存在较长的响应时间，侧向运动会过调，致使最终难以满足落点精度，如果将横程变化率、速度等作为附加因素设计合适的反转逻辑，会提高落点精度，但这会增加设计难度。

利用剩余航程 S_{togo}和航向角误差 $\Delta\varphi$ 来定义横程，即

$$Z=\sin^{-1}\left[\sin\left(\frac{S_{\text{togo}}}{R_e}\right)\sin\Delta\varphi\right] \tag{5-187}$$

其中

$$\left.\begin{aligned}\dot{S}_{\text{togo}}&=-\frac{R_eV\cos\gamma}{r}\cos\Delta\varphi\\ \Delta\varphi&=\varphi-\Phi\\ \tan\Phi&=\frac{\sin(\theta_T-\theta)}{\cos\xi\tan\xi_T-\cos(\theta_T-\theta)\sin\xi}\end{aligned}\right\} \tag{5-188}$$

式中：(θ_T,ξ_T)为目标点的经、纬度；$\Delta\varphi$ 为航向角误差。

这种定义方法在倾侧角变号时，横程可以很快地响应，有较好的控制效果。航向角误差 $\Delta\varphi$ 以目标落点为基准，这可以保证轨迹会逐渐趋向于目标落点。但这种定义使用了剩余航程，在末端，由于横程边界的作用，Z 会趋于 0，同时 S_{togo}也会趋于 0，这会使得 $\Delta\varphi$ 可以为较大值，即在落点处不能保证 $\Delta\varphi$ 满足设计要求。因此在本文中，将利用再入航程 S 与航向角误差 $\Delta\varphi$ 定义横程，即

$$Z=\sin^{-1}\left[\sin\left(\frac{S}{R_e}\right)\sin\Delta\varphi\right] \tag{5-189}$$

其中

$$\left.\begin{aligned}\dot{S}&=\frac{R_eV\cos\gamma}{r}\cos\Delta\varphi\\ \Delta\varphi&=\varphi-\Phi\\ \tan\Phi&=\frac{\sin(\theta-\theta_0)}{\cos\xi_0\tan\xi-\cos(\theta-\theta_0)\sin\xi_0}\end{aligned}\right\} \tag{5-190}$$

式中：(θ_0,ξ_0)为再入点的经、纬度。

同时将横程边界定义为速度的线性函数，定义形式如下：

$$\left.\begin{aligned}\bar{Z}_{\text{down}} &= k_1\left(\frac{V-800}{\sqrt{g_0 R_e}}\right), 0 \leqslant k_1 \leqslant \bar{k} \\ \bar{Z}_{\text{up}} &= k_2\left(\frac{V-800}{\sqrt{g_0 R_e}}\right), -\bar{k} \leqslant k_2 \leqslant 0\end{aligned}\right\} \tag{5-191}$$

由于通常情况下，落点速度为 800～900 m/s，在落点处，横程在此速度范围内的值很小，从而使 $\Delta\varphi$ 满足要求。

为方便说明此横程代表的意义，将侧向轨迹投影到水平面，如图 5-31 所示，e 为初始点，s 为计算点，eF 为轨迹的收敛方向，ef 为再入点与目标落点间的连线方向，V_z 为速度投影。这种定义最终实现的是，球面上，在边界确定的情况下，侧向轨迹最终会收敛于一个方向，使速度方向与再入点与落点连线方向尽可能地保持一致，即 V_z 的方向与 eF 最终一致。

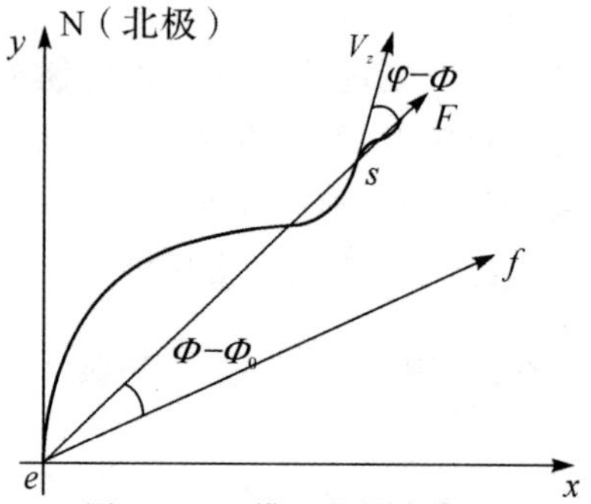

图 5-31 横程的物理意义

通过以上分析也可以大致上认为，再入点与最终落点的连线即侧向轨迹的轴线。在这种横程定义下，侧向平面内要实现较高的落点精度，从图 5-31 中可以看出，实际落点处须满足

$$|\ \Phi - \Phi_0\ | \leqslant \Delta\Phi \tag{5-192}$$

$$|\ S - S_{\text{TEAM}}\ | \leqslant \Delta S \tag{5-193}$$

$$|\ \Delta\varphi\ | \leqslant |\ \Delta\varphi_{\text{TEAM}}\ | \tag{5-194}$$

这种横程定义的优点是在再入末端，由于横程边界的作用会使横程趋于 0，从而保证了 $\Delta\varphi$ 满足式(5-194)。但这种横程定义并不像横程的定义一样，可以使轨迹趋向目标落点，它是以再入点的经、纬度为基准，因此落点处并不能保证满足式(5-192)。解决这一问题的方法就是寻找合适的倾侧角翻转点，使轨迹趋向目标落点，本节中将设计合理的横程边界来实现这一任务。有的文献在定义横程边界时，令 $|k_1|=|k_2|$，而本节中设计的边界斜率 $|k_1|$ 并不一定等于 $|k_2|$。为证明该设计方法的有效性，下面将通过简单的仿真进行说明（见图 5-32），其中再入初始值见初值表，目标点经、纬度为 $\theta_T=20°$，$\xi_T=50°$，高度为 $H_T=16$ km。

再入点与目标落点间的连线作为基准轴线，通过以上仿真图可以看出，不同的横程边界，会影响侧向轨迹的轴线，若要使得侧向轨迹轴线趋向于基准轴线，即横程物理意义中 eF 趋向于 ef，就需要设计边界斜率 k_1 和 k_2。另外，在两个横程变化图中可以看出，在再入过程末端，横程值在一很小的范围内，使 $\Delta\varphi$ 满足设计要求。

图 5-32 中两次仿真初始航向角相同，需要说明的是，相同的 k_1、k_2 时，不同的初始航向角 $\Delta\varphi$ 会影响轨迹轴线 ef 的方向，因此针对不同的初始航向角，需要设计不同的 k_1、k_2。

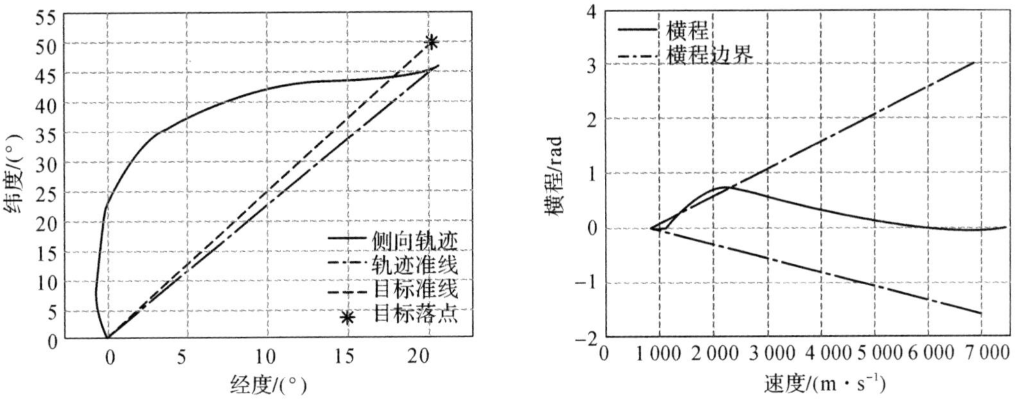

(a)

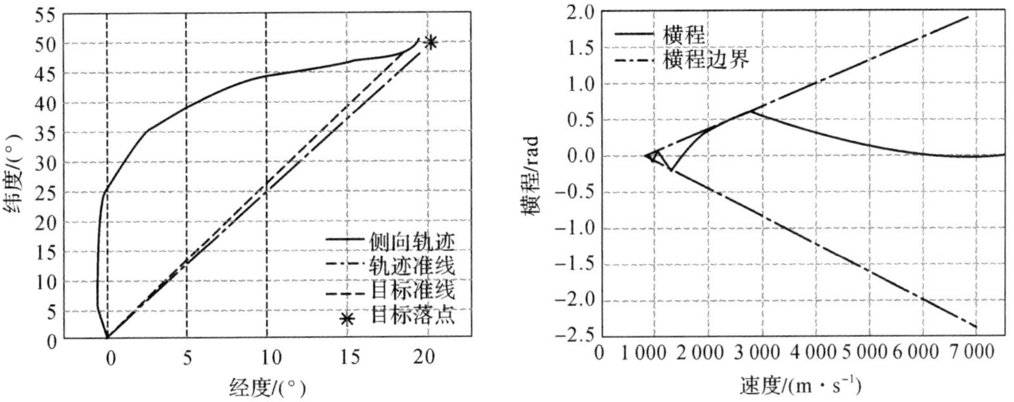

(b)

图 5-32　不同横程边界下的侧向轨迹与横程

(a)$k_1=-2, k_2=4$;(b)$k_1=-3, k_2=2.5$

由于纵向制导分为两段进行,与之对应,横程边界的设计也分两段进行。

1)第 1 段的横程边界设计。初始下降段结束后,纵向开始进行预测制导,同时进行横程边界的计算,并根据横程及其边界进行侧向制导,因此该设计过程需要用到初始段结束时的各个参数值(见表 5-1)。该边界的设计指标是当再入轨迹达到目标落点的高度和对应的航程时,得到尽可能小的$|\Phi-\Phi_0|$。由于侧向制导实现的是开关控制,所以$|\Phi-\Phi_0|$并不是关于 k_1, k_2 的连续函数,解决优化问题的方法在此并不适用。该设计过程可描述为:首先根据初始段结束时的各个状态值,以下面的运动方程为模型:

$$\left.\begin{aligned}
\dot{r} &= V\sin\gamma \\
\dot{V} &= -\frac{D}{m}-\frac{\mu\sin\gamma}{r^2} \\
\dot{\gamma} &= \frac{L\cos\sigma}{mV}+\frac{V\cos\gamma}{r}-\frac{\mu\cos\gamma}{Vr^2} \\
\dot{S} &= \frac{R_e V\cos\gamma}{r}
\end{aligned}\right\} \tag{5-195}$$

应用割线法迭代算法进行预测得到倾侧角$|\sigma_1|$。在 k_1 和 k_2 的取值范围内,以 Δk 为计

算步长，得到各个斜率组合。以恒值$|\sigma_1|$进行再入飞行，通过积分三维运动方程，计算得到各个斜率组合下的$|\Phi-\Phi_0|$。获取最小$|\Phi-\Phi_0|$下的 k_1 和 k_2，记为设计值。

另外，值得说明的是，设计横程边界还需要遵循的原则是使倾侧角翻转次数尽量少，因此，在式(5-189)定义的横程下，若减少翻转次数可通过增大横程上、下边界的夹角，即增大$|k_1-k_2|$来实现，将下方这一约束加到上述计算过程，可减少计算次数：

$$|k_1-k_2|\geqslant k_{m1} \tag{5-196}$$

综上所述，第Ⅰ段的横程边界设计流程如图 5-33 所示。

在上述计算过程中，以恒值$|\sigma_1|$进行再入计算的原因是，再入过程中侧向轨迹对再入航程的影响并不大，飞行过程中由于存在干扰、参数变化等不确定性因素，使用预测校正制导方法得到的倾侧角幅值会有变化，但变化并不大。

另外，该过程设计的 k_1 和 k_2 并不需要达到较高的精度，因为该过程横程边界的设计目的就是使轨迹大致趋向于目标落点，并使速度投影方向与轨迹轴线方向达到一定的收敛程度，将再入飞行器约束到大致向目标飞行的方向，横程边界的小幅度变化，对倾侧角翻转点的位置影响并不大，对最终落点精度也不会有太大的影响。由于上述计算过程中，积分三维运动方程所需时间较长，所以为缩短计算时间，可将 Δk 适当放大并施加约束$|k_1-k_2|\geqslant k_{m1}$，或换算为角度进行计算，因为角度的变化会使边界的变化更为均匀，得到的 k_1 和 k_2 将会有更高的精度。

由于横程边界的设计分为两段进行，而纵向第Ⅱ段制导选取在高度范围为 30～40 km、速度为 2 000 km/s 左右时进行，所以对应的第Ⅰ段横程边界的作用也应在这个范围内结束。应用这个设计方法，横程从 0 开始变化，其边界具有一定的宽度。当飞行器飞行到这个范围时，倾侧角的翻转次数会在 2 次之内，这可以说明，第Ⅰ段的横程边界无须精确地设计。

在第Ⅰ段结束时，同样须记录轨迹参数($r_2, V_2, \gamma_2, \theta_2, \xi_2, \varphi_2$)，以及经过的航程 S_1，以便进行末端横程边界的设计。结合上文中在第Ⅰ段使用的基于再入航程的纵向预测制导方法，结束时轨迹参数见表 5-2。

表 5-2　第Ⅰ段结束时的轨迹参数

状态变量	H/km	V/(m·s^{-1})	γ/rad	θ/rad	ζ/rad	φ/rad	S/km
再入初始值	90	7 000	−0.05	0	0	−0.1	0
初始段结束值	51.318	6 744.6	−0.013 3	−0.107	0.114 2	−0.061 2	730.431
第Ⅰ段结束值	36.241	1 999.4	−0.046 9	0.300 8	0.838 9	0.604 5	5 534.673

使用图 5-33 的计算方法得到的横程边界斜率为 $k_1=0$，$k_2=2.14$，再入第Ⅰ段的仿真结果如图 5-34 所示。

2)第Ⅱ段横程边界设计。第Ⅰ段的横程边界在设计时，使用的是恒值$|\sigma_1|$进行计算，该倾侧角的预测应用的是近似模型式(5-195)，由于外界干扰及不确定性的存在，加上横程定义方式的作用，若始终以此边界进行再入飞行，落点精度必然会受到影响，所以第Ⅰ段的横程边界只在前段时间起作用，距离目标点较近时的再入末端，本节将重新设计横程边界，以实现最终达到落点精度。

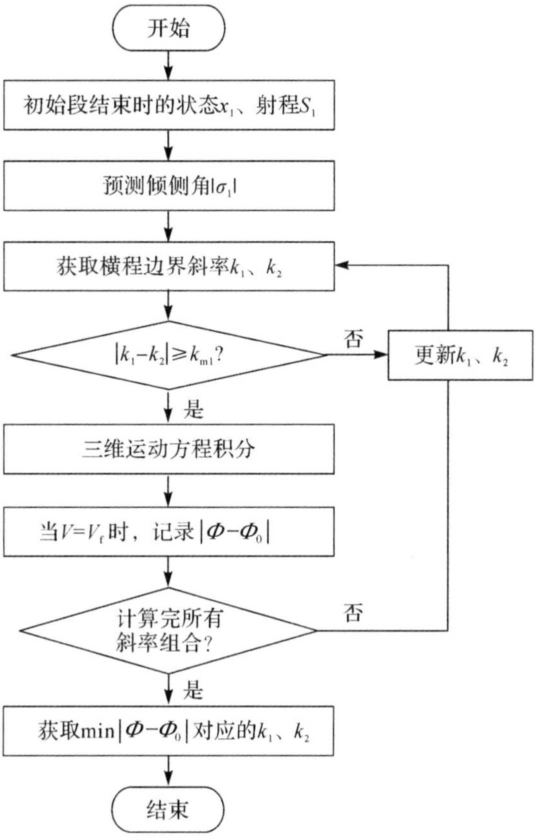

图 5-33　第Ⅰ段横程边界设计流程

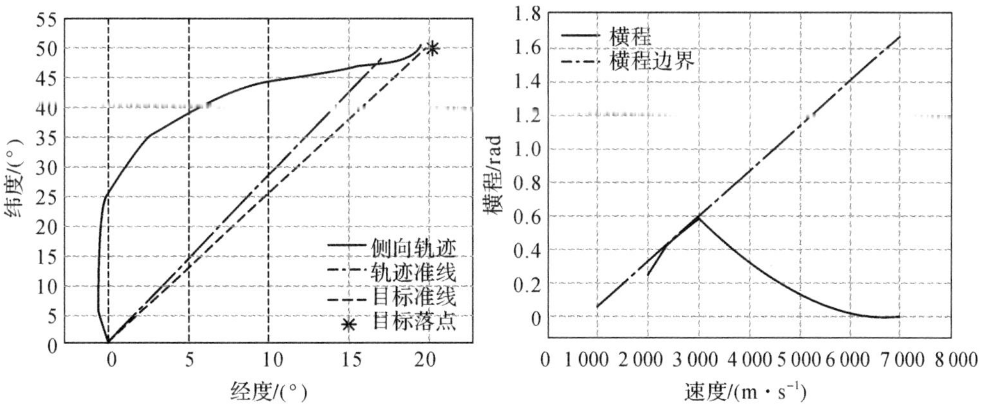

(a)　(b)

图 5-34　第Ⅰ段仿真结果

(a)侧向轨迹；(b)横程变化

设计第Ⅱ段横程边界需要决定设计点，即何时设计横程边界。为确保轨迹的大致走向趋向目标点，完成第Ⅰ段横程边界的设计目的，第Ⅱ段边界的设计点应选在至少第一次翻转结束，并离目标点要有足够的距离，以此来保证再入末段的横程边界有足够的作用时间来调节轨迹达到落点精度。本文中第Ⅱ段横程边界设计点选取在高度为 36 km 的时刻。

第Ⅰ段在结束时，侧向轨迹已收敛到一定程度，而且此时轨迹点接近基准轴线，从而通过设计合适的横程边界就可以使轨迹终点的经、纬度满足精度要求。再入过程第Ⅱ段横程边界的设计目标，是使侧向轨迹的终点达到要求的精度，也就是在球面上的落点达到预定的经、纬度范围。该设计的大体流程为：首先根据第Ⅰ段在结束时的倾侧角 σ_2，在 k_1 和 k_2 的取值范围内，以 Δk 为计算步长，得到各个斜率组合。以 σ_2 进行再入飞行，通过积分三维运动方程，到达预定高度(16 km)时积分结束，获取能够使轨迹到达预定经、纬度范围，以及满足落点精度的边界斜率 k_1 和 k_2，即为设计值。

在上述计算过程中，与第Ⅰ段类似，以 σ_2 进行再入计算，但此时设计的横程边界并不会对最终的落点精度造成影响，因为在第Ⅰ段结束时，已比较接近目标点，侧向轨迹在横程边界的作用下，并不会像第Ⅰ段一样有较大的变化范围，其变化幅度很小，若投影到平面，则接近于直线，由运动方程计算得到的航程与实际航程具有很小的误差，而经过预测计算得到的倾侧角与 σ_2 差别很小，这在下文的仿真中可以看出。

需要注意的是，倾侧角在第Ⅰ段内翻转次数较少，而由于横程边界宽度的减小，在第Ⅱ段，倾侧角翻转次数会增多，为使轨迹到达落点时尽量减少翻转次数，就要使得横程上、下边界的夹角尽量大，设计的 k_1 和 k_2 同样要满足约束：

$$|k_1-k_2|\geqslant k_{m2} \tag{5-197}$$

另外，因为此时横程已减小到一定程度，较大的边界宽度并不会影响横程的收敛。

由于第Ⅱ段距目标点较近，所以积分运动微分方程只需很少的时间，并且要求 k_{m2} 的值较大，这使得第Ⅱ段横程边界的设计时间要远小于第Ⅰ段。

综上可知，第Ⅱ段的横程边界设计流程如图 5-35 所示。

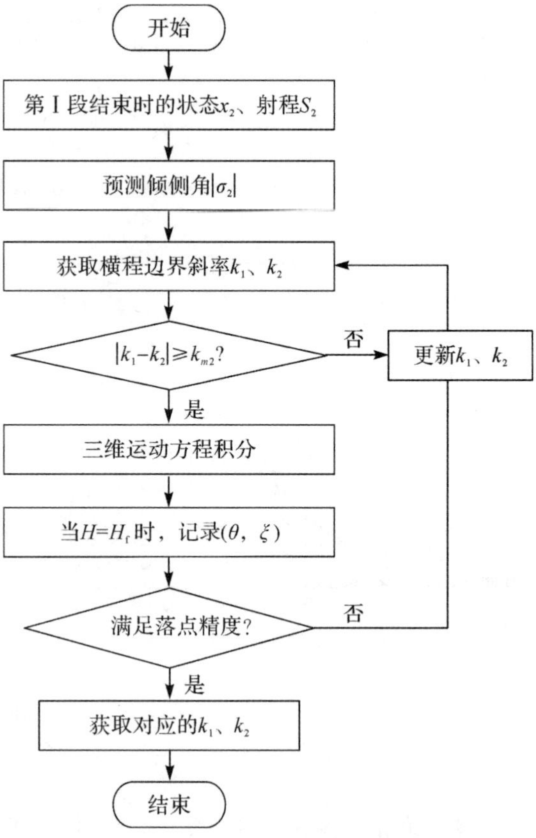

图 5-35　第Ⅱ段横程边界设计流程

在上述计算流程中，当计算航程 S 时，为提高落点精度，航向角误差 $\Delta\varphi$ 并非以再入点的经、纬度为基准，而是以第Ⅰ段结束点处的经、纬度(θ_2，ξ_2)为基准，这主要将导致方位角的变化，方位角的计算式不再是式(5-190)，而是调整为

$$\tan\Phi=\frac{\sin(\theta-\theta_2)}{\cos\xi_2\tan\xi-\cos(\theta-\theta_2)\sin\xi_2} \tag{5-198}$$

这种修正影响的是航程变化率 $\dot{S}$ 和横

程，而制导过程只需最终航程达到预定精度并且 S 连续变化，$\dot{S}$ 的变化对制导过程并无影响。而横程的变化是在第Ⅱ段开始时刻，因为修正式(5－197)的引入使方位角的值发生变化，从而引起 $\Delta\varphi$ 的变化，但侧向制导对横程 Z 的要求是在横程边界的作用下最终趋于 0，并且航程连续变化，因此式(5－198)的引入并不影响 Z 的收敛。

需要注意的是，当第Ⅱ段开始利用横程边界进行纵向预测制导时，计算航程同样要将方位角计算式调整为式(5－198)，在第Ⅱ段起始点计算横程时，航程要保持连续。表 5－3 列出了第Ⅱ段结束时，落点处的各个轨迹参数。图 5－36 为第Ⅱ段经、纬度及横程仿真图，其中，横程边界斜率为 $k_1=-0.7$，$k_2=11.43$。

表 5－3　落点轨迹参数

状态变量	H/km	V/(m·s^{-1})	γ/rad	θ/rad	ζ/rad	φ/rad	S/km
再入初始值	90	7 000	－0.05	0	0	－0.1	0
再入结束值	15.84	837.2	－0.107 2	0.348	0.870 9	0.728 8	5 863.86

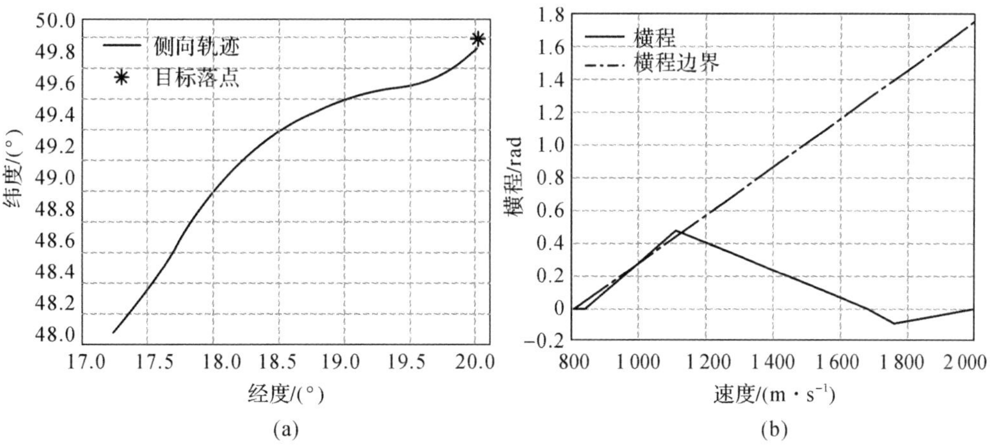

图 5－36　第Ⅱ段仿真结果

(a)侧向轨迹；(b)横程变化

从图 5－36 的横程变化中可以看出，当第Ⅱ段开始时，方位角计算式的变化使得横程发生跳变，但最终横程仍会趋向于 0。

在第Ⅱ段的仿真中应注意，在末端即将到达落点时，此时横程已收敛到很小的值，倾侧角翻转已无必要，此时应予以避免。

5.4　参考文献

[1] WINGROVE R C. Survey of atmosphere re-entry guidance and control methods[J]. AIAA Journal, 1963, 1 (9): 2019－2029.

[2] HANSON J M. Advanced guidance and control project for reusable launch vehicles [R]. AIAA-2000－3957, 2000.

[3] LICKLY D J,MORTH H R,CRAWFORD B S. Apollo reentry guidance[R]. NASA－CR-52776,1963.
[4] BOGNER I. Description of Apollo entry guidance[R]. NASA－CR－110924,1966.
[5] BAIRSTOW S H. Reentry guidance with extended range capability for low L/D spacecraft[J]. Doctoral Dissertation,2006(1):1－3.
[6] BRUNNER C W. Skip entry trajectory planning and guidance[J]. Doctoral Dissertation,2008(1):1－3.
[7] PUTNAM Z R,NEAVE M D,BARTON G H. Predguid entry guidance for orion return from low earth orbit[J]. Doctoral Dissertation,2009(1):1－3.
[8] MORTH R. Optimum re-entry trajectories by dynamic programming[R]. Boeing Doc. D2－9748,1961.
[9] SPEYER J L. Optimization and control using perturbation theory to find neighboring optimum paths[J]. SIAM Symposium on Multivariable Linear Control System Theory,1962(11):1－2.
[10] BRYSON A E,DENHAM W F, CARROLL F J,et al. Determination of the lift or drag program that minimizes re-entry heating with acceleration or range constraints using a steepest descent computation procedure[J]. Aerospace Sci., 1962(29):420－430.
[11] BRYSON A E,MIKAMI K,BATTLE C T. Optimum lateral turns for a re-entry glider[J]. Aerospace Eng.,1962(21):18－23.
[12] LEVINSKY E S. Application of Inequality constraints to variational problems of lifting re-entry[J]. Aerospace Sci., 1962 (29):400－409.
[13] DENHAM W F,BRYSON A E J. The solution of optimal programming problems with inequality constraints[J]. I AS Paper,1963(1):63－78.
[14] BRYSON A E J,CARROLL F J,ZVARA J,et al. Guidance and navigation for entry vehicles[R]. NASA SP－8015,1968.
[15] LEONDES C T,OSGOOD W R. Optimization of three-dimensional reentry trajectories[J]. IEEE Transactions on Aerospace and Electronic Systems, 1969,5 (2):345－346.
[16] HARPOLD J C, GRAVES C A J. Shuttle entry guidance[J]. Journal of the Astronautical Sciences,1979,27(3):239－268.
[17] JOUHAUD F. Closed loop reentry guidance law of a space plane: application to hermes[J]. ACTA Astronautica,1992,26(8):577－585.
[18] ROENNEKE A J,CORNWELL P J. Trajectory control for a low lift reentry profile [J]. Journal of Guidance,Control,and Dynamics,1993,16(5):927－933.
[19] ROENNEKE A J,MARKL A. Reentry control to a drag-vs-energy profile[J]. Journal of Guidance,Control and Dynamics,1994,17 (5):916－920.
[20] 胡建学,陈克俊,赵汉元,等. RLV 再入混合制导方法研究(英文)[J]. 宇航学报,2007,

28(1):213 - 217.

[21] 潘乐飞,李国新. 衍化的加速度再入制导律方案研究[J]. 计算机仿真,2007,24 (2):22 -25.

[22] 陈敬志,杨一栋. 一种新的空间飞行器再入制导律研究[J]. 飞行力学,2007,25 (3):58 -61.

[23] 杨俊春,胡军,倪茂林. 基于特征模型的再入飞行器自适应制导律设计[J]. 中国科学//信息科学,2008,38(12):2134 - 2149.

[24] 张钊,胡军,王勇. 基于特征模型的再入飞行器制导律设计[J]. 空间控制技术与应用,2010,36(4):12 - 17.

[25] 方群,李新三. 临近空间高超声速无动力滑翔飞行器最优轨迹设计及制导研究[J]. 宇航学报,2008,29 (5):1485 - 1491.

[26] 刘存佳,任章,张庆振,等. 临近空间无人飞行器再入轨迹快速优化及跟踪[J]. 系统仿真学报,2009(7):2033 - 2036.

[27] 胡建学, 陈克俊,赵汉元,等. 改进的 RLV 再入制导方法及其性能分析[J]. 宇航学报,2006,27 (6):1409 - 1413.

[28] 雍恩米,唐国金,陈磊. 高超声速无动力远程滑翔飞行器多约束条件下的轨迹快速生成[J]. 宇航学报,2008,29(1):46 - 52.

[29] 沈振, 胡钰,任章,等. 一种新型 RLV 再入轨迹在线规划方法[J]. 宇航学报,2011,32 (8):1670 - 1675.

[30] 陈海东,李军辉,余梦伦. 再入飞行器高空最优制导律[J]. 战术导弹技术,2001(1):32 -36.

第 6 章 高超声速飞行器控制律设计

飞行控制技术是高超声速飞行器研制中的关键技术之一。飞行器控制系统的主要作用是稳定与控制飞行姿态,完成制导系统给出的姿态指令。由于飞行速度和特殊的飞行环境,高超声速飞行器具有比传统飞行器远为复杂的强耦合、强非线性和强时变的动力学特性,而飞行动力学系统对姿态,尤其是对攻角和侧滑角有非常严格的要求。因此,高超声速飞行控制技术也面临着传统飞行器控制所未曾遇到过的新型复杂问题[1]。

这些新的问题具体表现为:在高超声速飞行条件下,要求飞行器对控制指令具有更高的响应速度;在高超声速飞行过程中,与亚声速/超声速飞行状态相比,控制面的控制效率有了较大的降低,而控制面较大的偏转又将引起不希望的气动热;在高超声速飞行器控制系统中,往往采用控制面和反作用控制系统相结合的控制方法,控制模式更加复杂;由于工作环境条件变化范围大,所以高超声速飞行器的高、低空气动力特性差异巨大,质量分布变化快,这些都将导致飞行器的动力学特征和模型参数在飞行过程中发生非常显著的变化。高超声速飞行器与亚声速/超声速飞行器相比,有许多不同的飞行特性,有的特性目前还无法完全掌握,这使得高超声速动力学状态参数呈现强不确定性。飞行器发动机与机身一体化的构型,使得弹性机身、推进系统以及结构之间存在强耦合作用,导致吸气式高超声速飞行器的飞行动力学特征更加复杂[2]。

6.1 高超声速飞行器控制模型综述

本节将介绍高超声速飞行器控制模型的研究现状,对高超声速飞行器控制模型进行简要介绍,以及对高超声速飞行器助推段、滑翔段、再入段三个阶段的控制问题与控制模型进行分析,为控制方法提供模型基础[3]。

6.1.1 高超声速飞行器控制模型综述

目前,国内外对高超声速飞行器控制技术的研究,主要集中在对吸气式高超声速飞行器巡航控制问题和无动力高超声速飞行器再入控制问题的研究,动力学控制模型也主要针对的是这两类控制问题。下面对常见的高超声速飞行器控制模型、吸气式高超声速飞行器巡航控制技术和无动力高超声速飞行器再入控制技术的研究成果进行简要的综述。

1. 高超声速飞行器控制模型

20 世纪 90 年代初，在 NASP(National Aerospace Plane)项目支持下，美国国家航空航天局兰利研究中心(NASA Langley research Center)开发了高超声速飞行器仿真模型——Winged - Cone 模型[4]。该模型提供了气动(包括纵向和横向)、推进以及质量的数学模型，涵盖了亚声速、跨声速、超声速以及高超声速飞行，可用于制导控制的六自由度仿真研究。针对这类外形，美国加利福尼亚州立大学多学科飞行动态与控制实验室的米尔米拉尼及其研究小组综合 CFD 软件和工程预估公式建立了 CSULA - GHV(California State University, Los Angeles - Generic Hypersonic Vehicle)模型，美国堪萨斯大学的撒哈瑞尔·凯施米尔和理查德·科尔格伦等人根据 Winged - Cone GHV 提供的气动数据库，使用科学的数值拟合方法得到了吸气式高超声速飞行器多项式拟合模型[5]。

1986—1995 年，以戴维·K. 施密特和马丁·R. 沃斯扎克为首的部分学者以“协和”号超声速客机和 X - 30 为对象，基于拉格朗日方程和虚功原理推导了弹性体飞行器刚体运动和结构振动的耦合动力学方程，从理论力学上揭示了飞行器刚体运动与结构弹性振动之间的联系，证明它们之间存在着相互影响的关系，但给出的结果只将耦合关系体现在气动力的计算中[6]。1994 年，弗兰克·R. 查维斯、戴维·K. 施密特等人首次采用面向控制数学模型的建模思想，建立了超燃冲压发动机/气动弹性高超声速飞行器的耦合气动与发动机模型，得出全解析的数学表达式。2005—2007 年，迈克尔·A. 博伦德、戴维·B. 多曼在以上研究基础上，针对 X - 43A 高超声速飞行器相继进行了纵向平面弹性体动力学模型、气动力模型和发动机模型的建模研究，其中，将机体结构假设为于质心处固连的两根悬臂梁，定常气动力计算采用牛顿碰撞理论、激波膨胀理论等工程计算方法，非定常气动力采用活塞理论，利用一维等熵流动模拟超燃冲压发动机的流场，用二维膨胀波来确定外喷管的压力分布，从而建立机体、发动机的耦合模型。同期，特雷弗·威廉斯、奥斯卡·莫拉塔亚、迈克尔·A. 博伦德等人以 X - 43C 为对象，进行了高超声速飞行器的气动加热、结构热传导模型的建立与分析。他们采用边界层理论与参考温度法计算飞行器壁面温度与黏性阻力，并研究了热防护系统(TPS)，以减小热流对结构模态的影响[7]。2008—2010 年，阿曼多·A. 罗德里格斯、杰弗里·J. 迪克森等人开展了与控制相关的吸气式高超声速飞行器模型的设计与分析研究，其工作主要侧重于对超燃冲压发动机、全动尾翼尺寸、机身前体倾角、质心位置等参数的优化，并提出相应的控制问题，如最小相位、输入输出耦合、弹性模态不确定性与发动机耦合、气动不确定性等[8]。

2. 吸气式高超声速飞行器巡航控制

戴维森等人对 X - 43A 进行了巡航控制研究，分别针对纵向和横侧向运动采用增益预置方法设计了控制器[9]。该方法选择攻角、侧滑角、马赫数作为增益变量，在飞行全包络线内将非线性的飞行器模型在不同的配平条件下线性化，然后针对每个线性模型设计相应的线性控制器，最后利用插值方法将不同点的设计综合起来。但是，当飞行器的动态特性呈现强烈的非线性和耦合特性时，增益预置的控制性能可能无法满足性能指标的要求。

美国国家航空航天局兰利研究中心的 M. 格雷戈里等人应用鲁棒控制理论的 H_∞ 和 μ 综合方法为锥体加速器 Winged - Cone 设计了控制律，其目的是使飞行器稳定飞行并能精确跟踪速度和高度指令信号，同时保证攻角偏差小于 0.5°（攻角的限制可以减小对推进性能的影响），使得控制能量最小化[10]。

美国乔治亚理工大学的 A.J. 卡利斯等人同样应用鲁棒控制理论的 H_∞ 和 μ 综合方法，为锥体加速器 Winged - Cone 的不确定模型设计了固定阶控制律，以避免高阶控制器所带来的执行问题。该方法要求已知一个被控对象的初始镇定控制器，通过仿真对全阶控制器、截断控制器和固定阶控制器的性能进行了比较，得到了固定阶控制器性能优于截断控制器且与全阶控制器性能非常接近的结论。

P. 洛逊索恩针对锥体加速器 Winged - Cone 的线性模型，讨论了基于 H_∞ 发展的 Shapiro 特征结构配置技术，但没有考虑模型不确定性和外部干扰，其重点是对长周期和短周期模态进行解耦。仿真结果表明，这种新的基于 H_∞ 的特征结构配置方法是有效的。

美国普林斯顿大学的 R.F. 施滕格尔等人针对锥体加速器 Winged - Cone 的非线性模型，在将动态系统输入输出反馈线性化的基础上，获得拟线性化系统，然后引入非线性随机鲁棒控制方法，将不确定参数建模为随机不确定量，减小了设计的保守性，获得了很好的控制性能。其缺点在于难以对不确定性进行参数化，从而形成不确定矢量。

美国南加州大学的 H. 许等人，忽略模型中控制舵面对升力和阻力的气动耦合项，以施滕格尔等人通过反馈线性化得到的线性模型为基础，针对此线性模型设计滑模控制器，采用自适应方法和滑模观测器，估计模型中的不确定参数和不可测量状态，飞行控制器内环为反馈线性化控制器，外环为滑模控制器，控制器的自适应结构可有效处理参数不确定性，并且利用非线性滑模观测器可对不可量测状态进行估计。由于反馈线性化的变换过程一般较为烦琐，实际应用中有一定难度，所以参考文献以神经网络来逼近被控模型，避免了输出反馈线性化过程中烦琐的高阶微分运算，并采用李雅普诺夫函数来保证整个系统的稳定性能。

此外，E. 穆耶等人基于 $Ma=5.6$ 飞行条件下的 Winged - Cone 线性模型，对其进行了自适应控制研究。

国内也广泛开展了针对 Winged - Cone 模型的控制研究，孟斌应用吴宏鑫院士在 20 世纪 80 年代提出的特征建模和基于特征模型的全系数自适应控制方法，针对含有变化范围大的惯性参数和气动参数、多变量、不稳定的纵向动力学模型，对巡航段的高度和速度跟踪控制进行了研究，设计了基于特征模型的内-外环控制律，不仅实现了系统的跟踪目标，而且可以保证攻角满足一定的约束条件。刘燕斌、姜长生等人采用反馈线性化设计内回路控制器，将非线性模型等价性处理为线性模型，针对此线性模型设计了自适应反步法和变结构反步法的外回路控制器[11]。

上述研究主要是针对 Winged - Cone 构型的刚体模型。除此之外，以俄亥俄州立大学的 A. 塞拉尼和美国空军研究实验室的 D.B. 多曼所在的研究团队为主的研究机构，也对弹性体乘波体吸气式高超声速飞行器的控制进行了研究，下面主要介绍线性控制方法和非线性控制方法。

A. 塞拉尼等人首先研究了具有积分扩展的隐式模型跟踪线性二次型调节器设计问题，此后将模型中加入弹性效应，利用附加的副翼控制和角速率反馈镇定不稳定零动态，采用内模控制进行输出跟踪设计，研究了输出反馈控制问题。在自适应控制应用中，穆耶等人利用模型参考自适应方法研究了姿态控制问题；米尔米拉尼等人分别采用自适应线性二次型控制和基于时变模型的极点配置，研究了高度和速度跟踪控制问题。J. 莱文等人考虑弹性模态不确定性，设计了在线估计结构振动频率的结构滤波器，并结合 LQR 方法进行跟踪控制。针对受限问题，A. 塞拉尼等人研究了输入受限抗饱和控制，参考了命令监督和抗饱和组合控制以及冗余控制。S. S. 瓦迪等人采用模型预测方法研究了状态和输入受限控制问题。

J. T. 帕克等人首先忽略模型中控制舵面对升力的气动耦合项，设计反馈线性化控制器；然而，当仅基于刚体模型设计的控制系统应用于具有弹性效应的完整模型时，由于飞行器刚体运动与弹性运动耦合显著，所以出现严重的模型不匹配，非最小相位行为引起系统失稳，因此，J. T. 帕克等人又提出利用增加额外的副翼执行机构，消去因控制舵面对升力的气动耦合项导致的非最小相位行为，设计了反馈线性化控制器。在自适应控制应用中，由于模型中的非最小相位行为导致动态逆控制不再适用，L. 菲奥伦蒂尼等人将对象分解为若干个子系统，采用自适应控制和鲁棒半全局增益配置方法设计子控制器，组成顺序闭合回路的全局控制器。此后，L. 菲奥伦蒂尼等人又给模型中加入弹性效应，利用 J. T. 帕克等人在参考文献中提出的附加副翼控制策略，消去模型中的非最小相位行为，设计了反步法鲁棒自适应动态逆控制器，推导了包含弹性效应的内动态，应用李雅普诺夫理论分析弹性效应对闭环系统稳定性的影响，给出了控制器的稳定增益界。此外，针对气动热弹性效应，Z. D. 威尔科克斯等人研究了基于李雅普诺夫函数的指数跟踪控制问题。针对反馈线性化方法应用中存在的输入耦合和模型不确定性问题，雷姆曼等人对由数据拟合出的模型提出了一种由鲁棒反馈线性化和 minimax LQR 相结合的控制方法。

3. 无动力高超声速飞行器再入控制

R. M. 阿古斯汀等人指出，再入飞行器从离轨到着陆的整个再入过程中，系统模型将随着马赫数急剧变化，有可能导致增益预置控制器失效。汉森等人和陆平等人在参考文献中，都详细说明了对航天飞机、X－33 这类多任务和大范围机动的可重复使用的运载器来说，若采用增益预置控制方法设计控制器将是异常费时费力的，且不能从根本上保证飞行的安全性。因此，增益预置控制方法在设计思想和设计过程中，因其本质上的局限性，越来越不能适应现代高性能飞行器飞行控制系统设计的需要。目前的研究热点主要集中于如何利用鲁棒控制理论和智能控制手段来提高增益预置的控制性能。

美国乔治亚理工大学的卡利斯等人为 X－33 设计了自适应动态逆控制系统，并通过引入伪控制限制的思想，克服了神经网络控制可能带来的执行机构位置饱和、速率饱和等不利因素。作为美国国家航空航天局先进飞行控制系统的备选方法之一，该控制方案参与了最终的仿真测试，取得了很好的测试成绩，而美国空军研究实验室将混合直接/非直接自适应控制系统应用于 X－33 的控制器设计中。

尤里·什捷斯谢尔等人在研究 X－33 再入大气层飞行轨迹的控制问题时，利用欧拉方程描述了 X－33 再入大气层时的动力学模型，针对飞行器的动力学模型设计了内环滑模控制器，为飞行器角速度的运动学模型设计了外环滑模控制器，这种控制方案可同时实现对给定角度和角速度指令的跟踪。在随后的研究中，尤里采用 PD 特征分配技术设计了时变的滑模控制器，可以在线调整滑模面和边界层厚度，并应用于 RLV 发射和返回模态的姿态控制中。

施洛坦和曼研究了X-33发射和再入模态的滑模控制,但只是通过增加控制增益来提高飞控系统的鲁棒性[12]。X.余为了提高系统抗干扰能力,设计了自适应滑模干扰观测器,并在此基础上设计了可重复使用飞行器X-33再入飞行的滑模控制方案。

X-33离轨再入时的大幅度姿态机动对于其增益调节飞控系统来说是一个不小的挑战,并且飞行器的姿态控制系统须考虑到模型在操纵性和抗扰动性方面存在的许多不确定性。因此,J.朱引入轨迹线性化技术,对飞行轨迹上的每个点都进行了非线性跟踪和解耦控制。

此外,史密斯将鲁棒线性参数调整(Linear Parameter Varying,LPV)控制应用到X-33的姿态控制中,其优点是姿控系统可以适应飞行轨迹的变化[13]。

珍妮弗等人在应用动态逆方法研究X-38再入大气层的姿态控制问题时,基于飞行器整个包络线内选定工作点处的线性化模型,采用了双环控制结构,大致可描述为:①通过基于动态逆的方法来设计内环,保证飞行器的性能;②利用极点配置来设计外环,保证整个飞行器的稳定性。

德国Stuttgart大学的克劳泽·H.韦尔在1995年对有翼再入飞行器设计了基于动态逆和线性反馈补偿的飞行控制系统[14]。随后,埃尔马·M.瓦尔纳和克劳泽·H.韦尔考虑到X-38在再入的某阶段只有两个舵面起作用,从而产生内部动态,导致动态逆方法难以实施。为解决此问题,他们采用重新定义输出的方法,使零动态局部稳定,通过最优极点配置策略,提高关于参量模型误差的零动态鲁棒性,在系统中再对新定义的输出进行反馈线性化,并引入小脑模型关节控制器神经网络(Cerebellar Model Articulation Controller Neural Network,CMACNN)消除逆误差,取得了很好的效果。

S.F.吴等人在研究X-38再入大气层时的姿态控制问题时,基于模糊逻辑的方法首先将再入飞行器的整个过程分为5个阶段,对应不同的执行器结构,随后展开了进一步的研究,在此基础上继续研究了X-38的模糊控制,详细讨论了再入模态中,在不同执行机构组合的情况下,采用线性传递函数调节控制器输入,保证了同一模糊控制器可以完成整个控制任务。

除了X-33和X-38外,有学者对德国的HORUS-2B再入飞行器也开展了一些研究工作。穆耶等人对HORUS-2B控制进行了研究,由于控制气动面非线性的存在,LQR的性能还不是那么令人满意。因此在随后的研究中,他们将直接模型参考自适应理论应用于无动力有翼飞行器控制问题中,将参考模型作为基础,生成被控系统的操作指令,通过使参考模型输出和被控系统输出的差值最小来调节控制器参数。仿真结果表明,控制器对于环境变化、建模误差和系统非线性因素的敏感度降低了。在参考文献中,穆耶使用平行前馈法,使应用了模型参考自适应方法的被控对象满足充分无源条件[15]。

6.1.2 助推段姿态控制模型分析

在助推段,导弹为轴对称弹体且携带助推发动机[16]。此段气动力与直接力相比数量级很小,故主要通过改变发动机摆角产生力矩来实现姿态稳定与控制。但是由于推力偏差、推力线偏移和偏斜等情况,常常会在期望的力矩上附加未知干扰,出现输入不确定的问题。此外,助推段前段按照飞行程序飞行,进入显式制导段之后按照需要速度方向计算俯仰角指令和偏航角指令,容易出现指令突变,即使经过处理也容易出现较大的指令变化率(其中闭路制导时直接计算指令，耗尽关机时按照姿态调制方法计算指令，都容易出现指令不连续的现象）。直接跟踪不连续的姿态指令容易出现饱和，甚至出现控制发散[17]。

影响导弹姿态变化的是作用在导弹上的力矩。在助推段飞行过程中，导弹受到的作用力矩主要包括气动力矩、控制力矩和附加力矩。此外，还存在一些数值不确定的干扰力矩。这些干扰力矩作用在导弹上，可能影响姿态控制的精度，降低姿态跟踪的品质。

助推段导弹是轴对称的，且按照 3－2－1 坐标变换定义姿态角，建立在导弹弹体坐标系上的导弹绕质心转动运动的运动学方程组，以欧拉角方式描述如下：

$$\begin{bmatrix}\dot{\varphi}_T\\ \dot{\psi}_T\\ \dot{\gamma}_T\end{bmatrix}=\begin{bmatrix}\omega_{Ty}\sin\gamma_T+\omega_{Tz}\cos\gamma_T/\cos\psi_T\\ \omega_{Ty}\cos\gamma_T-\omega_{Tz}\sin\gamma_T\\ \omega_{Tx}+\tan\varphi_T(\omega_{Ty}\sin\gamma_T+\omega_{Tz}\cos\gamma_T)\end{bmatrix}\tag{6-1}$$

同时得到助推段导弹的绕质心动力学方程为

$$\begin{bmatrix}I_{x1}&0&0\\0&I_{y1}&0\\0&0&I_{z1}\end{bmatrix}\begin{bmatrix}\dfrac{d\omega_{Tx}}{dt}\\ \dfrac{d\omega_{Ty}}{dt}\\ \dfrac{d\omega_{Tz}}{dt}\end{bmatrix}+\begin{bmatrix}I_{z1}-I_{y1}\omega_{Tz}\omega_{Ty}\\ I_{x1}-I_{z1}\omega_{Tx}\omega_{Tz}\\ I_{y1}-I_{x1}\omega_{Tx}\omega_{Ty}\end{bmatrix}=\begin{bmatrix}0\\ m_y^{\beta}qS_Ml_K\beta\\ m_z^{\alpha}qS_Ml_K\alpha\end{bmatrix}+\begin{bmatrix}m_x^{\bar{\omega}_x}qS_Ml_K\bar{\omega}_x\\ m_y^{\bar{\omega}_y}qS_Ml_K\bar{\omega}_y\\ m_z^{\bar{\omega}_z}qS_Ml_K\bar{\omega}_z\end{bmatrix}+$$

$$\begin{bmatrix}M_{cx}\\M_{cy}\\M_{cz}\end{bmatrix}-\begin{bmatrix}\dot{I}_{x1}\omega_{Tx}\\ \dot{I}_{y1}\omega_{Ty}\\ \dot{I}_{z1}\omega_{Tz}\end{bmatrix}+\dot{m}\begin{bmatrix}0\\-L_{\text{fzh}}^2\omega_{Ty}\\-L_{\text{fzh}}^2\omega_{Tz}\end{bmatrix}\tag{6-2}$$

式中：I_{x1}，I_{y1}，I_{z1} 为绕本体坐标轴的转动惯量；φ_T，ψ_T，γ_T 为相对于发射惯性系的俯仰、偏航、滚转角；ω_{T_x}，ω_{T_y}，ω_{T_z} 为发射惯性系转动角速度在弹体坐标系下的分量；m_z^{α}，m_y^{β} 为气动稳定力矩系数；S_M，l_K 分别为气动计算参考面积、参考长度；$m_x^{\bar{\omega}_x}$，$m_y^{\bar{\omega}_y}$，$m_z^{\bar{\omega}_z}$ 为气动阻尼力矩系数；$\bar{\omega}_x$，$\bar{\omega}_y$，$\bar{\omega}_z$ 为无量纲转动角速度；L_{fzh} 为摆动喷管作用点与导弹质心的距离。

由于弹体是轴对称的，所以俯仰阻尼力矩系数导数也可作为偏航阻尼力矩系数使用。气动稳定力矩系数需要由升力系数、压心系数计算得到：

$$\begin{cases}m_z^{\alpha}=C_{z1}^{\alpha}(\bar{x}_g-\bar{x}_p)\\ m_y^{\beta}=C_{y1}^{\beta}(\bar{x}_g-\bar{x}_p)\end{cases}$$

式(6－2)中：$\boldsymbol{M}_c=[M_{cx}\quad M_{cy}\quad M_{cz}]^T$ 为控制力矩。其推导如下：

在弹体坐标系下，主发动机产生的控制力矩为

$$\boldsymbol{M}_{zh}=\begin{bmatrix}-L_{\text{fzh}}\\0\\0\end{bmatrix}\times\begin{bmatrix}P_{zh}\cos\delta_{\varphi}\cos\delta_{\psi}\\P_{zh}\sin\delta_{\varphi}\cos\delta_{\psi}\\-P_{zh}\sin\delta_{\psi}\end{bmatrix}=\begin{bmatrix}0\\-L_{\text{fzh}}P_{zh}\sin\delta_{\psi}\\-L_{\text{fzh}}P_{zh}\sin\delta_{\varphi}\cos\delta_{\psi}\end{bmatrix}$$

对于滚控喷管，由助推段控制力的描述可得滚转控制力矩为

$$\boldsymbol{M}_{\text{Fr}}=\begin{bmatrix}P_{\text{Fr}}R_{\text{Fr}}\\0\\0\end{bmatrix}$$

其中，R_{Fr}为滚控喷管安装顶点到质心所在弹轴的距离。于是得到控制力矩为

$$\boldsymbol{M}_{\mathrm{c}}=\boldsymbol{M}_{\mathrm{zh}}+\boldsymbol{M}_{\mathrm{Fr}}=\begin{bmatrix}2R_{\mathrm{Fr}}P_{\mathrm{Fr}}\sin\delta_{\mathrm{Fr}}\\-L_{\mathrm{fzh}}P_{\mathrm{zh}}\sin\delta_{\psi}\\-L_{\mathrm{fzh}}P_{\mathrm{zh}}\sin\delta_{\varphi}\cos\delta_{\psi}\end{bmatrix}$$

下面推导姿态控制方程。

定义 $\boldsymbol{x}_1=[\varphi_T\quad\psi_T\quad\gamma_T]^{\mathrm{T}}$，$\boldsymbol{x}_2=[\omega_{Tz}\quad\omega_{Ty}\quad\omega_{Tx}]^{\mathrm{T}}$，$\boldsymbol{u}=[\delta_{\varphi}\quad\delta_{\psi}\quad\delta_{\mathrm{Fr}}]^{\mathrm{T}}$，那么姿态控制方程可写为

$$\left.\begin{aligned}\dot{\boldsymbol{x}}_1&=\boldsymbol{A}_1\boldsymbol{x}_2\\\dot{\boldsymbol{x}}_2&=\boldsymbol{f}_2(\boldsymbol{x}_2,\boldsymbol{x}_2)+\boldsymbol{B}\boldsymbol{u}\end{aligned}\right\}\tag{6-3}$$

其中

$$\boldsymbol{A}_1=\begin{bmatrix}\cos\gamma_T/\cos\psi_T&\sin\gamma_T/\cos\psi_T&0\\-\sin\gamma_T&\cos\gamma_T&0\\\tan\varphi_T\cos\gamma_T&\tan\varphi_T\sin\gamma_T&1\end{bmatrix}$$

$$\boldsymbol{f}_2(\boldsymbol{x}_2,\boldsymbol{x}_2)=\begin{bmatrix}I_{z1}&0&0\\0&I_{y1}&0\\0&0&I_{x1}\end{bmatrix}^{-1}\left(\begin{bmatrix}m_z^{\alpha}qS_Ml_K\alpha\\m_y^{\beta}qS_Ml_K\beta\\0\end{bmatrix}+\begin{bmatrix}m_x^{\bar{\omega}_z}qS_Ml_K\bar{\omega}_z\\m_y^{\bar{\omega}_y}qS_Ml_K\bar{\omega}_y\\m_x^{\bar{\omega}_x}qS_Ml_K\bar{\omega}_x\end{bmatrix}-\begin{bmatrix}I_{z1}\omega_{Tz}\\I_{y1}\omega_{Ty}\\I_{x1}\omega_{Tx}\end{bmatrix}+\right.$$
$$\left.\dot{m}\begin{bmatrix}-L_{\mathrm{fzh}}^2\omega_{Tz}\\-L_{\mathrm{fzh}}^2\omega_{Ty}\\0\end{bmatrix}-\begin{bmatrix}(I_{y1}-I_{x1})\omega_{Tx}\omega_{Ty}\\(I_{x1}-I_{z1})\omega_{Tx}\omega_{Tz}\\(I_{z1}-I_{y1})\omega_{Tz}\omega_{Ty}\end{bmatrix}\right)$$

$$\boldsymbol{B}=\begin{bmatrix}I_{z1}&0&0\\0&I_{y1}&0\\0&0&I_{x1}\end{bmatrix}^{-1}\begin{bmatrix}-L_{\mathrm{fzh}}P_{\mathrm{zh}}\cos\delta_{\varphi}\cos\delta_{\psi}&L_{\mathrm{fzh}}P_{\mathrm{zh}}\sin\delta_{\varphi}\sin\delta_{\psi}&\\&-L_{\mathrm{fzh}}P_{\mathrm{zh}}\cos\delta_{\psi}&\\&&2R_{\mathrm{Fr}}P_{\mathrm{Fr}}\cos\delta_{\mathrm{Fr}}\end{bmatrix}$$

在实际工程应用中，由于存在制造与装配误差以及测量误差，所以助推段姿态控制方程中总是存在状态不确定性和输入不确定性。考虑这些因素，将姿态控制方程扩展为一类非线性动力学系统如下：

$$\left.\begin{aligned}\dot{\boldsymbol{x}}_1&=\boldsymbol{A}_1\boldsymbol{x}_2\\\dot{\boldsymbol{x}}_2&=\boldsymbol{f}_2(\boldsymbol{x}_2,\boldsymbol{x}_2)+\Delta\boldsymbol{f}+\boldsymbol{B}\boldsymbol{\Lambda}\boldsymbol{u}\end{aligned}\right\}\tag{6-4}$$

式中：$\boldsymbol{x}_1\in\mathbf{R}^n$，$\boldsymbol{x}_2\in\mathbf{R}^n$ 为系统状态向量；$\boldsymbol{u}\in\mathbf{R}^n$ 为控制输入向量；$\boldsymbol{f}_2(\boldsymbol{x})\in\mathbf{R}^n$ 为已知可微向量。其中，$\Delta\boldsymbol{f}$ 为匹配不确定性，$\boldsymbol{\Lambda}$ 未知，从而引起输入不确定性。做如下假设：

(1)$\boldsymbol{\Lambda}$ 为正定矩阵，$\boldsymbol{A}_1$、$\boldsymbol{B}$ 为可逆矩阵。

(2)存在常向量 $\boldsymbol{\rho}=[\rho_1\quad\rho_2\quad\rho_3]^{\mathrm{T}}$，使得

$$\rho_1>[\Delta f]_1,\rho_2>[\Delta f]_2,\rho_3>[\Delta f]_3\tag{6-5}$$

其中，$[\Delta f]_1$、$[\Delta f]_2$、$[\Delta f]_3$ 为 $\Delta\boldsymbol{f}$ 的三个分量。

(3)未知干扰变化律有界，即 $\|\Delta\dot{\boldsymbol{f}}\|\leqslant\mu$。

于是控制系统的设计目标是对于非线性系统式(6-8)，在输入不确定性 $\boldsymbol{\Lambda}$ 和外干扰 $\Delta\boldsymbol{f}$ 存在的条件下以及满足上述假设的条件下设计控制器，使得闭环系统镇定。

此外还要注意的是，本节以发射惯性系姿态角指令为状态变量，而制导系统给出的指令是发射系下定义的姿态角，因此要进行转换，转换过程如下：

$$\begin{cases}\varphi_{T,c} = \varphi_c + \omega_{ez} t \\ \psi_{T,c} = \psi_c + \omega_{ey} t \cos\varphi_c - \omega_{ex} t \sin\varphi_c \\ \varphi_{T,c} = \gamma_c + \omega_{ey} t \sin\varphi_c + \omega_{ex} t \cos\varphi_c\end{cases}$$

式中：φ, ψ, γ 为相对于发射系的俯仰、偏航、滚转角；$\omega_x, \omega_y, \omega_z$ 为发射系转动角速度在弹体坐标系下的分量；$\omega_{ex}, \omega_{ey}, \omega_{ez}$ 为地球自转角速度在弹体坐标系的分量。

为避免指令突变引起的控制发散，引入参考模型，安排过渡过程。对于 $\boldsymbol{x}_1$ 的每个分量，设计理想参考模型为

$$x_{1m} = \frac{\omega_n^2}{s^2 + 2\xi\omega_n s + \omega_n^2} x_{1c} \tag{6-6}$$

写为状态空间形式：

$$\left.\begin{aligned}\dot{x}_{1m,1} &= x_{1m,2} \\ \dot{x}_{1m,2} &= \omega_n{}^2 x_{1m,1} - 2\xi\omega_n \mathrm{x}_{1m,2} + \omega_n{}^2 x_{1c}\end{aligned}\right\} \tag{6-7}$$

参考模型的阻尼参数一般设计为 $\xi = 1$，这样可以避免超调。而自然频率 ω_n 决定了相应时间的大小。

还可以采用跟踪微分器来安排过渡过程。在获得参考指令的同时，还可以获得其近似微分。线性跟踪微分器为

$$\left.\begin{aligned}\dot{x}_1 &= x_2 \\ \dot{x}_2 &= -\frac{1}{\tau_1\tau_2}(x_1 - x_{1c}) - \frac{\tau_1 + \tau_2}{\tau_1\tau_2} x_2\end{aligned}\right\} \tag{6-8}$$

非线性跟踪微分器为

$$\left.\begin{aligned}\dot{x}_1 &= x_2 \\ \dot{x}_2 &= -r\,\mathrm{sign}\left[(x_1 - x_{1c}) + \frac{x_2 \mid x_2 \mid}{2r}\right]\end{aligned}\right\} \tag{6-9}$$

基于二阶滑模的跟踪微分器为

$$\left.\begin{aligned}\dot{x}_1 &= x_2 - \frac{x_1 - x_{1c}}{\mid x_1 - x_{1c} \mid^{1/2}} + v \\ \dot{v} &= -\mathrm{sign}(x_1 - x_{1c})\end{aligned}\right\} \tag{6-10}$$

6.1.3　滑翔段姿态控制模型分析

助推滑翔式飞行器在高超声速滑翔阶段要经历复杂的飞行环境，飞行时间较长，其动态特性随飞行高度、速度变化呈现出强烈的非线性特性。在滑翔段，气动特性变化迅速且存在强烈的气动耦合，在俯仰、偏航、滚转三通道间也存在强烈的通道间耦合。俯仰通道还是一个非最小相位被控系统，用简单的控制方法难以获得较好的控制性能。此外，飞行器模型具有不确定性，模型参数高动态时变，更增加了未知的耦合因素和非线性特性。从模型上看，滑翔段姿态控制模型中存在不匹配不确定项，忽视该因素可能影响跟踪的精度。针对通道间耦合，本节采用耦合控制思想，控制器并不分通道进行设计，而是进行全通道控制，从而避

免了该问题。针对不匹配不确定性，本节设计了两种方法进行克服。本节方法具有较好的鲁棒性和自适应能力，能够在一定范围内克服复杂的气动特性和快时变不确定性。基于李雅普诺夫函数完成了所提方法收敛性的证明。仿真结果验证了所提方法的有效性[18]。

滑翔段导弹为面对称外形，根据《再入飞行器动力学与制导》[19]可知飞行器滑翔段的姿态运动学和动力学方程为

$$\left.\begin{aligned}
\dot{\omega}_x &= r_1\omega_x\omega_z + r_2\omega_y\omega_z + r_3M_x + r_4M_y \\
\dot{\omega}_y &= q_1\omega_x\omega_z + q_2\omega_y\omega_z + r_4M_x + q_3M_y \\
\dot{\omega}_z &= p_1\omega_x\omega_y + p_2(\omega_x^2 - \omega_y^2) + p_3M_z \\
\dot{\alpha} &= \omega_z + \omega_y\sin\alpha\tan\beta - \omega_x\cos\alpha\tan\beta - \frac{Y + mg\cos\theta\cos\gamma_v}{mV\cos\beta} \\
\dot{\beta} &= \omega_y\cos\alpha + \omega_x\sin\alpha + \frac{Z - mg\cos\theta\sin\gamma_v}{mV} \\
\dot{\gamma}_v &= -\omega_y\sin\alpha/\cos\beta + \omega_x\cos\alpha/\cos\beta + \\
&\frac{Y(\sin\theta\sin\gamma_v + \tan\beta) + Z\sin\theta\cos\gamma_v + mg\cos\theta\cos\gamma_c\tan\beta}{mV}
\end{aligned}\right\} \tag{6-11}$$

式中：ω_z，ω_y，ω_x 分别为俯仰角速度、偏航角速度、滚转角速度；α，β，γ_v 分别为飞行器的攻角、侧滑角、倾侧角；X，Y，Z 分别为阻力、升力和侧向力；p_1，p_2，p_3，q_1，q_2，q_3，r_1，r_2，r_3，r_4 为飞行器的惯量参数，且计算方法如下：

$$p_1 == \frac{J_x - J_y}{J_z},\quad p_2 = \frac{J_{xy}}{J_z},\quad p_3 = \frac{1}{J_z}$$

$$q_1 = \frac{J_xJ_z - J_{xy}^2 - J_x^2}{J_xJ_y - J_{xy}^2},\quad q_2 = -\frac{J_{xy}(J_x - J_y + J_z)}{J_xJ_y - J_{xy}^2},\quad q_3 = \frac{J_x}{J_xJ_y - J_{xy}^2}$$

$$r_1 = -\frac{J_{xy}(J_x + J_y - J_z)}{J_xJ_y - J_{xy}^2},\quad r_2 = \frac{J_y^2 - J_{xy}^2 - J_yJ_z}{J_xJ_y - J_{xy}^2},\quad r_3 = \frac{J_y}{J_xJ_y - J_{xy}^2},\quad r_4 = \frac{J_{xy}}{J_xJ_y - J_{xy}^2}$$

气动力矩可以表示为

$$\begin{cases}
M_x = qSL(m_{x0} + m_x^{\delta_y}\delta_y + m_x^{\delta_x}\delta_x) + C_{lp}qSL\bar{\omega}_x \\
M_y = qSL(m_{y0} + m_y^{\delta_y}\delta_y + m_y^{\delta_x}\delta_x) + C_{nr}qSL\bar{\omega}_y \\
M_z = qSL(m_{z0} + m_z^{\delta_z}\delta_z) + C_{mq}qSL\bar{\omega}_z
\end{cases}$$

其中

$$q = \frac{1}{2}\rho V^2$$

为动压头；S，L 分别为参考长度和参考面积；C_{lp}，C_{nr}，C_{mq} 分别为三轴气动阻尼力矩系数；$m_x^{\delta_x}$，$m_x^{\delta_y}$，$m_y^{\delta_x}$，$m_y^{\delta_y}$，$m_z^{\delta_z}$，m_{x0}，m_{y0}，m_{z0} 为当气动偏导数和舵偏为零时的气动系数。无量纲角速度的定义如下：

$$\bar{\omega}_x = \frac{\omega_x l_t}{V},\bar{\omega}_y = \frac{\omega_y l_t}{V},\bar{\omega}_z = \frac{\omega_z l_t}{V}$$

滑翔段姿态控制的目标是在不匹配不确定性以及气动耦合和非线性存在的条件下实现对期望姿态指令的跟踪。滑翔段姿态控制问题兼具不确定性、强非线性和强耦合的特点[20]，而对于滑翔飞行器，若以姿态角作为输出，其动力学方程又会呈现强烈的非最小相位

特性,因此一般以攻角、倾斜角和侧滑角作为输出变量。

定义：

$$\boldsymbol{x}_1=[\alpha \quad \beta \quad \gamma_v]^{\mathrm{T}},\boldsymbol{x}_2=[\omega_z \quad \omega_y \quad \omega_x]^{\mathrm{T}},\boldsymbol{u}=[\delta_z \quad \delta_y \quad \delta_x]^{\mathrm{T}}$$

那么姿态控制方程可写为

$$\left.\begin{aligned}\dot{\boldsymbol{x}}_1&=\boldsymbol{A}_1\boldsymbol{x}_2+\boldsymbol{\xi}_1\\ \dot{\boldsymbol{x}}_2&=\boldsymbol{f}_2(\boldsymbol{x}_2,\boldsymbol{x}_2)+\boldsymbol{Bu}+\boldsymbol{\xi}_2\end{aligned}\right\}\tag{6-12}$$

其中

$$\boldsymbol{A}_1=\begin{bmatrix}1 & \sin\alpha\tan\beta & -\cos\alpha\tan\beta\\ 0 & \cos\alpha & \sin\alpha\\ 0 & -\sin\alpha/\cos\beta & \cos\alpha/\cos\beta\end{bmatrix}$$

$$\boldsymbol{\xi}_1=\begin{bmatrix}-\dfrac{Y+mg\cos\theta\cos\gamma_v}{mV\cos\beta}\\ \dfrac{Z-mg\cos\theta\sin\gamma_v}{mV}\\ \dfrac{Y(\sin\theta\sin\gamma_v+\tan\beta)+Z\sin\theta\cos\gamma_v+mg\cos\theta\cos\gamma_v\tan\beta}{mV}\end{bmatrix}$$

$$\boldsymbol{f}_2(\boldsymbol{x}_2,\boldsymbol{x}_2)=\begin{bmatrix}p_1\omega_x\omega_y+p_2(\omega_x^2-\omega_y^2)\\ q_1\omega_x\omega_z+q_2\omega_y\omega_z\\ r_1\omega_x\omega_z+r_2\omega_y\omega_z\end{bmatrix}+qSL\begin{bmatrix}p_3 & 0 & 0\\ 0 & q_3 & r_4\\ 0 & r_4 & r_3\end{bmatrix}\begin{bmatrix}m_z^0\\ m_y^0\\ m_x^0\end{bmatrix}+qSL\begin{bmatrix}p_3 & 0 & 0\\ 0 & q_3 & r_4\\ 0 & r_4 & r_3\end{bmatrix}\begin{bmatrix}C_{mq}\bar{\omega}_z\\ C_{mr}\bar{\omega}_y\\ C_{lp}\bar{\omega}_x\end{bmatrix}$$

$$\boldsymbol{B}=qSL\begin{bmatrix}p_3 & 0 & 0\\ 0 & q_3 & r_4\\ 0 & r_4 & r_3\end{bmatrix}\begin{bmatrix}m_z^{\delta_z} & 0 & 0\\ 0 & m_y^{\delta_y} & m_y^{\delta_x}\\ 0 & m_x^{\delta_y} & m_x^{\delta_x}\end{bmatrix}$$

$$\boldsymbol{\xi}_2=\begin{bmatrix}\xi_{2,z}(t)\\ \xi_{2,y}(t)\\ \xi_{2,x}(t)\end{bmatrix}$$

$\boldsymbol{\xi}_1$ 为不匹配不确定性,$\boldsymbol{\xi}_2$ 为高动态时变匹配不确定性。

将滑翔段控制方程拓展为多变量不确定非线性动力学系统：

$$\left.\begin{aligned}\dot{\boldsymbol{x}}_1&=\boldsymbol{A}_1\boldsymbol{x}_1+\boldsymbol{\xi}_1(\boldsymbol{x}_1,\boldsymbol{x}_2)\\ \dot{\boldsymbol{x}}_2&=\boldsymbol{f}_2(\boldsymbol{x}_1,\boldsymbol{x}_2)+\boldsymbol{Bu}+\boldsymbol{\xi}_2(\boldsymbol{x}_1,\boldsymbol{x}_2)\end{aligned}\right\}\tag{6-13}$$

式中:$\boldsymbol{x}_1\subset\mathbf{R}^m$,$\boldsymbol{x}_2\subset\mathbf{R}^m$ 为系统状态向量;$\boldsymbol{u}\in\mathbf{R}^m$ 为控制输入向量;$\boldsymbol{f}_2(\boldsymbol{x})\in\mathbf{R}^n$ 为已知可微向量;且$\boldsymbol{\xi}_1(\boldsymbol{x}_1,\boldsymbol{x}_2)\subset\mathbf{R}^m$ 为不匹配不确定性向量;$\boldsymbol{\xi}_2(\boldsymbol{x}_1,\boldsymbol{x}_2,\boldsymbol{u})\subset\mathbf{R}^m$ 为匹配不确定性向量。$\boldsymbol{A}_1$,$\boldsymbol{B}$ 非奇异。做如下假设：

(1)$\boldsymbol{A}_1$,$\boldsymbol{B}$ 为可逆矩阵。

(2)不匹配不确定性及其导数满足以下条件:$\|\boldsymbol{\xi}_1(\boldsymbol{x}_1,\boldsymbol{x}_2)\|\leqslant\delta_1$,$\|\dot{\boldsymbol{\xi}}_1(\boldsymbol{x}_1,\boldsymbol{x}_2)\|\leqslant\delta_2$。

(3)匹配不确定性满足以下条件:$\|\boldsymbol{\xi}_2(\boldsymbol{x}_1,\boldsymbol{x}_2)\|\leqslant\delta_3$,$\|\dot{\boldsymbol{\xi}}_2(\boldsymbol{x}_1,\boldsymbol{x}_2)\|\leqslant\delta_4$。

控制系统的设计目标是在不匹配不确定项$\boldsymbol{\xi}_1(\boldsymbol{x}_1,\boldsymbol{x}_2)$和匹配不确定项$\boldsymbol{\xi}_2(\boldsymbol{x}_1,\boldsymbol{x}_2,\boldsymbol{u})$存在的情况下设计鲁棒控制器,使得 $\boldsymbol{x}_1$ 收敛为 0,且无需保守的控制器参数。

6.1.4 再入段姿态控制模型分析

助推滑翔式飞行器在再入飞行段根据制导指令进行精确姿态控制，可能要进行 BTT－180 的翻身动作[21]。姿态跟踪不精确有可能降低制导精度，而在翻身机动时，气动控制能力有限且存在通道耦合问题，难以同时实现俯仰和滚转两个通道的快速跟踪并使侧滑通道保持在期望的状态，必须在这两个通道间进行权衡。再入段高度、速度等状态快速变化，动态特性呈现出强烈的非线性特性。再入段的姿态变化幅度较大，空域变化较大，速度高度变化迅速，这也导致了气动特性和模型参数的迅速变化。此外，再入段存在强烈的气动耦合，在俯仰、偏航、滚转三个通道间也存在强烈的通道间耦合。俯仰通道也存在一个非最小相位控制问题。再入段的模型不确定性和参数不确定性依然存在并且需要克服。针对翻身再入时俯仰通道和滚转通道需要协调的问题也须加以解决。

再入段姿态控制的目标是能够有效地实现 BTT－180 的翻身动作并在不匹配不确定性以及气动耦合和非线性存在的条件下实现对期望姿态指令的跟踪。与滑翔段相同，该段姿态控制问题兼具不确定性、强非线性和强耦合的特点。再入段姿态运动学和动力学方程与滑翔段相同，不再赘述。为避免直接以俯仰角为输出造成的非最小相位问题，以攻角、倾斜角和侧滑角作为输出变量，定义 $\boldsymbol{x}_1=[\alpha \quad \beta \quad \gamma_v]^{\mathrm{T}}$，$\boldsymbol{x}_2=[\omega_z \quad \omega_y \quad \omega_x]^{\mathrm{T}}$，$\boldsymbol{u}=[\delta_z \quad \delta_y \quad \delta_x]^{\mathrm{T}}$，那么姿态控制方程可写为

$$\left.\begin{aligned}\dot{\boldsymbol{x}}_1 &= \boldsymbol{A}_1\boldsymbol{x}_2+\boldsymbol{\xi}_1\\ \dot{\boldsymbol{x}}_2 &= \boldsymbol{f}_2(\boldsymbol{x}_2,\boldsymbol{x}_2)+\boldsymbol{Bu}+\boldsymbol{\xi}_2\end{aligned}\right\} \tag{6-14}$$

其中

$$\boldsymbol{A}_1=\begin{bmatrix}1 & \sin\alpha\tan\beta & -\cos\alpha\tan\beta\\ 0 & \cos\alpha & \sin\alpha\\ 0 & -\sin\alpha/\cos\beta & \cos\alpha/\cos\beta\end{bmatrix}$$

$$\boldsymbol{\xi}_1=\begin{bmatrix}-\dfrac{Y+mg\cos\theta\cos\gamma_v}{mV\cos\beta}\\ \dfrac{Z-mg\cos\theta\sin\gamma_v}{mV}\\ \dfrac{Y(\sin\theta\sin\gamma_v+\tan\beta)+Z\sin\theta\cos\gamma_v+mg\cos\theta\cos\gamma_c\tan\beta}{mV}\end{bmatrix}$$

$$\boldsymbol{f}_2(\boldsymbol{x}_2,\boldsymbol{x}_2)=\begin{bmatrix}p_1\omega_x\omega_y+p_2(\omega_x^2-\omega_y^2)\\ q_1\omega_x\omega_z+q_2\omega_y\omega_z\\ r_1\omega_x\omega_z+r_2\omega_y\omega_z\end{bmatrix}+qSL\begin{bmatrix}p_3 & 0 & 0\\ 0 & q_3 & r_4\\ 0 & r_4 & r_3\end{bmatrix}\begin{bmatrix}m_z^0\\ m_y^0\\ m_x^0\end{bmatrix}+qSL\begin{bmatrix}p_3 & 0 & 0\\ 0 & q_3 & r_4\\ 0 & r_4 & r_3\end{bmatrix}\begin{bmatrix}M_{zn,z1}\\ M_{zn,y1}\\ M_{zn,x1}\end{bmatrix}$$

$$\boldsymbol{B}=qSL\begin{bmatrix}p_3 & 0 & 0\\ 0 & q_3 & r_4\\ 0 & r_4 & r_3\end{bmatrix}\begin{bmatrix}m_z^{\delta_z} & 0 & 0\\ 0 & m_y^{\delta_y} & m_y^{\delta_x}\\ 0 & m_x^{\delta_y} & m_x^{\delta_x}\end{bmatrix}$$

$$\boldsymbol{\xi}_2=\begin{bmatrix}\xi_{2,z}(t)\\ \xi_{2,y}(t)\\ \xi_{2,x}(t)\end{bmatrix}$$

$\boldsymbol{\xi}_1$为不匹配不确定性，$\boldsymbol{\xi}_2$为高动态时变匹配不确定性。

在再入段飞行时，要完成 BTT－180 的翻身动作。众所周知，俯仰通道和滚转通道的控制是依靠一对气动舵的协同工作来完成的。而在翻身机动时，由于制导指令变化很快，此时总的气动控制能力有限，所以可能引发饱和问题进而导致姿态发散。此外还存在严重的通道耦合问题。因此要对俯仰通道和滚转通道进行协调控制以完成对期望指令的跟踪。本章研究再入段姿态控制方法，对两个通道的指令分别进行不同速率的跟踪，以避免控制饱和，进而达到姿态稳定与跟踪的目的。

将再入段控制方程拓展为多变量不确定非线性动力学系统：

$$\left.\begin{aligned}\dot{\boldsymbol{x}}_1 &= \boldsymbol{f}_1(\boldsymbol{x}_1)+\boldsymbol{g}_1(\boldsymbol{x}_1)\boldsymbol{x}_2+\boldsymbol{\xi}_1(\boldsymbol{x}_1,\boldsymbol{x}_2)\\ \dot{\boldsymbol{x}}_2 &= \boldsymbol{f}_2(\boldsymbol{x}_1,\boldsymbol{x}_2)+\boldsymbol{g}_2(\boldsymbol{x}_1,\boldsymbol{x}_2)u+\boldsymbol{\xi}_2(\boldsymbol{x}_1,\boldsymbol{x}_2)\\ \boldsymbol{y} &= \boldsymbol{x}_1\end{aligned}\right\}\tag{6-15}$$

式中：$\boldsymbol{x}_1\in\mathbf{R}^{n-m}$，$\boldsymbol{x}_2\in\mathbf{R}^m$ 为系统状态向量；$\boldsymbol{u}\in\mathbf{R}^m$ 为控制输入向量；$\boldsymbol{f}_1(\boldsymbol{x}_1)$，$\boldsymbol{f}_2(\boldsymbol{x})\in\mathbf{R}^n$ 为已知可微向量；且 $\boldsymbol{\xi}_1(\boldsymbol{x}_1,\boldsymbol{x}_2)\subset\mathbf{R}^{n-m}$ 为不匹配不确定性向量；$\boldsymbol{\xi}_2(\boldsymbol{x}_1,\boldsymbol{x}_2,\boldsymbol{u})\subset\mathbf{R}^m$ 为匹配不确定性向量。$\boldsymbol{g}_1\cdot\boldsymbol{g}_2\neq0$ 且已知。那么再入段姿态控制系统的设计目标是在不匹配不确定项 $\boldsymbol{\xi}_1(\boldsymbol{x}_1,\boldsymbol{x}_2)$和匹配不确定项 $\boldsymbol{\xi}_2(\boldsymbol{x}_1,\boldsymbol{x}_2,\boldsymbol{u})$存在的情况下设计控制器使得系统式(6－15)的所有信号都有界，输出 $\boldsymbol{y}(t)$跟踪光滑可导有界的期望轨迹 $\boldsymbol{y}_d(t)$，并且跟踪误差收敛到一个预定的任意小的残集内，收敛速率不低于预定值，最大超调小于一个任意小的预定值。

6.2　典型控制方法

高超声速飞行器的动力学模型以及气动推力模型，都是高度非线性化和强耦合的，这给控制器设计带来了很大的困难[22]。传统的飞行器控制研究中，一般在工作平衡点将模型小扰动线性化，得到线性模型，然后应用不同的线性控制方法设计控制器。线性控制方法容易实现，设计过程简单，也便于工程化。对于高超声速飞行器来说，由于飞行包络线大，飞行环境变化剧烈，传统的线性控制方法很难满足其控制系统的需求，所以具有鲁棒性和自适应性的非线性控制方法成为高超声速飞行器控制研究的热点。本节对现有文献介绍较多的应用于高超声速飞行器控制的方法和理论，进行简要介绍[23]。

6.2.1　LQR 控制

最优控制问题的本质就是通过寻找一个线性最优跟踪控制器，以达到代价函数的最小化，使控制系统具有最优性能的同时，还具有设计简捷、易于实现等特点。其中，LQR 控制方法能够保证在参数不确定的情况下，其闭环系统具有一定的鲁棒性，这对于具有强耦合、参数强不确定性的高超声速飞行器模型来说非常适用。并且，通过引入积分增广还能实现对高超声速飞行器模型指定输出状态的精确跟踪[24]。

1. 线性二次型问题

对性能指标是状态变量和控制变量的二次型函数的线性动态系统优化问题，称为线性二次型问题。线性二次型问题的最优解具有统一的解析表达式，并可以得到一个简单的状

态线性反馈控制律，便于计算和实现闭环反馈控制。设线性时变系统动态方程为

$$\left.\begin{aligned}\dot{\boldsymbol{x}}(t) &= \boldsymbol{A}(t)\boldsymbol{x}(t)+\boldsymbol{B}(t)\boldsymbol{u}(t),\boldsymbol{x}(t_0)=\boldsymbol{x}_0\\ \boldsymbol{y}(t) &= \boldsymbol{C}(t)\boldsymbol{x}(t)\end{aligned}\right\} \tag{6-16}$$

假定 $0<l\leqslant m\leqslant n$，且 $\boldsymbol{u}(t)$不受约束。其中 $\boldsymbol{x}(t)$为 n 维状态矢量，$\boldsymbol{u}(t)$为 m 维控制矢量，$\boldsymbol{y}(t)$为 1 维输出矢量，$\boldsymbol{A}(t)$、$\boldsymbol{B}(t)$、$\boldsymbol{C}(t)$ 为相应维数的时变矩阵，且其各元分段连续有界，在特殊情况下可以为常值矩阵。令 $\boldsymbol{y}(t)$表示 1 维期望输出矢量，则有误差矢量

$$\boldsymbol{e}(t)=\boldsymbol{y}_l(t)-\boldsymbol{y}(t) \tag{6-17}$$

求最优控制律 $\boldsymbol{u}^*(t)$，使得如下二次型性能指标最小：

$$\boldsymbol{J}=\frac{1}{2}\boldsymbol{e}^{\mathrm{T}}(t_{\mathrm{f}})\boldsymbol{F}\boldsymbol{e}(t_{\mathrm{f}})+\frac{1}{2}\int_{t_0}^{t_{\mathrm{f}}}[\boldsymbol{e}^{\mathrm{T}}(t)\boldsymbol{Q}(t)\boldsymbol{e}(t)+\boldsymbol{u}^{\mathrm{T}}(t)\boldsymbol{R}(t)\boldsymbol{u}(t)]\mathrm{d}t \tag{6-18}$$

式中：$\boldsymbol{F}$ 为 $l\times l$ 维对称非负定常阵；$\boldsymbol{Q}(t)$为 $l\times l$ 维对称非负定时变矩阵；$\boldsymbol{R}(t)$为 $m\times m$ 维对称正定时变矩阵。

初始时刻 t_0 和终端时刻 t_{f} 固定。一般将性能指标中的加权矩阵 $\boldsymbol{F}$、$\boldsymbol{Q}(t)$和 $\boldsymbol{R}(t)$取为对角线型矩阵，则自然满足对称性。虽然可将加权矩阵取为对角线型，但对于不同系统如何选择加权矩阵中的各个元素，目前尚未有通用的解决方法。在二次型性能指标中，各项都有明确的物理意义。

(1)末值项：

$$\varphi[\boldsymbol{e}(t_{\mathrm{f}})]=\frac{1}{2}\boldsymbol{e}^{\mathrm{T}}(t_{\mathrm{f}})\boldsymbol{F}\boldsymbol{e}(t_{\mathrm{f}}) \tag{6-19}$$

为不失一般性，取 $\boldsymbol{F}=\boldsymbol{I}$，对终端状态误差要求的各元素取等值加权，可以得到

$$\boldsymbol{e}^{\mathrm{T}}(t_{\mathrm{f}})\boldsymbol{e}(t_{\mathrm{f}})=\|\boldsymbol{e}(t_{\mathrm{f}})\|^2=\left(\sqrt{e_1^2+e_2^2+\cdots+e_l^2}\right)^2\Big|_{t=t_i} \tag{6-20}$$

此时，末值项表示终端时刻的跟踪误差矢量与期望的零矢量之间的距离二次方和。当 $\boldsymbol{F}\geqslant 0$ 时，表示对终端状态跟踪误差的各元素有不同要求，取 $\boldsymbol{F}=\mathrm{diag}\{f_1,f_2,\cdots,f_l\}\geqslant 0$，则式(6-19)可以表示为

$$\varphi[\boldsymbol{e}(t_{\mathrm{f}})]=\frac{1}{2}\sum_{i=1}^{l}f_i e_i^2(t_{\mathrm{f}}) \tag{6-21}$$

此时，末值项表示终端状态跟踪误差矢量与期望的零矢量之间的距离加权二次方和。因此，二次型性能指标中的末值项表示在控制结束时对系统终端状态跟踪误差的要求。在工程实际中，一般难以在有限时间内使 $\boldsymbol{e}(t_{\mathrm{f}})=\boldsymbol{0}$，因此，$\varphi[\boldsymbol{e}(t_{\mathrm{f}})]$位于零值的某邻域内即可。当对终端状态跟踪误差不加以限制时，可以取 $\boldsymbol{F}=\boldsymbol{0}$，性能指标变为积分型。

(2)第一过程项：

$$\int_{t_0}^{t_{\mathrm{f}}}L_e\mathrm{d}t=\frac{1}{2}\int_{t_0}^{t_{\mathrm{f}}}\boldsymbol{e}^{\mathrm{T}}(t)\boldsymbol{Q}(t)\boldsymbol{e}(t)\mathrm{d}t \tag{6-22}$$

如果取

$$\boldsymbol{Q}(t)=\mathrm{diag}\{q_1(t),q_2(t),\cdots,q_l(t)\}\geqslant 0 \tag{6-23}$$

则有

$$L_e=\frac{1}{2}\boldsymbol{e}^{\tau}(t)\boldsymbol{Q}(t)\boldsymbol{e}(t)=\frac{1}{2}\sum_{i=1}^{l}q_i(t)e_i^2(t)\geqslant 0 \tag{6-24}$$

于是式(6-22)可以表示为

$$\int_{t_0}^{t_f} L_e \mathrm{d}t = \frac{1}{2}\int_{t_0}^{t_f} \sum_{i=1}^{l} q_i(t) e_i^2(t) \mathrm{d}t \tag{6-25}$$

从式(6-25)可以看到，第一过程项表示在系统控制过程中对动态跟踪误差加权二次方和的积分要求，是系统在运动过程中动态跟踪误差的总度量。

(3)第二过程项：

$$\int_{t_0}^{t_i} L_u \mathrm{d}t = \frac{1}{2}\int_{t_0}^{t_i} \boldsymbol{u}^{\mathrm{T}}(t)\boldsymbol{R}(t)\boldsymbol{u}(t)\mathrm{d}t \tag{6-26}$$

如果取

$$\boldsymbol{R}(t) = \mathrm{diag}\{r_1(t), r_2(t), \cdots, r_m(t)\} > 0 \tag{6-27}$$

则有

$$L_u = \frac{1}{2}\boldsymbol{u}^{\mathrm{T}}(t)\boldsymbol{R}(t)\boldsymbol{u}(t) = \frac{1}{2}\sum_{i=1}^{m} r_i(t) u_i^2(t) > 0 \tag{6-28}$$

则式(6-26)可以表示为

$$\int_{t_0}^{t_f} L_u \mathrm{d}t = \frac{1}{2}\int_{t_0}^{t_f} \sum_{i=1}^{m} r_i(t) u_i^2(t) \mathrm{d}t \tag{6-29}$$

从式(6-29)可以看到，第二过程项表示在系统控制过程中对系统加权后的控制能量消耗的总度量。

综上，二次型性能指标的物理意义是：使系统在控制过程中的动态误差与能量消耗以及控制结束时的系统稳态误差综合最优。因此，加权矩阵 $\boldsymbol{F}$、$\boldsymbol{Q}(t)$ 和 $\boldsymbol{R}(t)$ 必须取为非负矩阵，否则存在大误差和很大的控制能量消耗的系统，仍然会有一个小的性能指标不符合最优控制的意义。而要求加权矩阵 $\boldsymbol{R}(t)$ 正定，是为了满足最优控制律的需要，保证存在最优解。

2. 状态调节器

如果式(6-16)和式(6-17)满足 $\boldsymbol{C}(t)=\boldsymbol{I}$，$\boldsymbol{y}_l(t)=0$，则有

$$\boldsymbol{e}(t) = -\boldsymbol{y}(t) = -\boldsymbol{x}(t) \tag{6-30}$$

其性能指标变为

$$J = \frac{1}{2}\boldsymbol{x}^{\mathrm{T}}(t_f)\boldsymbol{F}\boldsymbol{x}(t_f) + \frac{1}{2}\int_{t_0}^{t_f} [\boldsymbol{x}^{\mathrm{T}}(t)\boldsymbol{Q}(t)\boldsymbol{x}(t) + \boldsymbol{u}^{\mathrm{T}}(t)\boldsymbol{R}(t)\boldsymbol{u}(t)]\mathrm{d}t \tag{6-31}$$

此时的线性二次型问题变为：当系统受到扰动偏离平衡状态时，系统要生成使性能指标极小的控制指令，使得系统状态始终保持在平衡状态附近，即状态调节器问题。

(1)有限时间状态调节器。对于线性时变系统状态方程式(6-16)，当控制量无约束、终端时间固定且有限时，其性能指标 J 为极小。

对于上述最优调节器问题，最优控制的充分必要条件为

$$\boldsymbol{u}^*(t) = -\boldsymbol{R}^{-1}(t)\boldsymbol{B}^{\mathrm{T}}(t)\boldsymbol{P}(t)\boldsymbol{x}(t) \tag{6-32}$$

其最优性能指标为

$$J^* = \frac{1}{2}\boldsymbol{x}^{\mathrm{T}}(t_0)\boldsymbol{P}(t_0)\boldsymbol{x}(t_0) \tag{6-33}$$

其中，$n\times n$ 维对称非负矩阵 $\boldsymbol{P}(t)$ 满足黎卡提矩阵方程：

$$-\dot{\boldsymbol{P}}(t) = \boldsymbol{P}(t)\boldsymbol{A}(t) + \boldsymbol{A}^{\mathrm{T}}(t)\boldsymbol{P}(t) - \boldsymbol{P}(t)\boldsymbol{B}(t) \times \boldsymbol{R}^{-1}(t)\boldsymbol{B}^{\mathrm{T}}(t)\boldsymbol{P}(t) + \boldsymbol{Q}(t) \tag{6-34}$$

其边界条件为

$$\boldsymbol{P}(t_f)=\boldsymbol{F} \tag{6-35}$$

而最优轨迹 $\boldsymbol{x}^*(t)$是如下线性矢量微分方程的解：

$$\dot{\boldsymbol{x}}(t)=[\boldsymbol{A}(t)-\boldsymbol{B}(t)\boldsymbol{R}^{-1}(t)\boldsymbol{B}^{\mathrm{T}}(t)\boldsymbol{P}(t)]\boldsymbol{x}(t),\boldsymbol{x}(t_0)=\boldsymbol{x}_0 \tag{6-36}$$

根据上述定理，最优控制律是状态的线性反馈形式：

$$\boldsymbol{u}^*(t)=-\boldsymbol{K}(t)\boldsymbol{x}(t) \tag{6-37}$$

其中反馈增益矩阵为

$$\boldsymbol{K}(t)=\boldsymbol{R}^{-1}(t)\boldsymbol{B}^{\mathrm{T}}(t)\boldsymbol{P}(t) \tag{6-38}$$

由于矩阵$\boldsymbol{R}(t)$和$\boldsymbol{B}(t)$已知，所以闭环系统的性质取决于黎卡提方程的解$\boldsymbol{P}(t)$。可以证明，$\boldsymbol{P}(t)$是唯一对称的，也是非负的。另外，如果系统式(6-16)有最优控制解，则该解也是唯一的。

(2)无限时间状态调节器。有限时间状态调节器只考察系统从任意初始状态回复到平衡状态，而性能指标只能在状态偏差、控制能量大小以及终端误差之间折中。实际工程中，除了要求系统能够在有限时间内对非零初始状态具有最优响应，还要求系统具有保持平衡状态的能力，即稳定性要求。这种情况下，只能用无限时间调节器来进行解决[25]。

对线性时变系统：

$$\dot{\boldsymbol{x}}(t)=\boldsymbol{A}(t)\boldsymbol{x}(t)+\boldsymbol{B}(t)\boldsymbol{u}(t),\boldsymbol{x}(t_0)=\boldsymbol{x}_0 \tag{6-39}$$

其性能指标为

$$J=\frac{1}{2}\int_{t_0}^{+\infty}[\boldsymbol{x}^{\mathrm{T}}(t)\boldsymbol{Q}(t)\boldsymbol{x}(t)+\boldsymbol{u}^{\mathrm{T}}(t)\boldsymbol{R}(t)\boldsymbol{u}(t)]\mathrm{d}t \tag{6-40}$$

其中各矢量定义同前，控制$\boldsymbol{u}(t)$不受约束，当$\{\boldsymbol{A}(t),\boldsymbol{B}(t)\}$完全可控时，存在唯一的最优控制律：

$$\boldsymbol{u}^*(t)=-\boldsymbol{R}^{-1}(t)\boldsymbol{B}^{\mathrm{T}}(t)\bar{\boldsymbol{P}}(t)\boldsymbol{x}(t) \tag{6-41}$$

$$\bar{\boldsymbol{P}}(t)=\lim_{t_i\to+\infty}\boldsymbol{P}(t) \tag{6-42}$$

式中，$\bar{\boldsymbol{P}}(t)$是非负对称的，而$\boldsymbol{P}(t)$是如下黎卡提方程在边界条件$\boldsymbol{P}(t_t)=0$上的唯一解：

$$-\dot{\boldsymbol{P}}(t)=\boldsymbol{P}(t)\boldsymbol{A}(t)+\boldsymbol{A}^{\mathrm{T}}(t)\boldsymbol{P}(t)-\boldsymbol{P}(t)\boldsymbol{B}(t)\times\boldsymbol{R}^{-1}(t)\boldsymbol{B}^{\mathrm{T}}(t)\boldsymbol{P}(t)+\boldsymbol{Q}(t) \tag{6-43}$$

对于线性定常系统：

$$\dot{\boldsymbol{x}}(t)=\boldsymbol{A}\boldsymbol{x}(t)+\boldsymbol{B}\boldsymbol{u}(t),\boldsymbol{x}(0)=\boldsymbol{x}_0 \tag{6-44}$$

其性能指标为

$$J=\frac{1}{2}\int_{t_0}^{+\infty}[\boldsymbol{x}^{\mathrm{T}}(t)\boldsymbol{Q}\boldsymbol{x}(t)+\boldsymbol{u}^{\mathrm{T}}(t)\boldsymbol{R}\boldsymbol{u}(t)]\mathrm{d}t \tag{6-45}$$

其中控制无约束，$\boldsymbol{A}$、$\boldsymbol{B}$、$\boldsymbol{Q}$和$\boldsymbol{R}$是适当维数的常数矩阵，并且$\boldsymbol{Q}$和$\boldsymbol{R}$分别为非负定和正定对称矩阵，如果$\{\boldsymbol{A},\boldsymbol{B}\}$完全可控，$\{\boldsymbol{A},\boldsymbol{D}\}$完全可观，其中$\boldsymbol{D}\boldsymbol{D}^{\mathrm{T}}=\boldsymbol{Q}$，且$\boldsymbol{D}$任意，则有唯一的最优控制律：

$$\boldsymbol{u}^*(t)=-\boldsymbol{R}^{-1}\boldsymbol{B}^{\mathrm{T}}\bar{\boldsymbol{P}}\boldsymbol{x} \tag{6-46}$$

式中，$\bar{\boldsymbol{P}}$是对称正定常数矩阵，且为如下黎卡提方程的唯一解：

$$\bar{\boldsymbol{P}}\boldsymbol{A}+\boldsymbol{A}^{\mathrm{T}}\bar{\boldsymbol{P}}-\bar{\boldsymbol{P}}\boldsymbol{B}\boldsymbol{R}^{-1}\boldsymbol{B}^{\mathrm{T}}\bar{\boldsymbol{P}}+\boldsymbol{Q}=\boldsymbol{0} \tag{6-47}$$

3. 输出调节器

如果式(6-17)中$\boldsymbol{y}_l(t)=\boldsymbol{0}$，则有

$$e(t) = -y(t) \tag{6-48}$$

其性能指标变为

$$J = \frac{1}{2}\boldsymbol{y}^{\mathrm{T}}(t_f)\boldsymbol{F}\boldsymbol{y}(t_f) + \frac{1}{2}\int_{t_0}^{t_f}[\boldsymbol{y}^{\mathrm{T}}(t)\boldsymbol{Q}(t)\boldsymbol{y}(t) + \boldsymbol{u}^{\mathrm{T}}(t)\boldsymbol{R}(t)\boldsymbol{R}(t)\boldsymbol{u}(t)]\mathrm{d}t \tag{6-49}$$

此时的线性二次型问题变为：当系统受到扰动偏离平衡状态时，系统需要生成能使性能指标 J 极小的控制指令，使得系统输出始终保持在平衡状态附近，即输出调节器问题[26]。

如果被控系统完全可观，系统的输出调节器问题可以转化为等价的状态调节器问题，并可将状态调节器的结论推广，得到输出调节器的最优控制律[27]。

(1)有限时间输出调节器。对于终端时间固定的系统，如式(6-16)所描述的线性时变系统，要求最优控制律 $\boldsymbol{u}^*(t)$使式(6-49)的性能指标 J 极小。

该问题的实质是，寻找最优控制律，使得系统在消耗较小控制能量的情况下，控制过程中和过程后的输出都尽可能接近零。如果性能指标中不含末值项，则对终端时刻的输出偏差没有要求。可以证明，当系统式(6-16)完全可观时，问题可转化为相应的状态调节问题。若矩阵 $\boldsymbol{A}(t)$和 $\boldsymbol{C}(t)$在 t 时刻完全可观测，则存在唯一的最优控制：

$$\boldsymbol{u}^*(t) = -\boldsymbol{R}^{-1}(t)\boldsymbol{B}^{\mathrm{T}}(t)\boldsymbol{P}(t)\boldsymbol{x}(t) \tag{6-50}$$

其最优性能指标为

$$J^*[\boldsymbol{x}(t_0), t_0] = \frac{1}{2}\boldsymbol{x}^{\mathrm{T}}(t_0)\boldsymbol{P}(t_0)\boldsymbol{x}(t_0) \tag{6-51}$$

其最优轨迹 $\boldsymbol{x}^*(t)$满足下式：

$$\dot{\boldsymbol{x}}(t) = [\boldsymbol{A}(t) \quad -\boldsymbol{B}(t) \quad \boldsymbol{R}^{-1}(t) \quad \boldsymbol{B}^{\mathrm{T}}(t) \quad \boldsymbol{P}(t)]\boldsymbol{x}(t), \boldsymbol{x}(t_0) = \boldsymbol{x}_0 \tag{6-52}$$

式中，$\boldsymbol{P}(t)$是对称非负定矩阵，它是黎卡提方程

$$\begin{aligned} -\dot{\boldsymbol{P}}(t) = \boldsymbol{P}(t)\boldsymbol{A}(t) + \boldsymbol{A}^{\mathrm{T}}(t)\boldsymbol{P}(t) - \boldsymbol{P}(t)\boldsymbol{B}(t)\boldsymbol{R}^{-1}(t) \times \\ \boldsymbol{B}^{\mathrm{T}}(t)\boldsymbol{P}(t) + \boldsymbol{C}^{\mathrm{T}}(t)\boldsymbol{Q}(t)\boldsymbol{C}(t) \end{aligned} \tag{6-53}$$

在满足式(6-53)边界条件下的唯一解：

$$\boldsymbol{P}(t_f) = \boldsymbol{C}^{\mathrm{T}}(t_f)\boldsymbol{F}\boldsymbol{C}(t_f) \tag{6-54}$$

(2)无限时间输出调节器。由于有限时间输出调节器问题中黎卡提方程的解 $\boldsymbol{P}(t)$是一个时变矩阵，所以即使 $\boldsymbol{A}$、$\boldsymbol{B}$、$\boldsymbol{Q}$、$\boldsymbol{R}$ 为常值矩阵，其最优反馈增益阵 $\boldsymbol{R}^{-1}\boldsymbol{B}^{\mathrm{T}}\boldsymbol{P}(t)$也是时变的。但当各矩阵具有常值矩阵，且终端时间 $t_f \to \infty$，$\boldsymbol{A}$、$\boldsymbol{B}$ 完全可控时，同样也可以得到定常状态反馈控制律，这种问题称为无限时间输出调节器问题。同样对系统式(6-16)，要求最优控制律，能使下式性能指标取极小：

$$J = \frac{1}{2}\int_0^{+\infty}[\boldsymbol{y}^{\mathrm{T}}(t)\boldsymbol{Q}(t)\boldsymbol{y}(t) + \boldsymbol{u}^{\mathrm{T}}(t)\boldsymbol{R}(t)\boldsymbol{u}(t)]\mathrm{d}t \tag{6-55}$$

式中：$\boldsymbol{Q}$,$\boldsymbol{R}$ 为对称非负定和对称正定常值矩阵。

如果 $\boldsymbol{A}$、$\boldsymbol{B}$ 完全可控，$\boldsymbol{A}$、$\boldsymbol{B}$ 完全可观，且对于满足 $\boldsymbol{D}\boldsymbol{D}^{\mathrm{T}} = \boldsymbol{C}^{\mathrm{T}}\boldsymbol{Q}\boldsymbol{C}$ 的任何 $\boldsymbol{D}$，$\boldsymbol{A}$、$\boldsymbol{D}$ 也完全可观，则最优控制律为

$$\boldsymbol{u}^*(t) = -\boldsymbol{R}^{-1}\boldsymbol{B}^{\mathrm{T}}\bar{\boldsymbol{P}}\boldsymbol{x} \tag{6-56}$$

其最优性能指标为

$$J^* = \frac{1}{2}\boldsymbol{x}^{\mathrm{T}}(0)\bar{\boldsymbol{P}}\boldsymbol{x} \tag{6-57}$$

式中，$\bar{\boldsymbol{P}}$ 为正定对称常数矩阵，满足如下黎卡提代数方程：

$$\bar{\boldsymbol{P}}\boldsymbol{A}+\boldsymbol{A}^{\mathrm{T}}\bar{\boldsymbol{P}}-\bar{\boldsymbol{P}}\boldsymbol{B}\boldsymbol{R}^{-1}\boldsymbol{B}^{\mathrm{T}}\bar{\boldsymbol{P}}+\boldsymbol{C}^{\mathrm{T}}\boldsymbol{Q}\boldsymbol{C}=0 \tag{6-58}$$

则如下最优闭环系统是渐进稳定的：

$$\dot{\boldsymbol{x}}(t)=(\boldsymbol{A}-\boldsymbol{B}\boldsymbol{R}^{-1}\boldsymbol{B}^{\mathrm{T}}\boldsymbol{P})\boldsymbol{x}(t),\quad \boldsymbol{x}(0)=\boldsymbol{x}_0 \tag{6-59}$$

4. 跟踪控制器

如果 $\boldsymbol{y}_l(t)\neq 0$，式(6-17)成立，则性能指标仍然为式(6-18)，此时线性二次型问题变为：当系统的期望输出为 $\boldsymbol{y}(t)$ 时，系统需要生成能使性能指标式(6-18)极小，以使系统的实际输出 $\boldsymbol{y}(t)$ 始终跟踪 $\boldsymbol{y}_l(t)$，即跟踪系统问题。

(1)有限时间时变跟踪控制。对如式(6-16)所示的系统，设 $\boldsymbol{y}(t)$ 为期望输出矢量，输出误差定义为

$$\boldsymbol{e}(t)=\boldsymbol{y}_i(t)-\boldsymbol{y}(t) \tag{6-60}$$

在终端时刻固定的情况下，要求最优控制律，使得系统输出 $\boldsymbol{y}(t)$ 跟随给定的输出 $\boldsymbol{y}_l(t)$，并使性能指标为极小：

$$J=\frac{1}{2}\boldsymbol{e}^{\mathrm{T}}(t_{\mathrm{i}})\boldsymbol{F}\boldsymbol{e}(t_{\mathrm{f}})+\frac{1}{2}\int_{t_0}^{t_{\mathrm{f}}}[\boldsymbol{e}^{\mathrm{T}}(t)\boldsymbol{Q}(t)\boldsymbol{e}(t)+\boldsymbol{u}^{\mathrm{T}}(t)\boldsymbol{R}(t)\boldsymbol{u}(t)]\mathrm{d}t \tag{6-61}$$

若 $\boldsymbol{A}$、$\boldsymbol{C}$ 完全可观，则存在唯一的最优控制：

$$\boldsymbol{u}^{*}(t)=-\boldsymbol{R}^{-1}(t)\boldsymbol{B}^{\mathrm{T}}(t)[\boldsymbol{P}(t)\boldsymbol{x}(t)-\boldsymbol{g}(t)] \tag{6-62}$$

其中，$\boldsymbol{P}(t)$ 为 $n\times n$ 维对称非负定实矩阵，是如下黎卡提方程式以及边界条件式的唯一解：

$$-\dot{\boldsymbol{P}}(t)=\boldsymbol{P}(t)\boldsymbol{A}(t)+\boldsymbol{A}^{\mathrm{T}}(t)\boldsymbol{P}(t)-\boldsymbol{P}(t)\boldsymbol{B}(t)\boldsymbol{R}^{-1}(t)\boldsymbol{B}^{\mathrm{T}}(t)\boldsymbol{P}(t)+\boldsymbol{C}^{\mathrm{T}}(t)\boldsymbol{Q}(t)\boldsymbol{C}(t) \tag{6-63}$$

$$\boldsymbol{P}(t_{\mathrm{f}})=\boldsymbol{C}^{\mathrm{T}}(t_{\mathrm{f}})\boldsymbol{F}\boldsymbol{C}(t_{\mathrm{i}}) \tag{6-64}$$

且 $\boldsymbol{g}(t)$ 为 n 维伴随矢量，满足如下方程式以及边界条件式：

$$-\dot{\boldsymbol{g}}(t)=[\boldsymbol{A}(t)\quad -\boldsymbol{B}(t)\quad \boldsymbol{R}^{-1}(t)\quad \boldsymbol{B}^{\mathrm{T}}(t)\quad \boldsymbol{P}(t)]^{\mathrm{T}}\boldsymbol{g}(t)+\boldsymbol{C}^{\mathrm{T}}(t)\boldsymbol{Q}(t)\boldsymbol{y}_l(t) \tag{6-65}$$

$$\boldsymbol{g}(t_{\mathrm{i}})=\boldsymbol{C}^{\mathrm{T}}(t_{\mathrm{i}})\boldsymbol{F}\boldsymbol{y}_l(t_{\mathrm{i}}) \tag{6-66}$$

其最优跟踪闭环系统为

$$\dot{\boldsymbol{x}}(t)=[\boldsymbol{A}(t)\quad -\boldsymbol{B}(t)\quad \boldsymbol{R}^{-1}(t)\quad \boldsymbol{B}^{\mathrm{T}}(t)\quad \boldsymbol{P}(t)]^{\mathrm{T}}\boldsymbol{x}(t)+\boldsymbol{B}(t)\boldsymbol{R}^{-1}(t)\boldsymbol{B}^{\mathrm{T}}(t)\boldsymbol{g}(t) \tag{6-67}$$

(2)无限时间定常跟踪控制。对于无限时间跟踪系统问题，目前还没有一般性的解决方法，当期望输出为定常时，可以采用近似求解方法。对于如下定常系统：

$$\dot{\boldsymbol{x}}(t)=\boldsymbol{A}\boldsymbol{x}(t)+\boldsymbol{B}\boldsymbol{u}(t),\boldsymbol{x}(0)=\boldsymbol{x}_0 \tag{6-68}$$

$$\boldsymbol{y}(t)=\boldsymbol{C}\boldsymbol{x}(t) \tag{6-69}$$

设 $\hat{\boldsymbol{y}}_l$ 为定常期望输出常矢量，$\boldsymbol{e}(t)$ 为误差矢量，则有

$$\boldsymbol{e}(t)=\hat{\boldsymbol{y}}_l-\boldsymbol{y}(t) \tag{6-70}$$

其性能指标为

$$J=\frac{1}{2}\int_{0}^{\infty}[\boldsymbol{e}^{\mathrm{T}}(t)\boldsymbol{Q}\boldsymbol{e}(t)+\boldsymbol{u}^{\mathrm{T}}(t)\boldsymbol{R}\boldsymbol{u}(t)]\mathrm{d}t \tag{6-71}$$

式中：$\boldsymbol{Q}$，$\boldsymbol{R}$ 为对称正定常数矩阵。

如果 $\boldsymbol{A}$、$\boldsymbol{B}$ 完全可控，$\boldsymbol{A}$、$\boldsymbol{C}$ 完全可观，则有近似最优控制解：

$$\boldsymbol{u}(t) = -\boldsymbol{R}^{-1}\boldsymbol{B}^{\mathrm{T}}\hat{\boldsymbol{P}}\boldsymbol{x}(t) + \boldsymbol{R}^{-1}\boldsymbol{B}^{\mathrm{T}}\boldsymbol{g} \tag{6-72}$$

其中，$\boldsymbol{P}$ 为对称正定长阵，满足黎卡提方程：

$$\hat{\boldsymbol{P}}\boldsymbol{A} + \boldsymbol{A}^{\mathrm{T}}\hat{\boldsymbol{P}} - \hat{\boldsymbol{P}}\boldsymbol{B}\boldsymbol{R}^{-1}\boldsymbol{B}^{\mathrm{T}}\hat{\boldsymbol{P}} + \boldsymbol{C}^{\mathrm{T}}\boldsymbol{Q}\boldsymbol{C} = 0 \tag{6-73}$$

常值伴随矢量为

$$\hat{\boldsymbol{g}} = [\hat{\boldsymbol{P}}\boldsymbol{B}\boldsymbol{R}^{-1}\boldsymbol{B}^{\mathrm{T}}\hat{\boldsymbol{P}} - \boldsymbol{A}^{\mathrm{T}}]^{-1}\boldsymbol{C}^{\mathrm{T}}\boldsymbol{Q}\hat{\boldsymbol{y}}_{l} \tag{6-74}$$

6.2.2 滑模控制

滑模控制是变结构控制的一种主要形式，能够使被控系统收敛到或者停留在给定的限制曲面上，并对某些内部和外部的干扰不敏感，使得控制系统具有较好的鲁棒性。滑模控制被广泛应用于飞行器不确定性控制的研究，能够在具有建模不确定性的情况下保持系统的稳定性。

1. 滑动面

对单输入动态系统：

$$x^{(n)} = f(x) + b(\boldsymbol{x})u \tag{6-75}$$

式中：标量 x 为所关注的输出（如机械系统的位置）；标量 u 为控制输入；$\boldsymbol{x}_{\mathrm{d}} = [x_{\mathrm{d}} \quad \dot{x}_{\mathrm{d}} \quad \cdots \quad x_{\mathrm{d}}^{(n-1)}]^{\mathrm{T}}$ 为状态矢量。

在方程式(6-75)中，函数 $f(\boldsymbol{x})$（通常是非线性的）不是精确已知的，但 $f(\boldsymbol{x})$ 不精确性范围的上界是 $\boldsymbol{x}$ 的一个已知连续函数。类似地，控制增益 $b(\boldsymbol{x})$ 不精确知道，但已知其符号，且其范围受一个 $\boldsymbol{x}$ 的连续函数界定。现在的控制问题是：在 $f(\boldsymbol{x})$ 和 $b(\boldsymbol{x})$ 具有建模不精确性的情况下，使状态 $\boldsymbol{x}$ 跟踪特定的时变状态 $\boldsymbol{x}_{\mathrm{d}} = [x_{\mathrm{d}} \quad \dot{x}_{\mathrm{d}} \quad \cdots \quad x_{\mathrm{d}}^{(n-1)}]^{\mathrm{T}}$。

为了使用有限控制输入 $\boldsymbol{x}$ 实现跟踪任务，期望状态的初始值 $\boldsymbol{x}_{\mathrm{d}}(0)$ 必须满足

$$\boldsymbol{x}_{\mathrm{d}}(0) = \boldsymbol{x}(0) \tag{6-76}$$

对于二阶系统，位置和速率不能“跳跃”，因此对于任何可行的期望轨线，当 $t=0$ 时，其位置和速度必须与系统的位置和速度相同，否则只能在经过一个过渡过程后，才能达到跟踪效果。

记 $\tilde{\boldsymbol{x}} = \boldsymbol{x} - \boldsymbol{x}_{\mathrm{d}}$ 为变元 $\boldsymbol{x}$ 的跟踪误差，且令

$$\tilde{\boldsymbol{x}} = \boldsymbol{x} - \boldsymbol{x}_{\mathrm{d}} = [\tilde{x} \quad \dot{\tilde{x}} \quad \cdots \quad \tilde{x}^{(n-1)}]^{\mathrm{T}} \tag{6-77}$$

为跟踪误差矢量，用标量方程 $s(\boldsymbol{x};t)=0$ 定义状态空间 $\mathbf{R}^{n}$ 中的时变曲面 $S(t)$：

$$s(\boldsymbol{x};t) = \left(\frac{\mathrm{d}}{\mathrm{d}t} + \lambda\right)^{n-1}\tilde{x} \tag{6-78}$$

式中：λ 为正常数。

如果 $n=2$，有

$$s = \dot{\tilde{x}} + \lambda\tilde{x} \tag{6-79}$$

即 s 仅是位置误差和速度误差的加权和。如果 $n=3$，有

$$s = \ddot{\tilde{x}} + 2\lambda\dot{\tilde{x}} + \lambda^{2}\tilde{x} \tag{6-80}$$

给定初始状态式(6-76),跟踪 $\boldsymbol{x}\equiv\boldsymbol{x}_d$ 的问题即等价于当 $t>0$ 时轨线必须停留在曲面 $S(t)$ 上。事实上,$s\equiv0$ 代表了一个线性微分方程,假定初始条件是式(6-76),其唯一解是 $\tilde{x}\equiv0$。因此,跟踪 n 维矢量 $\boldsymbol{x}_d$ 的问题可简化为使标量 s 恒为零的问题。

更确切地说,跟踪 n 维矢量 $\boldsymbol{x}_d$ 的问题(关于 x 的原 n 阶跟踪问题)能够有效地被用 s 表示的一阶镇定问题取代。事实上,既然表达式(6-78)包含 $\tilde{x}^{(n-1)}$,则仅需对 s 微分一次就可使 $\boldsymbol{u}$ 出现。进一步,s 的界可直接转换成跟踪误差矢量 $\boldsymbol{x}$ 的界限,因此标量 s 是跟踪性能的真实度量。特别是,假定 $\tilde{\boldsymbol{x}}(0)=\boldsymbol{0}$($\tilde{\boldsymbol{x}}$ 初始值非零的作用可单独加上),则有

$$\left.\begin{array}{l}\forall t\geqslant0,\ |s(t)|\leqslant\Phi\Rightarrow\forall t\geqslant0,\ |\tilde{\boldsymbol{x}}^{(i)}(t)|\leqslant(2\lambda)^i\varepsilon\\ i=0,1,\cdots,n-1\end{array}\right\}\tag{6-81}$$

其中,$\varepsilon=\Phi/\lambda^{n-1}$。事实上,根据式(6-78)定义,跟踪误差 $\tilde{\boldsymbol{x}}$ 可由 s 通过一系列阶低通滤波器获得(见图 6-1),其中 $p=\mathrm{d}/\mathrm{d}t$ 是拉普拉斯算符。记 y_1 为第一个滤波器的输出,可得

$$y_1(t)=\int_0^t \mathrm{e}^{-\lambda(t-T)}s(T)\mathrm{d}T\tag{6-82}$$

从 $|s|\leqslant\Phi$ 可得

$$|y_1(t)|\leqslant\Phi\int_0^t \mathrm{e}^{-\lambda(t-T)}\mathrm{d}T=(\Phi/\lambda)(1-\mathrm{e}^{-\lambda t})\leqslant\Phi/\lambda\tag{6-83}$$

对第 2 个滤波器运用相同的推理,直到 $y_{n-1}=\tilde{\boldsymbol{x}}$。同理,可得

$$|\tilde{\boldsymbol{x}}|\leqslant\Phi/\lambda^{n-1}=\varepsilon\tag{6-84}$$

类似地,$\tilde{\boldsymbol{x}}(i)$ 可看成是 s 通过如图 6-2 所示的步骤获得的。由前面的结论可得 $|z_1|\leqslant\Phi/\lambda^{n-1-i}$,其中,$z_1$ 是 $(n-i-1)$ 阶滤波器的输出。此外,注意到

$$\frac{p}{p+\lambda}=\frac{p+\lambda-\lambda}{p+\lambda}=1-\frac{\lambda}{p+\lambda}\tag{6-85}$$

可见,图 6-2 的步骤意味着

$$|\tilde{\boldsymbol{x}}^{(i)}|\leqslant\left(\frac{\Phi}{\lambda^{n-1-i}}\right)\left(1+\frac{\lambda}{\lambda}\right)^i=(2\lambda)^i\varepsilon\tag{6-86}$$

这就是界式(6-81)。最后,当 $\tilde{\boldsymbol{x}}(0)\neq\boldsymbol{0}$ 时,界式(6-81)可以渐近地得到,即在一小段恒定时间 $(n-1)/\lambda$ 内得到。因此,就由一个一阶镇定问题有效地取代了 n 阶跟踪问题,并且用式(6-81)量化了性能度量的相应变换。

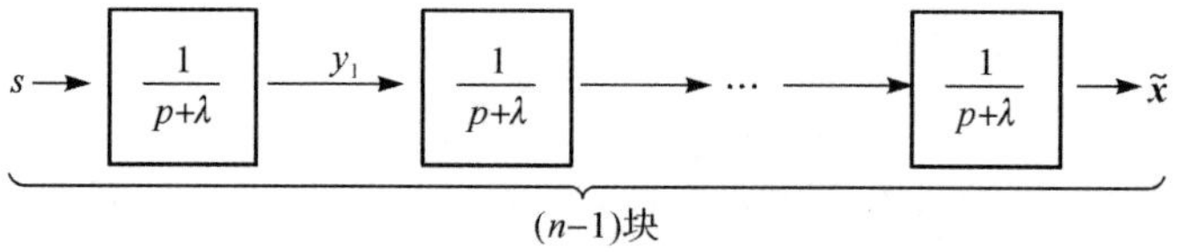

图 6-1 $\tilde{\boldsymbol{x}}$ 的计算界限

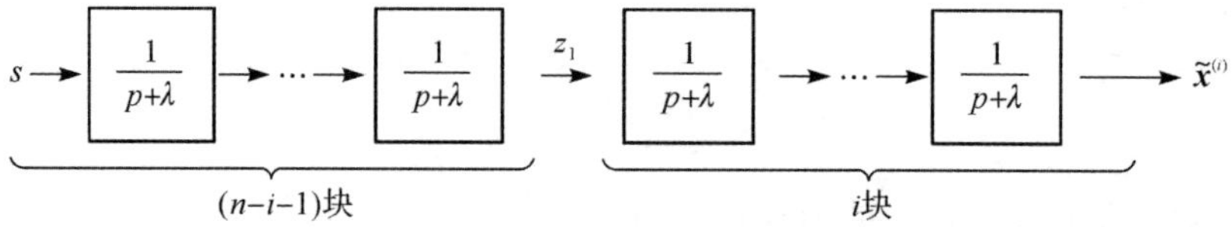

图 6-2 $\tilde{\boldsymbol{x}}^{(i)}$ 的计算界限

现在可通过选择式(6－75)中的控制 u,使得在曲面 $S(t)$之外满足

$$\frac{1}{2}\frac{\mathrm{d}}{\mathrm{d}t}s^2 \leqslant -\eta\,|\,s\,| \tag{6-87}$$

可得到使 s 恒为零的简化一阶问题,其中 η 是正常数。本质上,式(6－87)表达的是以 s^2 为度量,到曲面的二次方"距离"沿所有系统轨线减小。因此,这就使轨线趋于曲面 $S(t)$,如图 6－3 所示。轨线一旦进入曲面就将一直停留在该曲面上。换句话说,系统轨线满足式(6－87),即滑动条件,使曲面成为一个不变集。此外,式(6－87)表明,当存在一些干扰和系统不确定时,仍然能保持曲面是一个不变集。从图 6－3 看出,不在曲面上的轨线,仍然能指向曲面运动。满足式(6－87)的曲面 $S(t)$称为滑动曲面,且系统性态一旦在曲面上,就被称为滑动形态或者滑动模。

不变集 $S(t)$另一个有趣的方面是,一旦系统轨线在曲面上,系统的轨线由不变集自身的方程所定义,即

$$\left(\frac{\mathrm{d}}{\mathrm{d}t}+\lambda\right)^{n-i}\tilde{\boldsymbol{x}} = 0 \tag{6-88}$$

换句话说,$S(t)$既是一个曲面,也是一个动态,这由前面注释[即式(6－78)允许一阶问题取代 n 阶问题]的几何解释得到。

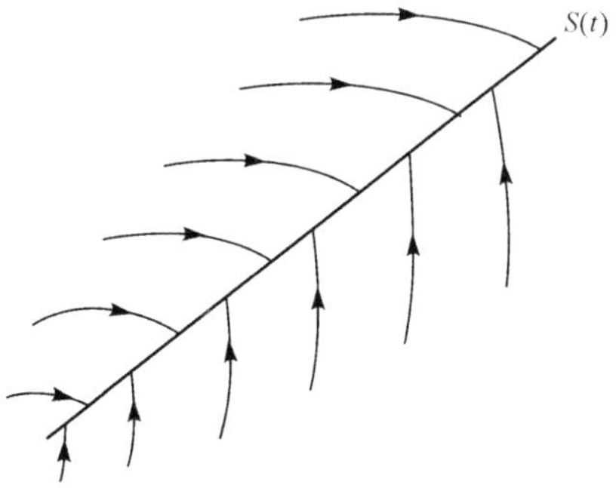

图 6－3　滑动条件

最后,满足式(6－87)的条件保证了即使条件式(6－76)不严格成立[即 $\boldsymbol{x}(t=0)$偏离了 $\boldsymbol{x}_\mathrm{d}(t=0)$],系统轨线仍然能在小于$|s(t=0)|/\eta$ 的有限时间内到达曲面 $S(t)$。事实上,如果假定 $s(t=0)>0$,记 t_reach为到达曲面 $s=0$ 所需的时间,对式(6－87)从 $t=0$ 到 $t=t_\mathrm{reach}$积分,可得到

$$0-s(t=0)=s(t=t_\mathrm{reach})-s(t=0)\leqslant -\eta\,|\,t_\mathrm{reach}-0\,| \tag{6-89}$$

这表明 $t_\mathrm{reach}\leqslant s(t=0)/\eta$。由 $s(t=0)<0$ 可以得到类似的结果,因此有

$$t_\mathrm{reach}\leqslant |\,s(t=0)\,|\,/\eta \tag{6-90}$$

进而,定义式(6－78)表明一旦在曲面上,跟踪误差以时间常数$(n-1)/\lambda$ 指数趋于零[因设计中共$(n-1)$个时间常数等于 $1/\lambda$ 的滤波器]。

满足滑动条件式(6－87)的一个典型系统的性态如图 6－4 所示,其中 $n=2$。滑动曲面是相平面上斜率为$-\lambda$,并包含时变点 $\boldsymbol{x}_\mathrm{d}=[x_\mathrm{d}\quad \dot{x}_\mathrm{d}]^\mathrm{T}$ 的一条直线。从任何一点开始,状态轨线都可在小于$|s(t=0)|/\eta$ 的有限时间内到达时变曲面,然后沿曲面以时间常数 $1/\lambda$ 指数

滑动到 $\boldsymbol{x}_d$。

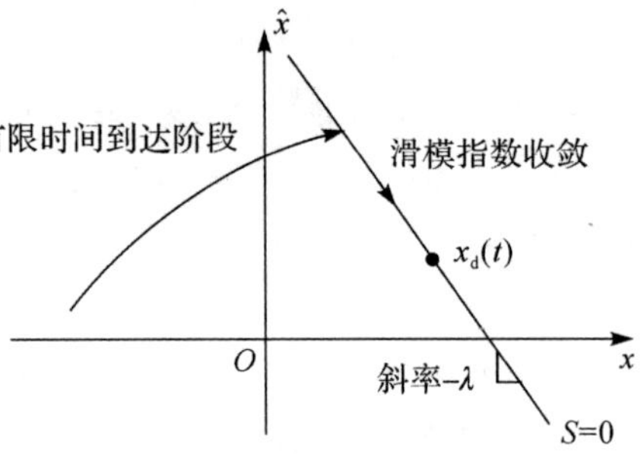

图 6-4　滑动面图示

2.滑模控制器

式(6-63)和式(6-72)的思路就是挑选跟踪误差的一个有好性态的函数，根据式(6-63)确定它就是 s。然后，忽略模型不确定性和干扰，选择式(6-75)中的反馈控制规律 u，使得 s^2 是闭环系统的类李雅普诺夫函数。控制器设计包括 2 个步骤：第 1 个步骤是选择反馈控制规律 u，使得滑动条件式(6-72)成立；第 2 个步骤是平滑控制律(将在下节介绍)。

在滑动面上的动态可以写为

$$\dot{s} = 0 \tag{6-91}$$

通过求解式(6-91)，可以得到控制量 u 的表达式。

以如下二阶系统为例，说明如何设计滑模控制律：

$$\ddot{x} = f + u \tag{6-92}$$

当动态 f 是确切已知的时候，可得到使式(6-91)成立的连续控制律：

$$u^* = -f + \ddot{x}_d - \lambda \dot{\tilde{x}} \tag{6-93}$$

而在滑动面上的系统动态为

$$\ddot{x} = f + u^* = \ddot{x}_d - \lambda \dot{\tilde{x}} \tag{6-94}$$

当动态 f 为不确定的时候，设其估计值为 $\hat{f}$，且估计误差受已知函数 $F=F(x,\dot{x})$ 限制：

$$|\hat{f} - f| \leqslant F \tag{6-95}$$

根据式(6-78)，有

$$s = \left(\frac{\mathrm{d}}{\mathrm{d}t} + \lambda\right)\tilde{x} = \dot{\tilde{x}} + \lambda\tilde{x} \tag{6-96}$$

则

$$\dot{s} = \ddot{x} - \ddot{x}_d + \lambda \dot{\tilde{x}} = f + u - \ddot{x}_d + \lambda \dot{\tilde{x}} \tag{6-97}$$

使得 $\dot{s}=0$ 的连续控制律的估计为

$$\hat{u} = -\hat{f} + \ddot{x}_d - \lambda \dot{\tilde{x}} \tag{6-98}$$

不考虑 f 的不确定性，为了满足滑动条件，在穿越曲面 $s=0$ 时，在 $\hat{u}$ 上加一个不连续量，得到

$$u = \hat{u} - k\text{sgn}(s) \tag{6-99}$$

其中，sgn 是符号函数，即

$$\left.\begin{aligned}\text{sgn}(s) &= +1, \quad s > 0\\ \text{sgn}(s) &= -1, \quad s < 0\end{aligned}\right\} \tag{6-100}$$

通过把 $k=k(x,\dot{x})$ 选取得足够大，从而使滑动条件成立。从式(6-97)～式(6-100)可知

$$\frac{1}{2}\frac{\text{d}}{\text{d}t^2} = \dot{s}s = [f - \hat{f} - k\text{sgn}(s)]s = (f - \hat{f})s - k \mid s \mid \tag{6-101}$$

因此，取

$$k = F + \eta \tag{6-102}$$

从式(6-95)可得

$$\frac{1}{2}\frac{\text{d}}{\text{d}t}s^2 \leqslant -\eta \mid s \mid \tag{6-103}$$

当穿越曲面 $s=0$ 时，控制的不连续部分 k 随着参数的不确定范围的增加而增加。

在实际应用中，由于系统不确定性和实现切换控制的实际问题，符号函数可能导致出现很多问题，比如控制器的高增益和颤振现象。考虑到模型不准确和干扰的存在，控制规律在穿过 $S(t)$ 时必须是不连续的。由于相应控制切换的实现必然是非理想的(例如，在实际中切换不是瞬间的，且 s 的值不可能无限精确)，所以这就导致了颤振现象的出现(见图 6-5)。

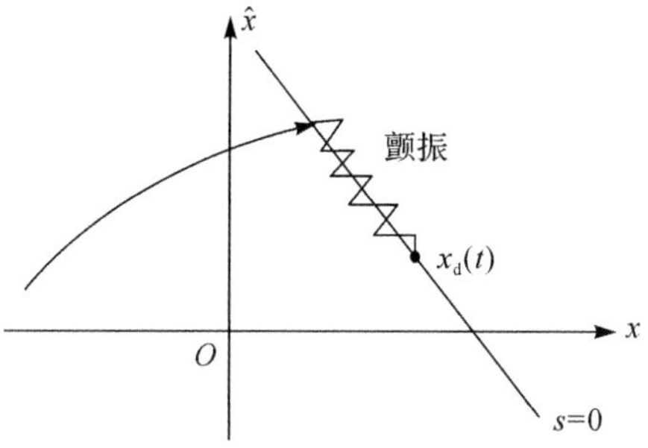

图 6-5　控制切换产生的颤振

实际工程中不希望出现颤振，因为它需要较高的控制功率，并且可能进一步激发在建模中被忽略的高频动态(如未建模的结构模态、被忽略的时滞等)。因此，不连续控制规律将会被适当平滑，以得到控制带宽和跟踪精确度之间的最佳权衡。

为了尽可能地消除颤振，可以在切换曲面附近增加一个薄的边界层：

$$B(t) = \{x, \mid s(x;t) \mid \leqslant \Phi\}, \Phi > 0 \tag{6-104}$$

如图 6-6 所示，其中 Φ 为边界层厚度，$\varepsilon=\Phi/\lambda^{n-1}$ 为边界层宽度。在边界层 B 外部，选择和以前一样满足滑动条件的控制律，从而保证边界层是可吸引的，是不变集。把表达式中的 sgn(s)项换成 sat(s/Φ)：

$$u = \hat{u} - k\text{sat}(s/\Phi) \tag{6-105}$$

其中，sat 是饱和函数，定义为

$$\left.\begin{aligned}\text{sat}(y) &= y, \mid y \mid \leqslant 1\\ \text{sat}(y) &= \text{sgn}(y), \mid y \mid > 1\end{aligned}\right\} \tag{6-106}$$

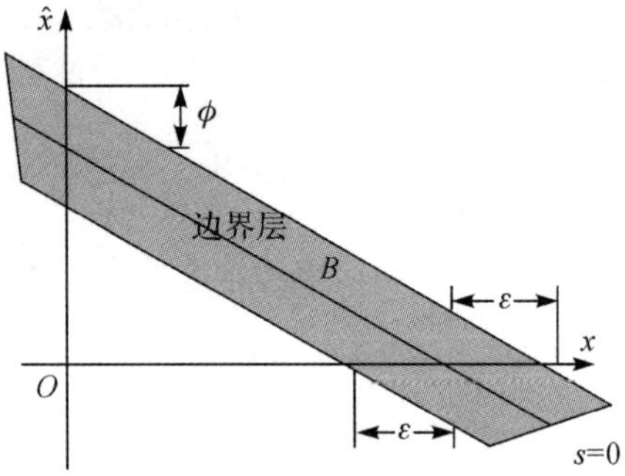

图 6-6　边界层

6.2.3　自适应控制

自适应控制是一种控制器参数能够在线自适应变化，控制律根据对象的动态特性进行调整的控制方法。高超声速飞行器飞行速度快，系统状态快速时变，飞行器所处的外界环境变化迅速，控制器的设计必须能够在模型变化和参数变化的条件下仍然具有良好的控制性能。应用自适应控制，可以大大减弱飞行控制系统对外界环境的敏感性，能够满足高超声速飞行器快时变、大包络线的飞行任务要求，其设计过程也相对复杂。

1. 自适应控制的基本结构

实际工程中大部分的被控系统(线性或非线性)都存在常值或者慢变不确定参数，被控系统可能在控制开始时就有参数不确定性，如果有在线校正或估计机制，逐渐减少参数的不确定性，则可以更好地控制和稳定被控系统。另外，有些被控系统开始时其动力学特性是确定的。但是，在控制过程中，系统的参数可能发生无法预测的变化，如果控制器不能连续地进行“再设计”，本来适合的控制器也许就不能再有效地控制已经发生了变化的对象。自适应控制就是为这种具有不确定性或参数变化未知的系统提供系统控制的方法。自适应控制的基本思路是基于测量得到的信号，对不确定的被控对象参数进行在线估计，并在控制输入计算中使用参数的估计值。自适应控制系统可以视为带有参数在线估计的控制系统。

为了更好地说明自适应控制系统的性态、避免数学上的复杂性，本书假定被控对象的未知参数是常值。在实际情况中，自适应控制通常用来处理时变未知参数，而被控对象的参数变化速度一般比参数的校正速度慢得多，因此，假定被控对象的未知参数是常值，分析和研究自适应控制的原理是合理的。如果出现快变参数，主要是由系统的建模不合理而导致的，则应重新对参数变化的动态进行建模。

实际上，鲁棒控制也可以用来处理参数不确定性。但是，在处理常值或慢变不确定参数方面，自适应控制比鲁棒控制更优越。在自适应过程中，自适应控制器会不断改善自身的性能，而鲁棒控制器只是试图保持性能的一致性。此外，自适应控制器需要很少或者不需要未知参数的先验信息，而鲁棒控制器通常需要预先知道参数界的合理估计。

2. 模型参考自适应控制

模型参考自适应控制系统可以由图 6-7 表示，包含 4 部分：带有未知参数的被控对象

(其中 $\hat{a}$ 为参数估计值)、参考模型(描述控制系统的期望输出)、带有可校正参数的反馈控制律,以及校正参数的自适应机制。

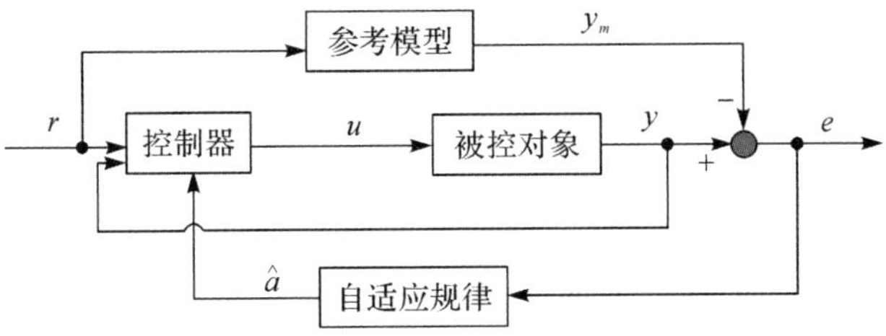

图 6－7　模型参考自适应控制系统

虽然参数未知,但可以假设被控对象的结构是已知的。对于线性系统,这说明系统的极点和零点的个数是已知的,而它们的位置是未知的;对于非线性系统,说明动态方程的结构是已知的,而某些参数是未知的。

参考模型是为自适应系统响应外部指令所提供的一个理想参考系统。当自适应机制在校正参数时,期望系统响应能尽量与理想响应接近。选择参考模型必须满足两个要求:一是要能够反映控制任务中所指定的性能,如上升时间、调节时间、超调或频率特性等;二是这种理想性能应该是自适应控制系统可以实现的。

控制器应该具有完全的跟踪能力。当被控对象的参数准确已知时,相应的控制器可以使系统的输出与参考模型的输出相等;而当参数未知时,自适应机制将校正参数,从而渐近达到完全跟踪。为了得到稳定性和跟踪收敛性的自适应机制,现有的自适应控制设计一般要求控制器参数是线性的。

自适应机制用来校正控制器中的参数,自适应规律通过搜索参数使得在自适应控制规律下,被控对象的响应逐渐与参考模型的响应相等,使跟踪误差收敛到零。这种自适应机制就是自适应控制与传统控制的主要区别。自适应控制的目的就是设计出好的自适应机制,以保证参数变化时系统稳定,并使得跟踪误差收敛到零。非线性控制的许多方法可以用来达到这个目的,如李雅普诺夫理论、超稳定性理论、耗散理论等,本书主要应用李雅普诺夫理论。

3. 自校正控制(STC)

在非自适应控制设计中,控制器中的参数由被控系统中的参数计算得到,而如果被控系统的参数是未知的,则可用这些参数的估计值替代,因此需要参数估计器。自适应控制器就是由控制器和在线参数估计器耦合得到的,这种控制器称为自校正控制器,其结构如图 6－8 所示。

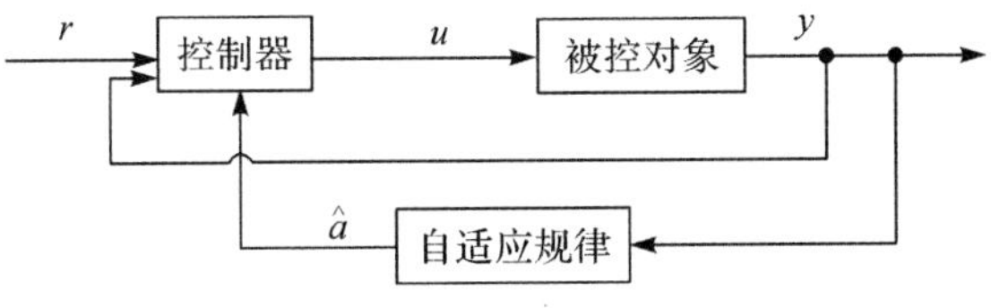

图 6－8　自校正控制器

自校正控制器的运转过程如下：在每一时刻，估计器根据以前的输入 u 和输出 y 算出组系统参数的估计值并将它们送入控制器，计算机算出相应的控制器参数，然后根据得到的控制器和量测信号算出一个控制输入 u，这个控制输入 u 导致新的系统输出，并且不断重复整个参数的循环和输入的更新过程。

参数估计可以简单地理解为寻找一组参数的过程，这组参数用来拟合系统的有用输入和输出数据，这与模型参考自适应控制系统中的参数校正不同。在模型参考自适应控制中，参数校正是为了使跟踪误差收敛到零。对线性系统而言，有很多方法可以用来估计未知参数，最常用的方法是最小二乘法及其推广，其他还有极点配置、PID 控制、LQR 等。综合不同的控制和估计方法，可以得到各种各样的自校正调节器。

在自校正控制的基本方法中，先估计出系统参数，然后再计算出控制器参数的方式称为间接自适应控制，因为需要将估计的参数转化为控制器参数。对于具体的控制方法，控制器参数和系统参数是相关的，这意味着可以用控制器参数(未知的)对系统模型重新参数化，然后对这个系统使用标准的参数估计方法。这种方法由于不需要参数转化，所以称为直接自适应控制。

自校正控制器灵活性较高，可以将不同的估计器和控制器耦合起来，即将控制和估计分离。但是一般很难保证自校正控制器的稳定性和收敛性，通常要求系统的信号足够丰富，才能使参数的估计值收敛到真实值。如果系统信号不足(比如为零或者常值)，参数的估计值可能不会接近其真实值，并且不能保证系统的稳定性和收敛性。在这种情况下，必须在输入中引入扰动信号或修改控制律。而在模型参考自适应控制系统中，不管信号充足与否，系统的稳定性和跟踪误差的收敛性通常是可以保证的。

模型参考自适应控制和自校正控制的角度不一样：在模型参考自适应控制中，更新参数是为了使被控对象和参考模型之间的跟踪误差最小；而在自校正控制中，更新参数是为了使输入-输出之间数据的拟合误差最小。但这两种方法之间也有密切联系，因为这两类系统都有一个内回路用于控制，一个外回路用于估计参数。

本书主要讨论连续时间系统的模型参考自适应控制方法，对自校正控制中的参数估计器只进行简单的介绍。

4. 线性系统自适应控制

(1)全状态反馈自适应控制。本节讨论全部状态可观时线性系统的自适应控制。对相伴型线性系统，有

$$a_n y^{(n)} + a_{n-1} y^{(n-1)} + \cdots + a_0 y = u \tag{6-107}$$

式中：状态分量 $y, \dot{y}, \cdots, y^{(n-1)}$ 都是可观的，假设系数矢量 $\boldsymbol{a}=[a_n \quad \cdots \quad a_1 \quad a_0]^{\mathrm{T}}$ 是未知的，但是 a_n 的符号是已知的，控制的目标是使 y 紧紧地跟踪下面稳定参考模型的响应：

$$a_n y_m^{(n)} + a_{n-1} y_m^{(n-1)} + \cdots + a_0 y_m = r(t) \tag{6-108}$$

式中：$r(t)$ 为有界参考信号。

为了设计自适应控制律，定义信号 $z(t)$ 为

$$z(t) = y_m^{(n)} - \beta_{n-1} e^{(n-1)} - \cdots - \beta_0 e \tag{6-109}$$

式中：$\beta_1, \beta_2, \cdots, \beta_n$ 为使得 $p^n + \beta_{n-1} p^{n-1} + \cdots + \beta_0$ 为稳定多项式的正常数。

在式(6－107)的两边加上$[-a_n z(t)]$并整理，将被控对象改写为

$$a_n[y^{(n)}-z]=u-a_n z-a_{n-1}y^{(n-1)}-\cdots-a_0 y \tag{6-110}$$

选择控制规律为

$$u=\hat{a}_n z+\hat{a}_{n-1}y^{(n-1)}+\cdots+\hat{a}_0 y=\boldsymbol{v}^{\mathrm{T}}(t)\hat{a}(t) \tag{6-111}$$

式中，$\boldsymbol{v}(t)=[z(t)\quad y^{(n-1)}\quad \cdots\quad \dot{y}\quad y]^{\mathrm{T}}$，且估计参数矢量为

$$\hat{\boldsymbol{a}}(t)=[\hat{a}_n\quad \hat{a}_{n-1}\quad \cdots\quad \hat{a}_1\quad \hat{a}_0]^{\mathrm{T}} \tag{6-112}$$

式(6－112)表示极点配置控制器，使极点位置由系数β_i确定，跟踪误差$e=y-y_m$满足闭环动态：

$$a_n[e^{(n)}+\beta_{n-1}e^{(n-1)}+\cdots+\beta_0 e]=\boldsymbol{v}^{\mathrm{T}}(t)\tilde{\boldsymbol{a}}(t) \tag{6-113}$$

式中：$\tilde{\boldsymbol{a}}=\hat{\boldsymbol{a}}-\boldsymbol{a}$。为了选择合适的自适应控制律，将闭环误差动态式(6－113)改写为状态空间形式：

$$\left.\begin{aligned}\dot{x}&=\boldsymbol{Ax}+\boldsymbol{b}[(1/a_n)\ \boldsymbol{v}^{\mathrm{T}}\ \tilde{\boldsymbol{a}}]\\ e&=\boldsymbol{cx}\end{aligned}\right\} \tag{6-114}$$

式中

$$\boldsymbol{A}=\begin{bmatrix}0&1&0&\cdots&0\\0&0&1&\cdots&0\\ \vdots&\vdots&\vdots&&\vdots\\0&0&0&\cdots&1\\-\beta_0&-\beta_1&-\beta_2&\cdots&-\beta_{n-1}\end{bmatrix}$$

$$\boldsymbol{b}=\begin{bmatrix}0\\0\\ \vdots\\0\\1\end{bmatrix} \tag{6-115}$$

$$\boldsymbol{c}=[1\quad 0\quad \cdots\quad 0\quad 0]$$

对于李雅普诺夫函数，有

$$\boldsymbol{V}(\boldsymbol{x},\tilde{\boldsymbol{a}})=\boldsymbol{x}^{\mathrm{T}}\boldsymbol{Px}+\boldsymbol{a}^{\mathrm{T}}\boldsymbol{\Gamma}^{-1}\boldsymbol{a} \tag{6-116}$$

式中，$\boldsymbol{\Gamma}$和$\boldsymbol{P}$是对称正定常数矩阵，且对于给定的$\boldsymbol{Q}$和$\boldsymbol{P}$，有

$$\boldsymbol{PA}+\boldsymbol{A}^{\mathrm{T}}\boldsymbol{P}=-\boldsymbol{Q},\boldsymbol{Q}=\boldsymbol{Q}^{\mathrm{T}}>0 \tag{6-117}$$

计算李雅普诺夫函数的导数：

$$\dot{\boldsymbol{V}}=-\boldsymbol{x}^{\mathrm{T}}\boldsymbol{Qx}+2\boldsymbol{a}^{\mathrm{T}}\boldsymbol{vb}^{\mathrm{T}}\boldsymbol{Px}+2\boldsymbol{a}^{\mathrm{T}}\boldsymbol{\Gamma}^{-1}\dot{\boldsymbol{a}} \tag{6-118}$$

观察式(6－118)，可取自适应控制律为

$$\dot{\hat{\boldsymbol{a}}}=-\boldsymbol{\Gamma}\boldsymbol{vb}^{\mathrm{T}}\boldsymbol{Px} \tag{6-119}$$

则有

$$\dot{\boldsymbol{V}}=-\boldsymbol{x}^{\mathrm{T}}\boldsymbol{Qx} \tag{6-120}$$

可以证明$\boldsymbol{x}$是收敛的，因此对于式(6－111)和式(6－119)所定义的控制器和自适应律，

误差 e 以及其 $n-1$ 阶导数都是收敛于零的。参数矢量收敛的条件为矢量 $\boldsymbol{v}$ 是持续激励的。

(2)输出反馈自适应控制。本节讨论只用输出作为反馈，而不要求全部状态反馈时线性系统的自适应控制。由于输出只提供系统状态的部分信息，在控制器中需要引入动态结构，所以这种情况比全部状态可观的情况要复杂得多。

将线性定常系统表示为如下传递函数：

$$W(p)=k_p\frac{Z_p(p)}{R_p(p)} \tag{6-121}$$

$$\left.\begin{aligned}R_p(p)&=a_0+a_1p+\cdots+a_{n-1}p^{n-1}+p^n\\Z_p(p)&=b_0+b_1p+\cdots+b_{m-1}p^{m-1}+p^m\end{aligned}\right\} \tag{6-122}$$

式中：k_p 称为高频增益，由频率响应可知，在高频段有

$$|W(\mathrm{j}\omega)|\approx\frac{k_p}{\omega^{n-m}} \tag{6-123}$$

即高频特性本质上取决于 k_p。该系统的相对阶是 $r=n-m$，假设系数 a_i、b_j($i=0,1,\cdots,n-1$；$j=0,1,\cdots,m-1$)和高频增益都是未知的，所期望的系统性能由如下传递函数所表示的参考模型描述：

$$W_m(p)=k_m\frac{Z_m}{R_m} \tag{6-124}$$

式中：Z_m，R_m 为 n_m 阶和 m_m 阶的首-胡尔维茨多项式；k_m 为正数。

为了能够完全跟踪，参考模型的相对阶必须大于或等于被控系统的相对阶，因此假定 $n_m-m_m\geqslant n-m$。

控制器设计的目标是确定控制律和相应的自适应规律，使得对象输出 y 渐近地趋近于 y_m。在确定控制输入时，假定输出 y 是可以测量的，但不允许使用输出的微分，这是为了避免数值微分带来噪声放大。除此之外，还需要以下假定：已知系统的阶数，已知相对阶 $n-m$，已知 k_p 的符号，系统是最小相位的。前两个条件意味着系统的结构是已知的；第 3 个条件是为增益参数调整提供自适应的方向；第 4 个条件比较严格，是为了使自适应控制设计达到跟踪收敛。关于非最小相位的自适应控制，本书不作详细讨论。

对于相对阶为 1 的线性系统，即系统的极点数比零点数多 1，参考模型可以选择为严格正实的，在系统参数完全已知的情况下，有很多不同结构的控制器可以实现完全跟踪。下面以一个实例来说明如何设计控制器。

对如下系统：

$$y=\frac{k_p(p+b_p)}{p^2+a_{p1}p+a_{p2}}u \tag{6-125}$$

参考模型为

$$y_m=\frac{k_m(p+b_m)}{p^2+a_{m1}p+a_{m2}}r \tag{6-126}$$

选取控制律为

$$u=\alpha_1z+\frac{\beta_1p+\beta_2}{p+b_m}y+kr \tag{6-127}$$

式中：$z=u/(p+b_m)$，即 z 为一阶滤波器对输入 u 的输出，且 α_1，β_1，β_2 和 k 是控制器参数，如

果参数选择如下：

$$\left.\begin{aligned} \alpha_1 &= b_p - b_m \\ \beta_1 &= \frac{a_{m1} - a_{p1}}{k_p} \\ \beta_2 &= \frac{a_{m2} - a_{p2}}{k_p} \\ k &= \frac{k_m}{k_p} \end{aligned}\right\} \tag{6-128}$$

从参考信号 $r(t)$ 到系统输出 y 的传递函数为

$$W_{ry}(p) = \frac{k_m(p + b_m)}{p^2 + a_{m1}p + a_{m2}} = W_m(p) \tag{6-129}$$

这个控制器可以达到完全跟踪。

控制输入式(6-127)由 3 部分组成：第 1 部分使系统的零点被参考模型的零点代替；第 2 部分把闭环系统的极点配置到参考模型极点的位置；第 3 部分将系统的高频增益 k_p 用 k_m 替代。这 3 部分共同使得闭环系统具有所期望的传递函数。二阶系统的控制律式(6-127)可以推广到任意具有相对阶为 1 的系统。控制器结构如图 6-9 所示，其中 k^*，θ_1^*，θ_2^* 和 θ_0^* 表示控制器参数。当系统参数已知时，可以实现完全跟踪。这个系统中的控制输入是下面几项的线性组合：参考信号 $r(t)$、对控制输入 u 进行滤波得到的信号 ω_1、对输出 y 滤波得到的信号 ω_2，以及输出信号本身。因此，控制输入可以用可校正参数和各种信号表示为

$$u = k(t)r(t) + \theta_1(t)\omega_1 + \theta_2(t)\omega_2 + \theta_0(t)y \tag{6-130}$$

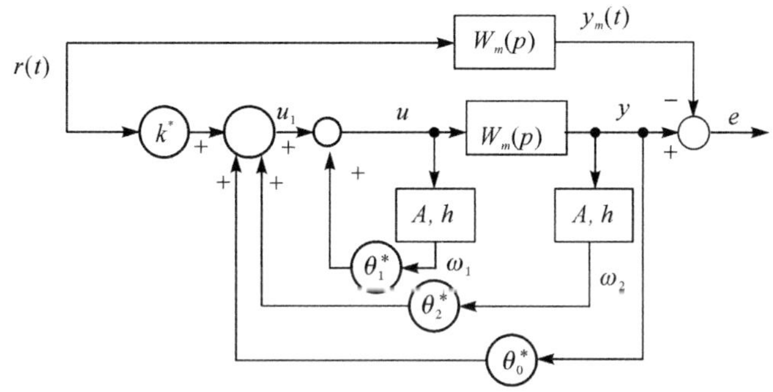

图 6-9　完全跟踪控制系统

对于任意参考信号 $r(t)$，系统的输出为

$$y(t) = \frac{B(p)}{A(p)}u^*(t) = W_m(p)r(t) \tag{6-131}$$

在自适应控制中，系统的参数是未知的，上述理想控制器的参数也是未知的，因此式(6-130)中的 $k(t)$，$\theta_1(t)$，$\theta_2(t)$ 和 $\theta_0(t)$ 是由自适应律所提供的控制器参数。令 $\boldsymbol{\theta}(t)$ 和 $\boldsymbol{\omega}(t)$ 为

$$\left.\begin{aligned} \boldsymbol{\theta}(t) &= [k(t) \quad \theta_1(t) \quad \theta_2(t) \quad \theta_0(t)]^{\mathrm{T}} \\ \boldsymbol{\omega}(t) &= [r(t) \quad \omega_1(t) \quad \omega_2(t) \quad y(t)]^{\mathrm{T}} \end{aligned}\right\} \tag{6-132}$$

于是控制律可写成如下紧凑形式：

$$u = \boldsymbol{\theta}^{\mathrm{T}}(t)\boldsymbol{\omega}(t) \tag{6-133}$$

令 $\boldsymbol{\theta}(t)$ 的理想值为 $\boldsymbol{\theta}^*(t)$，$\boldsymbol{\theta}(t)$ 和 $\boldsymbol{\theta}^*(t)$ 之间的误差记为 $\boldsymbol{\phi}(t)=\boldsymbol{\theta}(t)-\boldsymbol{\theta}^*(t)$，估计参数可以表示为

$$\boldsymbol{\theta}(t)=\boldsymbol{\theta}^*(t)+\boldsymbol{\phi}(t) \tag{6-134}$$

控制律可以写为

$$u=\boldsymbol{\theta}^{*\mathrm{T}}(t)\boldsymbol{\omega}(t)+\boldsymbol{\phi}^{\mathrm{T}}(t)\boldsymbol{\omega}(t) \tag{6-135}$$

对于式(6-133)给出的控制律，增益可变的控制系统可以等价表示为图6-10，其中 $\boldsymbol{\phi}^{\mathrm{T}}(t)\boldsymbol{\omega}(t)/k^*$ 视为外部信号。由于理想参数 $\boldsymbol{\theta}^*(t)$ 使得图6-10中系统输出由式(6-131)给出，所以这里的输出必须为

$$y(t)=W_m(p)r+W_m(p)[\boldsymbol{\phi}^{\mathrm{T}}(t)\boldsymbol{\omega}(t)/k^*] \tag{6-136}$$

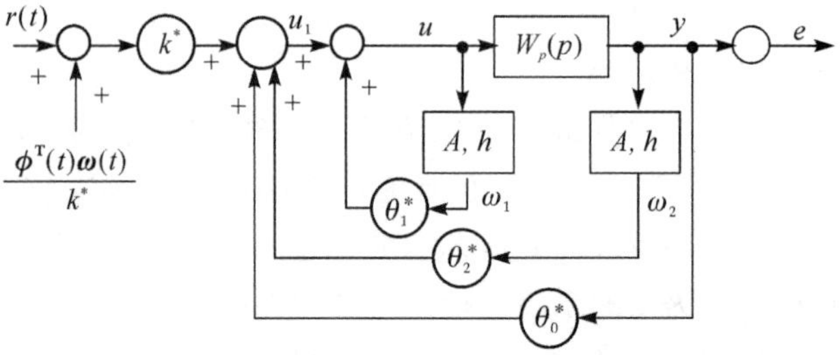

图6-10 时变增益系统的等价控制系统

又因为 $y_m(t)=W_m(p)r(t)$，所以跟踪误差和参数误差的关系为

$$e(t)=W_m(p)[\boldsymbol{\phi}^{\mathrm{T}}(t)\boldsymbol{\omega}(t)/k^*] \tag{6-137}$$

选择如下的自适应律：

$$\dot{\boldsymbol{\theta}}(t)=-\mathrm{sgn}(k_p)\gamma e(t)\boldsymbol{\omega}(t) \tag{6-138}$$

式中：γ 为自适应增益的正数。

相对阶大于1的系统与相对阶等于1的系统相比，由于参考模型不是严格正实的，所以控制律的选择虽相似，但是自适应律的选择却很不相同。当对象参数未知时，此时依然采用式(6-133)的控制律，其中 $\boldsymbol{\theta}(t)$ 中的 $2n$ 个控制器参数由自适应律提供，跟踪误差可写为

$$e(t)=W_m(p)[\boldsymbol{\phi}^{\mathrm{T}}(t)\boldsymbol{\omega}(t)/k^*] \tag{6-139}$$

定义辅助误差 $\eta(t)$ 为

$$\eta(t)=\boldsymbol{\theta}^{\mathrm{T}}(t)W_m(p)[\boldsymbol{\omega}(t)]-W_m(p)[\boldsymbol{\theta}^{\mathrm{T}}(t)\boldsymbol{\omega}(t)] \tag{6-140}$$

这种定义的误差可以在线计算，因为估计参数矢量 $\boldsymbol{\theta}(t)$ 和信号矢量 $\boldsymbol{\omega}(t)$ 均可以测量到，并且由于估计参数的时变性，所以当 $\boldsymbol{\theta}(t)$ 用参数矢量替代时，有

$$\boldsymbol{\theta}^{*\mathrm{T}}(t)W_m(p)[\boldsymbol{\omega}(t)]-W_m(p)[\boldsymbol{\theta}^{*\mathrm{T}}(t)\boldsymbol{\omega}(t)]=0 \tag{6-141}$$

则

$$\eta(t)=\boldsymbol{\phi}^{\mathrm{T}}W_m(\boldsymbol{\omega})-W_m(\boldsymbol{\phi}^{\mathrm{T}}\boldsymbol{\omega}) \tag{6-142}$$

定义增广误差 $\varepsilon(t)$ 为跟踪误差 $e(t)$ 和辅助误差 $\eta(t)$ 的组合：

$$\varepsilon(t)=e(t)+\alpha(t)\eta(t) \tag{6-143}$$

式中，$\alpha(t)$ 是由自适应律确定的时变参数，且可以写为如下形式：

$$\alpha(t)=\frac{1}{k^*}+\phi_\alpha(t) \tag{6-144}$$

式中，$\phi_\alpha=\alpha(t)-\frac{1}{k^*}$，将式(6－139)和式(6－140)代入式(6－143)，可以得到

$$\varepsilon(t)=\frac{1}{k^*}\boldsymbol{\phi}^{\mathrm{T}}(t)\underline{\boldsymbol{\omega}}(t)+\phi_\alpha\eta \tag{6－145}$$

$$\underline{\boldsymbol{\omega}}(t)=W_m(p)[\boldsymbol{\omega}(t)] \tag{6－146}$$

这意味着增广误差可以由参数误差$\boldsymbol{\phi}(t)$和ϕ_α线性参数化，式(6－145)是系统辨识中常见的形式，这里用标准化的梯度法，可得到更新控制器参数$\boldsymbol{\theta}(t)$和形成增广误差的参数$\alpha(t)$的自适应律：

$$\left.\begin{aligned}\boldsymbol{\theta}(t)&=-\frac{\mathrm{sgn}(k_p)\gamma_\varepsilon\underline{\boldsymbol{\omega}}(t)}{1+\underline{\boldsymbol{\omega}}^{\mathrm{T}}(t)\underline{\boldsymbol{\omega}}(t)}\\ \dot{\alpha}&=-\frac{\gamma\varepsilon\eta}{1+\underline{\boldsymbol{\omega}}^{\mathrm{T}}(t)\underline{\boldsymbol{\omega}}(t)}\end{aligned}\right\} \tag{6－147}$$

5. 非线性系统自适应控制

几类典型的非线性系统的控制问题，比较成功地应用了自适应控制方法，这些控制问题通常满足以下条件：①非线性系统可以参数线性化；②全部状态可观；③如果参数已知，则可以通过控制输入稳定地抵消非线性项。本节主要介绍针对单输入-单输出非线性系统所进行的自适应控制器设计。对于n阶相伴型非线性系统：

$$y^{(n)}+\sum_{i=1}^{n}\alpha_i f_i(\boldsymbol{x},t)=bu \tag{6－148}$$

式中：$\boldsymbol{x}=[y\quad \dot{y}\quad \cdots\quad y^{(n-1)}]^{\mathrm{T}}$为状态矢量；$f_i$为已知的关于状态和时间的非线性函数；参数$\alpha_i$、参数$b$为不确定的常数。

假设状态可以观测并且b的符号是已知的，自适应控制设计的目标是使系统的输出渐近地跟踪一个期望的输出$y_{\mathrm{d}}(t)$。为了推导自适应控制律，将式(6－148)左、右两边同时除以未知常数b，从而得到

$$hy^{(n)}+\sum_{i=1}^{n}a_i f_i(\boldsymbol{x},t)=u \tag{6－149}$$

式中：$h=1/b$；$a_i=\alpha_i/b$。

定义组合误差为

$$s=e^{(n-1)}+\lambda_{n-2}e^{(n-2)}+\cdots+\lambda_0 e=\Delta(p)e \tag{6－150}$$

式中：e为输出跟踪误差；$\Delta(p)=p^{(n-1)}+\lambda_{n-2}p^{(n-2)}+\cdots+\lambda_0$为关于拉普拉斯变量$p$的胡尔维茨多项式。

注意，s可以改写为

$$s=y^{(n-1)}-y_r^{(n-1)} \tag{6－151}$$

$y_r^{(n-1)}$定义为

$$y_r^{(n-1)}=y_{\mathrm{d}}^{(n-1)}-\lambda_{n-2}e^{(n-2)}-\cdots-\lambda_0 e \tag{6－152}$$

给出如下控制律：

$$u=hy_r^{(n)}-ks+\sum_{i=1}^{n}a_i f_i(\boldsymbol{x},t) \tag{6－153}$$

式中：k 为与 h 符号相同的常数；$y_r^{(n)}$ 为 $y_r^{(n-1)}$ 的导数。即

$$y_r^{(n)} = y_{\mathrm{d}}^{(n)} - \lambda_{n-2}e^{(n-1)} - \cdots - \lambda_0\dot{e} \tag{6-154}$$

如果参数都已知，则这个控制律导致跟踪误差的动态为

$$y_r^{(n)} = y_{\mathrm{d}}^{(n)} - \lambda_{n-2}e^{(n-1)} - \cdots - \lambda_0\dot{e} \tag{6-155}$$

由于 s 指数收敛，从而保证了误差 e 的收敛性。

将控制律式(6-153)用下式替代：

$$u = \hat{h}y_\tau^{(n)} - ks + \sum_{i=1}^{n}\hat{a}_i f_i(\boldsymbol{x},t) \tag{6-156}$$

式中：h 和 a 用它们的估计值替代，可以看到跟踪误差满足

$$h\dot{s} + ks = \hat{h}y_\tau^{(n)} + \sum_{i=1}^{n}\hat{a}_i f_i(\boldsymbol{x},t) \tag{6-157}$$

将式(6-157)改为

$$s = \frac{1/h}{p+(k/h)}\left[\hat{h}y_r^{(n)} + \sum_{i=1}^{n}\hat{a}_i f_i(\boldsymbol{x},t)\right] \tag{6-158}$$

选择如下自适应律：

$$\left.\begin{aligned} \dot{\hat{h}} &= -\gamma\mathrm{sgn}(h)sy_r^{(n)} \\ \dot{\hat{a}}_i &= -\gamma\mathrm{sgn}(h)sf_i \end{aligned}\right\} \tag{6-159}$$

对于如下形式的李雅普诺夫函数：

$$V = |h| s^2 + \gamma^{-1}\left[\tilde{h}^2 + \sum_{i=1}^{n}\tilde{a}_i^2\right] \tag{6-160}$$

求导得到

$$\dot{V} = -2|k|s^2 \tag{6-161}$$

容易证明，上述控制系统是全局收敛的。

上述讨论都是针对只有参数存在不确定性的系统，在实际中还存在许多非参数的不确定性，如高频未建模动态、低频未建模动态、测量噪声、计算中的舍取误差和采样时滞等。由于这类非参数的不确定性常常不可避免，所以对这些问题也进行简单的讨论。非参数不确定性通常会降低系统的性能，即增加模型的跟随误差。一般来说，小的非参数不确定性会导致较小的跟踪误差，大的非参数不确定性会导致较大的跟踪误差。因此，就有可能当较大的非参数不确定性存在时，自适应控制系统有可能不会保持稳定。当信号是持续激励的时，自适应控制系统对非参数的不确定性具有一定的鲁棒性；如果信号不是持续激励的，即使是很小的非参数不确定性，也可能会使系统发散而不稳定。非线性系统的自适应控制，一般要求被控参数在被控动态中是线性的，或者是可以线性化的。在参数无法完全线性化的情况下，自适应控制器就不能实现有效控制，而鲁棒控制则有可能实现有效控制。鲁棒控制具有一些自适应控制所不具备的良好特性，在处理干扰、快变参数以及未建模动态方面，显现出了很好的控制能力。鲁棒自适应控制器就是集成了自适应控制和鲁棒控制的优点而设计的控制器，下面将详细介绍[28]。

6.3 高超声速飞行器控制律设计实例

6.3.1 实例一:助推段鲁棒自适应姿态控制方法设计

下面讨论飞行器在助推段的姿态控制问题。导弹为轴对称弹体且携带助推发动机。

按照 3-2-1 坐标变换定义姿态角,可根据前文建立在导弹弹体坐标系上的导弹绕质心转动运动的运动学方程组,以欧拉角方式描述如下:

$$\begin{bmatrix}\dot{\varphi}_T\\ \dot{\psi}_T\\ \dot{\gamma}_T\end{bmatrix}=\begin{bmatrix}\omega_{Ty}\sin\gamma_T+\omega_{Tz}\cos\gamma_T/\cos\psi_T\\ \omega_{Ty}\cos\gamma_T-\omega_{Tz}\sin\gamma_T\\ \omega_{Tx}+\tan\varphi_T(\omega_{Ty}\sin\gamma_T+\omega_{Tz}\cos\gamma_T)\end{bmatrix}\tag{6-162}$$

同时得到助推段导弹的绕质心动力学方程为

$$\begin{bmatrix}I_{x1}&0&0\\0&I_{y1}&0\\0&0&I_{z1}\end{bmatrix}\begin{bmatrix}\dfrac{\mathrm{d}\omega_{Tx}}{\mathrm{d}t}\\ \dfrac{\mathrm{d}\omega_{Ty}}{\mathrm{d}t}\\ \dfrac{\mathrm{d}\omega_{Tz}}{\mathrm{d}t}\end{bmatrix}+\begin{bmatrix}I_{z1}-I_{y1}\omega_{Tz}\omega_{Ty}\\ I_{x1}-I_{z1}\omega_{Tx}\omega_{Tz}\\ I_{y1}-I_{x1}\omega_{Tx}\omega_{Ty}\end{bmatrix}=\begin{bmatrix}0\\ m_y^{\beta}qS_Ml_K\beta\\ m_z^{\alpha}qS_Ml_K\alpha\end{bmatrix}+\begin{bmatrix}m_x^{\bar{\omega}_x}qS_Ml_K\bar{\omega}_x\\ m_y^{\bar{\omega}_y}qS_Ml_K\bar{\omega}_y\\ m_z^{\bar{\omega}_z}qS_Ml_K\bar{\omega}_z\end{bmatrix}+$$

$$\begin{bmatrix}M_{cx}\\M_{cy}\\M_{cz}\end{bmatrix}-\begin{bmatrix}\dot{I}_{x1}\omega_{Tx}\\ \dot{I}_{y1}\omega_{Ty}\\ \dot{I}_{z1}\omega_{Tz}\end{bmatrix}+\dot{m}\begin{bmatrix}0\\-L_{\mathrm{fzh}}^2\omega_{Ty}\\-L_{\mathrm{fzh}}^2\omega_{Tz}\end{bmatrix}\tag{6-163}$$

下面推导姿态控制方程。

定义 $\boldsymbol{x}_1=[\varphi_T\quad\psi_T\quad\gamma_T]^{\mathrm{T}}$,$\boldsymbol{x}_2=[\omega_{Tz}\quad\omega_{Ty}\quad\omega_{Tx}]^{\mathrm{T}}$,$\boldsymbol{u}=[\delta_{\varphi}\quad\delta_{\psi}\quad\delta_{\mathrm{Fr}}]^{\mathrm{T}}$,那么姿态控制方程可写为

$$\left.\begin{aligned}\dot{\boldsymbol{x}}_1&=\boldsymbol{A}_1\boldsymbol{x}_2\\ \dot{\boldsymbol{x}}_2&=\boldsymbol{f}_2(\boldsymbol{x}_2,\boldsymbol{x}_2)+\boldsymbol{Bu}\end{aligned}\right\}\tag{6-164}$$

其中

$$\boldsymbol{A}_1=\begin{bmatrix}\cos\gamma_T/\cos\psi_T&\sin\gamma_T/\cos\psi_T&0\\-\sin\gamma_T&\cos\gamma_T&0\\ \tan\varphi_T\cos\gamma_T&\tan\varphi_T\sin\gamma_T&1\end{bmatrix}$$

$$\boldsymbol{f}_2(\boldsymbol{x}_2,\boldsymbol{x}_2)=\begin{bmatrix}I_{z1}&0&0\\0&I_{y1}&0\\0&0&I_{x1}\end{bmatrix}^{-1}\left(\begin{bmatrix}m_z^{\alpha}qS_Ml_K\alpha\\ m_y^{\beta}qS_Ml_K\beta\\0\end{bmatrix}+\begin{bmatrix}m_x^{\bar{\omega}_z}qS_Ml_K\bar{\omega}_z\\ m_y^{\bar{\omega}_y}qS_Ml_K\bar{\omega}_y\\ m_x^{\bar{\omega}_x}qS_Ml_K\bar{\omega}_x\end{bmatrix}-\begin{bmatrix}\dot{I}_{z1}\omega_{T_z}\\ \dot{I}_{y1}\omega_{T_y}\\ \dot{I}_{x1}\omega_{T_x}\end{bmatrix}+\right.$$

$$\left.\dot{m}\begin{bmatrix}-L_{\mathrm{fzh}}^2\omega_{Tz}\\-L_{\mathrm{fzh}}^2\omega_{Ty}\\0\end{bmatrix}-\begin{bmatrix}(I_{y1}-I_{x1})\omega_{Tx}\omega_{Ty}\\(I_{x1}-I_{z1})\omega_{Tx}\omega_{Tz}\\(I_{z1}-I_{y1})\omega_{Tz}\omega_{Ty}\end{bmatrix}\right)$$

$$\boldsymbol{B}=\begin{bmatrix} I_{z1} & 0 & 0 \\ 0 & I_{y1} & 0 \\ 0 & 0 & I_{x1}\end{bmatrix}^{-1}\begin{bmatrix} -L_{\mathrm{fzh}}P_{\mathrm{zh}}\cos\delta_{\varphi}\cos\delta_{\psi} & L_{\mathrm{fzh}}P_{\mathrm{zh}}\sin\delta_{\varphi}\sin\delta_{\psi} & \\ & -L_{\mathrm{fzh}}P_{\mathrm{zh}}\cos\delta_{\psi} & \\ & & 2R_{\mathrm{Fr}}P_{\mathrm{Fr}}\cos\delta_{\mathrm{Fr}}\end{bmatrix}$$

在实际工程应用中，由于存在制造与装配误差以及测量误差，助推段姿态控制方程中总是存在状态不确定性和输入不确定性。考虑这些因素，将姿态控制方程扩展为一类非线性动力学系统如下：

$$\left.\begin{aligned}\dot{\boldsymbol{x}}_1 &= \boldsymbol{A}_1\boldsymbol{x}_2 \\ \dot{\boldsymbol{x}}_2 &= \boldsymbol{f}_2(\boldsymbol{x}_1,\boldsymbol{x}_2)+\Delta\boldsymbol{f}+\boldsymbol{B\Lambda u}\end{aligned}\right\} \tag{6-165}$$

式中：$\boldsymbol{x}_1\in\mathbf{R}^n$，$\boldsymbol{x}_2\in\mathbf{R}^n$ 为系统状态向量；$\boldsymbol{u}\in\mathbf{R}^n$ 为控制输入向量；$\boldsymbol{f}_2(\boldsymbol{x})\in\mathbf{R}^n$ 为已知可微向量。其中 $\Delta\boldsymbol{f}$ 为匹配不确定性，$\boldsymbol{\Lambda}$ 未知，从而引起输入不确定性。做如下假设：

(1)$\boldsymbol{\Lambda}$ 为正定矩阵，$\boldsymbol{A}_1$，$\boldsymbol{B}$ 为可逆矩阵。

(2)存在常向量 $\boldsymbol{\rho}=[\rho_1 \quad \rho_2 \quad \rho_3]^{\mathrm{T}}$，使得

$$\rho_1>[\Delta f]_1,\rho_2>[\Delta f]_2,\rho_3>[\Delta f]_3 \tag{6-166}$$

其中，$[\Delta f]_1$，$[\Delta f]_2$，$[\Delta f]_3$ 为 $\Delta\boldsymbol{f}$ 的三个分量。

(3)未知干扰变化律有界，即 $\|\Delta\dot{\boldsymbol{f}}\|\leqslant\mu$。

于是，控制系统的设计目标是对于非线性系统，在输入 $\boldsymbol{\Lambda}$ 和外干扰 Δf 存在的条件下以及满足上述的条件下设计控制器，使得闭环系统镇定。

此外还要注意的是，本节以发射惯性系姿态角指令为状态变量，而制导系统给出的指令是发射系下定义的姿态角，因此要进行转换，转换过程如下：

$$\begin{cases}\varphi_{T,c}=\varphi_c+\omega_{ez}t \\ \psi_{T,c}=\psi_c+\omega_{ey}t\cos\varphi_c-\omega_{ex}t\sin\varphi_c \\ \varphi_{T,c}=\gamma_c+\omega_{ey}t\sin\varphi_c+\omega_{ex}t\cos\varphi_c\end{cases}$$

式中：φ,ψ,γ 为相对于发射系的俯仰、偏航、滚转角；ω_x，ω_y，ω_z 为发射系转动角速度在弹体坐标系下的分量；ω_{ex}，ω_{ey}，ω_{ez} 为地球自转角速度在弹体坐标系的分量。

1. 参考模型的设计

为避免指令突变引起的控制发散，引入参考模型，安排过渡过程。对于 $\boldsymbol{x}_1$ 的每个分量，设计理想参考模型为

$$x_{1\mathrm{m}}=\frac{\omega_{\mathrm{n}}^2}{s^2+2\xi\omega_n s+\omega_n^2}x_{1c} \tag{6-167}$$

写为状态空间形式：

$$\left.\begin{aligned}\dot{x}_{1m,1}&=x_{1m,2} \\ \dot{x}_{1m,2}&=\omega_{\mathrm{n}}^2x_{1m,1}-2\xi\omega_{\mathrm{n}}x_{1m,2}+\omega_{\mathrm{n}}^2x_{1c}\end{aligned}\right\} \tag{6-168}$$

参考模型的阻尼参数一般设计为 $\xi=1$，这样可以避免超调。而自然频率 ω_{n} 决定了相应时间的大小。

还可以采用跟踪微分器来安排过渡过程。在获得参考指令的同时，还可以获得其近似

微分。线性跟踪微分器为

$$\left.\begin{aligned}\dot{x}_1 &= x_2\\ \dot{x}_2 &= -\frac{1}{\tau_1\tau_2}(x_1-x_{1c})-\frac{\tau_1+\tau_2}{\tau_1\tau_2}x_2\end{aligned}\right\} \tag{6-169}$$

非线性跟踪微分器为

$$\left.\begin{aligned}\dot{x}_1 &= x_2\\ \dot{x}_2 &= -r\operatorname{sign}\left[(x_1-x_{1c})+\frac{x_2\,|x_2|}{2r}\right]\end{aligned}\right\} \tag{6-170}$$

基于二阶滑模的跟踪微分器为

$$\left.\begin{aligned}\dot{x}_1 &= x_2-\frac{x_1-x_{1c}}{|x_1-x_{1c}|^{1/2}}+v\\ \dot{v} &= -\operatorname{sign}(x_1-x_{1c})\end{aligned}\right\} \tag{6-171}$$

2. 自适应补偿输入不确定性的鲁棒自适应控制方法

输入不确定问题是控制系统设计时常常需要考虑的问题。传统的变结构控制方法具有输入不变性。本节采用自适应方案对输入不确定性进行补偿，只须输入不确定性矩阵满足正定条件，无需其精确信息。

滑动面设计为

$$\boldsymbol{\sigma}=\boldsymbol{A}_1^{-1}\boldsymbol{S}\boldsymbol{e}+\boldsymbol{x}_2-\boldsymbol{A}_1^{-1}\dot{\boldsymbol{x}}_{1m} \tag{6-172}$$

其中，$\boldsymbol{S}=\operatorname{diag}[s_1\ \ \cdots\ \ s_n]$，$s_1,s_2,s_n>0$。若滑动模态已达，则有 $\dot{\boldsymbol{e}}=-\boldsymbol{S}\boldsymbol{e}$，根据参数范围易知，在滑动模态上，系统状态保持稳定且渐进收敛为 0。

鲁棒控制律设计为

$$\left.\begin{aligned}\boldsymbol{u} &= \boldsymbol{u}_n+\boldsymbol{u}_a\\ \boldsymbol{u}_n &= \boldsymbol{B}^{-1}[-\boldsymbol{S}(\boldsymbol{x}_2-\boldsymbol{A}_1^{-1}\dot{\boldsymbol{x}}_{1m})-\boldsymbol{f}_2(\boldsymbol{x}_1,\boldsymbol{x}_2)-\boldsymbol{K}\boldsymbol{\sigma}-\boldsymbol{L}\operatorname{sign}(\boldsymbol{\sigma})]\\ \boldsymbol{u}_a &= \hat{\boldsymbol{W}}\boldsymbol{u}_n\end{aligned}\right\} \tag{6-173}$$

其中，$\hat{\boldsymbol{W}}$ 是对输入增益的估计值，通过自适应律进行更新，其自适应律设计为

$$\dot{\hat{\boldsymbol{W}}}=-\boldsymbol{\Gamma}\boldsymbol{u}_n\boldsymbol{\sigma}^{\mathrm{T}}\boldsymbol{B} \tag{6-174}$$

3. 仿真研究

以某型号助推滑翔飞行器为仿真对象，飞行器质量随着发动机工作逐渐减小，姿态角指令选取为方波信号。采用四元数进行积分，以避免出现奇异。假定俯仰通道控制力矩存在60%的性能损失，并且存在常值未知干扰力矩。

采用上述方法设计鲁棒自适应控制律，控制器参数选取为 $S_z=4$，$S_y=4$，$S_x=4$，$K_z=K_y=K_x=0.1$，$L_z=L_y=L_x=1$。参考模型选取为线性二阶跟踪微分器，其参数选为 $\tau_1=1/3$，$\tau_2=1/3$。自适应律参数选取为 $\Gamma_z=3$，$\Gamma_y=3$，$\Gamma_x=3$。编写程序并进行仿真，得到姿态跟踪效果如图 6－11 所示，自适应参数变化曲线如图 6－12 所示。

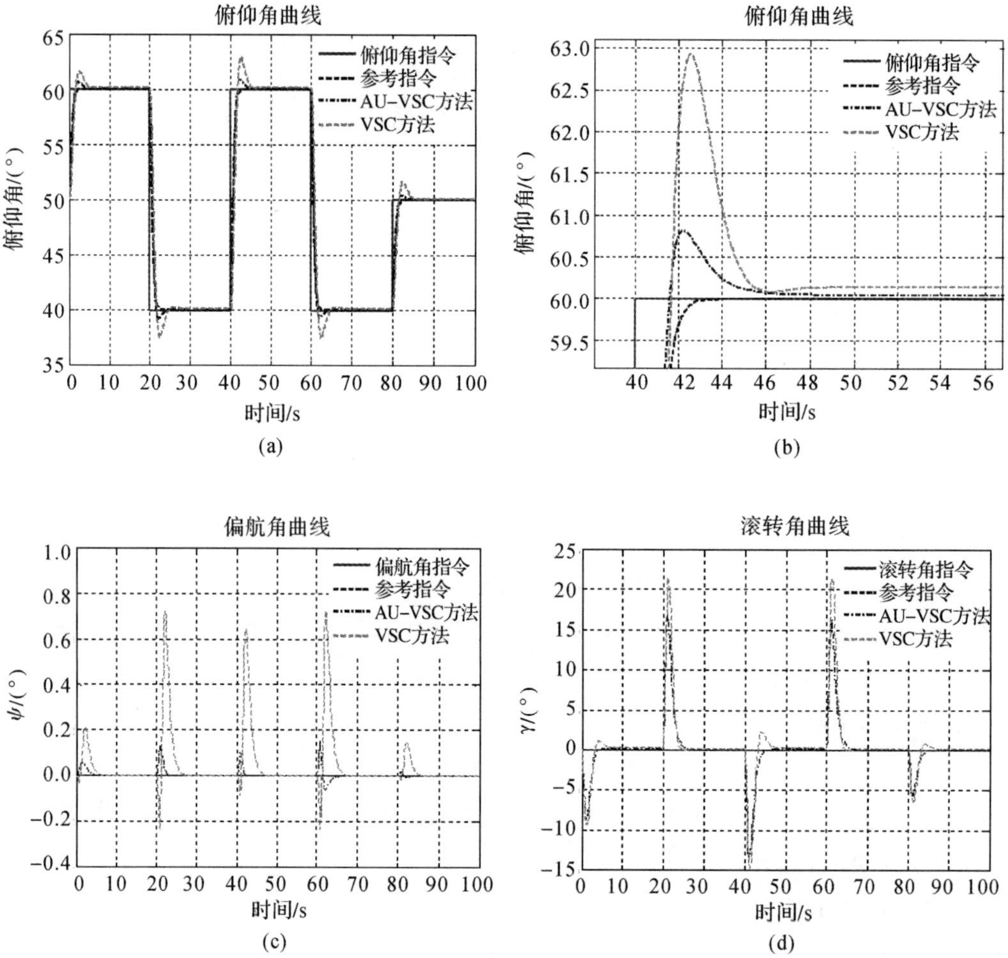

图 6-11 助推段自适应补偿姿态跟踪效果

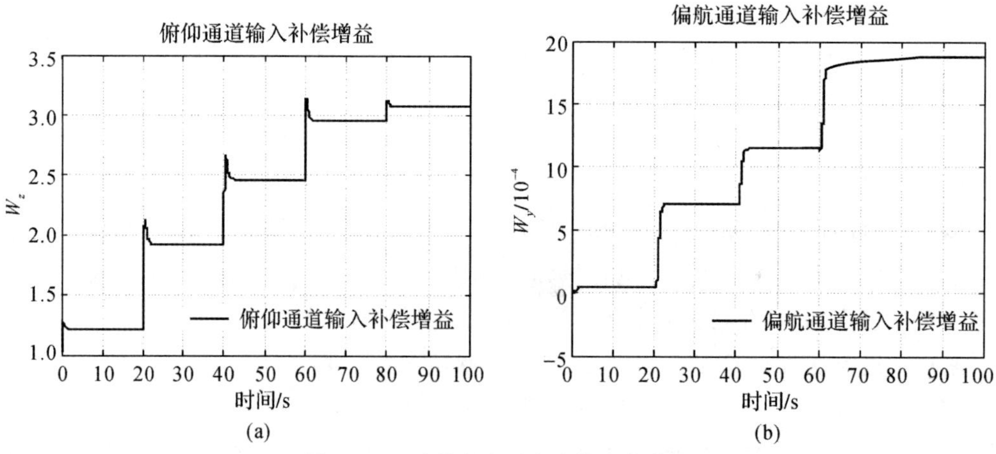

图 6-12 助推段自适应参数变化曲线

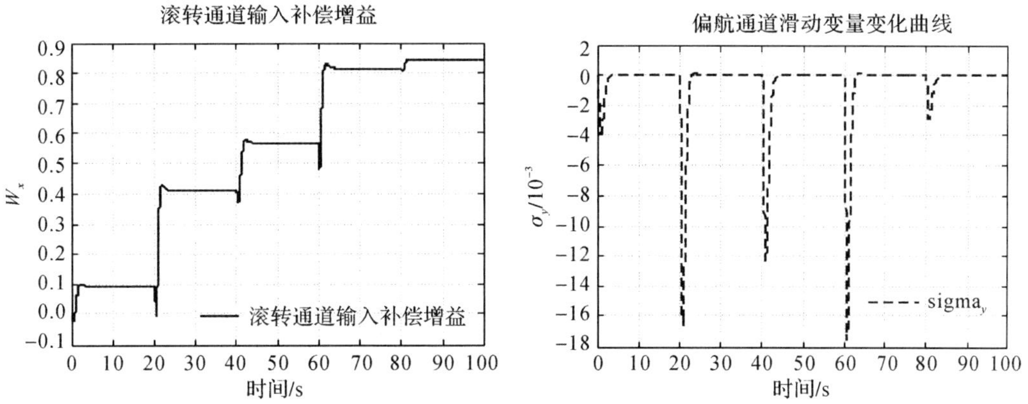

(c)　　　　(d)

续图 6－12　助推段自适应参数变化曲线

由分析仿真结果可知，自适应补偿输入不确定性的方法能够克服操纵舵失效的问题，以及一定范围内的未知干扰。与传统的变结构方法相比，处理输入不确定性时自适应补偿的方法能够避免超调，并且可以获得较小的稳态误差，响应速度也较为满意。自适应估计参数能够逼近期望值，这是能够克服输入不确定性的根本原因。但是指令突变仍会引起自适应估计参数 W 持续增加，影响控制效果。可以在自适应律中加入死区型或者 σ 型改进以处理该问题。

6.3.2　实例二：滑翔段鲁棒自适应姿态控制方法研究

下面讨论飞行器在高超声速滑翔阶段的姿态控制问题。

滑翔段导弹为面对称外形，根据前文推导可知，飞行器滑翔段的姿态运动学和动力学方程为

$$\left.\begin{aligned}
\dot{\omega}_x &= r_1\omega_x\omega_z + r_2\omega_y\omega_z + r_3M_x + r_4M_y\\
\dot{\omega}_y &= q_1\omega_x\omega_z + q_2\omega_y\omega_z + r_4M_x + q_3M_y\\
\dot{\omega}_z &= p_1\omega_x\omega_y + p_2(\omega_x^2-\omega_y^2) + p_3M_z\\
\dot{\alpha} &= \omega_z + \omega_y\sin\alpha\tan\beta - \omega_x\cos\alpha\tan\beta - \frac{Y+mg\cos\theta\cos\gamma_v}{mV\cos\beta}\\
\dot{\beta} &= \omega_y\cos\alpha + \omega_x\sin\alpha + \frac{Z-mg\cos\theta\sin\gamma_v}{mV}\\
\dot{\gamma}_v &= -\omega_y\sin\alpha/\cos\beta + \omega_x\cos\alpha/\cos\beta +\\
&\quad \frac{Y(\sin\theta\sin\gamma_v+\tan\beta)+Z\sin\theta\cos\gamma_v+mg\cos\theta\cos\gamma_c\tan\beta}{mV}
\end{aligned}\right\} \tag{6-175}$$

式中：$\omega_z,\omega_y,\omega_x$ 分别为俯仰、偏航、滚转角速度；α,β,γ_v 分别为飞行器的攻角、侧滑角倾侧角；X,Y,Z 分别为阻力、升力和侧向力；$p_1,p_2,p_3,q_1,q_2,q_3,r_1,r_2,r_3,r_4$ 为飞行器的惯量参数；M_x,M_y,M_z 为气动力矩。

1. 基于多变量连续趋近律的鲁棒自适应姿态控制方法

滑翔段姿态控制是一个输出跟踪问题，以上研究的都是不匹配系统的局部状态镇定问题，下面研究其输出跟踪问题。此时高增益线性滑动面可设计为

$$\boldsymbol{\sigma} = \boldsymbol{x}_2 - \boldsymbol{A}_1^{-1}\dot{\boldsymbol{x}}_{1m} + \boldsymbol{A}_1^{-1}\boldsymbol{M}\boldsymbol{x}_1 - \boldsymbol{A}_1^{-1}\boldsymbol{M}\boldsymbol{x}_{1m} \tag{6-176}$$

此时滑动变量的动态方程为

$$\dot{\boldsymbol{\sigma}} = \boldsymbol{f}_2(\boldsymbol{x}_1,\boldsymbol{x}_2) + \boldsymbol{Bu} + \boldsymbol{\xi}_2(\boldsymbol{x}_1,\boldsymbol{x}_2) - \boldsymbol{A}_1^{-1}\ddot{\boldsymbol{x}}_{1m} + \boldsymbol{Mx}_2 + \boldsymbol{A}_1^{-1}\boldsymbol{M\xi}_1 - \boldsymbol{A}_1^{-1}\boldsymbol{M}\dot{\boldsymbol{x}}_{1m} \quad (6-177)$$

于是可得多变量连续趋近律为

$$\left.\begin{aligned} \boldsymbol{u} &= \boldsymbol{B}^{-1}[\bar{\boldsymbol{u}} - \boldsymbol{f}_2(\boldsymbol{x}_1,\boldsymbol{x}_2) - \boldsymbol{Mx}_2 + \boldsymbol{A}_1^{-1}\boldsymbol{M}\dot{\boldsymbol{x}}_{1m}] \\ \bar{\boldsymbol{u}} &= -k_1\frac{\boldsymbol{\sigma}}{\|\boldsymbol{\sigma}\|^{1/2}} - k_2\boldsymbol{\sigma} + \boldsymbol{v} \\ \dot{\boldsymbol{v}} &= -k_3\frac{\boldsymbol{\sigma}}{\|\boldsymbol{\sigma}\|} - k_4\frac{\boldsymbol{\sigma}}{\|\boldsymbol{\sigma}\|^{1/2}} - k_5\boldsymbol{\sigma} \end{aligned}\right\} \quad (6-178)$$

基于干扰观测器的改进滑动面变形为

$$\boldsymbol{\sigma} = \boldsymbol{x}_2 - \boldsymbol{A}_1^{-1}\dot{\boldsymbol{x}}_{1m} + \boldsymbol{A}_1^{-1}\boldsymbol{Mx}_1 - \boldsymbol{A}_1^{-1}\boldsymbol{M}\dot{\boldsymbol{x}}_{1m} + \boldsymbol{A}_1^{-1}\hat{\boldsymbol{\xi}}_1 \quad (6-179)$$

其动态方程为

$$\dot{\boldsymbol{\sigma}} = \boldsymbol{f}_2(\boldsymbol{x}_1,\boldsymbol{x}_2) + \boldsymbol{Bu} + \boldsymbol{\xi}_2(\boldsymbol{x}_1,\boldsymbol{x}_2) - \boldsymbol{A}_1^{-1}\ddot{\boldsymbol{x}}_{1m} + \boldsymbol{Mx}_2 + \boldsymbol{A}_1^{-1}\boldsymbol{M\xi}_1 - \boldsymbol{A}_1^{-1}\boldsymbol{M}\dot{\boldsymbol{x}}_{1m} + \boldsymbol{A}_1^{-1}\dot{\hat{\boldsymbol{\xi}}}_1 \quad (6-180)$$

于是多变量连续趋近律可设计为

$$\boldsymbol{u} = \boldsymbol{B}^{-1}[\bar{\boldsymbol{u}} - \boldsymbol{f}_2(\boldsymbol{x}_1,\boldsymbol{x}_2) - \boldsymbol{Mx}_2 - \boldsymbol{A}_1^{-1}\boldsymbol{M}\hat{\boldsymbol{\xi}}_1 + \boldsymbol{A}_1^{-1}\boldsymbol{M}\dot{\boldsymbol{x}}_{1m}]$$

此时干扰导数可估计，于是可加入补偿项，得到

$$\boldsymbol{u} = \boldsymbol{B}^{-1}[\bar{\boldsymbol{u}} - \boldsymbol{f}_2(\boldsymbol{x}_1,\boldsymbol{x}_2) - \boldsymbol{Mx}_2 - \boldsymbol{A}_1^{-1}\boldsymbol{M}\hat{\boldsymbol{\xi}}_1 + \boldsymbol{A}_1^{-1}\boldsymbol{M}\dot{\boldsymbol{x}}_{1m} - \boldsymbol{A}_1^{-1}\dot{\hat{\boldsymbol{\xi}}}_1] \quad (6-181)$$

基于李雅普诺夫函数可完成所提方法收敛性的证明。

2.仿真研究

以某型号助推滑翔飞行器为仿真对象，攻角和倾侧角指令选取为方波信号，侧滑角指令为0。使用扩展的干扰观测器和改进的线性滑动面，采用多变量连续控制律，控制器参数选取为 M_z-4，$M_y=4$，$M_x=4$，$\alpha_{z1}=\alpha_{z2}=2$，$\alpha_{y1}=\alpha_{y2}=2$，$\alpha_{x1}=\alpha_{x2}=2$，$\mu_1=1$，$\mu_2=0.1$。扩展干扰观测器参数选为 $L_{1,z}(x)=80$，$P_{1,z}(x)=80\alpha$，$L_{2,z}(x)=80$，$P_{2,z}(x)=80\alpha$，$L_{1,y}(x)=10$，$P_{1,y}(x)=10\beta$，$L_{2,y}(x)=10$，$P_{2,y}(x)=10\beta$，$L_{1,x}(x)=30$，$P_{1,x}(x)=30\gamma_v$，$L_{2,x}(x)=30$，$P_{2,x}(x)=30\gamma_v$。参考模型选取为线性二阶跟踪微分器，其参数选为 $\tau_1=0.3$，$\tau_2=0.3$。编写六自由度仿真程序，并分别在标称情况下和气动参数进行正拉偏及负拉偏的情况下进行仿真，得到姿态跟踪效果如图6-13所示。

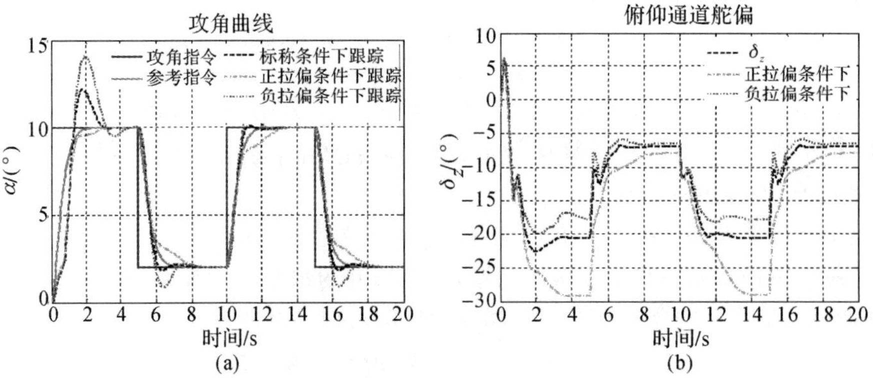

图6-13 滑翔段姿态跟踪效果

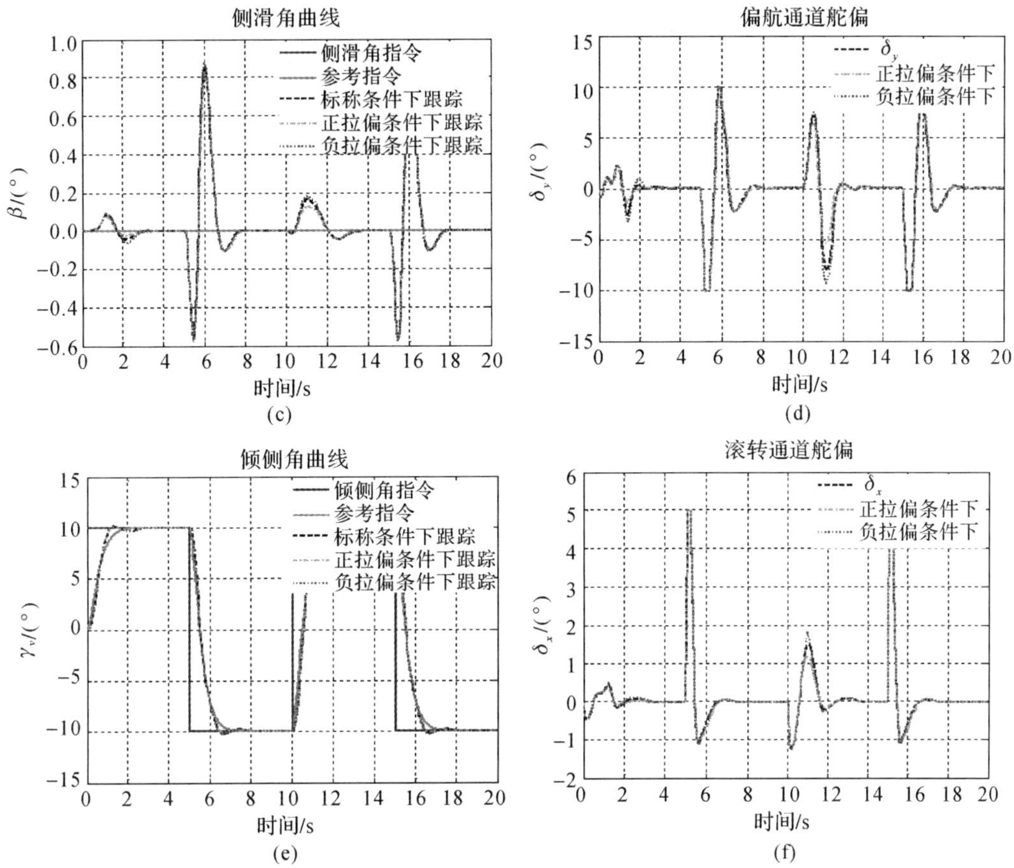

续图 6-13　滑翔段姿态跟踪效果

通过分析可知，本书所提鲁棒自适应方法能够克服不匹配不确定性，实现系统状态的局部镇定。对于正、负 30%的气动拉偏，该方法具有良好的鲁棒性。对于突变信号，能够实现期望的跟踪效果。

高增益线性滑动面和基于干扰观测器的改进线性滑动面能够有效地保证系统状态跟踪期望指令。加入边界层的多变量连续趋近律均能使滑动变量收敛到期望范围内。与传统干扰观测器相比，本书所提的扩展干扰观测器具有更高的估计精度。

6.4　参考文献

[1] JOHN D, SHAUGHNESSY S, ZANE P, et al. Hypersonic vehicle simulation model winged-cone configuration[R]. [S. l.]: NASA TM 102610, 1990.

[2] CLARK A, WU C, MIRMIRANI M, et al. Development of an airframe-propulsion integrated generic hypersonic vehicle model[R]. [S. l.]: AIAA-2006-218, 2006.

[3] KESHMIRI S, COLGREN R, MIRMIRANI M. Development of an aerodynamic database for a generic hypersonic air vehicle[R]. [S. l.]: AIAA-2005-6257, 2005.

[4] WASZAK M R, SCHMIDT D K. On the flight dynamics of aeroelastic vehicles[R].

[S. l.]:AIAA, A86 - 47651, 1986.

[5] WASZAK M R, SCHMIDT D K. Flight dynamics of aeroelastic vehicles[J]. Journal of Aircraft, 1988, 25 (6):563 - 571.

[6] EL MEHTEDI M, RICCI P, DRUDI L, et al. Analysis of the effect of deep cryogenic treatment on the hardness and microstructure of X30 CrMoN 15 1 steel[J]. Materials & Design, 2012(33): 136 - 144.

[7] MCCLINTON C. X - 43 - scramjet power breaks the hypersonic barrier: dryden lectureship in research for 2006[C]//44th AIAA aerospace sciences meeting and exhibit. [S. l. :s. n.],2006: 1.

[8] SHAUGHNESSY J D, PINCKNEY S Z, MCMINN J D, et al. Hypersonic vehicle simulation model: winged - cone configuration[R]. [S. l. :s. n.],1990.

[9] MICHAEL A B, DAVID B D. Nonlinear longitudinal dynamical model of an air-breathing hypersonic vehicle[J]. Journal of Spacecraft and Rockets, 2007, 44 (2): 374 - 387.

[10] KARL D B, DAVID K S. Integrated development of the equations of motion for elastic hypersonic flight vehicles[J]. Journal of Guidance, Control and Dynamics, 1995, 18 (1):73 - 81.

[11] FRANK R C, DAVID K S. Analytical aero propulsive/aeroelastic hypersonic-vehicle model with dynamic analysis[J]. Journal of Guidance, Control, and Dynamics, 1994, 17 (6):1308 - 1319.

[12] BOLENDER M A, DOMAN D B. A non-linear model for the longitudinal dynamics of a hypersonic air-breathing vehicle[R]. [S. l.]:AIAA - 2005 - 6255, 2005.

[13] OPPENHEIMER M W, SKUJINS T. A flexible hypersonic vehicle model developed with piston theory[R]. [S. l.]:AIAA - 2007 - 6396, 2007.

[14] WILLIAMS T, BOLENDER M A. An aerothermal flexible mode analysis of a hypersonic vehicle[R]. [S. l.]:AIAA - 2006 - 6647, 2006.

[15] PARKER J T, BOLENDER M A, DOMAN D B. Control-oriented modeling of an air-breathing hypersonic vehicle[J]. Journal of Guidance, Control, and Dynamics, 2007, 30 (3):856 - 869.

[16] BOLENDER M A, DOMAN D B. Modeling unsteady heating effects on the structural dynamics of a hypersonic vehicle[R]. [S. l.]:AIAA - 2006 - 6646, 2006.

[17] CULLER A J, WILLIAMS T. Aerothermal modeling and dynamic analysis of a hypersonic vehicle[R]. [S. l.]:AIAA - 2007 - 6395, 2007.

[18] GLASS D. Ceramic Matrix Composite (CMC) Thermal Protection Systems (TPS) and hot structures for hypersonic vehicles[C]// 15th AIAA International Space Planes and Hypersonic Systems and Technologies Conference. [S. l. :s. n.], 2008: 1 - 3.

[19] RODRIGUEZ A A, DICKESON J J. Modeling and control of scramjet-powered hypersonic vehicles:challenges, trends, & tradeoffs[R]. [S. l.]:AIAA - 2008 - 6793, 2008.

[20] RODRIGUEZ A A, DICKESON J J. Control-relevant modeling, analysis, and design for scramjet-powered hypersonic vehicles[R]. [S. l.]: AIAA - 2009 - 7287 -

980, 2009.

[21] DICKESON J J, RODRIGUEZ A A. Elevator sizing, placement, and control-relevant tradeoffs for hypersonic vehicles[R]. [S. l.]: AIAA - 2010 - 8339, 2010.

[22] DAVIDSON J, LALLMAN F, MCMINN J D, et al. Flight control laws for NASA's hyper - X research vehicle[R]. [S. l.]: AIAA - 99 - 4124, 1999.

[23] GREGORY M, CHOWDHRY R S, MCMINN J D, et al. Hypersonic vehicle model and control law development using hand p synthesis [R]. [S. l.]: NASA TM-4562, 1994.

[24] CALISE A J, BUSCHEK H. Uncertainty modeling and fixed - order controller design for a hypersonic vehicle model[J]. Journal of Guidance, Control, and Dynamics, 1997, 20 (1): 42 - 48.

[25] 孟斌. 高超声速飞行器基于特征模型的自适应控制的研究[R]. 北京：中国空间技术研究院博士后研究报告, 2007.

[26] 吴宏鑫, 胡军, 解永春. 基于特征模型的智能自适应控制[M]. 北京：中国科学技术出版社, 2009.

[27] 刘燕斌. 高超声速飞行器建模及其先进飞行控制机理的研究[D]. 南京：南京航空航天大学, 2007.

[28] GROVES K P, SIGTHORSSON D O, SERRANI A, et al. Reference command tracking for a linearized model of an air-breathing hypersonic vehicle[C]//AIAA Guidance, Navigation, and Control Conference and Exhibit. San Francisco, California: AIAA, 2005: 1 - 14.